高等职业教育“十四五”规划畜牧兽医宠物大类新形态纸数融合教材

宠物寄生虫病防治

CHONGWU JISHENGCHONGBING FANGZHI

主　编　高德臣　孙青松　赵　敏

副主编　王　晨　王相金　王　挺　罗永莉　李中波

编　者　（以姓氏笔画为序）

王　挺　湖南环境生物职业技术学院

王　晨　黑龙江农业工程职业学院

王小兵　遵义市豪嘉宠物医院

王相金　贵州农业职业学院

孙青松　吉林农业科技学院

李中波　怀化职业技术学院

杨　涛　河南农业职业学院

邹丽丽　湖南生物机电职业技术学院

罗永莉　重庆三峡职业学院

赵　敏　河南农业职业学院

赵海旭　江西生物科技职业学院

高德臣　辽宁职业学院

華中科技大學出版社
http://press.hust.edu.cn
中国·武汉

内容简介

本书是高等职业教育"十四五"规划畜牧兽医宠物大类新形态纸数融合教材。

本书共分为12个项目，内容包括宠物寄生虫学基础知识，宠物寄生虫病学基础知识，犬、猫吸虫病的防治，犬、猫绦虫病的防治，犬、猫线虫病的防治，犬、猫原虫病的防治，犬、猫蜱螨和昆虫病的防治，观赏鸟寄生虫病的防治，观赏鱼寄生虫病的防治，兔寄生虫病的防治，宠物抗寄生虫药的应用，以及实践技能训练。项目一到十一后附有职业能力测试题。

本书结构紧凑，图文并茂，通俗易懂，可作为高职高专宠物类专业的教学用书，也可供宠物医疗爱好者学习和参考。

图书在版编目(CIP)数据

宠物寄生虫病防治/高德臣，孙青松，赵敏主编. —武汉：华中科技大学出版社，2024.2
ISBN 978-7-5680-9775-8

Ⅰ. ①宠…　Ⅱ. ①高…　②孙…　③赵…　Ⅲ. ①宠物-动物疾病-寄生虫病-防治　Ⅳ. ①S855.9

中国国家版本馆CIP数据核字(2024)第016490号

宠物寄生虫病防治　　　　高德臣　孙青松　赵　敏　主编
Chongwu Jishengchongbing Fangzhi

策划编辑：罗　伟
责任编辑：余　琼　马梦雪
封面设计：廖亚萍
责任校对：刘小雨
责任监印：周治超
出版发行：华中科技大学出版社(中国·武汉)　　电话：(027)81321913
　　　　　武汉市东湖新技术开发区华工科技园　　邮编：430223
录　　排：华中科技大学惠友文印中心
印　　刷：武汉市籍缘印刷厂
开　　本：889mm×1194mm　1/16
印　　张：14.75
字　　数：445千字
版　　次：2024年2月第1版第1次印刷
定　　价：49.80元

高等职业教育“十四五”规划
畜牧兽医宠物大类新形态纸数融合教材

编审委员会

网络增值服务

使用说明

欢迎使用华中科技大学出版社医学资源网 yixue.hustp.com

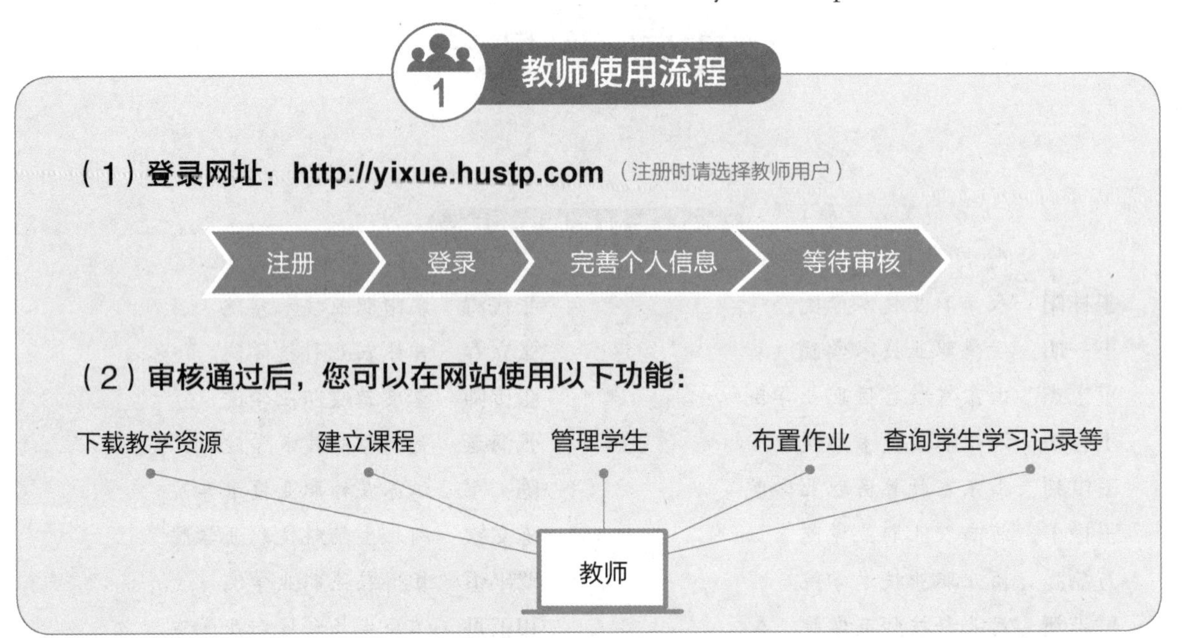

2 学员使用流程

（建议学员在PC端完成注册、登录、完善个人信息的操作）

（1）PC 端操作步骤

①登录网址：http://yixue.hustp.com（注册时请选择普通用户）

②查看课程资源：（如有学习码，请在个人中心－学习码验证中先验证，再进行操作）

（2）手机端扫码操作步骤

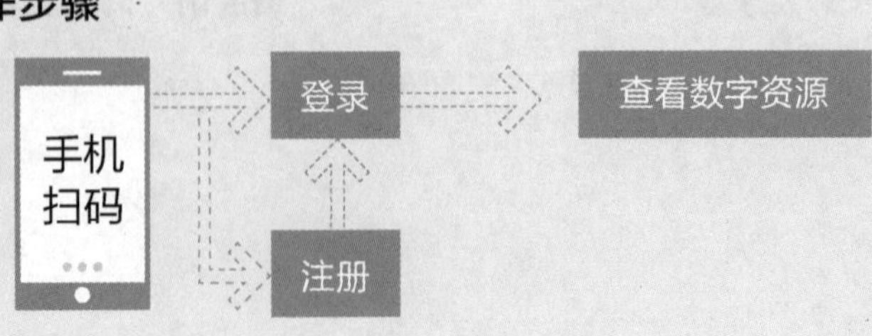

随着我国经济的持续发展和教育体系、结构的重大调整，尤其是2022年4月20日新修订的《中华人民共和国职业教育法》出台，高等职业教育成为与普通高等教育具有同等重要地位的教育类型，人们对职业教育的认识发生了本质性转变。作为高等职业教育重要组成部分的农林牧渔类高等职业教育也取得了长足的发展，为国家输送了大批“三农”发展所需要的高素质技术技能型人才。

为了贯彻落实《国家职业教育改革实施方案》《“十四五”职业教育规划教材建设实施方案》《高等学校课程思政建设指导纲要》和新修订的《中华人民共和国职业教育法》等文件精神，深化职业教育“三教”改革，培养适应行业企业需求的“知识、素养、能力、技术技能等级标准”四位一体的发展型实用人才，实践“双证融合、理实一体”的人才培养模式，切实做到专业设置与行业需求对接、课程内容与职业标准对接、教学过程与生产过程对接、毕业证书与职业资格证书对接、职业教育与终生学习对接，特组织全国多所高等职业院校教师编写了这套高等职业教育“十四五”规划畜牧兽医宠物大类新形态纸数融合教材。

本套教材充分体现新一轮数字化专业建设的特色，强调以就业为导向、以能力为本位、以岗位需求为标准的原则，本着高等职业教育培养学生职业技术技能这一重要核心，以满足对高层次技术技能型人才培养的需求，坚持“五性”和“三基”，同时以“符合人才培养需求，体现教育改革成果，确保教材质量，形式新颖创新”为指导思想，努力打造具有时代特色的多媒体纸数融合创新型教材。本教材具有以下特点。

(1)紧扣最新专业目录、专业简介、专业教学标准，科学、规范，具有鲜明的高等职业教育特色，体现教材的先进性，实施统编精品战略。

(2)密切结合最新高等职业教育畜牧兽医宠物大类专业课程标准，内容体系整体优化，注重相关教材内容的联系，紧密围绕执业资格标准和工作岗位需要，与执业资格考试相衔接。

(3)突出体现“理实一体”的人才培养模式，探索案例式教学方法，倡导主动学习，紧密联系教学标准、职业标准及职业技能等级标准的要求，展示课程建设与教学改革的最新成果。

(4)在教材内容上以工作过程为导向，以真实工作项目、典型工作任务、具体工作案例等为载体组织教学单元，注重吸收行业新技术、新工艺、新规范，突出实践性，重点体现“双证融合、理实一体”的教材编写模式，同时加强课程思政元素的深度挖掘，教材中有机融入思政教育内容，对学生进行价值引导与人文精神滋养。

(5)采用“互联网+”思维的教材编写理念，增加大量数字资源，构建信息量丰富、学习手段灵活、学习方式多元的新形态一体化教材，实现纸媒教材与富媒体资源的融合。

(6)编写团队权威，汇集了一线骨干专业教师、行业企业专家，打造一批内容设计科学严谨、深入浅出、图文并茂、生动活泼且多维、立体的新型活页式、工作手册式、“岗课赛证融通”的新形态纸数融合教材，以满足日新月异的教与学的需求。

本套教材得到了各相关院校、企业的大力支持和高度关注，它将为新时期农林牧渔类高等职业教育的发展做出贡献。我们衷心希望这套教材能在相关课程的教学中发挥积极作用,并得到读者的青睐。我们也相信这套教材在使用过程中,通过教学实践的检验和实践问题的解决,能不断得到改进、完善和提高。

高等职业教育“十四五”规划畜牧兽医宠物大类

新形态纸数融合教材编审委员会

前言

《宠物寄生虫病防治》是根据教育部《关于加强高职高专教育人才培养工作的意见》《关于加强高职高专教育教材建设的若干意见》《关于全面提高高等职业教育教学质量的若干意见》等文件精神编写的，供高等职业院校宠物医疗技术及相关专业使用。

在编写过程中，我们尽量体现高职特色，始终强调“以能力为本位，以岗位为目标”的原则，淡化学科体系，突出能力培养。在内容上，理论知识以“必需、够用”为度，实践知识以“实用、易用”为准。

本教材由高德臣、孙青松和赵敏主编，具体编写分工为：项目一和项目二，高德臣；项目三和项目四，孙青松；项目五，赵敏；项目六，罗永莉；项目七，王晨；项目八，王挺；项目九，王相金；项目十，邹丽丽；项目十一，杨涛；项目十二，高德臣；赵海旭、李中波、王小兵参与数字资源编写。

本教材的编写过程中，大连市动物卫生监督所的邹传森、浙江海正动物保健品有限公司的万伟泉作为专家认真审阅了书稿，并提出了宝贵意见；遵义市豪嘉宠物医院和大连市动物卫生监督所提供了热情的帮助，在此一并致以由衷的感谢。

由于编者水平有限，书中不妥之处在所难免，恳请广大师生和读者批评指正。

编　者

项目一　宠物寄生虫学基础知识 /1
任务 1　寄生虫与宿主 /1
任务 2　寄生虫生活史 /4
任务 3　寄生虫的分类与命名 /6
项目二　宠物寄生虫病学基础知识 /9
任务 1　宠物寄生虫病流行病学 /9
任务 2　宠物寄生虫病的免疫 /12
任务 3　宠物寄生虫病的诊断方法 /14
任务 4　宠物寄生虫病的防治措施 /16
任务 5　人畜共患寄生虫病 /17
项目三　犬、猫吸虫病的防治 /21
任务 1　犬、猫吸虫病概述 /21
任务 2　华支睾吸虫病 /24
任务 3　后睾吸虫病 /26
任务 4　并殖吸虫病 /28
任务 5　棘口吸虫病 /32
任务 6　血吸虫病 /34
项目四　犬、猫绦虫病的防治 /39
任务 1　犬、猫绦虫病的概述 /39
任务 2　犬复孔绦虫病 /41
任务 3　线中绦虫病 /44
任务 4　细粒棘球绦虫病 /45
任务 5　多头带绦虫病 /48
任务 6　曼氏迭宫绦虫病 /49
任务 7　阔节裂头绦虫病 /52
项目五　犬、猫线虫病的防治 /55
任务 1　犬、猫线虫病概述 /55
任务 2　蛔虫病 /62
任务 3　钩虫病 /65
任务 4　犬恶丝虫病 /68
任务 5　旋毛虫病 /70

任务 6　毛尾线虫病 /73
任务 7　似丝线虫病 /75
任务 8　类圆线虫病 /76
任务 9　毛细线虫病 /78
任务 10　猫圆线虫病 /80
任务 11　犬尾旋线虫病 /81
任务 12　肾膨结线虫病 /83
任务 13　吸吮线虫病 /85
任务 14　棘头虫病 /86
任务 15　麦地那龙线虫病 /88
项目六　犬、猫原虫病的防治 /91
任务 1　犬、猫原虫病概述 /91
任务 2　球虫病 /93
任务 3　弓形虫病 /95
任务 4　犬巴贝斯虫病 /97
任务 5　利什曼原虫病 /99
任务 6　阿米巴病 /101
任务 7　贾第鞭毛虫病 /102
任务 8　伊氏锥虫病 /103
项目七　犬、猫蜱螨和昆虫病的防治 /106
任务 1　犬、猫蜱螨和昆虫病 /106
任务 2　疥螨病 /107
任务 3　犬、猫蠕形螨病 /110
任务 4　耳痒螨病 /111
任务 5　蜱病 /113
任务 6　虱病 /116
任务 7　蚤病 /117
项目八　观赏鸟寄生虫病的防治 /120
任务 1　绦虫病 /120
任务 2　蛔虫病 /123
任务 3　胃线虫病 /124
任务 4　异刺线虫病 /125
任务 5　气管比翼线虫病 /127
任务 6　虱病 /129
任务 7　螨病 /130
任务 8　球虫病 /132
任务 9　组织滴虫病 /133
任务 10　疟原虫病 /135
任务 11　血变原虫病 /136

任务 12　住白细胞原虫病　/137
任务 13　毛滴虫病　/139
任务 14　贾第鞭毛虫病　/140
任务 15　锥虫病　/141

项目九　观赏鱼寄生虫病的防治　/144
任务 1　指环虫病　/144
任务 2　三代虫病　/146
任务 3　双穴吸虫病　/148
任务 4　血居吸虫病　/149
任务 5　头槽绦虫病　/151
任务 6　许氏绦虫病　/152
任务 7　毛细线虫病　/154
任务 8　嗜子宫线虫病　/155
任务 9　小瓜虫病　/157
任务 10　口丝虫病　/159
任务 11　隐鞭虫病　/160
任务 12　锚头鳋病　/162
任务 13　鲺病　/163

项目十　兔寄生虫病的防治　/166
任务 1　兔球虫病　/166
任务 2　兔豆状囊尾蚴病　/168
任务 3　兔栓尾线虫病　/169
任务 4　兔螨病　/170

项目十一　宠物抗寄生虫药的应用　/173
任务 1　常用抗寄生虫药概论　/173
任务 2　抗蠕虫药　/175
任务 3　抗原虫药　/184
任务 4　杀虫药　/189

项目十二　实践技能训练　/193
实训一　宠物寄生虫病的粪便学检查　/193
实训二　宠物蠕虫卵的形态构造观察　/196
实训三　常见吸虫的形态构造观察　/200
实训四　吸虫中间宿主的识别　/201
实训五　常见绦虫的形态构造观察　/203
实训六　绦虫蚴的形态构造观察　/204
实训七　常见线虫的形态构造观察　/205
实训八　宠物体表寄生虫检查技术　/206
实训九　蜱螨的形态构造观察　/207
实训十　寄生性昆虫的形态构造观察　/209

实训十一　原虫检查技术 /210
实训十二　鞭毛虫的形态构造观察 /212
实训十三　梨形虫的形态构造观察 /212
实训十四　孢子虫的形态构造观察 /213
实训十五　宠物蠕虫学剖检技术 /213
实训十六　宠物寄生虫材料的固定与保存 /216
实训十七　驱虫技术 /218
实训十八　宠物寄生虫病流行病学调查 /219
实训十九　宠物寄生虫病临诊检查 /220
实训二十　肌旋毛虫检查技术 /221
参考文献 /223

数字增值服务

宠物寄生虫病防治

执考真题

项目一　宠物寄生虫学基础知识

项目描述

本项目是根据宠物健康护理员、宠物医师等岗位需求进行编写，为宠物寄生虫学基础知识，内容包括寄生虫与宿主、寄生虫生活史及寄生虫的分类与命名。通过本项目的训练，让学生能够了解寄生虫的概念与类型、宿主的概念与类型，掌握寄生虫与宿主的相互作用、寄生虫生活史的概念及类型、寄生虫完成生活史的条件、寄生虫对寄生生活的适应性、宿主对寄生生活产生影响的因素、寄生虫的分类与命名的技能，为从事宠物健康护理员、宠物医师等工作做好准备。

学习目标

▲知识目标

掌握寄生虫与宿主的概念、寄生虫与宿主的类型、寄生虫生活史的类型；明确寄生虫与宿主的相互作用以及寄生虫完成生活史的条件；了解寄生虫的分类与命名。

▲能力目标

通过学习寄生虫学基础知识，学生能认识或识别寄生虫与宿主的类型以及寄生虫生活史的类型，为寄生虫病防治奠定基础。

▲思政目标

在讲授寄生虫学基础知识过程中，穿插一些宠物患寄生虫病对宠物自身以及人类带来影响的案例，使学生关爱小动物，明确人与大自然和谐共存的道理，关注公众健康，提高宠物医师的医德修养和技能水平。

任务1　寄生虫与宿主

情境导入

寄生虫病是宠物(犬、猫)的常见病、多发病，宠物患寄生虫病不仅会造成贫血、营养不良、发育迟缓、器质性损伤、神经症状等，还会对宠物的繁育产生影响，造成经济损失、宠物痛苦、宠物主人的情感伤害等。要想掌握宠物的寄生虫病防治方法，首先我们应该认识一下寄生虫和宿主相关必备知识，这样我们才能有针对性地拿出应对它们的办法。

扫码看课件

1-1

Note

必备知识

一、寄生生活与寄生

生物在进化过程中相互间出现了很复杂的关系，其中出现了两种生物共同生活在一起的现象，我们称其为共生。共生现象是自然界很普遍的现象。根据共生双方的关系不同，共生可分为以下几类。

1. 偏利共生 一方受益，借以取得营养或受其保护，而另一方既不获益又不受害。

2. 互利共生 彼此互惠、相互依赖而不相损害，如二者分开，彼此都将受到损失，甚至死亡。

3. 寄生 寄生生物获益，而被寄生的生物受害。寄生生物不能离开被寄生生物而自立，只适应于依赖被寄生生物营寄生生活。

一种生物生活在另一种生物的体内或体表，并以后者的组织细胞、血液、组织液、胃肠道内容物为食物，同时给后者带来不同程度的危害，甚至引起死亡，这种共生现象就称为寄生。

在这种关系中，得益的一方称为寄生物，受害的一方称为宿主。寄生物有动物性寄生物和植物性寄生物，动物性寄生物又称为寄生虫。研究寄生虫及其在宠物中所引起的疾病的科学称为宠物寄生虫学。

二、寄生虫的概念与类型

（一）寄生虫的概念

在动物体内外营寄生生活的动物称为寄生虫。

（二）寄生虫的类型

1. 按照寄生虫的寄生部位分类 分为内寄生虫与外寄生虫。内寄生虫是指寄生在宿主体内的寄生虫，如吸虫、绦虫、线虫等；外寄生虫是指寄生在宿主体表或与体表直接相通的腔、窦内的寄生虫，如蜱、螨等。

2. 按照寄生虫的寄生时间长短分类 分为暂时性寄生虫与固定性寄生虫。暂时性寄生虫是指只在采食时才与宿主接触的寄生虫，如蚊子等；固定性寄生虫是指必须在宿主体内或体表经过一定发育期的寄生虫。固定性寄生虫又可分为永久性寄生虫和周期性寄生虫。前者是指在宿主体内或体表度过一生的寄生虫，如旋毛虫、螨等；后者是指一生中只有一个或几个发育阶段在宿主体内或体表完成的寄生虫，如蛔虫、绦虫等。

3. 按照寄生虫的发育过程分类 分为单宿主寄生虫与多宿主寄生虫。单宿主寄生虫是指发育过程中仅需要 1 个宿主的寄生虫（也称土源性寄生虫），如蛔虫、球虫等；多宿主寄生虫是指发育过程中需要更换 2 个或 2 个以上宿主的寄生虫（也称生物源性寄生虫），如吸虫、绦虫等。

4. 按照寄生虫寄生的宿主范围分类 分为专一宿主寄生虫与非专一宿主寄生虫。专一宿主寄生虫是指只寄生于一种特定宿主的寄生虫，对宿主有严格的选择性，如犬球虫只感染犬；非专一宿主寄生虫是指能寄生于多种宿主的寄生虫，如肝片形吸虫除可寄生于犬、猫、兔外，还可寄生于绵羊、山羊、牛、猪、马等多种动物。

5. 按照寄生虫对宿主的依赖性分类 分为专性寄生虫与兼性寄生虫。专性寄生虫是指寄生虫在生活史中必须有寄生生活阶段，否则生活史就不能完成，如吸虫、绦虫等；兼性寄生虫是指既可营自由生活，又可营寄生生活的寄生虫，如类圆线虫（成虫）既可寄生于宿主体内，也可以在外界营自由生活。

6. 按寄生虫发育中有无中间宿主分类 分为土源性寄生虫和生物源性寄生虫。土源性寄生虫是指发育史中不需要中间宿主就可完成由一个宿主到另一个宿主、由一个世代到下一个世代的传播、发育的寄生虫。这类寄生虫又称直接发育型寄生虫，如蛔虫、艾美耳球虫等。生物源性寄生虫是指发育史中需要中间宿主才能完成由一个世代到下一个世代的传播、发育的寄生虫，这类寄生虫又称间接发育型寄生虫。例如，寄生于动物的肺吸虫的蚴虫需寄生在螃蟹的体内才能完成其整个发育过程。

三、宿主的概念与类型

（一）宿主的概念

被寄生虫寄生的动物称为宿主。

（二）宿主的类型

1. 终末宿主 寄生虫成虫期或有性生殖阶段寄生的宿主称为终末宿主。如犬是复孔绦虫的终末宿主。

2. 中间宿主 寄生虫幼虫期或无性生殖阶段寄生的宿主称为中间宿主。如跳蚤是复孔绦虫的中间宿主。

3. 补充宿主（第二中间宿主） 某些寄生虫在其幼虫发育阶段需要2个中间宿主，其中第2个中间宿主称为补充宿主。如华支睾吸虫的补充宿主是淡水鱼和虾。

4. 贮藏宿主 某些寄生虫的虫卵或幼虫可进入某种动物体内，在其体内保存生命力和感染力，但不能继续发育，该动物被称为贮藏宿主，又称转续宿主或转运宿主。如蚯蚓是蛔虫的贮藏宿主。

5. 保虫宿主 某些经常寄生于某种宿主的寄生虫，有时也可寄生于其他一些宿主，但寄生不普遍，无明显危害，通常把这种不经常被寄生的宿主称为保虫宿主。如旋毛虫经常寄生于犬、猫，也可寄生于鼠、蝙蝠等多种动物，鼠、蝙蝠等就是旋毛虫的保虫宿主。

6. 带虫宿主 宿主被寄生虫感染后，随着机体抵抗力的增强或药物治疗，处于隐性感染状态，体内仍存留一定数量的虫体，这种宿主称为带虫宿主。该宿主在临诊上不表现症状，对同种寄生虫的再感染具有一定的免疫力。

7. 超寄生宿主 某些寄生虫可成为其他寄生虫的宿主，称为超寄生宿主。如蚊子是疟原虫的超寄生宿主。

8. 传播媒介 通常是指在脊椎动物宿主之间传播寄生虫病的一类动物。多指吸血的节肢动物，如蜱在犬之间传播梨形虫，蜱则是一种传播媒介。

四、寄生虫与宿主的相互作用

（一）寄生虫对宿主的作用

寄生虫侵入宿主在其体内移行、生长发育和繁殖过程中，对宿主机体产生多种有害作用，主要表现在以下几个方面。

1. 夺取营养 寄生虫在宿主体内生长、发育和繁殖所需要的营养物质均来源于宿主机体，其夺取的营养物质除蛋白质、碳水化合物和脂肪外，还有维生素、矿物质、微量元素。寄生的虫体数量越多，所需营养也越多。寄生虫还可吸取动物宿主的血液、组织液等。如犬钩虫每天平均吸血0.05 mL，硬蜱雄虫吸血后体重增加15～25倍，而雌虫可达50～250倍，蠕形螨、痒螨吸取宿主细胞内容物和皮肤的渗出液。寄生虫所需的营养，相当部分靠其从宿主营养中竞争性夺取，如阔节裂头绦虫的寄生因夺取了大量的B族维生素，而引起犬的恶性贫血。寄生虫对宿主营养的这种掠夺，使宿主长期处于贫血、消瘦和营养不良状态，有的甚至引起了宿主的死亡。

2. 机械性损伤

（1）固着：寄生虫利用吸盘、顶突、小钩、叶冠、齿、口囊等固着器官，固着于寄生部位，对宿主造成局部损伤，甚至引起出血和炎症等。

（2）移行：寄生虫侵入宿主机体后，经过一定途径的移行才能到达寄生部位。寄生虫在移行过程中破坏了所经过器官或组织的完整性，对其造成损伤。如犬蛔虫的幼虫需经肺脏移行，可造成蛔虫性肺炎。

（3）压迫：某些寄生虫体积较大，压迫宿主器官，造成组织萎缩和功能障碍。如寄生于肝脏、肺脏的棘球蚴直径可达5～10 cm，引起肝脏、肺脏发生压迫性萎缩，导致功能障碍。还有些寄生虫虽然体积不大，但由于寄生在宿主的重要器官，也可因压迫引起严重疾病。如寄生于羊脑组织内的多头蚴

因压迫脑组织可引起神经症状。

(4)阻塞:寄生于消化道、呼吸道等腔道内的寄生虫,常因大量寄生造成这些器官阻塞,发生严重疾病。如犬蛔虫引起的肠阻塞和胆道阻塞等。

(5)破坏:细胞内寄生的原虫,在繁殖过程中大量破坏宿主机体的组织细胞而引起疾病。如梨形虫破坏红细胞造成动物贫血、黄疸和血红蛋白尿等。

3. 毒素作用和免疫损伤 寄生虫的分泌物、排泄物和死亡虫体的分解产物对宿主均有毒性作用或免疫病理反应,导致宿主组织和机能的损伤。如蜱可以产生防止宿主血液凝固的抗凝血物质。此外,寄生虫的代谢产物和死亡虫体的分解产物又都具有抗原性,可使宿主致敏而引起局部或全身变态反应等免疫病理反应。如血吸虫卵分泌的可溶性抗原与宿主抗体结合,可形成抗原抗体复合物——虫卵肉芽肿。

4. 继发感染

(1)接种病原:某些昆虫叮咬动物时,会将病原注入其体内,如某些蚊虫传播乙型脑炎,蜱传播脑炎和炭疽等。

(2)携带病原:某些蠕虫在感染宿主时,会将病原或其他寄生虫携带到宿主体内。

(3)激活病原:某些寄生虫的侵入可以激活宿主体内处于潜伏状态的病原。

(4)协同作用:宿主混合感染多种寄生虫使其致病作用增强,动物感染寄生虫后可使其机体抵抗力降低,促进传染病的发生。

(二)宿主对寄生虫的作用

免疫反应是宿主对寄生虫作用的主要表现。寄生虫侵入宿主机体后,可激发宿主对其产生免疫应答反应,影响寄生虫的生长、发育和繁殖。宿主对寄生虫的作用就是阻止虫体的侵入以及消灭、抑制、排出侵入的虫体。宿主在全价营养和良好的饲养条件下,具有较强的抵抗力,或抑制虫体的生长发育,或降低其繁殖力,或缩短其生活周期,或能阻止虫体固着并促其排出体外,或以炎症反应包围虫体,或能沉淀及中和寄生虫的产物等。

(三)寄生虫与宿主相互作用的结果

寄生虫对宿主产生损害作用,同时宿主对寄生虫产生不同程度的免疫力并设法将其清除。两者之间的相互作用,一般贯穿于从寄生虫侵入宿主、移行、寄生到排出的全部过程,其结果一般可归纳为以下三类。

1. 完全清除 宿主清除了体内的寄生虫,临诊症状消失,而且对再感染具有一定时间的抵抗力。

2. 带虫免疫 宿主自身或经过治疗清除了体内大部分寄生虫,感染处于低水平状态,但对同种寄生虫的再感染具有一定的抵抗力,宿主与寄生虫之间能维持相当长时间的寄生关系,而宿主则不表现症状,这种现象在寄生虫的感染中极为普遍。

3. 机体发病 宿主不能阻止寄生虫的生长和繁殖,当寄生虫数量或致病性达到一定程度时,宿主即可表现出临诊症状和病理变化而发病。

总之,宠物寄生虫与宿主的关系异常复杂,任何一个因素既不能孤立看待,也不能过分强调。了解宠物寄生虫与宿主之间的相互作用可作为寄生虫病防治的依据。

任务2 寄生虫生活史

情境导入

寄生虫的生长发育过程中,需要不同的宿主,可能需要一个或者多个,犬、猫或者人食入了虫卵、幼虫或者中间宿主都可以感染,要想掌握宠物的寄生虫病防治方法,首先应该了解寄生虫在生长发育过程中所需的条件和宿主特点，这样才能在养宠过程中更好地防范寄生虫病，保证宠物的健康。

扫码看课件
1-2

必备知识

一、寄生虫生活史的概念及类型

寄生虫生长、发育和繁殖的一个完整循环过程称为寄生虫的生活史或发育史。寄生虫种类繁多，生活史形式多样，根据寄生虫在其生活史中有无中间宿主，大体可分为两种类型。

（一）直接发育型

直接发育型是指寄生虫完成生活史不需要中间宿主，虫卵或幼虫在外界发育到感染期后直接感染动物或人。直接发育型寄生虫也称为土源性寄生虫，如蛔虫、钩虫等。

（二）间接发育型

间接发育型是指寄生虫完成生活史需要中间宿主，幼虫在中间宿主体内发育到感染期后再感染动物或人。间接发育型寄生虫也称为生物源性寄生虫，如华支睾吸虫，犬、猫绦虫等。

二、寄生虫完成生活史的条件

寄生虫完成生活史必须具备以下条件。

（一）适宜的宿主

适宜的宿主甚至是特异性的宿主是寄生虫建立生活史的前提。

（二）具有感染性阶段

虫体必须发育到感染性阶段（或称侵袭性阶段），才具有感染宿主的能力。

（三）适宜的感染途径

寄生虫有其特定的感染途径和寄生部位，侵入宿主体内后要经过一定的移行路径到达其寄生部位生长、发育和繁殖，在此过程中，寄生虫必须战胜宿主的抵抗力。

三、寄生虫对寄生生活的适应性

由自由生活演化为寄生生活，寄生虫从虫体结构、发育、营养、繁殖等方面都会发生很大变化，以适应其寄生生活。根据寄生虫种类的不同，其适应的程度和表现形式有所不同，主要表现在以下两个方面。

（一）在形态构造上的适应

1. 形态上的变化 如跳蚤具有两侧扁平的身体和发达、善于跳跃的腿，这种身体形态使其适合于在宿主体表毛发间活动；蚊子有适于吸血的刺吸式口器；线虫、绦虫的线状或带状体形，使其适于肠道的寄生环境。

2. 附着器官的产生 寄生虫为了更好地寄生于宿主的体内或体表，逐渐进化产生了一些特殊的附着器官，如绦虫的吸盘、小钩，线虫的唇、牙齿等。

（二）在生理机能上的适应

1. 营养关系的变化 主要表现在消化器官的简单化，甚至完全消失。如绦虫无消化器官，仅靠体表直接从宿主体吸取营养。

2. 生殖能力的加强 大多数寄生虫都具有发达的生殖器官和强大的繁殖能力。如绦虫每一节片内都具有独立的两性生殖器官；人蛔虫体长 30～35 cm，每天产卵 20 万个以上，一条雌虫体内含有大约 2700 万个虫卵。

3. 对体内和体外环境抵抗力的增强 蠕虫体表一般都有一层较厚的角质膜，具有抵抗宿主消化的能力；线虫的感染性幼虫具有一层外鞘膜，绝大多数蠕虫的虫卵和原虫的卵囊都有特质的壁，能抵抗不良的外界环境。

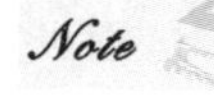

4. 生理行为有助于寄生虫的传播 矛形双腔吸虫的囊蚴寄居在蚂蚁的脑部，能使蚂蚁向草叶的顶端运动，被食草动物食入的可能性更大。

5. 寄生虫代谢机能的适应 寄生虫合成蛋白质所需的氨基酸来源于分解食物或分解宿主组织，也可直接摄取宿主游离的氨基酸。大多数寄生虫的能量从糖酵解中获取，如血液和组织中寄生虫。部分能量则从固定二氧化碳中获得，如肠道寄生虫所处环境条件特征是二氧化碳张力高。

四、宿主对寄生生活产生影响的因素

（一）遗传因素的影响

某些动物对某些寄生虫种类先天不具感受性。

（二）年龄因素的影响

不同年龄对寄生虫的易感性不同。一般来说，幼龄动物对寄生虫易感性较高，感染后症状明显，而成年动物则表现轻微或无症状。

（三）机体组织屏障的影响

宿主机体的皮肤、黏膜、血脑屏障以及胎盘等可有效地阻止一些寄生虫的侵入。

（四）宿主体质及饲养管理情况的影响

体质及营养条件好的动物对寄生虫有一定的抵抗力。若幼犬粮中缺乏维生素及矿物质时，幼犬易感染蛔虫。

（五）宿主免疫作用的影响

一是寄生虫侵入、移行、寄生部位发生局部组织抗损伤作用，表现为组织增生或钙化；二是寄生虫可刺激宿主机体网状内皮系统发生全身性免疫反应，抑制虫体的生长、发育和繁殖。

任务3 寄生虫的分类与命名

情境导入

扫码看课件
1-3

宠物寄生虫寄生的部位各不相同，有寄生在体内的，有寄生在体表的；宠物寄生虫身体形态特点也不同，有的寄生虫呈长筒状，有的呈叶状，有的呈丝状，有的呈带状。这些寄生虫如何区分呢？各种虫体是如何进行分类的？本节任务就来介绍一下。

必备知识

一、寄生虫的分类

在同一群体内，其基本特征，特别是形态特征相似，这是目前寄生虫分类的重要依据。进化则是寄生虫的分类基础。所有的动物均属动物界，根据各种动物之间相互关系的密切程度，分别组成不同的分类阶元。寄生虫分类的最基本单位是种。种是指具有一定形态学特征和遗传学特性的生物类群。近源的种归结到一起称为属；近源的属归结到一起称为科；以此类推，有目、纲、门、界。在各阶元之间还有“中间”阶元，如亚门、亚纲、亚目、超科、亚科、亚属、亚种或变种等。

与宠物医师有关的寄生虫主要隶属于扁形动物门吸虫纲、绦虫纲，线形动物门线虫纲，棘头动物门棘头虫纲，节肢动物门蛛形纲、昆虫纲，环节动物门蛭纲，还有原生动物亚界原生动物门等（图1-1）。

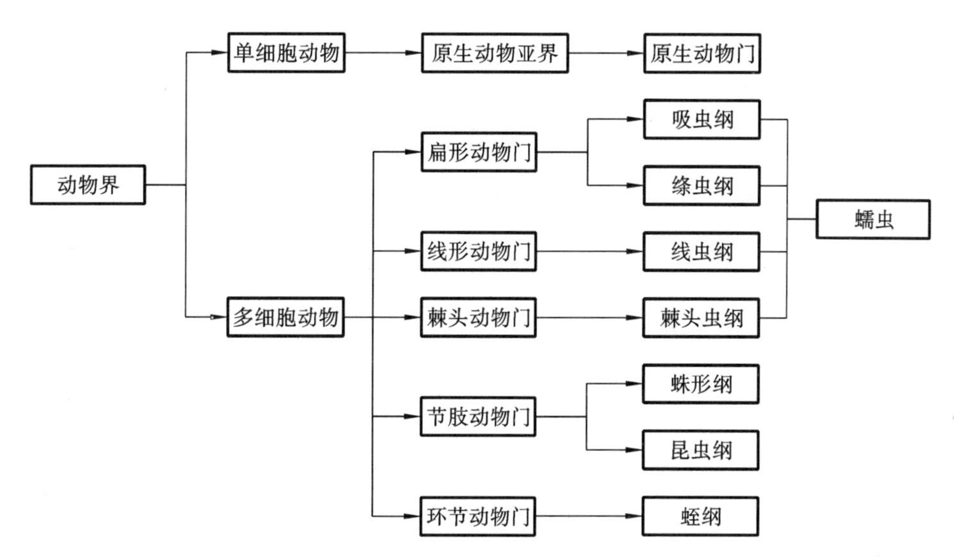

图 1-1　与宠物医师有关的寄生虫分类

为了表述方便，习惯上将吸虫纲、绦虫纲、线虫纲和棘头虫纲的寄生虫统称为蠕虫；蛛形纲的寄生虫主要为蜱和螨；昆虫纲的寄生虫通常称为昆虫；原生动物门的寄生虫称为原虫。由其所致的寄生虫病则分别称为蠕虫病、蜱螨与昆虫病和原虫病。

二、寄生虫的命名

为了准确地区分和识别各种寄生虫，必须给寄生虫定一个专门的名称。国际公认的生物命名规则是林奈创造的双名法。用这种方法给寄生虫规定的名称称为寄生虫学名，即科学名。学名是由两个不同的拉丁文或拉丁化形式单词组成。属名在前，种名在后。第一个单词是寄生虫的属名，第一个字母要大写；第二个单词是寄生虫的种名，字母全部小写。例如，日本分体吸虫的学名是"*Schistosoma japonicum*"，其中"*Schistosoma*"表示分体属，而"*japonicum*"表示日本种。必要时还可把命名人和命名年代写在学名之后。如"*Schistosoma japonicum* Katsurada，1904"表示命名人是"Katsurada"，是 1904 年命名的。命名人的名字和年代可以略去不写。

寄生虫病的命名，原则上是以引起疾病的寄生虫的属名定为病名，如姜片属的吸虫引起的寄生虫病称为姜片吸虫病。若某属寄生虫只引起一种动物发病时，通常在病名前冠以动物种名，如鸭鸟龙线虫病。但在习惯上也有不遵照这一原则的情况，如牛、羊消化道线虫病是若干个属的线虫所引起的疾病的统称。

 **课后作业**

线上评测

复习与思考

1. 寄生虫有哪些类型？
2. 宿主有哪些类型？
3. 寄生虫对宿主会产生哪些有害作用？

Note

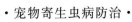

4.寄生虫完成生活史应具备哪些条件?

5.寄生虫生活史的类型有哪些?

6.寄生虫的命名规则是什么?

Note

项目二　宠物寄生虫病学基础知识

项目描述

宠物寄生虫病是宠物经常会发生的一种疫病，宠物寄生虫病学是生物科学和兽医科学的一个重要分支学科，本项目的学习是为了更好地认识宠物寄生虫病的发生、发展过程与结果。掌握宠物寄生虫病的基础知识，有助于学习相关疾病的诊断与防治，为从事宠物健康护理员、宠物医师等工作做好准备。

学习目标

▲知识目标

掌握宠物寄生虫病流行的基本环节、诊断方法和防治措施；了解宠物寄生虫病的免疫特点和人畜共患寄生虫病的相关知识。

▲能力目标

通过学习宠物寄生虫病流行病学特点，学生能够初步制订宠物寄生虫病防治计划。

▲思政目标

通过学习宠物寄生虫病的流行病学特点，从宠物和人类和谐共处的自然关系切入，让学生明白养宠要预防人畜共患寄生虫病。在平时的生活中，要注意个人卫生，处理好宠物的粪便，防止寄生虫病流行和传播，同时人们在饮食方面要遵纪守法，不要吃一些生的、未熟的、国家有关法律明确禁止食用的野生动物及其制品等。

任务1　宠物寄生虫病流行病学

情境导入

当我们的爱宠得了寄生虫病以后，有些宠主会问：宠物寄生虫病是如何感染和流行的？研究宠物寄生虫病在宠物群体中的发生、传播、流行及转归等客观规律的科学称为宠物寄生虫病流行病学。因此，了解宠物寄生虫病流行病学对于诊断和防治寄生虫病是非常重要的。

扫码看课件

2-1

必备知识

一、宠物寄生虫病流行病学的概念

研究寄生虫病流行的科学称为寄生虫病流行病学或寄生虫病流行学，它是研究动物群体某种寄生虫病的发生原因和条件、传播途径、流行过程及其发展规律，以及据此采取预防、控制及扑灭措施

的科学。流行病学当然也包括某些个体的研究，因为个体的疾病，有可能在条件具备时发展为群体性疾病。从概念上看，流行病学的内容涉及面极广，概括地说，它包括了寄生虫与宿主和足以影响其相互关系的外界环境因素的总和。

二、宠物寄生虫病流行的基本环节

某种寄生虫病在一个地区流行必须同时具备三个基本环节，即感染来源、感染途径和易感宿主。

（一）感染来源

感染来源（感染源）一般是指寄生有某种寄生虫的终末宿主、中间宿主、补充宿主、贮藏宿主、保虫宿主、带虫宿主及生物传播媒介等。虫卵、幼虫、虫体等病原通过这些宿主的粪便、尿液、痰液、血液以及其他分泌物、排泄物不断排出体外，污染外界环境，然后发育到感染性阶段，经一定的方式或途径感染易感宿主。如感染蛔虫的犬，每天都可以从粪便中排出蛔虫卵，这种卵发育到感染性阶段，被其他健康犬吃入，就能造成感染；犬焦虫病患犬血液中的虫体可通过硬蜱的吸血，传播给其他健康犬。

作为感染来源，其体内的寄生虫在生活史的某一发育阶段可以主动或被动、直接或间接进入另一宿主体内继续发育。如带有脑多头蚴的羊，其脑内的多头蚴可以通过屠宰后饲喂犬而感染。

有些病原不能排出宿主体外，但也会以一定的形式作为感染来源，如旋毛虫幼虫以包囊的形式存在于宿主肌肉内。

（二）感染途径

感染途径是指病原感染给易感宿主的方式，可以是单一途径，也可以是多种途径。寄生虫的感染途径随其种类的不同而异，主要有以下几种。

1. 经口感染　寄生虫随着动物的采食、饮水，经口腔进入宿主体内的一种方式。这种方式最为多见。

2. 经皮肤感染　寄生虫从宿主皮肤钻入其体内，如分体吸虫、仰口线虫、钩虫等。

3. 经生物媒介感染　寄生虫通过节肢动物的叮咬、吸血而传播给易感宿主。主要是一些血液原虫和丝虫。

4. 接触感染　寄生虫通过宿主之间互相直接接触传播，或通过用具、人员和其他动物等的传递而间接接触传播，如蜱、螨和虱等。

5. 经胎盘感染　寄生虫通过胎盘由母体进入胎儿体内使其感染，如犬弓首蛔虫、弓形虫等。

6. 交配感染　动物直接交配或经被病原污染的人工授精器械而感染。

7. 自身感染　某些寄生虫产生的虫卵或幼虫不需要排出宿主体外，而在原宿主体内使其再次遭受感染。

（三）易感宿主

易感宿主是指对某种寄生虫缺乏免疫力或免疫力低下的动物。寄生虫一般只能在一种或若干种动物体内生存、发育和繁殖，并不能在所有种动物体内生活，对宿主具有选择性。宿主的易感性高低与动物种类、品种、年龄、性别、饲养方式、营养状况等因素有关，而其中最重要的因素是营养状况。

三、宠物寄生虫病流行病学的基本内容

宠物寄生虫病流行病学研究的基本内容包括生物学因素、自然因素和社会因素。

（一）生物学因素

生物学因素包括寄生虫和宿主两个方面。

1. 寄生虫的成熟时间　寄生虫的成熟时间是指寄生虫的虫卵或幼虫感染宿主到它们成熟排卵所需要的时间。这对于有季节性的蠕虫病尤为重要。排卵时间可以经过诊断方法测知，据此可以推断最初的感染时间及其移行过程的时间，对确定驱虫时间及制订防治措施意义重大。

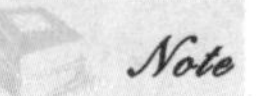

2. 寄生虫成虫的寿命　寄生虫在宿主体内的寿命可决定该寄生虫向外界散布病原的时间，寿命

长的寄生虫会长期地向外界散布该种病原，如犬的阔节绦虫寿命可达5～10年或10年以上，犬的细粒棘球绦虫的寿命只有5～6个月。寄生虫的这些生物学特性常常构成该种寄生虫病流行的主要特征。

3. 寄生虫在外界的生存 主要包括寄生虫以哪个发育阶段及何种形式排出宿主体外，它们在外界环境生存所需要的条件及耐受性，一般条件和特殊条件下发育到感染阶段所需要的时间，在自然界的存活、发育和保持感染能力的期限等内容。这些资料对防治寄生虫病具有重要的参考意义。

4. 中间宿主与传播媒介 许多寄生虫在发育过程中需要中间宿主和生物传播媒介，因此要了解中间宿主的分布、密度、习性、栖息地、出没时间和越冬地点以及有无天敌等，它们的生物学特性对于寄生虫病是否流行有很大的影响。此外还要了解寄生虫幼虫进入中间宿主体内的可能性，在其体内的生长发育以及进入补充宿主或贮藏宿主的时间和机遇等。

（二）自然因素

自然因素包括气候、地理和生物种群等方面。气候和地理等自然条件的不同势必影响植被和动物区系的分布及其抵抗力，也意味着中间宿主和传播媒介的不同，随之将影响到寄生虫的分布以及寄生虫病的发生与流行，主要表现在以下几个方面。

1. 地方性 寄生虫病的发生和流行常有明显的区域性，绝大多数寄生虫病呈地方流行性，少数呈散发性，极少数呈流行性。寄生虫的地理分布也称为寄生虫区系。寄生虫区系差异的产生主要与下列因素有关。

（1）动物种群的分布：动物种群包括寄生虫的终末宿主、中间宿主、补充宿主、贮藏宿主、保虫宿主、带虫宿主和生物传播媒介。动物种群的分布，决定了与其相关的寄生虫的分布。

（2）自然条件：气候、地理、生态环境等不同，对寄生虫存在的影响亦不同。寄生虫对自然条件适应性的差异，决定了不同自然条件的地理区域所特有的寄生虫区系。

（3）寄生虫的发育类型：一般规律是，直接发育型的土源性寄生虫地理分布较广，而间接发育型的生物源性寄生虫的地理分布受到严格限制。

2. 季节性 多数寄生虫在外界环境中完成一定的发育阶段需要一定的条件，诸如温度、湿度、光照等，这些均会随着季节的变化而变化，而使寄生虫在宿主体外的发育具有季节性，因此，动物感染和发病的时间亦随之出现季节性，亦称为季节动态。生活史中需要中间宿主和以节肢动物作为宿主或传播媒介的寄生虫所引起的疾病，其流行季节与有关中间宿主和节肢动物的消长相一致。因此，由生物源性寄生虫引起的疾病更具季节性。

3. 慢性和隐性 寄生虫病多呈慢性和隐性经过，不表现临诊症状或症状轻微，只是引起动物生产能力下降。其影响因素很多，其中最主要的是感染强度，即整个宿主种群感染寄生虫的平均数量。当宿主感染寄生虫后，只有原虫和少数其他寄生虫（如螨）可通过繁殖增加数量，而多数寄生虫不再增加数量，只是继续完成其个体发育。因此，许多宿主出现带虫。

4. 多寄生性 动物体内同时寄生两种以上寄生虫的多寄生现象较为常见，通常情况下，两种寄生虫在宿主体内同时寄生时，一种寄生虫可以降低宿主对另一种寄生虫的免疫力，即出现免疫抑制，从而导致这些寄生虫在宿主体内的生存期延长、生殖能力增强等。

5. 自然疫源性 有些寄生虫病即使没有人类或易感动物的参与，也可以通过传播媒介感染动物造成流行，并且长期在自然界往复循环，这些寄生虫病称为疫源性寄生虫病。存在自然疫源性疾病的地区，称为自然疫源地。在自然疫源地中，保虫宿主在流行病学上起着重要作用，尤其是经常被忽视而又难以施治的野生动物种群。

（三）社会因素

社会因素包括社会经济状况、文化教育和科学技术水平，有关法律法规的制定和执行，人们的生活方式、风俗习惯，动物饲养管理条件以及防疫保健措施等。这些均会对寄生虫病的流行产生很大影响。

Note

任务 2　宠物寄生虫病的免疫

情境导入

扫码看课件
2-2

当我们的爱宠得了寄生虫病以后，有的宠主会问：宠物得了寄生虫病后，能不能自身进行免疫呢？大多数宠物身上都携带着或多或少的寄生虫，问题就在于宠物本身的免疫力能否把寄生虫控制在一个不危及生命的范围之内。对此，我们需要了解宠物寄生虫病的免疫相关知识。

必备知识

一、寄生虫免疫的类型及特点

（一）免疫反应的概念

机体排除病原和非病原异体物质或已改变性质的自身组织，以维持机体的正常生理平衡过程，称为免疫反应（免疫应答）。

（二）免疫的类型

1. 先天性免疫　先天性免疫是动物先天所建立的天然防御能力，它受遗传因素控制，具有相对稳定性，对寄生虫的感染具有一定程度的抵抗作用，但没有特异性，一般也不强烈，故又称为非特异性免疫。宿主对寄生虫的抵抗，包括自然抵抗力和恢复力。

（1）自然抵抗力：也称自然抗性，是指宿主在寄生虫感染之前就已存在，由宿主的种属所固有的结构特点和生理特性所决定的，而且被感染后也不提高的抵抗力。这种自然抗性又分为绝对抗性和相对抗性。绝对抗性是指宿主对某种寄生虫的侵袭完全不易感；相对抗性是指宿主能降低某种寄生虫生存的适应性。自然抗性主要与宿主皮肤、黏膜上皮的阻隔等物理屏障作用，溶菌酶、干扰素等化学作用，pH、温度等理化环境，非特异性吞噬作用和炎性反应等各种因素有关。

（2）恢复力：是指被寄生虫感染的个体对损伤恢复和补偿的能力。不同个体的恢复力是有差异的。这种特性是遗传所产生的，与免疫反应无关。

2. 获得性免疫　寄生虫侵入宿主后，抗原物质刺激宿主免疫系统而出现的免疫，称为获得性免疫。这种免疫具有特异性，往往只对激发宿主产生免疫的同种寄生虫起作用，故又称为特异性免疫。其宿主对寄生虫产生的抵抗力称为获得性抵抗力，与自然抗性不同的是，获得性抵抗力由抗体或细胞介导所产生。获得性免疫大致可分为消除性免疫和非消除性免疫。

（1）消除性免疫：是指宿主能完全消除体内的寄生虫，并对再感染具有特异性抵抗力。这种免疫状态较为少见。

（2）非消除性免疫：是指寄生虫感染后，虽然可诱导宿主对再感染产生一定程度的抵抗力，但对体内原有的寄生虫则不能完全清除，维持在较低的感染状态，使宿主免疫力维持在一定水平，如果残留的寄生虫被清除，宿主的免疫力也随之消失，这种免疫状态为带虫免疫。

（三）寄生虫免疫的特点

寄生虫免疫具有与微生物免疫不同的特点，主要表现在以下三个方面。

1. 免疫复杂性　这主要是由于绝大多数寄生虫是多细胞动物，组织结构复杂；虫种产生过程中存在遗传差异，有些为适应环境变化而产生变异；寄生虫生活史十分复杂，不同发育阶段具有不同的组织结构。这些因素均决定了寄生虫抗原的复杂性，因而其免疫反应也十分复杂。

2. 不完全免疫　宿主尽管对寄生虫能起一些免疫作用，但不能将虫体完全清除，以致寄生虫可

以在宿主体内进行生存和繁殖。

3. 带虫免疫 寄生虫在宿主体内保持一定数量时，宿主对同种寄生虫的再感染具有一定的免疫力。一旦宿主体内虫体完全消失，这种免疫力也随之结束。这是寄生虫感染中常见的一种免疫状态。

二、寄生虫的免疫逃避

寄生虫能侵入免疫功能正常的宿主体内，并能逃避宿主的免疫效应，而在宿主体内发育、繁殖和生存，这种现象称为免疫逃避。其产生的主要原因如下。

（一）部位阻隔

某些组织和器官由于其特殊的生理结构，与免疫系统相对隔离而不产生免疫反应，称为免疫局限位点。如胎儿、眼组织、小脑组织、睾丸、胸腺等，寄生在此的寄生虫一般不受免疫作用，如寄生于胎儿的弓形虫，寄生于小鼠脑部的弓首蛔虫的幼虫，寄生于人眼中的丝虫等。对于寄生于细胞内的寄生虫，由于宿主的免疫系统不能直接作用，如果抗原不被呈递到感染细胞的表面，则宿主的免疫系统就不能识别被感染细胞，其细胞内的寄生虫就能逃避免疫反应，如巴贝斯虫、利什曼原虫等。另外，被宿主形成的包囊所包围的寄生虫，由于有厚的囊壁包裹，免疫系统不能作用于包囊内而不受免疫的影响，如囊尾蚴、棘球蚴、旋毛虫等。

（二）表面抗原的改变

（1）抗原变异：寄生虫在不同的发育阶段具有不同的抗原，即使在同一发育阶段，有些虫种抗原也产生变异，而不受已存在的抗体的作用，如锥虫。

（2）分子模拟与抗原伪装：有些寄生虫体表能表达与宿主组织抗原相似的成分，称为分子模拟；有些寄生虫体表能结合宿主的抗原分子，或用宿主抗原包裹，称为抗原伪装。如分体吸虫可吸收许多宿主抗原，妨碍了宿主免疫系统识别，同时宿主免疫系统不能把虫体作为侵入者识别出来。曼氏血吸虫肺期童虫表面被宿主血型抗原和主要组织相容性复合物包裹，这类抗原并不是寄生虫所合成，因而宿主抗体不能与其结合，使虫体产生免疫逃避。

（3）表膜脱落与更新：蠕虫体表膜不断脱落与更新，使与表膜结合的抗体随之脱落，因此，出现寄生虫免疫逃避。

（三）破坏免疫

寄生虫破坏宿主免疫主要表现为：能与抗原反应的 B 细胞不能分泌抗体，从而抑制了宿主的免疫应答，甚至出现继发性免疫缺陷；宿主特异性抑制性 T 细胞（Ts）激活，可抑制免疫活性细胞的分化和增殖，使宿主产生免疫抑制；有些寄生虫的分泌物和排泄物中某种成分具有直接的淋巴细胞毒性作用，或可以抑制淋巴细胞激活等；有些寄生虫抗原诱导的抗体结合在虫体表面，不仅对宿主没有保护作用，反而可阻断保护性抗体与之结合，这类抗体称为封闭抗体，其结果是宿主虽有高滴度抗体，但对再感染却无抵抗力；寄生虫的可溶性抗原可使其逃避宿主的保护性免疫反应，有利于虫体增加数量。

（四）代谢抑制

有些寄生虫在其生活史的某些阶段能保持静息状态，此时寄生虫代谢水平降低，刺激宿主的抗原也因此而减少，从而降低宿主对寄生虫的免疫反应，进而逃避宿主免疫系统对寄生虫的作用。但处于代谢抑制的寄生虫在条件适宜时会大量繁殖，重新感染宿主。

三、免疫的实际应用

由于寄生虫在组织结构和生活史上比其他病原复杂等因素，致使获得足够量的特异性抗原还有困难，而其功能性抗原的鉴别和批量生产更为不易。因此，寄生虫免疫预防和诊断等实际应用受到限制，但近些年也取得了一些重要进展。

目前，对寄生虫感染免疫预防的主要研究方向和方法有以下几个方面。

Note

1. 人工感染 人工感染少量寄生虫，在感染的危险期给予亚治疗量的抗寄生虫药，使寄生虫不足以引起疾病，但能刺激机体产生对再感染的抵抗力。其不足是宿主处于带虫免疫状态，仍可作为感染来源存在。

2. 提取物免疫 给宿主接种已死亡、整体或颗粒性寄生虫或其粗提物，诱导宿主产生获得性免疫，但其保护性极其微小，并可迅速消失。相比之下，从寄生虫的分泌物、排泄物以及宿主体液或寄生虫培养液中提取抗原，给予宿主后所产生的保护力大大提高。其不足是提纯抗原不易批量生产，更不易标准化，但分子生物学技术和基因工程技术为功能抗原的鉴定和生产提供了前景。

3. 虫苗免疫

(1)基因工程虫苗免疫：基因工程疫苗是利用 DNA 重组技术，将编码虫体的保护性抗原的基因导入受体菌(如大肠杆菌)或细胞，使其在受体菌活细胞中高度表达，表达产物经纯化复性后，加入或不加入免疫佐剂而制成的疫苗，如鸡球虫疫苗。

(2)DNA 虫苗免疫：DNA 疫苗又称核酸疫苗或基因疫苗，是利用 DNA 重组技术，将编码虫体的保护性抗原的基因插入到真核表达载体中，通过注射的方式直接接种到宿主体内，在其体内表达后，可诱导产生获得性免疫，起到预防寄生虫感染的作用。

(3)致弱虫苗免疫：通过人工致弱或筛选，使寄生虫自然株变为无致病力或弱毒且保留保护性免疫原性的虫株，用此虫株免疫宿主使其产生免疫力，如鸡球虫弱毒苗、弓形虫致弱虫苗等。

(4)异源性虫苗免疫：利用与强致病力有共同保护性抗原且致病力弱的异源虫株免疫宿主，使机体对强致病力的寄生虫产生免疫保护力，如用日本分体吸虫动物株免疫猴，能产生对日本分体吸虫人类株的保护力。

4. 非特异性免疫 非特异性免疫是对宿主接种非寄生虫抗原物质，以增强其非特异性免疫力。如给啮齿动物接种卡介苗(BCG)免疫增强剂，可不同程度地避免其对巴贝斯虫、疟原虫、利什曼原虫、分体吸虫和棘球蚴的再感染。这些物质大多数是免疫佐剂，单独使用或与抗原联合使用时，起细胞介导免疫和吞噬作用的非特异性刺激作用，继而增强宿主对寄生虫的免疫力。

任务 3　宠物寄生虫病的诊断方法

扫码看课件
2-3

情境导入

当我们的爱宠得了寄生虫病以后，很多宠主好奇是怎么诊断出来的？寄生虫病的诊断，是在流行病学调查及临诊检查诊断的基础上，通过实验室诊断检查出宿主体内的病原，必要时可进行寄生虫学剖检。因此，了解宠物寄生虫病诊断方法对于宠物寄生虫病的及时救治是至关重要的。

必备知识

一、流行病学调查

流行病学调查可为寄生虫病的诊断提供重要依据。调查的内容主要有以下几个方面。

1. 基本概况 主要了解当地地理环境、地形地势、河流与水源、降雨量及其季节分布、耕地数量及性质、草原数量、土壤植被特性、野生动物的种类与分布等。

2. 被检动物群概况 包括被检动物的数量、品种、性别和年龄组成、动物补充来源、产奶量、产肉量、产蛋率、繁殖率、剪毛量、饲养方式、饲料来源及质量、水源及卫生状况及其他环境卫生状况等。

3. 动物发病背景资料 主要为近 2～3 年动物发病情况，包括发病率、死亡率、发病与死亡原因、采取的措施及效果、平时防制措施等。

4. 动物发病现状资料 主要包括发病时间、临诊症状、发病率、死亡率、剖检结果、死亡时间、转归、是否诊断及诊断结论、是否采取措施及效果等。

5. 中间宿主和传播媒介 中间宿主和传播媒介以及其他各类型宿主的存在和分布情况。

6. 人畜共患病调查 当怀疑为人畜共患病时，应了解当地居民饮食及卫生习惯，人的发病数量及诊断结果等。与犬、猫有关的疾病，应调查其饲养数量、营养状况和发病情况等。

二、临诊检查诊断

临诊检查主要是检查动物的营养状况、临诊表现和疾病的危害程度。对于具有典型症状的疾病基本可以确诊，如球虫病的排血便、脑包虫病的“回旋运动”、疥癣病的“剧痒、脱毛”等；对于某些外寄生虫病可发现病原而建立诊断，如皮蝇蛆病、各类虱病等；对于非典型疾病，可获得有关临诊资料，为下一步采取其他诊断方法提供依据。

寄生虫病的临诊检查，应以群体为单位进行大批动物的逐头检查，动物数量过多时，可抽查其中部分动物。群体检查时，注意从中发现异常和病态动物。一般检查时，重点注意营养状况，体表有无肿瘤、脱毛、出血、皮肤异常变化和淋巴结肿胀，有无体表寄生虫。系统检查时，按照临诊诊断的方法进行。将搜集到的症状分类，统计各种症状的比例，提出可疑寄生虫病的范围。检查中发现可疑症状或怀疑为某种寄生虫病时，应随时采取相关病料进行实验室检查。

三、寄生虫学剖检诊断

寄生虫学剖检是诊断寄生虫病可靠而常用的方法，尤其适合于群体动物的诊断。剖检可用自然死亡的动物、急宰的患病动物或屠宰的动物。它是在病理解剖的基础上进行，既要检查各器官的病理变化，又要检查各器官内的寄生虫并分别采集，确定寄生虫的种类和感染强度，以便确诊。

寄生虫学剖检还用于寄生虫的区系调查和动物驱虫效果评定。一般多采用全身各器官组织的全面系统检查，有时也根据需要，检查一个或若干个器官。

四、实验室病原检查诊断

实验室病原检查诊断是寄生虫病诊断中必不可少的手段，一般在流行病学调查和临诊检查诊断的基础上进行。通过对各种病料的检查从中发现寄生虫病的病原，可为确诊提供重要依据。

不同的寄生虫病采取不同的检验方法，主要包括粪便检查（虫体检查法、虫卵检查法、毛蚴孵化法、幼虫检查法等），皮肤及其刮下物检查，血液检查，尿液检查，生殖器官分泌物检查，肛门周围刮取物检查，痰液、鼻液和淋巴穿刺物检查等。

必要时可进行实验动物接种，多用于上述实验室检查法不易检出病原的某些原虫病。用采自患病动物的病料，对易感实验动物进行人工接种，待寄生虫在其体内大量繁殖后，再对其进行病原检查，如伊氏锥虫病和弓形虫病等。

五、药物诊断

药物诊断是对疑似患寄生虫病的患病动物，用对该寄生虫病的特效药物进行驱虫或治疗而进行诊断的方法，适用于生前不能或无条件用实验室检查进行诊断的寄生虫病。

1. 驱虫诊断 用特效驱虫药对疑似动物进行驱虫，收集驱虫后 3 天内排出的粪便，肉眼检查粪便中的虫体，确定其种类及数量，以达到确诊的目的。适用于绦虫病、线虫病等胃肠道寄生虫病。

2. 治疗诊断 用特效抗寄生虫药对疑似动物进行治疗，根据治疗效果来进行诊断。治疗效果以死亡停止、症状缓解、全身状态好转甚至痊愈等表现评定。多用于原虫病、螨病以及组织器官内蠕虫病的诊断。

六、免疫学诊断

免疫学诊断是利用免疫反应的原理，在体外进行抗原或抗体检测的一种诊断方法。常用的免疫学诊断方法有环卵沉淀试验、间接血凝试验、酶联免疫吸附试验、间接荧光抗体试验、乳胶凝集试验、免疫印迹技术、免疫层析技术等。这些方法是寄生虫病诊断有价值的方法。

Note

七、分子生物学诊断

分子生物学技术已应用于寄生虫学的基因分型、生物学特性研究、病原诊断追踪和流行病学调查等，这些技术具有高度的灵敏性和特异性。已在寄生虫学上应用的分子生物学技术主要有 DNA 探针技术和聚合酶链反应(PCR)等。

任务 4　宠物寄生虫病的防治措施

情境导入

扫码看课件
2-4

当我们的爱宠得了寄生虫病以后，宠主们最关心的问题就是：宠物寄生虫病该怎样防治呢？简单说来，预防宠物感染寄生虫可以从定期驱虫、保持环境清洁、避免宠物与患病宠物接触、少给宠物吃生肉等方面入手。因此，了解宠物寄生虫病的防治措施对于防治寄生虫病是非常重要的。

必备知识

一、控制和消除感染来源

1. 驱虫　驱虫是综合性防治措施的重要环节，通常是用药物杀灭或驱除寄生虫。根据驱虫目的不同，可分为治疗性驱虫和预防性驱虫。

(1)治疗性驱虫(紧急性驱虫)：发现患病宠物及时用药治疗，驱除或杀灭寄生于宿主体内或体表的寄生虫。通过驱虫使患病宠物恢复健康，同时还可以防止向外界散播病原。它不受时间和季节的限制。

(2)预防性驱虫(计划性驱虫)：根据各种寄生虫病的流行规律有计划地进行定期驱虫。如北方地区防治绵羊蠕虫病，多采取一年两次驱虫的措施。春季驱虫在放牧前进行，目的在于防止牧场被污染；秋季驱虫在转入舍饲后进行，目的在于将动物体内已经感染的寄生虫驱除体外，防止寄生虫病的发生及病原的散播。预防性驱虫尽可能在成虫期前驱虫，因为这时寄生虫的虫卵或幼虫尚未产生，可以最大限度地防止病原散播。

在组织大规模驱虫时，应先选小群动物做药效及安全性试验，应选用广谱、高效、低毒、价廉、使用方便、适口性好的驱虫药，还要注意寄生虫抗药性的产生，应有计划地经常更换驱虫药。驱虫后 3 天内排出的粪便应进行无害化处理。

2. 对保虫宿主的处理　某些寄生虫病的流行，与保虫宿主(犬、猫、野生动物和鼠类等)关系密切，特别是弓形虫病、住肉孢子虫病、利什曼原虫病、贝诺孢子虫病、华支睾吸虫病、裂头蚴病、棘球蚴病、细颈囊尾蚴病和旋毛虫病等，其中许多还是重要的人畜共患病。因此，应加强对犬和猫的管理，大型工厂化和集约化养殖场，严禁饲养犬、猫；城市和农村要限制养犬，牧区也应控制饲养量；对允许饲养的犬、猫应定期检查，对患寄生虫病或带虫的犬、猫应及时治疗或进行驱虫，其粪便深埋或烧毁。很多野生动物是某些寄生虫的保虫宿主，应设法把驱虫食饵放置在它们活动的场所。鼠是某些寄生虫的中间宿主和带虫宿主，在自然疫源地中起到感染来源的作用，应做好灭鼠工作。

3. 加强兽医卫生检验　某些寄生虫病可以通过被感染的肉、鱼、淡水虾和蟹等动物性食品传播给人类和动物，如裂头绦虫病、华支睾吸虫病、并殖吸虫病、旋毛虫病、弓形虫病、住肉孢子虫病等；某些寄生虫病可通过吃入患病动物的肉和脏器在动物之间循环，如旋毛虫病、棘球蚴病、多头蚴病、细颈囊尾蚴病和豆状囊尾蚴病等。因此，要加强兽医卫生检验工作，对患病胴体和脏器以及含有寄生虫的鱼、虾、蟹等，按有关规定销毁或无害化处理，杜绝病原的扩散。

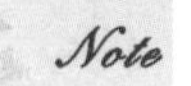

4. 粪便生物热除虫　许多寄生在消化道、呼吸道、肝脏、胰腺及肠系膜血管中的寄生虫，在其繁

殖过程中将大量的虫卵、幼虫或卵囊随粪便排出体外，在外界环境中发育到感染期。因此，杀死粪便中的虫卵、幼虫或卵囊，可以防止动物再感染。因为这些病原对一般的消毒剂具有强大的抵抗力，但对高温和干燥敏感，所以杀灭粪便中寄生虫的病原最简单、有效的方法是粪便生物热发酵，随时把粪便集中在固定的场所，经10～20天发酵后，粪堆内温度可达到60～70 ℃，几乎可以完全杀死其中的病原。

二、切断感染途径

1. 建立合理的饲养方式 随着集约化、专业化畜牧业生产的发展，要求必须改变传统落后的饲养方式，建立新的、先进的有利于疾病防治的饲养方式。如犬由散养改为圈养或封闭式饲养可以减少寄生虫的感染机会。

2. 消灭中间宿主和传播媒介 对生物源性寄生虫病，消灭中间宿主和传播媒介可以阻止寄生虫的发育，起到消除感染来源和阻断感染途径的双重作用。应消灭的中间宿主和传播媒介，是指那些经济意义较小的螺、蝲蛄、剑水蚤、蚂蚁、甲虫、蚯蚓、蝇、蜱及吸血昆虫等无脊椎动物。主要措施如下。

(1)物理方法：主要是改造生态环境，使中间宿主和传播媒介失去必需的栖息场所。如排水、交替升降水位、疏通沟渠增加水的流速、清除隐蔽物等。

(2)化学方法：使用化学药物杀死中间宿主和传播媒介。如在动物圈舍、河流、溪流、池塘、草地等喷洒杀虫剂或灭螺剂。但要注意环境污染和对有益生物的危害，必须在严格控制下实施。

(3)生物方法：养殖捕食中间宿主和传播媒介的动物对其进行捕食，如养鸭及食螺鱼灭螺，养殖捕食孑孓的柳条鱼、花鳉等灭螺；还可以利用它们的习性，设法回避或加以控制。

(4)生物工程方法：培育雄性不育节肢动物，使其与同种雌虫交配，产出不发育的卵，导致该种群数量减少。国外用该法已成功地防治丽蝇、按蚊等。

三、增强抵抗力

1. 科学饲养 实行科学化养殖，饲喂全价饲料，能保证动物机体营养状态良好，以获得较强的抵抗力，可防止寄生虫的侵入或阻止侵入后继续发育，甚至将其包埋或致死，使感染维持在最低水平，使机体与寄生虫之间处于暂时的相对平衡状态，制止寄生虫病的发生。

2. 卫生管理 主要包括饲料、饮水和圈舍3个方面。禁止从低洼地、水池旁、潮湿地带收割饲草，必要时将其存放3～6个月后再利用；禁止饮用不流动的浅水，最好饮用井水、自来水或流动的江河水；圈舍要建在地势较高和干燥的地方，保持舍内干燥、光线充足和通风良好，动物密度要适宜，及时清除粪便和垃圾。

3. 保护幼年动物 幼龄动物由于抵抗力弱而容易感染，而且发病严重，死亡率较高。因此，哺乳仔犬、仔猫断奶后应立即分群，安置在经过除虫处理的圈舍。放牧时先放幼年动物，转移后再放成年动物。

4. 免疫预防 寄生虫虫苗可分为5类：弱毒活苗、排泄物-分泌物抗原苗、基因工程苗、化学合成苗和基因苗。目前，国内外比较成功地研制了预防泰勒虫病、旋毛虫病、犬钩虫病、弓形虫病等的虫苗。

任务5 人畜共患寄生虫病

情境导入

宠物尤其是犬、猫是人类忠实的朋友。有的宠主爱护自己的宠物却往往忽视了人畜共患寄生虫病的防治。因此，了解我国人畜共患寄生虫病的特点与种类是非常必要的。犬、猫对于人畜共患寄

生虫病的传播起到了非常重要的作用，具有重要的公共卫生意义。因此，人畜共患寄生虫病的防治关系到每一个养宠的个人和养殖场，下面就来了解一下相关内容。

扫码看课件

2-5

必备知识

一、人畜共患寄生虫病的概念与分类

1. 人畜共患寄生虫病的概念　人畜共患寄生虫病是指脊椎动物与人之间自然传播的寄生虫病，即以寄生虫为病原，既可感染人又可感染动物的一类疾病。包括寄生性原虫、蠕虫，能进入宿主皮肤和体内的节肢动物，但不包括在宿主体表吸血和寄居的暂时性寄生虫。

2. 人畜共患寄生虫病的分类　人畜共患寄生虫病的分类方法主要有以下 3 种。

(1)按寄生虫学分类划分：

① 吸虫病：约 19 种，如华支睾吸虫病、姜片吸虫病、日本分体吸虫病、片形吸虫病、并殖吸虫病等。

② 绦虫(蚴)病：约 15 种，如棘球蚴病、猪带绦虫病、裂头绦虫病、迭宫绦虫病等。

③ 线虫病：约 27 种，如旋毛虫病、钩虫病、蛔虫病、丝虫病等。

④ 原虫病：约 17 种，如贾第鞭毛虫病、隐孢子虫病、利什曼原虫病、住肉孢子虫病、弓形虫病等。

⑤ 节肢动物病：约 14 种。

⑥ 棘头虫病。

(2)按感染来源划分：

① 人源性人畜共患寄生虫病：以人群中传播为主，可感染脊椎动物，也可以相互传播，但以人传播给动物为主要流向，如阿米巴原虫病。

② 动物源性人畜共患寄生虫病：以脊椎动物之间传播为主，亦可感染人类，也可以相互传播，但以动物传播给人为主要流向，如旋毛虫病。

③ 互源性人畜共患寄生虫病：人与脊椎动物均可作为感染来源相互传播，如日本分体吸虫病。

④ 真性人畜共患寄生虫病：寄生虫的生活史必须以人和某种动物分别作为其终末宿主和中间宿主，缺一不可。属于这一类的寄生虫病只有猪带绦虫病和牛带绦虫病 2 种，上述 2 种病分别以猪、牛为中间宿主，人为终末宿主。

(3)按感染途径划分：

① 经口感染引起的人体寄生虫病：

A. 食品源性：

a. 病原经肉品感染人，如猪带绦虫病、牛带绦虫病、旋毛虫病、住肉孢子虫病、弓形虫病等。

b. 病原经淡水鱼、虾、蟹和贝类等水产品感染人，如裂头绦虫病、迭宫绦虫病、并殖吸虫病、后殖吸虫病、异形吸虫病、后睾吸虫病、华支睾吸虫病、棘口吸虫病、膨结线虫病、毛细线虫病等。

c. 病原经蛙、蛇等特殊食品感染人，如迭宫绦虫病、中线绦虫病；还有重翼吸虫、刚棘颚口线虫、广州管圆线虫、棘颚口线虫的幼虫，人吃入后引起幼虫移行症。

d. 病原随被污染的食品、水、手，再经食品而感染人，如姜片吸虫病、片形吸虫病、同盘吸虫病、囊尾蚴病、细颈囊尾蚴病、棘球蚴病、旋毛虫病、毛细线虫病、毛圆线虫病、小袋虫病、弓形虫病、球虫病、阿米巴病等；还有弓首蛔虫、泡翼线虫等感染性虫卵引起内脏幼虫移行症等。

B. 非食品源性：病原经媒介动物携带而误入口中感染人，如双腔吸虫病、复孔绦虫病、膜壳绦虫病、西里伯瑞列绦虫病、伪裸头绦虫病、龙线虫病、筒线虫病、伯特绦虫病、棘头虫病等。

② 经皮肤(黏膜)感染引起的人体寄生虫病：

A. 直接钻入：病原直接钻入皮肤，如日本分体吸虫病、尾蚴性皮炎、类圆线虫病、钩虫病，还有动物寄生虫的感染性幼虫引起人的皮肤幼虫移行症。

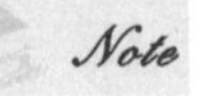

B. 生物媒介带入：病原经生物媒介带入，如丝虫病、利什曼原虫病、锥虫病、巴贝斯虫病、疟原虫

病、蝇蛆病等。

③ 接触感染：病原通过动物与人的直接或间接接触而感染，如疥螨等。

二、影响人畜共患寄生虫病流行的因素

人畜共患寄生虫病的流行，同样要具有感染来源、感染途径、人和易感动物3个必需的基本环节。而在人与动物之间传播中，显然人的因素更为重要。

1. 人的因素 首先，随着人类活动地域的不断扩大，势必进入自然疫源地，因而获得感染，如巴贝斯虫病、疟原虫病、锥虫病、利什曼原虫病等；其次，由于风俗习惯、饮食习惯、肉食品加工方式等因素，增加了人感染和传播寄生虫病的机会，如有生食狗肉、猫肉习惯的地区，流行旋毛虫病、住肉孢子虫病等。

2. 动物因素 观赏动物、伴侣动物和野生动物种群的扩大，而且与人类的关系更为密切，致使人畜共患寄生虫病传播的机会大大增加，如弓形虫病、弓首蛔虫病、隐孢子虫病等。

3. 环境因素 环境因素中最重要的是环境污染，为寄生虫的存活和传播创造了条件，主要是粪便污染水源、土壤、蔬菜和植被；同样，用含有各种蠕虫卵、幼虫、原虫包囊的粪便施肥，污染土壤和蔬菜，人生食时更易造成感染。

三、人畜共患寄生虫病的预防与控制

人畜共患寄生虫病的预防和控制，应从影响流行的3个因素入手，只有如此，才能消除或切断其循环链，从而达到预防和控制的目的。

1. 人的方面 首先，要提高人们对人畜共患寄生虫病危害性的认识，增强公共卫生意识；其次，消除影响人畜共患寄生虫病感染和流行的因素，改变不良的风俗习惯、饮食习惯和肉食品加工方式，养成良好的卫生习惯，饭前便后勤洗手，禁食生肉或半生肉，同时要加强肉品卫生检验；另外，对人进行化学药物预防和治疗，是控制感染来源的一项重要措施。

2. 动物方面 首先应采取消毒、检疫、隔离、封锁、淘汰等综合性兽医卫生措施，同时进行免疫预防和化学药物预防和治疗。猪囊尾蚴的基因工程重组苗、日本分体吸虫基因工程重组苗、旋毛虫的灭活苗、弓形虫的减毒苗等，均已进入动物临诊试验阶段；化学药物防治同样具有消除感染来源的重大意义，可使人的感染大为减少。

3. 环境方面 主要是消灭经济意义较小的中间宿主和贮藏宿主等，如螺蛳和鼠类等，但贮藏宿主中的野生动物则不易控制。还要避免各种环境污染，尤其是人和动物粪便的污染。

除此，还要加强疫情监测和国际贸易间的检疫防疫，防止寄生虫病的传入和传出。

 **课后作业**

线上评测

复习与思考

一、填空题

1. 宠物寄生虫病流行的3个基本环节包括__________、__________、__________。

2. 宠物寄生虫的感染途径包括经口感染、经皮肤感染、__________、__________、经胎盘感染、自身感染。

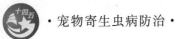

3.中间宿主和传播媒介主要指经济意义较小的____________动物。

4.临诊检查主要是检查动物的____________、____________和疾病的危害程度。对于具有____________症状的疾病基本可以确诊。

5.寄生虫剖检诊断法可用于____________、____________或屠宰动物。

6.杀灭粪便中寄生虫的病原最简单、有效的方法是____________。

二、简答题

1.宠物寄生虫病的流行特点是什么？

2.宠物寄生虫病诊断的方法有哪些？

3.防治宠物寄生虫病为什么要采取综合性防治措施？包括哪些内容？

4.控制和消除感染来源包括哪些内容？

5.人畜共患寄生虫病的预防和控制措施有哪些？

Note

项目三　犬、猫吸虫病的防治

项目描述

本项目是根据执业兽医师资格考试要求及宠物医师等岗位需求进行编写，本项目为犬、猫常见吸虫病的防治，内容主要包括华支睾吸虫病、后睾吸虫病、并殖吸虫病、棘口吸虫病及血吸虫病。通过本项目的训练，学生能够基本掌握宠物犬、猫常见吸虫病的病原特征、生活史过程、流行病学、主要临诊症状及病理变化、诊断，能够识别不同寄生虫的病原形态构造，具备临床诊断寄生虫病的素质和能力，为宠物犬、猫寄生虫病的预防工作奠定基础。

学习目标

▲知识目标

掌握犬、猫常见吸虫的虫体形态特征，掌握其生活史过程及特点，了解吸虫病的症状与病变，熟悉吸虫病的诊断技术、治疗和综合防治措施。

▲能力目标

能够将犬、猫常见吸虫病的基本知识应用于临床实践中，能够诊断临床病例，并进行治疗和预防。

▲思政目标

学会用辩证思维的方式看待和鉴别疾病，具备科学的态度、实事求是的学风；要有爱心，关爱小动物，关注公众健康，树立宠物医师的社会责任，具备按照技术流程从事寄生虫病检查工作的职业素质，具有为宠物事业发展而奉献的精神。

任务1　犬、猫吸虫病概述

情境导入

吸虫(trematode)属扁形动物门的吸虫纲(Trematoda)。犬、猫肝脏吸虫病是由多种吸虫寄生于肝脏及胆管内引起的寄生虫病，病原主要包括华支睾吸虫、猫后睾吸虫、微口吸虫。这些寄生虫对犬、猫造成一定危害，并有传染其他动物及人类的可能。

扫码看课件
3-1

必备知识

一、吸虫的形态结构

复殖目分为腹口亚目和前口亚目，其中前口亚目寄生于家畜、家禽和人。分为片形科、双腔科、

前殖科、并殖科、后睾科、棘口科、前后盘科、背孔科、环肠科、嗜眼科、分体科。

犬猫吸虫根据寄生部位分为肝脏吸虫、肠道吸虫、肺脏吸虫、循环系统吸虫。肝脏吸虫包括华支睾吸虫、猫后睾吸虫、微口吸虫；肠道吸虫包括棘口吸虫、双穴科吸虫、异形吸虫和其他肠道吸虫；肺脏吸虫包括卫氏并殖吸虫、斯氏并殖吸虫和其他肺脏吸虫。

吸虫成虫一般呈叶片状或长椭圆形，附着器官有角质的钩、棘刺及吸盘。呼吸由外寄生的有氧呼吸到内寄生的厌氧呼吸。消化系统相对趋于退化，一般较简单，有口、咽、食道及肠管。肠管通常有两支，互相对称，末端封闭成盲管，通于排泄管。排泄系统由焰细胞、排泄小管、排泄囊、排泄孔组成。神经系统由神经节、神经纤维及围绕食道的神经环组成，并有神经支对称分布于虫体各部。生殖系统趋向复杂，生殖机能发达，除裂体科吸虫外，皆为雌雄同体。生殖器官由睾丸、输精管、贮精囊、阴茎囊、前列腺、阴茎等部分组成。雌性生殖器官由卵巢、输卵管、受精囊、卵模、梅氏腺、卵黄腺及子宫等部分组成。单殖亚纲和盾腹亚纲生活史简单，没有无性世代，亦无宿主的交替。复殖亚纲生活史较复杂，出现有性世代和无性世代的转变，及宿主的轮换。幼虫期所寄生的宿主为中间宿主，寄生的成虫称终末宿主，一般生活史要包括卵、毛蚴，无性世代的胞蚴、雷蚴、尾蚴和囊蚴。尾蚴寄生于水生或陆生软体动物的腹足类，囊蚴寄生于甲壳动物的虾、蟹、昆虫、软体动物、鱼类、植物等生物体上。

(1)消化系统：复殖吸虫有不完全的消化道，包括：由肌性口吸盘围绕的口、前咽、咽、食道和肠管，后者常分为两个肠支。口、咽、食道构成前肠。肠支内壁为单层细胞层，其胞质伸出具浆膜的绒毛样褶以扩大吸收面积。前肠及肠支虽具有吸收及消化动能，但主要是在前肠及肠管前部进行。

(2)生殖系统：复殖吸虫除血吸虫外都是雌雄同体(hermaphrodite)，即同一虫体内具雌、雄两套生殖系统，通常雄性生殖系统早熟于雌性生殖系统，这似乎能减少自我受精机会。雄性生殖系统由睾丸、输出管、输精管、贮精囊、前列腺、射精管或阴茎、阴茎袋等组成。在某些虫种，一些结构，如前列腺、阴茎袋、阴茎等可能会缺失。雌性生殖系统由卵巢、输卵管、卵模、梅氏腺、受精囊、劳氏管、卵黄腺、卵黄管、总卵黄管、卵黄囊、子宫等组成(图 3-1)。雌雄生殖系统的远端均开口于生殖窦。

(3)排泄系统：吸虫排泄系统由焰细胞、毛细管、集合管与排泄囊组成，经排泄孔通体外。焰细胞与毛细管构成原肾单位。焰细胞的数目与排列可用焰细胞式表示。它是吸虫分类的重要证据。焰细胞由细胞核、线粒体、内质网等组成。胞浆内有一束纤毛，每一纤毛由 2 根中央纤丝与 9 根外周纤丝组成。活体显微镜观察时，纤毛颤动像跳动的火焰，因而得名(图 3-2)。

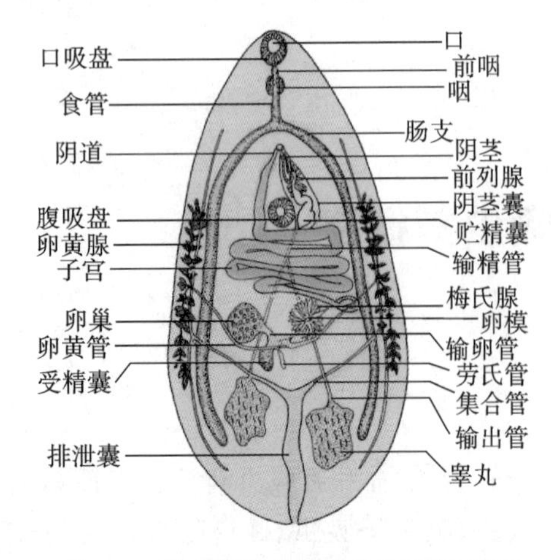

图 3-1　复殖吸虫成虫形态构造模式图

图 3-2　焰细胞结构

二、吸虫的生活史

复殖吸虫的生活史比较复杂，基本阶段包括虫卵、毛蚴、胞蚴、雷蚴、尾蚴、囊蚴和成虫 7 个阶段。

1. 虫卵　一般呈卵圆形或者椭圆形，多具有卵盖，有的无卵盖，有的一端或者两端具有卵丝(图 3-3)。

2. 毛蚴 呈三角形或者梨形，前部较宽，后端狭小，前端中央具有1个圆锥形的顶突，顶突之后体表被有纤毛。体内具有顶腺1个、钻刺腺(通常为1对)、脑块(1个)、胚细胞、胚团，多数种类具眼点(常为1对)，排泄系统为1对，每侧具有1个或者2个焰细胞和1根盘曲的小管，2个排泄孔分别位于体后部两侧。

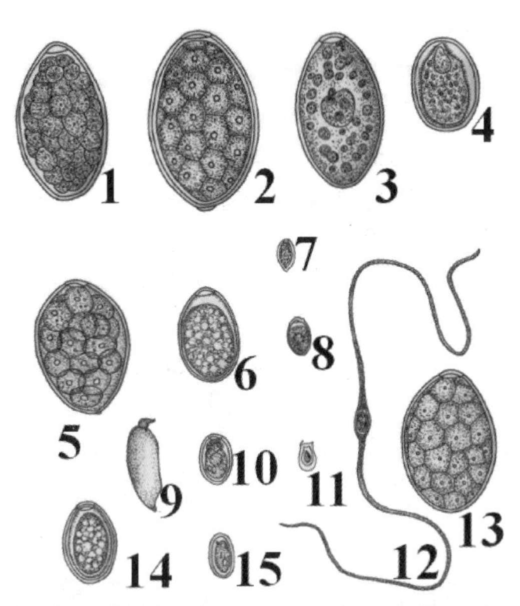

1.肝片吸虫；2.大片吸虫；3.鹿同盘吸虫；4.日本血吸虫；5.卷棘口吸虫；6.叶形棘隙吸虫；7.前殖吸血；8.横川吸虫；9.土耳其斯坦鸟毕吸虫；10.胰阔盘吸虫；11.后睾吸虫；12.纤细背孔吸虫；13.姜片吸虫；14.卫氏并殖吸虫；15.歧腔吸虫

图3-3 各吸虫卵形态

3. 胞蚴 呈包囊状，两端圆。体内含有胚细胞、胚团和焰细胞，发育成熟的胞蚴体内含有雷蚴。也有的吸虫胞蚴呈分支状，如短咽科吸虫。胞蚴多寄生于螺的肝脏，通过体表摄取营养，并进行无性繁殖，体内的胚细胞逐渐增大分裂形成胚团，再发育为雷蚴，1个胞蚴能发育形成多个雷蚴。有些吸虫具2代胞蚴，分别称为母胞蚴和子胞蚴，它们的形态与其他胞蚴相同，只是成熟母胞蚴体内含子胞蚴，成熟子胞蚴体内含尾蚴。

4. 雷蚴 又称裂蚴，呈包囊状，体内有1个大的肌状咽，咽后接1条袋状的盲肠。体内含有胚细胞、胚团和排泄器官。有些吸虫仅有1代雷蚴，雷蚴成熟后体内含有尾蚴。有些吸虫则有母雷蚴和子雷蚴两期，成熟母雷蚴体内含子雷蚴，而成熟的子雷蚴体内则含有尾蚴。雷蚴也进行无性繁殖，体内的胚细胞分裂发育为多个尾蚴。有2代雷蚴时，则由母雷蚴形成多个子雷蚴，再由子雷蚴形成更多的尾蚴。尾蚴从雷蚴的产孔排出，无产孔的种类则由母体破裂而出，离开雷蚴的尾蚴在螺体内停留一定时间待发育成熟后逸出螺体，进入外界。雷蚴的营养物质来自体壁的吸收或经口摄取。

5. 尾蚴 可由子胞蚴、雷蚴或子雷蚴产生。尾蚴由体部和尾部组成，能在水中活泼运动。

(1)体部呈圆形或梨形，具有成虫构造的锥形，体表常有小棘，有吸盘1～2个；具有由口、咽、食道和肠管(通常为2根)组成的消化系统和由焰细胞、收集管、排泄囊组成的排泄系统，还有神经元、原始的生殖器官和分泌腺，分泌腺包括穿刺腺、成囊腺和黏消腺。有的尾蚴具有眼点，一般为2个；有的尾蚴还具有头冠、头棘等构造。

(2)尾部为尾蚴的运动器官。尾部的形态随虫种不同而有较大的差异，可分为单尾、分叉尾、短尾及无尾类型等。尾蚴由螺体逸出后，有的可主动侵入或被动进入第二中间宿主体内形成囊蚴，前者如后睾科吸虫，后者如双腔科吸虫；有的则附着在水中的水草、石块等附着物上或就在水面中形成囊蚴，如片形科吸虫；有的尾蚴仍留在原螺蛳体内形成囊蚴，如环肠科吸虫；也有的尾蚴直接侵入终末宿主发育为成虫，无囊蚴阶段，如分体科吸虫。

6. 囊蚴 大多数复殖吸虫的感染阶段，由尾蚴脱掉尾部并形成包囊后发育而成。体呈圆形或卵圆形，外面为囊壁，囊壁内为幼虫，称为后尾蚴。幼虫的构造与尾蚴的体部相似，体表常有小棘，有口吸盘、腹吸盘，体内有消化系统和排泄系统，而生殖系统的发育程度则随虫种的不同而有所差异，有的为简单的生殖原基细胞，有的则具有完整的雌、雄性器官。囊壁耐干燥，抗机械性磨损和破坏，并能抵抗第二中间宿主的免疫反应，故囊蚴具有很强的抵抗力。也有的后尾蚴不形成包囊，保持游离和活跃状态，幼虫逸出后循一定的路线移行至固有的寄居部位，逐渐发育为成虫。从脱囊后开始直至发育为成虫之前的虫体，通常称为童虫。

7. 成虫 寄生于终末宿主体内，并行有性生殖的阶段。多数复殖吸虫的成虫由囊蚴发育而成，少数由尾蚴发育而成。复殖吸虫生活史所有阶段的基因是相同的，但在不同的阶段其基因的表达情况是不同的，如负责雷蚴发育的基因在胞蚴发育阶段是被抑制的。反之亦然，其激活与抑制机制至今尚未阐明。综上所述，复殖吸虫的发育是复杂的。成虫寄生于终末宿主体内，经有性繁殖产出大量虫卵，随粪便排至外界；未发育的虫卵尚需在外界发育形成毛蚴。在水中孵出的毛蚴钻入螺蛳体内，或含毛蚴的卵被螺蛳吞食后孵出毛蚴。在螺蛳体内，毛蚴发育为胞蚴，胞蚴经无性繁殖形成多个雷蚴，雷蚴再经无性繁殖最后形成大量的尾蚴，尾蚴发育成熟后离开螺蛳，附着在水草等物体上或侵入第二中间宿主体内形成囊蚴。终末宿主吞食囊蚴后，囊蚴在其体内发育为成虫。有的吸虫缺囊蚴阶段，由尾蚴侵入终末宿主体内直接发育为成虫。复殖吸虫种类繁多，种类不同其发育阶段变化也颇大，有的缺胞蚴或雷蚴；有的却有 2 代胞蚴或者 2 代雷蚴；有的缺囊蚴，而由尾蚴侵入终末宿主。

任务 2　华支睾吸虫病

情境导入

扫码看课件
3-2

华支睾吸虫病（clonorchiasis sinensis）是由后睾科（Opisthorchiidae）支睾属（*Clonorchis*）华支睾吸虫（*Clonorchis sinensis*）寄生于人、犬、猫、猪及其他一些野生动物的肝脏胆管和胆囊内所引起肝脏肿大以及其他肝病变的一种重要的人畜共患吸虫病。我国流行地区很广，许多省市均有报道。对犬、猫危害较大，我国某些地区猫的感染率可达 100%，犬的感染率为 35%～100%。

必备知识

一、病原形态构造

华支睾吸虫是小型虫体，体薄，透明，长 10～25 mm，宽 3～5 mm，口吸盘位于虫体的前 1/5 处，腹吸盘较口吸盘小。有咽，食道短，肠管分两支达虫体后端，睾丸呈分支状，前后排列于虫体后部。卵巢分叶，在睾丸前。有较发达的受精囊，呈椭圆形，位于睾丸和卵巢之间。卵黄腺呈细小颗粒状，分布于虫体中部两侧。子宫在卵巢之前盘绕向上，开口于腹吸盘前缘的生殖孔（图 3-4）。虫卵呈黄褐色，大小为(27～35)μm×(12～20)μm，前端狭小，并有一盖，后端圆大，有一小突起，从宿主体内随粪便排出时卵内已含成熟毛蚴。整个虫卵呈灯泡样（图 3-5）。

二、生活史

华支睾吸虫的发育过程需要两个中间宿主，第一中间宿主是淡水螺，我国有 3 种螺蛳，即纹沼螺（*Parafossarulus striatulus*）、长角涵螺（*Alocinma longicornis*）、赤豆螺（*Bithynia fuchsianus*）。第二中间宿主是淡水鱼（如草鱼（*Ctenopharyngodon idella*）、青鱼（*Mylopharyngodon piceus*））和虾（如细足米虾（*Caridina nilotica gracilipes*）、巨掌沼虾（*Macrobrachium superbum*））。虫卵随胆汁进入消化道，随动物的粪便一起排出体外，淡水螺吞食虫卵后，卵内毛蚴很快孵出，进一步发育为胞蚴、雷蚴和尾蚴。尾蚴自螺体逸出，钻入第二中间宿主淡水鱼或虾体内发育为囊蚴。动物和人吃了生的

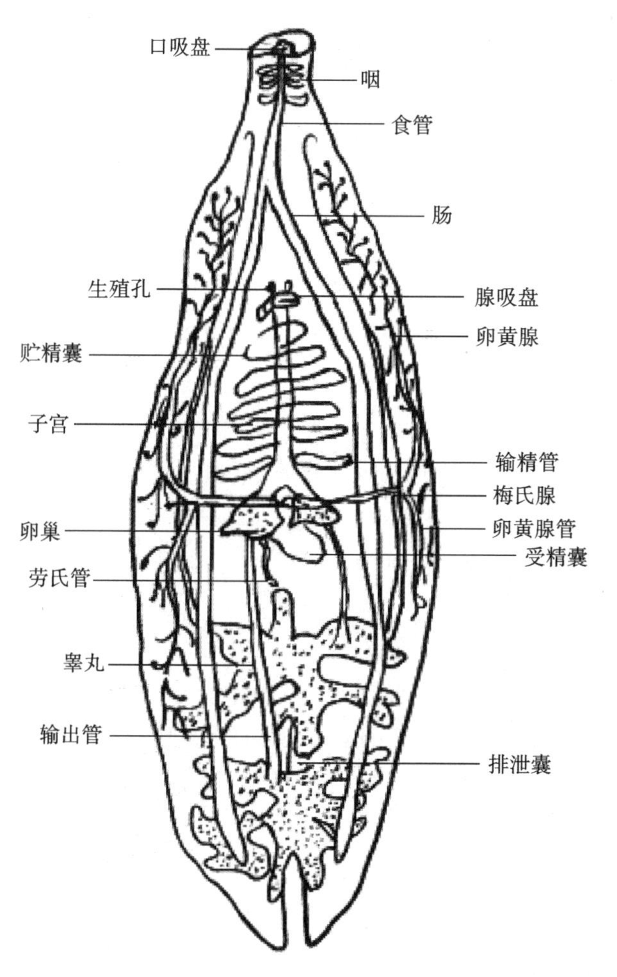

图 3-4 华支睾吸虫成虫示意图

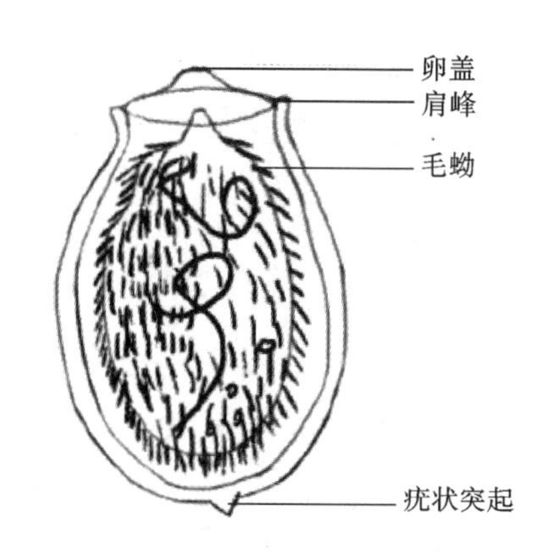

图 3-5 华支睾吸虫卵结构示意图

或未熟的含囊蚴的淡水鱼、虾而被感染。一般认为童虫逆胆汁流向经胆总管到达胆管发育为成虫，但也可通过血流或穿过肠壁经腹腔到达胆管内变为成虫。从感染到发育为成虫约需 1 个月。

三、流行病学

华支睾吸虫病的宿主范围较广，有人、猫、犬、猪、鼠类以及野生的哺乳动物。经调查发现，华支睾吸虫病在华中、华北及东北各地广泛流行。动物感染率高于人。犬、猫均是吃淡水鱼、虾的动物，在北京、上海、湖北和浙江等地，人感染率不高，而猫、犬感染率高达 70%～80%。在四川省进行猪粪便检查时发现，虫卵阳性率达 3.7～19.5%。饲喂生鱼的猪，阳性率为 50%；不饲喂生鱼的猪，阳性率为 7.4%。放养的猪，感染率为 55.6%，圈养者为 7.3%，这是因放养猪去沟塘觅食淡水鱼、虾所致。

华支睾吸虫病的流行有下列几个因素。

(1)有适宜的第一中间宿主淡水螺和可作为第二中间宿主的淡水鱼和虾。在我国已证实第一中间宿主在辽宁地区为长角涵螺，江西为纹沼螺，四川为纹沼螺和长角涵螺，广东与河南为纹沼螺，而赤豆螺的感染率比其他螺低。华支睾吸虫的幼虫在这些螺体内发育良好，对本病的流行起决定性作用。成熟的尾蚴逸出后，在第二中间宿主淡水鱼的肌肉内形成囊蚴，囊蚴对淡水鱼、虾的选择并不严格，除池塘内的草鱼、青鱼、鲤鱼、土鲮鱼等 39 种鲤科鱼可感染外，水沟或稻田内的各种小鱼、虾均可作为第二中间宿主。

(2)流行地区的粪便如未经处理即倒入塘内，鱼和螺会受到感染。有的地区在鱼塘边建厕所，或将猪舍盖在塘边，含大量虫卵的人畜粪便直接进入塘内，进一步促成本病的流行。

(3)由于生活习惯和生活条件的关系，生吃或吃不熟而含有囊蚴的鱼肉而被感染。广东有些人

嗜食生鱼粥、鱼球及蒸鱼等，由于鱼肉中的囊蚴未能杀死而受感染，以成人的感染率为高。河南、四川及山东等地则多因吃烧烤或晒干的小鱼而受感染，以儿童的感染率为高。江苏、浙江等地，有些人因嗜食醋鱼和生切鱼片等而感染。宠物感染系因有些人用小鱼、虾作为其饲料。

四、主要症状及病理变化

多数宠物为隐性感染，临床症状不明显。严重感染时，主要表现为消化不良、食欲减退、下痢、贫血、水肿、消瘦，甚至腹水，肝区叩诊有痛感。病程多为慢性经过，往往因并发其他疾病而死亡。虫体寄生于动物的胆管和胆囊内，由于虫体的机械性刺激，引起胆管炎和胆囊炎；虫体分泌的毒素，可引起贫血；大量虫体寄生时，可造成胆管阻塞，胆汁分泌障碍，并出现黄疸现象。寄生时间久之后，肝脏结缔组织增生，肝细胞变性萎缩，毛细胆管栓塞形成，引起肝硬化。

五、诊断

在流行区，动物有生食或半生食淡水鱼、虾史；临床上表现为消化不良，肝脏肿大，叩诊肝区时敏感，严重病例有腹水；结合粪便检查发现虫卵或尸体剖检发现虫体即可确诊。也可应用间接血凝试验或酶联免疫吸附试验作为辅助诊断手段。

六、治疗

(1)吡喹酮：首选药物，剂量为 50～75 mg/kg 体重，1 次，口服。

(2)丙硫苯咪唑(苯硫咪唑)：剂量为 30 mg/kg 体重，口服，每日 1 次，连用数日。

(3)六氯对二甲苯：剂量为 50 mg/kg 体重，10 次，或 200 mg/kg 体重，5 次，口服。

七、防治

(1)流行区的猫、犬、猪要定期进行检查驱虫。

(2)禁止以生的或半生的淡水鱼、虾饲喂动物。

(3)消灭第一中间宿主淡水螺类。

(4)管好人、犬、猫、猪等的粪便，防止粪便污染水塘。

(5)禁止在鱼塘边盖猪舍或厕所。

任务 3　后睾吸虫病

情境导入

扫码看课件

3-3

后睾吸虫病是由后睾科多个属的多种吸虫寄生于犬、猫等动物的肝脏、胆管及胆囊内引起的疾病的总称，也可以寄生于鸟类和爬行动物。本病的主要特征是患病动物的肝小叶胆管内形成囊状扩张，纤维组织增生，消化机能受到影响。虫体阻塞胆管可以引起轻度的黄疸。本病很多地方有过报道，危害很大。

必备知识

一、病原形态构造

1. 猫后睾吸虫(*Opisthorchis felineus*)　属于后睾属(*Opisthorchis*)，寄生于猫、犬、猪及狐狸的胆管内引起疾病，有的地方人感染也比较普遍。虫体大小为(7～12)mm×(2～3)mm。其与华支睾吸虫很相似，虫体呈淡红色，半透明，表皮光滑。前端较狭，后端钝圆。口吸盘和腹吸盘的大小差不多，直径均为 0.25 mm。两个呈浅裂状分叶睾丸，前后斜列于虫体的 1/4 处。受精囊位于睾丸的前端。排泄管呈 S 状弯曲。卵巢比较小，略分叶，呈卵圆形，位于排泄囊的前端。子宫从卵模开始，盘

曲于两个肠管之间。卵黄腺位于虫体两侧后1/3处，由许多横列的腺泡所组成。生殖孔开口于腹吸盘之前(图3-6)。虫卵椭圆形，呈浅棕黄色。形态与华支睾吸虫的卵相似，仅长宽比例稍有不同，一端有盖，另一端有一个小钉状的突起。卵内含有一个成熟的不对称的毛蚴，大小为(26～30)μm×(10～15)μm(图3-7)。

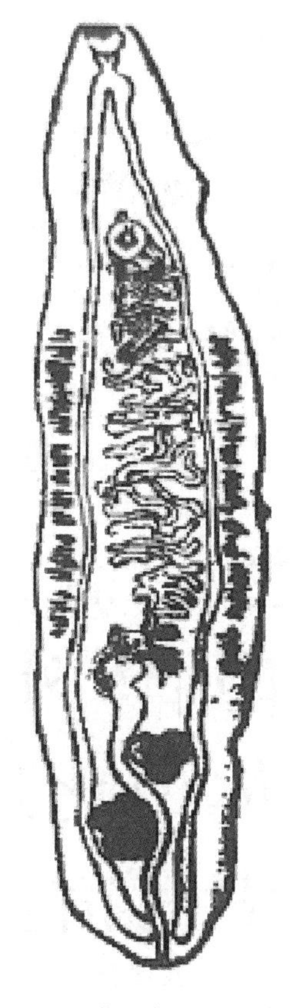

图3-6 猫后睾吸虫示意图

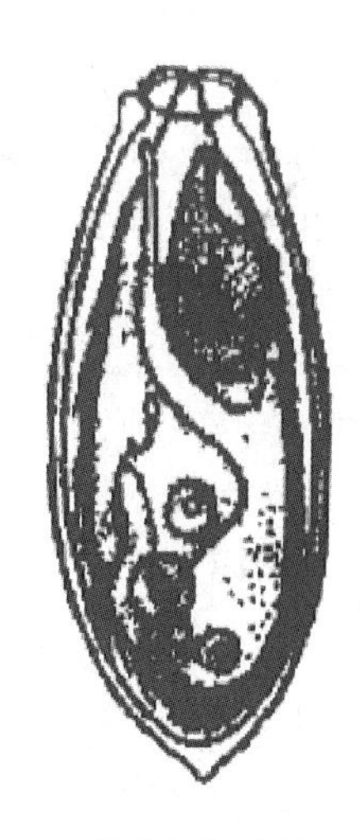

图3-7 猫后睾吸虫卵示意图

2. 截形微口吸虫(*Microtrema truncatum*) 属于微口属(*Microtrema*)，寄生于猪、犬、猫胆管内。虫体背腹扁平，形状像舌头。前端比较尖细，后端平截，虫体的中部略向背面隆起，故此得名。虫体大小为(4.5～14)mm×(2.5～6.5)mm，厚为1.5～3 mm。有很细的小刺遍布于体表。虫体通常3～4个群集。口吸盘通常位于虫体的前端，腹吸盘位于体中央略后方。生殖孔开口于腹吸盘的近前处。食道很短，两肠管与体缘平行，到达体后端略向内弯。睾丸略分叶，左右并列于虫体后1/4处肠管的内侧。卵巢分叶状，位于睾丸之间稍后方。梅氏腺在卵巢之前。受精囊为卵圆形，位于卵巢的后方。子宫为弯曲状，位于睾丸和卵巢之前的肠分叉处的后方。有劳氏管。排泄囊在虫体后端呈Y形。卵黄腺分布在体两侧的肠管之外，各有9～14簇。虫卵很小，为深金黄色，前端较狭，后部略宽，平均大小为3.35 μm×1.81 μm，一端有卵盖，另一端有一个小刺。卵壳较厚，表面覆盖有龟裂纹，其内部含有毛蚴。

3. 麝猫后睾吸虫(*Opisthorchis viverrini*) 成虫寄生在人的肝胆管，猫、犬等动物是保虫宿主。成虫大小为(5.4～10.2)mm×(0.8～1.9)mm，其形态基本与猫后睾吸虫相似，但是有8点不同之处：①麝猫后睾吸虫的卵巢和睾丸相距较近；②卵黄腺集成若干个较大的腺群；③虫卵形态与大小(平均在27 μm×15 μm)不同；④睾丸呈深裂状分叶；⑤后睾丸靠近肠支的末端；⑥卵巢分叶比较多；⑦食道比较长；⑧受精囊比较短，弯曲比较少。前3点为两个虫种的区别要点。其尾蚴与华支睾吸虫和猫后睾吸虫的尾蚴很相似。虫体表面被有小刺。口吸盘呈卵圆形，腹吸盘不明显，位于排泄囊稍前方。焰细胞公式为2×[(3+3)+(3+3+3)]。其囊蚴呈圆形或卵圆形，大小平均为0.201 mm×0.168 mm，囊壁分内外两层。脱囊后的后尾蚴呈长椭圆形，全身被有小刺。食道相对比较长。后尾蚴的焰细胞公式为2×[(3+3)+(3+3+3)]。

二、生活史

猫后睾吸虫的成虫寄生于猫等食肉动物的胆管中，产出的虫卵随粪便排出体外，落入水中的虫卵被中间宿主淡水螺(主要是李氏豆螺)吞食，在其体内经毛蚴、胞蚴、雷蚴阶段变成尾蚴，尾蚴离开螺体进入水中，遇补充宿主淡水鱼、虾等而进入其体内各部，以肌肉为多，最后形成囊蚴。猫等由于吞食含有囊蚴的生鱼、虾而感染。幼虫在十二指肠中破囊而出，经胆总管入胆管发育为成虫。

三、流行病学

后睾吸虫病主要流行于东南亚国家，据1985年估计，该地区患者有2000万以上，流行因素主要有两个：一是中间宿主的广泛存在；二是人们有嗜食生鱼肉的习性。猫后睾吸虫病亦流行于欧洲的不少国家，日本、印度、朝鲜、菲律宾和土耳其等国均有病例报道，感染人数约有1亿。俄罗斯有些地区流行严重，1986年报道感染率达97.1%～100%。据统计，儿童感染率在10岁后随年龄增长而升高，至48岁后又逐渐降低，儿童以13～15岁年龄组的感染率最高。泰国东北部人群感染率为58.0%～95.0%。老挝居民感染率较低，大约为25%。在我国主要分布于四川、江西、湖南、上海、台湾、西藏、北京等地。

四、主要症状及病理变化

虫体寄生在胆管和胆囊内刺激黏膜、引起炎症，影响胆汁分泌，导致消化机能受到影响，大量虫体寄生时阻塞胆管，胆汁分泌受阻，可引起黄疸。虫体分泌的毒素可引起贫血。虫体长时间寄生可引起肝脏结缔组织增生，肝细胞变性萎缩，引起肝硬化。临床上多呈慢性经过表现，如消化不良、食欲不佳、下痢、全身水肿、腹水增多。最后出现贫血、消瘦，常因继发其他疾病而死亡。剖检可见胆囊肿大，胆管变粗，胆汁浓稠，呈草绿色。胆管和胆囊可发现大量虫体，肝脏表面结缔组织增生，有时可引起肝硬化或脂肪变性。

五、诊断

根据临床症状，结合有喂生鱼、虾的习惯，可怀疑本病。最后根据粪便检查和剖检变化确诊，粪便检查用沉淀法。操作步骤：①取粪便2 g置于烧杯中并加入少量清水，用玻璃棒将粪便充分捣碎并混匀，再加入清水至烧杯的2/3处。②将混匀的粪水用40～60目的铜筛过滤到另一烧杯中静置。③滤液静置30～40 min后慢慢倾去上层液体，保留沉渣，重新加水混匀并静置。如此反复多次，直至上层液体透明为止。④缓慢倾去上层液体，用吸管吸取沉渣，滴于载玻片上，加盖盖玻片在低倍镜下检查。

六、治疗

(1)吡喹酮：每千克体重50～70 mg，1次口服。

(2)丙硫苯咪唑：每千克体重30 mg，口服，每天1次，连用12天。

(3)六氯对二甲苯：每千克体重50 mg，口服，每天1次，连用10天。

七、防治

(1)禁止用生鱼作为饲料饲喂犬、猫。

(2)人不吃生或半生的鱼类；消灭淡水螺类。

(3)对猫等食肉动物要定期驱虫，每年进行4次。伊维菌素或阿维菌素和丙硫苯咪唑联合用药。

(4)加强动物和人的粪便管理等。

任务4　并殖吸虫病

情境导入

主要包括卫氏并殖吸虫和斯氏并殖吸虫。卫氏并殖吸虫属于并殖科(Paragonimidae)、并殖属

(*Paragonimus*)，主要感染犬、猫、人，亦可见于野生食肉动物，是肺吸虫病例感染最为广泛的一类寄生虫，该病呈全球性分布，我国大多数地区均有报道。斯氏并殖吸虫也属于并殖科、并殖属，也称为斯氏狸殖吸虫，主要寄生于猫和野生食肉动物，如果子狸等的肺脏，虫体也可寄生于人体，但在人体内不能发育为成虫。斯氏并殖吸虫在国外尚未见报道，是我国有的虫种。与斯氏并殖吸虫同物异名的虫种有四川并殖吸虫、会同并殖吸虫、泡囊狸殖吸虫。

扫码看课件

3-4

必备知识

一、卫氏并殖吸虫病

（一）病原形态构造

卫氏并殖吸虫成虫虫体肥厚，新鲜虫体呈红褐色，半透明，因伸缩活动，体形变化较大。固定标本为灰棕色，呈短或长椭圆形，腹面扁平，背面隆起，类似半粒黄豆。虫体长 7～16 mm，宽 4～8 mm，厚 3.5～5 mm。体表被有小棘。口吸盘呈圆形，消化道前端为口孔、短小的前咽与食道后有两条对称的波浪状弯曲的肠支，一直伸达虫体的末端，排泄孔位于虫体后端腹面。腹吸盘大小与口吸盘相近，常位于体中横线前一点。子宫位于腹吸盘的右后方，子宫对侧为卵巢，两者几乎在同一水平线上。卵巢分 5～6 叶，形如指状，每叶可再分叶。睾丸分 4～6 支，左右各一，位于卵巢及子宫之后，约在虫体后端 1/3 处。卵黄腺特别发达，由许多密集的卵黄滤泡组成，分布于虫体的两侧（图3-8）。

虫卵呈金黄色，形状不规则，多为椭圆形，大小为(80～118)μm×(48～60)μm，卵壳厚薄不均，大多有卵盖，卵内含 10 多个卵黄细胞和 1 个卵细胞，卵细胞常位于正中央，从虫体排出时，卵细胞尚未分裂（图 3-9）。

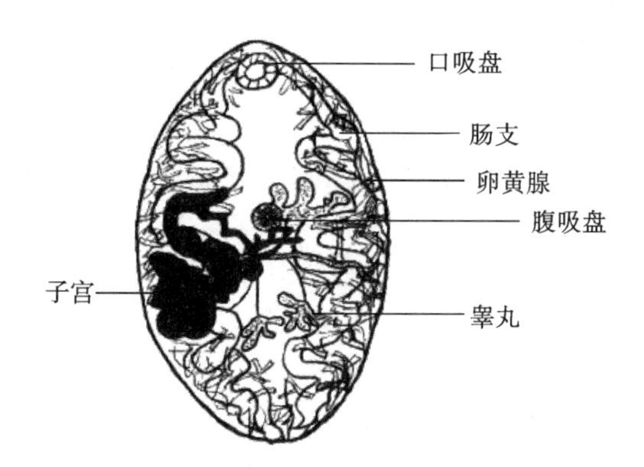

图 3-8 卫氏并殖吸虫成虫

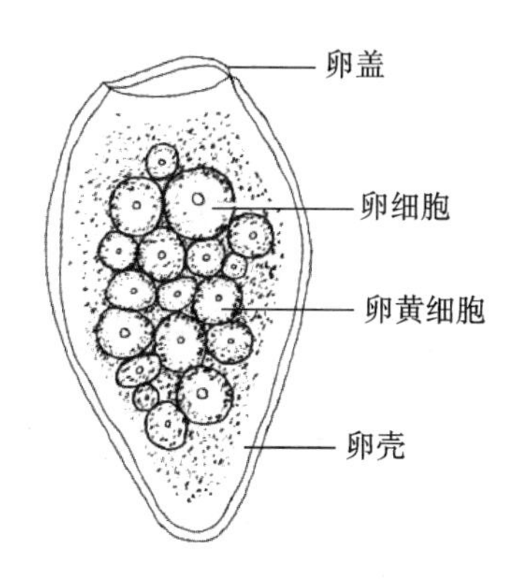

图 3-9 卫氏并殖吸虫卵

（二）生活史

卫氏并殖吸虫生活史过程包括虫卵、毛蚴、胞蚴、母雷蚴、子雷蚴、尾蚴、囊蚴（脱囊后称后尾蚴）、童虫及成虫等阶段。整个发育过程需要两个中间宿主，第一中间宿主为生活于淡水中的川卷螺类与黑贝科螺类，如放逸短沟蜷、方格短沟蜷及黑龙江短沟蜷等；第二中间宿主为甲壳类动物，如淡水蟹或蝲蛄（又名螯虾）（图 3-10）。

成虫主要寄生于肺，产出的虫卵进入支气管和气管，随宿主痰液进入口腔后再吞咽进入肠道，后随粪便排出。虫卵入水后，在适宜条件下经 3 周左右发育成熟并孵出毛蚴。毛蚴在水中非常活泼，如遇第一中间宿主川卷螺或黑贝螺，则侵入并发育，经过胞蚴、母雷蚴、子雷蚴的发育和无性增殖阶段，最后形成许多具有小球形尾的短尾蚴，每个毛蚴在螺体内大多可以变成 2000～3000 个尾蚴，这个过程需要 1～3 个月。成熟的尾蚴离开螺体在水中游动，侵入第二中间宿主淡水蟹或蝲蛄，或随螺体一起被吞食而进入第二中间宿主体内。在淡水蟹和蝲蛄肌肉、内脏或鳃上形成圆形或近圆形囊蚴。终末宿主犬、猫或人吃了含有囊蚴的生的或半熟的淡水蟹或蝲蛄，囊蚴便进入小肠，经 1 h 左右，在消化液的作用下，囊蚴两层囊壁被破坏，幼虫脱囊而出。脱囊的幼虫靠两个吸盘做强有力的伸

缩运动和前端腺分泌物的作用，钻过肠壁，即形成童虫。童虫由肝脏表面或经肝脏或直接从腹腔穿过膈肌进入胸腔而入肺，最后在肺中发育成熟并产卵，自囊蚴进入终末宿主在肺成熟产卵，一般需2个多月。童虫可在多种组织中移行，并徘徊于各脏器及腹腔间，有些童虫在肺脏无定居时不会发育为成虫，可终生穿行于宿主组织间直至死亡。成虫在宿主体内一般可活5～6年，长者可达20年。

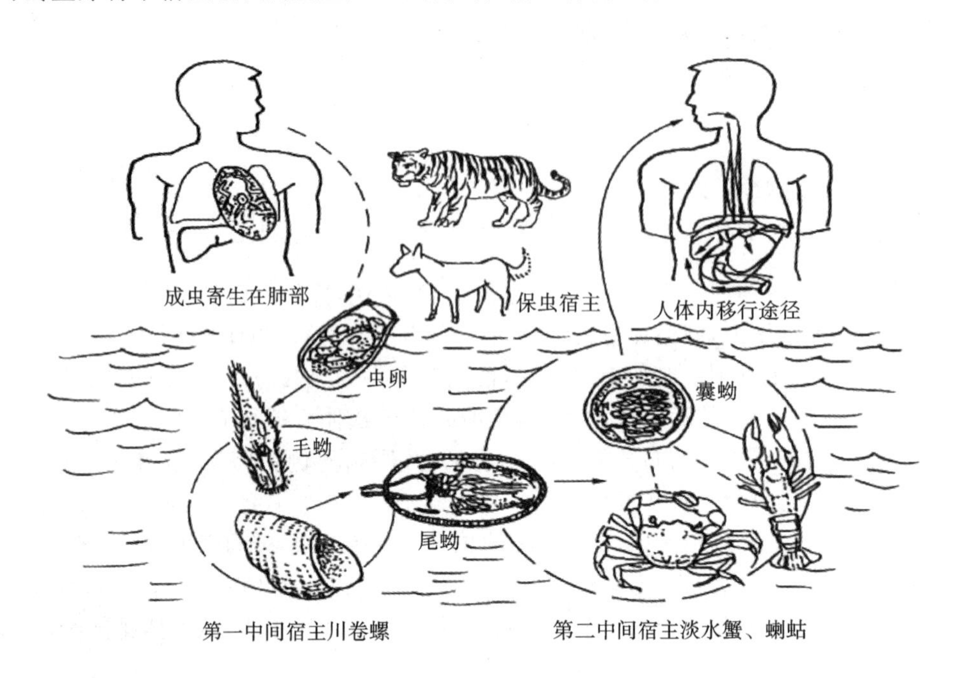

图 3-10　卫氏并殖吸虫生活史

（三）流行病学

卫氏并殖吸虫的发生和流行与中间宿主的分布有直接关系。世界范围内，主要分布在亚洲国家，中国、日本、朝鲜、泰国、印度、印度尼西亚、菲律宾、马来西亚、斯里兰卡等均有发生，非洲和南美洲地区也有报道。我国淡水蟹型流行区多呈点状分布，沿黑龙江至云南直线以东是发病主要场所；蝲蛄型流行区主要分布在东北三省。总体来讲，我国27个省、自治区、直辖市均发生过该病。目前随着人们的饮食卫生觉悟与动物饲养管理水平的提高，并殖吸虫病在多数地区已得到控制或消灭，但也有新的疫区不断出现。卫氏并殖吸虫第一、第二中间宿主种类较多，且生活环境相同，一般共栖于山区、丘陵的山溪、小河沟中，有利于其生活史的完成。目前已发现的第二中间宿主光淡水蟹类有20余种，如溪蟹、华溪蟹、石蟹等。一些淡水虾与红娘华也可作为第二中间宿主。

本病传染源主要是带虫宿主，如犬、猫和野生食肉动物（虎、豹、狼、狐等）。犬、猫及人等多因生食第二中间宿主淡水蟹及蝲蛄而遭感染，也可通过捕食转续宿主鼠类等而患病。野生动物并不食溪蟹类及蝲蛄，它们的感染主要是由捕食野猪及鼠类等转续宿主所致。

（四）主要症状及病理变化

本病潜伏期长短不一，不易确定，短者在感染后数天即可发病，长者长期无症状，多数在感染后2～5个月缓慢发病。发病后除了表现全身症状外，其他症状根据虫体异位寄生情况而定，临床上多见的主要有胸肺型、腹型、皮下包块型和脑脊髓型。

（1）全身症状：轻者表现为食欲不振、衰弱、消瘦、腹胀等，重者可出现咳嗽、呼吸困难、高热、腹痛及过敏反应等，临床病理学显示外周血中嗜酸性粒细胞显著增高。

（2）胸肺型：最常见，患犬主要表现为咳嗽和气喘，尤其是在兴奋或剧烈运动后更加明显。严重的可伴有胸痛、咳出果酱样或铁锈色血痰等症状。血痰中可查见虫卵。当虫体在胸腔窜扰时，可侵犯胸膜导致渗出性胸膜炎、胸腔积液、胸膜粘连、心包炎、心包积液等。

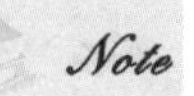

（3）腹型：虫体穿过肠壁，并在腹腔及各脏器间游窜，患犬表现为腹痛、腹泻、大便带血等症状。

也可引起腹部器官广泛炎症，偶可引致腹膜炎，出现腹水。部分并殖吸虫嗜肝，虫体侵及肝脏时可致肝损害或肝大。

(4)皮下包块型：患犬在皮下出现包块。包块大小不一，触之可动，常单个散发，偶可见多个成串，大多为1～3 cm，小的较硬、大的较软，轻压患犬有痛感。有些包块结节游走性强，常反复出现，或一处包块消失后，数日后又在附近或其他部位出现，有些包块则不游走。有时在包块内可检出成虫和虫卵。

(5)脑脊髓型：主要表现为神经症状。多见于幼犬和幼猫，常同时合并肺部或其他部位病变。患畜表现为头痛、呕吐、视力减退，严重时出现共济失调、瘫痪、感觉障碍等。

（五）诊断

根据临床症状和病理变化，结合流行病学资料，即是否用淡水蟹或蝲蛄饲喂过动物可以进行初步诊断，确诊时需做病原诊断。

将患犬、猫的唾液、痰液及粪便直接涂片，显微镜观察，检出虫卵即可确诊；手术摘除皮下包块或结节，如在包块内发现虫体也可确诊。

对死亡的病例，剖检可见以肺脏为主的全身各内脏器官中有囊肿，切开时可见黏稠褐色液体，有的可见虫体，有的有脓汁或纤维素，有的成空囊，有时可见纤维素性胸膜炎、腹膜炎并与脏器粘连，具有这些病变基本也可确诊。

隐性感染的病例，可通过血清学试验来进行检查。此外，皮内试验(ID)、酶联免疫吸附试验(ELISA)、补体结合试验、间接血凝试验、免疫印迹、免疫电泳和琼脂双向扩散等技术都可用于并殖吸虫病的诊断。X线检查、CT检查以及临床病理学指标也可作为本病的辅助诊断措施。

（六）治疗

多种抗吸虫药作用显著。

(1)吡喹酮：按3～10 mg/kg剂量1次口服，有良好的驱虫效果。

(2)丙硫苯咪唑：剂量为50～100 mg/kg，一天1次，连服2～3周。

(3)硫氯酚：50～100 mg/kg，每天或隔天给药，10～20天为1个疗程。

(4)硝氯酚：3～4 mg/kg，1次口服。皮下出现结节时，可通过局部麻醉手术摘除。其他对症治疗。

（七）防治

(1)防止犬、猫及人生食或半生食淡水蟹和蝲蛄是预防卫氏并殖吸虫病的关键措施。

(2)搞好人与犬、猫卫生，防止痰液、粪便入水可减少本病的传播。

二、斯氏并殖吸虫病

（一）病原形态构造

成虫虫体窄长，呈梭形，前宽后窄，大小为(11.0～18.5)mm×(3.5～6.0)mm，宽长比例为1∶(2.4～3.2)，最宽处在腹吸盘稍下水平，卫氏并殖吸虫最宽处是在体中横线上。腹吸盘位于体前约1/3处，略大于口吸盘。卵巢位于腹吸盘的后侧方，其大小及分支情况视虫体成熟程度而定，虫龄低者，分支数较少；虫龄高者，分支数多，形如珊瑚。睾丸2个，左右并列，可分多叶，其长度占体长的1/7～1/4，有些可达1/3，位于体中、后1/3间部。虫卵形状不对称，变化很大，但多为椭圆形，其大小平均为71 μm×48 μm。壳薄厚不均匀，虫卵最宽处近卵盖端，内含1个位于正中央的卵细胞，周围有多个卵黄细胞包绕。

（二）生活史

生活史与卫氏并殖吸虫相似，也需要经虫卵、毛蚴、胞蚴、母雷蚴、子雷蚴、尾蚴、囊蚴、童虫及成虫9个阶段才能完成其发育。已证实的第一中间宿主有泥泞拟钉螺、微小拟钉螺、中国小豆螺、建国小豆螺、建瓯拟小豆螺和中国秋吉螺等。第二中间宿主有锯齿华溪蟹、雅安华溪蟹、河南华溪蟹、福

建马来溪蟹等。此外红娘华体内也曾发现此虫的囊蚴。

多种动物，如蛙、鸟、鸭、鼠等可作为本虫转续宿主。终末宿主为果子狸、猫、犬、豹猫等哺乳动物，人是本虫的非正常宿主。

（三）流行病学

斯氏并殖吸虫在中国分布较广，国外未见报道。国内分布范围多在青海至山东直线以南地区，包括甘肃、山西、陕西、河南、四川、云南、贵州、湖北、湖南、浙江、江西、福建、广西、广东等地。本病传染源为带虫患兽和患畜。与卫氏并殖吸虫相比，斯氏并殖吸虫宿主种类更多，数量更大，动物捕食蟹类而获感染的机会则更多，排出的虫卵入水感染中间宿主的机会也大大增加。野生动物同样使该病有自然疫源地的存在。人尽管不是斯氏并殖吸虫的正常宿主，虫体进入人体不发育为成虫，但人在该病的传播中仍充当了媒介或桥梁作用。

（四）主要症状及病理变化

本虫的致病作用与卫氏并殖吸虫有相同之处，即虫体在肺、胸腔、腹腔等组织与器官中穿行，结囊、成熟、产卵，造成不同部位的病变。人工实验性感染，两种肺吸虫在实验动物猫或犬肺部寄生成虫数均以右肺多于左肺，可能与虫体的移行路线有关。不同之处在于斯氏并殖吸虫在猫体的适应性明显好于犬体，且虫体进入终末宿主后，在临床上较多侵入肝脏，引起肝脏明显的甚至严重的损害。犬、猫自然感染斯氏并殖吸虫后，绝大多数表现为食欲减退、低热、精神萎靡、行动缓慢、逐渐消瘦等，严重时表现与该虫体异位寄生器官相关。

（五）诊断、治疗与防治

同卫氏并殖吸虫病。

任务 5　棘口吸虫病

情境导入

扫码看课件
3-5

棘口吸虫为棘口科吸虫的统称。棘口科吸虫种类很多，分布广泛。据报道可以寄生人体的棘口吸虫有 20 种以上，但由于此类吸虫的分类意见尚未统一，其中的一些很可能是同物异名。

必备知识

一、病原形态构造

成虫一般为长条形，少数种类较粗短，前端稍窄，略似瓶状。生活时呈淡红色，死后为白色，体表有体棘。口吸盘和腹吸盘相距很近。口吸盘周围膨大形成头冠或环口圈，有些虫种头冠或环口圈上有单列或双列头棘，其数目及排列方式是鉴别虫种的重要特征（图 3-11）。虫体前半部体表多有皮棘。腹吸盘肌肉发达，位于虫体近前端或虫体前、中 1/3 处的腹面。消化道开口于口吸盘，下接前咽、咽、食道及肠支。两肠支几乎达到虫体末端。睾丸 2 个，呈圆形、椭圆形或分叶状，前后排列或斜列在虫体的后半部。个别虫种睾丸可移位或缺如。卵巢呈球形，位于睾丸之前。有劳氏管但无受精囊。卵黄腺呈滤泡状，分布于后半部虫体两侧。排泄囊呈“Y”形。子宫盘曲在卵巢或睾丸与腹吸盘之间，

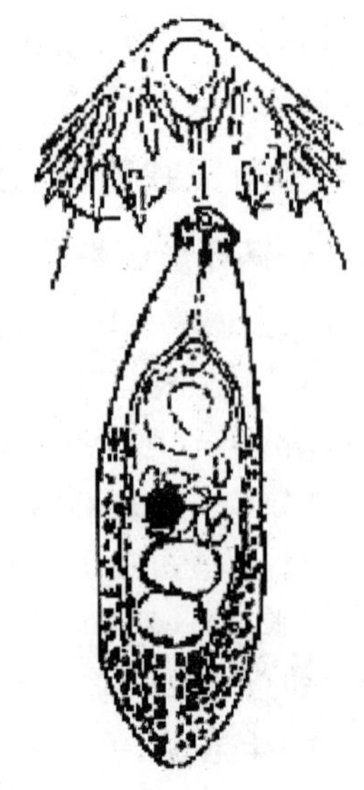

图 3-11　日本棘口吸虫与头冠放大示意图

两侧不超出肠支范围。

虫卵形态大小类似姜片虫卵，呈椭圆形，淡黄色，卵壳薄，一端有卵盖，部分虫种虫卵末端有增厚现象，内含未分化的卵细胞和若干个卵黄细胞。

二、生活史

棘口吸虫的生活史中需要两个中间宿主和一个终末宿主。寄生在终末宿主（鱼类、爬行类、禽类和哺乳类等）小肠内的棘口吸虫排卵后，虫卵随粪便排出体外。在适宜条件下，虫卵内的卵细胞开始分裂，约经 3 周形成毛蚴。毛蚴自卵中孵出后在水中短时间存活，侵入第一中间宿主螺体后经胞蚴和 2 代雷蚴阶段的发育增殖，成为尾蚴。尾蚴可以在同一螺体内继续发育，形成囊蚴，也可以自螺体内逸出后钻入其他螺体内，再发育成囊蚴。有些棘口吸虫还可在鱼、青蛙及蝌蚪体内或植物上发育成囊蚴。动物或人食入囊蚴后，囊蚴在小肠内脱囊，逸出的童虫在 4 h 内即可在小肠内寄生，历时 7～9 天发育成熟。

三、流行病学

棘口吸虫是一大类分布较广、种类繁多的中小型吸虫，在中国从北到南都有发现，尤其是南方各省（自治区、直辖市）更为多见。由于棘口吸虫的中间宿主（淡水螺、蛙类、鱼类等）分布广泛，种类繁多，造成了本病的普遍流行；但各地区流行的种类和种群有明显差别。人体感染多见于亚洲，感染人的棘口吸虫往往也能寄生于鸟类和哺乳动物，所以传染源主要是鸟类和哺乳动物，特别是捕食鱼类的动物。人和畜禽吞食了含有囊蚴的螺蛳、鱼和蛙类时，则会造成本病的感染和传播。

四、主要症状及病理变化

由于虫体的吸盘、头棘和体棘的刺激，可引起动物肠黏膜的损伤、出血和发炎。加之虫体吸收大量营养物质和分泌毒素的作用，使患病动物消化机能发生障碍，营养吸收受阻。少量寄生时危害不严重，严重感染时，特别是幼鸟表现食欲减退，消化不良，腹泻和粪中混有黏液，消瘦、贫血、发育停滞，重者衰竭死亡。剖检可见肠壁发炎、有点状出血，肠内充满黏液，有许多虫体附着在肠黏膜上。棘口吸虫病的病理变化主要见于消化道。虫体的头棘、体棘和吸盘对肠黏膜的机械刺激可引起肠炎和消化功能障碍。其病理变化主要表现为肠卡他性炎症和浅表黏膜上皮脱落与炎症细胞浸润，肠黏膜绒毛萎缩，隐窝增生。肠绒毛变钝、融合、损坏以致上皮层丧失。绒毛基质炎症细胞浸润和充血、水肿和纤维化等，并见杯状细胞数量增加。有的肠内充满黏液，有许多虫体附着在肠黏膜上。

五、诊断

常用的粪便检查方法，如直接涂片法、沉淀法都可采用。另外，临床上可结合患者流行病学资料和临床表现做出正确诊断。流行病学资料包括询问患者是否来自流行区，有无生食或半生食淡水螺、鱼或饮用池塘生水。尤其是儿童，应详细询问其有无吃烧烤鱼史。临床症状主要为腹痛、腹泻、胃纳差等，部分患者有荨麻疹症状。

六、治疗

(1)二氯酚：剂量为 150～200 mg/kg 体重，拌于饲料内喂服。

(2)氯硝柳胺：剂量为 50～60 mg/kg 体重，拌于饲料内喂服。

七、防治

(1)对流行区内的宠物进行计划性驱虫，减少病原扩散。

(2)对宠物粪便进行堆积发酵，杀灭虫卵。

(3)勿以生鱼或蝌蚪以及贝类等饲喂宠物，以防感染。

(4)用药物或土壤改良法消灭中间宿主。

Note

任务6 血吸虫病

情境导入

扫码看课件
3-6

日本血吸虫病，又称日本分体吸虫病，是由分体科（Schistosomatidae）、分体属（*Schistosoma*）的日本分体吸虫（*Schistosoma japonicum*）寄生于人和动物的肝门静脉和肠系膜静脉内引起的一种人畜共患寄生虫病。在我国的家养动物中，牛的日本血吸虫感染率最高，牛（包括水牛和黄牛）在我国日本血吸虫病流行环节中发挥着非常重要的作用。可寄生于人和动物的分体吸虫主要有6种，即日本分体吸虫、埃及血吸虫（*Schistosoma haematobium*）、曼氏血吸虫（*Schistosoma mansoni*）、间插血吸虫（*Schistosoma intercalatum*）、湄公血吸虫（*Schistosoma mekongi*）和马来血吸虫（*Schistosoma malayensis*），其中前3种分布最广。

成虫除埃及血吸虫寄生于泌尿生殖系统外，其余均寄生于终末宿主的肝门静脉和肠系膜静脉内。血吸虫病流行于亚洲、非洲和拉丁美洲的76个国家和地区，受威胁人口达6亿之多，感染人口近2亿，并且感染人数呈增加趋势，估计全球每年有2万多人死于血吸虫病。我国主要流行的是日本血吸虫病，分布广泛，遍及长江以南的12个省、自治区、直辖市，危害着疫区人民的身体健康，阻碍着畜牧业、农业和农村经济的发展，被称为"瘟神"。1949年以来，在党和政府的高度重视与领导下，日本血吸虫病防治工作已经取得了举世瞩目的成绩，经过几十年的有效防治，在427个流行县（市、区）中，已有247个阻断了日本血吸虫病的传播，有63个控制了传播，尚有108个县（市、区）及57个县级农场未能控制传播，主要分布在湖南、湖北、江西、安徽、江苏5个省的湖区及四川、云南山区。近年来，受自然洪灾、蓄水抗洪、退田还湖等客观因素的影响，血吸虫病疫情有了新变化，甚至出现了城市化趋势，历史上的一些非疫区也成了新流行区，血吸虫病防治形势依然十分严峻。日本血吸虫病属我国五大人体寄生虫病之一，世界卫生组织确定的六大热带病之一，仅次于疟疾。我国2008年修订的《一、二、三类动物疫病病种名录》将日本血吸虫病列为二类动物疫病。

必备知识

一、病原形态构造

成虫雌雄异体，通常以雌雄合抱的状态存在（图3-12）。虫体呈圆柱状，体表具细皮棘。口吸盘和腹吸盘位于虫体前端，腹吸盘较口吸盘大。消化系统由口、食道和肠管组成。口在口吸盘内，下接食道，没有咽，食道被食道腺围绕。食道在腹吸盘前分成两支肠管向后延伸至虫体后端1/3处汇合成一个单管，伸达体后端成为盲管。

1.口吸盘；2.腹吸盘；3.抱雌沟

图3-12 雌雄虫合抱

雄虫较粗短，长12～20 mm，宽0.50～0.55 mm，乳白色。口吸盘和腹吸盘均较发达。自腹吸盘后，体两侧向腹面卷折，形成抱雌沟（gynecophoric canal）。睾丸有6～8个（平均7个），椭圆形，成单行排列，每个睾丸有1个输出管，汇合于睾丸腹侧的输精管，通入贮精囊，生殖孔开口于腹吸盘后，无阴茎，生殖系统末端是一个能向生殖孔伸出的乳头状交接器。雌虫较雄虫细长，前细后粗，呈黑褐色，长20～25 mm，宽0.1～0.3 mm。口吸盘和腹吸盘均较雄虫小。肠管内含有虫体消化大量红细胞后的残留物（铁卟啉类）而呈黑褐色或棕褐色。生殖系统由卵巢、卵黄腺、卵模、梅氏腺及子宫等构成。卵巢呈长椭圆形，位于虫体中部偏后方两侧肠管之间，自卵巢后部发出的输卵管与来自虫体后半部的卵黄腺发出的卵黄管在卵巢前面合并，形成卵模。卵模周围为梅氏腺。卵模前为管状的子宫，其中含卵 50～300 个不等。雌性生殖孔开口于腹吸盘后方。无劳氏管。卵黄腺分布在卵巢之后，虫体的后半部，呈较规则的分支状(图 3-13)。

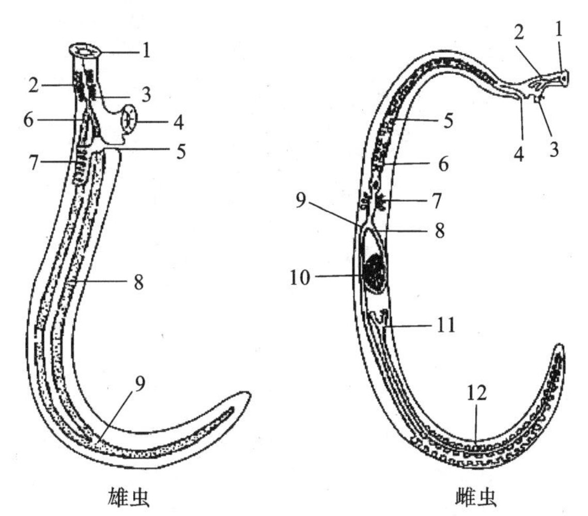

雄虫：1.口吸盘；2.食管；3.腺群；4.腹吸盘；5.生殖孔；6.肠管；7.睾丸；8.肠管；9.合一的肠管
雌虫：1.口吸盘；2.肠管；3.腹吸盘；4.生殖孔；5、6.虫卵与子宫；7.卵模；8.梅氏腺；9.卵黄管；10.卵巢；11.肠管合并处；12.卵黄腺

图 3-13 日本血吸虫雄、雌生殖器官示意图

虫卵呈椭圆形、淡黄色，大小为(70～100)μm×(50～65)μm。卵壳较薄，无卵盖。侧方有一个小逗点状或小钩状的棘突。成熟虫卵的卵内有构造清晰、纤毛颤动的毛蚴。在毛蚴与卵壳的间隙中常见有大小不等呈圆形或长圆形的油滴状毛蚴腺体分泌物。

二、生活史

血吸虫的生活史过程包括成虫、虫卵、毛蚴、母胞蚴、子胞蚴、尾蚴、童虫 7 个阶段。成虫寄生于人体及多种哺乳动物的肝门静脉和肠系膜静脉系统中。雌雄虫合抱，交配后，雌虫产卵于肠黏膜下层小静脉末梢内，虫卵主要分布于肝脏及肠壁组织，少部分随宿主粪便排出体外。虫卵在水中孵出毛蚴，如遇钉螺则侵入其体中，毛蚴在钉螺体内经过母胞蚴、子胞蚴无性繁殖阶段发育和增殖，产生大量的尾蚴。尾蚴自螺体内逸出后，借尾部摆动，遇到人或易感染的动物而从皮肤钻入，脱去尾部，变为童虫。童虫随血流或淋巴液到达右心、肺，再到达左心，进入肝内门脉系统继续生长、发育，直至性器官初步分化时，雌雄童虫开始合抱，然后移行到肠系膜静脉定居(图 3-14)，逐步发育为成虫并交配产卵。

三、流行病学

本病流行于中国、日本、菲律宾、印度尼西亚等国家。我国血吸虫病曾在长江流域及长江以南的上海、江苏、浙江、安徽、江西、福建、湖南、湖北、广东、广西、四川及云南 12 个省、自治区、直辖市的 427 个县(市、区)流行。台湾地区的日本分体吸虫属动物株，不感染人。本病的流行必须具备以下 3 个环节。

1. 传染源 日本血吸虫病患者的粪便中含有活卵，为本病主要传染源。船户粪便直接下河以及居民在河边洗刷马桶是水源被污染的主要原因。随地大便，河边建粪坑及用未处理的新鲜粪便施肥等方式会导致粪便被雨水冲入河流，造成水源污染。患畜(牛、羊、犬)及鼠等含有虫卵，随粪便排出，污染水源。血吸虫的唯一中间宿主——钉螺，是本病传染过程的主要环节。钉螺喜栖在近水岸边，在湖沼地区及芦滩洼地上最多。在平原地区滋生于土质肥沃、杂草丛生、水流缓慢的潮湿荫蔽地区，沟渠最多，岸边次之，稻田中最少。钉螺感染率以秋季为最高，春末夏初次之。

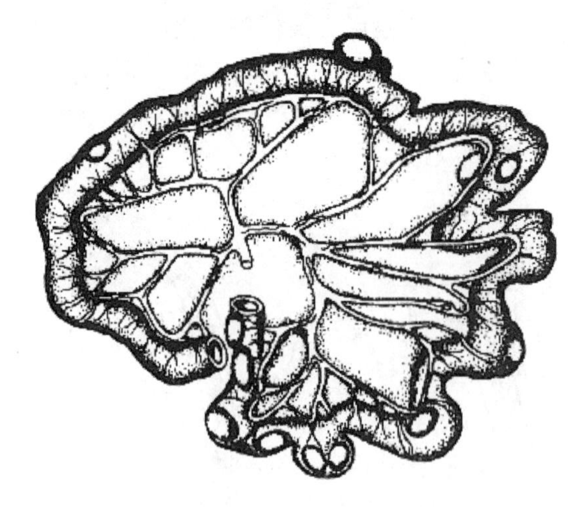

图 3-14　血吸虫寄生于肠系膜静脉内

2. 传播途径　主要通过皮肤、黏膜与疫水接触感染。多通过游泳、洗澡、洗衣、洗菜、淘米、捕鱼捉蟹，赤足经过钉螺受染区等方式感染。尾蚴侵入的数量与皮肤暴露面积、接触疫水的时间长短和次数成正比。有时因饮用疫水或漱口时被尾蚴侵入口腔黏膜感染。还可经胎盘由母体感染胎儿。

3. 易感性　人与脊椎动物对血吸虫普遍易感，流行区以学龄儿童及青少年感染率最高，以后逐渐下降，此与保护性免疫力有关。

四、主要症状及病理变化

1. 主要症状

（1）急性：幼龄犬、猫大量感染时，常呈急性经过，表现为食欲不振，精神不佳，体温升高至 40 ℃以上。行动缓慢，腹泻，粪便中混有黏液、血液和脱落的黏膜，最后出现水样便，排便失禁。日渐消瘦，因衰竭而死亡或转为慢性症状。

（2）慢性：消化不良，食欲不振，下痢，粪便含黏液、血液，有腥恶臭和里急后重现象。幼龄犬、猫发育缓慢。怀孕犬、猫易流产。

2. 病理变化　血吸虫病的基本病变是由虫卵沉着组织中所引起的虫卵结节。虫卵结节分急性和慢性两种；急性由成熟活虫卵引起，结节中央为虫卵，周围为嗜酸性组织包绕，聚积大量嗜酸性细胞，并有坏死，称为嗜酸性脓肿，脓肿周围有新生肉芽组织与各种细胞浸润，形成急性虫卵结节。急性虫卵结节形成 10 天左右，卵内毛蚴死亡，虫卵破裂或钙化，围绕类上皮细胞、异物巨细胞和淋巴细胞，形成假结核结节，此后肉芽组织长入结节内部，并逐渐被类上皮细胞所代替，形成慢性虫卵结节。最后结节发生纤维化。病变部位主要在结肠及肝脏，较多见的异位损害则在肺及脑。

（1）肠道病变：成虫大多寄生于肠系膜下静脉，移行至肠壁的血管末梢在黏膜及黏膜下层产卵，故活组织检查时发现虫卵多排列成堆，以结肠、直肠最为显著，小肠病变极少。早期变化为黏膜水肿，片状充血，黏膜有浅溃疡及黄色或棕色颗粒。由于溃疡与充血，临床上见有痢疾症状，此时，粪便检查易于发现虫卵。晚期变化主要为肠壁因纤维组织增生而增厚，黏膜高低不平，有萎缩、息肉形成、溃疡、充血、瘢痕形成等复杂外观。肠壁增厚，肠腔狭窄，可致机械性梗阻。

（2）肝脏病变：虫卵随门静脉血流入肝脏，抵达于门静脉小分支，在门管区等处形成急性虫卵结节，故在肝脏表面和切面可见粟粒或绿豆大结节，肝窦充血，肝窦间隙扩大，窦内充满浆液，有嗜酸性粒细胞及单核细胞浸润；肝细胞可有变性、小灶性坏死与褐色素沉着。晚期可见门静脉周围有大量纤维组织增生，形成肝硬化，严重者形成粗大突起的结节。较大门静脉分支管壁增厚，管腔内血栓形成。由于肝内门静脉阻塞，形成门静脉高压，引起腹水、脾大及食道静脉曲张。

（3）脾脏病变：早期肿大，与成虫代谢产物刺激有关。晚期因肝硬化引起门静脉高压和长期淤血，致脾脏呈进行性肿大。

（4）其他脏器病变：在胃及肠系膜以及淋巴结、胰、胆囊等处偶有虫卵沉积。脑部病变多见于顶

叶皮层部位，脑组织有肉芽肿和水肿。

五、诊断

粪便检查是主要的确诊依据和疗效考核手段。常用的方法为尼龙绢集卵镜检法或孵化法，从患犬、猫的粪便中查到日本血吸虫卵或观察到有毛蚴孵出，即为阳性。

此外，也可刮取直肠黏膜做压片，镜检虫卵，死后剖检患畜，发现虫体、虫卵结节等确诊。近年来已应用于生产实践的免疫学诊断方法有：皮内试验、环卵沉淀试验、间接血凝试验、酶联免疫吸附试验等。其检出率均在95%以上。

六、治疗

应用于动物日本血吸虫病治疗的药物为吡喹酮。这是一种广谱的抗寄生虫药，治疗血吸虫病的剂量为30 mg/kg体重，一次口服。早期应用的药物还有敌百虫、六氯对二甲苯、锑-273、硝硫氰胺等，这些药物先后在血吸虫病的防控中发挥了重要作用，但由于毒性或副反应大、缺少药物来源等原因，目前都基本上不应用。应用吡喹酮治疗血吸虫病具有疗效高、疗程短、副反应小等优点，是目前治疗血吸虫病的首选药物。

七、防治

(1)消灭传染源：人和动物同步治疗是控制传染源的有效途径。吡喹酮是当前治疗血吸虫病的首选药物，具有安全、有效、使用方便的特点。各地可根据当地的流行程度，因地制宜。

(2)切断传播途径：①灭螺：灭螺是切断血吸虫病传播的关键，主要措施是结合农田水利建设和生态环境改造，改变钉螺滋生地的环境以及局部地区配合使用灭螺剂。目前世界卫生组织推荐使用的化学灭螺剂为氯硝柳胺。在短期内不易消灭钉螺的湖沼洲滩地区，采用建立“安全带”的方法，即在人畜常到的地带(称易感地带)反复灭螺，以达到预防和减少感染的目的。②粪便管理：感染血吸虫的人和动物的粪便污染水体是血吸虫病传播的重要环节，因此，管好人、动物粪便在控制血吸虫病传播方面至关重要。③安全供水：结合农村卫生建设规划，因地制宜地建设安全供水设施，可避免水体污染和减少流行区人和动物直接接触疫水的机会。尾蚴不耐热，在60 ℃的水中会立即死亡，因此家庭用水可采用加温的方法杀灭尾蚴。此外，漂白粉、碘酊及氯硝柳胺等对尾蚴也有杀灭作用。

(3)保护易感者：在血吸虫感染季节，禁止动物喝有螺河水和到有螺河水中游泳，最好实施舍饲。

(4)加强健康教育：人类感染血吸虫主要是人的行为所致。加强健康教育，引导人们改变自己的行为和生产、生活方式，对预防血吸虫感染具有十分重要的作用。对难以避免接触疫水者，可使用防护用具，如穿长筒胶靴、经氯硝柳胺浸渍过的防护衣或涂擦苯二甲酸二丁酯油膏等防护药物。

课后作业

线上评测

复习与思考

一、填空题

1. 华支睾吸虫的中间宿主为____________和____________。
2. 寄生虫幼虫和成虫寄生的动物分别称为____________和____________。
3. 日本血吸虫的感染途径包括____________、____________和____________。
4. 处理动物粪便最有效的措施是____________。

Note

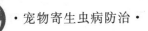

5.犬、猫吃生鱼、生虾最可能感染的寄生虫是____________。

6.华支睾吸虫感染犬、猫的发育阶段为____________。

二、简答题

1.简述华支睾吸虫的生活史，并说明人是否能通过吃半生的淡水螺而感染华支睾吸虫，为什么？

2.简述日本血吸虫病的主要病理变化。

3.简述血吸虫的生活史，并列举出防治措施。

4.简述并殖吸虫的生活史。

5.简述华支睾吸虫病的防治措施。

项目四　犬、猫绦虫病的防治

项目描述

本项目是根据执业兽医师资格考试要求及宠物医师等岗位需求进行编写，本项目为犬、猫常见绦虫病的防治，内容主要包括犬复孔绦虫病、线中绦虫病、细粒棘球绦虫病、多头带绦虫病、曼氏迭宫绦虫病、阔节裂头绦虫病。通过本项目的训练，学生能够基本掌握宠物犬、猫常见绦虫病的病原特征、生活史、流行病学、主要临床症状及病理变化、诊断，能够识别不同寄生虫的病原形态构造，具备临床检查的素质和能力，为宠物犬、猫寄生虫病的预防工作奠定基础。

学习目标

▲知识目标

能够识别犬、猫常见绦虫病的病原形态构造特征，掌握其生活史、疾病流行规律、主要症状与病理变化、诊断、治疗和防治措施。

▲能力目标

能够将犬、猫常见绦虫病的基本知识应用于临床实践中，能够诊断临床病例，并进行治疗和预防。

▲思政目标

学会用辩证思维的方式看待和鉴别疾病，具备科学的态度、实事求是的学风；要有爱心，关爱小动物，关注公众健康，树立宠物医师的社会责任感，具备按照技术流程从事寄生虫病检查工作的职业素质，具有为宠物事业发展而奉献的精神。

任务1　犬、猫绦虫病的概述

情境导入

犬、猫绦虫病是由各种绦虫的成虫寄生于犬、猫的小肠而引起的慢性寄生虫病。由于中绦期的幼虫对人和家畜危害严重，因而该病具有重要的公共卫生学意义。本任务主要介绍犬、猫绦虫病的病原的形态结构、发育史及分类，以期为有效防控该类疾病提供参考。

扫码看课件

4-1

Note

必备知识

一、绦虫的形态结构

绦虫雌雄同体，由头节、颈节和链体组成。头节细小呈球形或梭形，为吸附器官。颈节为头节之后细而短的部分。链体由数个至数千个节片组成，自前向后由幼节（未成熟节片）、成节（成熟节片）、孕节（孕卵节片，子宫内充满虫卵）组成。孕节从虫体后端不断脱落，新的节片不断生成。

二、绦虫的发育史

绦虫营寄生生活，绦虫的发育比较复杂，绝大多数在其生活史中都需要1个或2个中间宿主。绦虫在其终末宿主体内的受精方式大多为同体节受精，但也有异体节受精或异体受精的。绦虫的成虫多寄生在脊椎动物的消化道中，其发育过程经虫卵、幼虫（绦虫蚴）、成虫3个阶段。各种绦虫蚴的形态结构和名称不同（图4-1）。

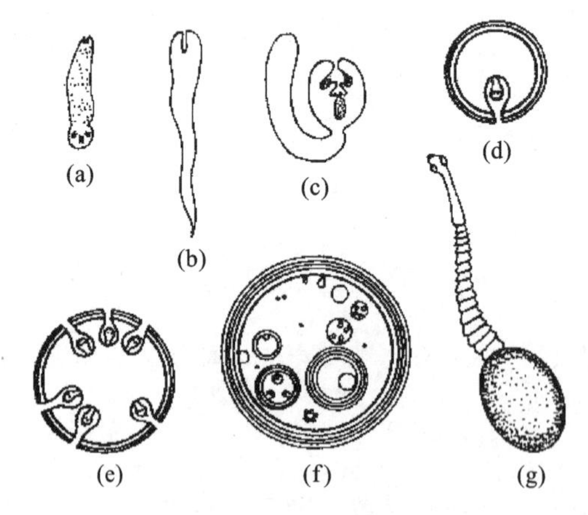

图4-1 绦虫蚴构造模式图

(a)原尾蚴；(b)裂头蚴；(c)似囊尾蚴；(d)囊尾蚴；(e)多头蚴；(f)棘球蚴；(g)链尾蚴

圆叶目绦虫寄生于终末宿主的小肠内，孕节（或孕节破裂释放出虫卵）随粪便排出体外，被中间宿主吞食后，虫卵内的六钩蚴逸出，通过不同的途径及方式到达寄生部位，并发育为绦虫蚴，绦虫蚴期也称为中绦期。圆叶目绦虫的绦虫蚴在哺乳动物的体内发育为囊尾蚴、多头蚴、棘球蚴；在节肢动物和软体动物体内发育为似囊尾蚴。以上各种类型的幼虫被各自固有的终末宿主吞食，在其消化道内发育为成虫。

假叶目绦虫的虫卵随终末宿主粪便排出体外后，必须进入水中才能继续发育，孵化为钩毛蚴（或钩球蚴），被中间宿主（甲壳纲昆虫）吞食后发育为原尾蚴，含有原尾蚴的中间宿主被补充宿主（鱼、蛙类或其他脊椎动物）吞食后发育为实尾蚴（或称裂头蚴），终末宿主吞食带有实尾蚴的补充宿主而感染，在其消化道内经消化液作用，头节逸出，吸附在肠壁上发育为成虫（图4-2）。

三、绦虫的分类

犬、猫的绦虫种类很多，主要有犬复孔绦虫、泡状带绦虫、多头带绦虫、细粒棘球绦虫、豆状带绦虫等。

1. 犬复孔绦虫（瓜籽绦虫） 虫体呈淡红色，长10～50 cm。成熟体节长7 mm，宽2～3 mm，呈长卵圆形，外观如黄瓜籽状。每个成节含两套雌雄生殖器官，生殖孔开口于体节两侧的中央部。蚤类及犬毛虱为犬绦虫的中间宿主，在其体内发育为似囊尾蚴。终末宿主吞食了含似囊尾蚴的蚤或虱而被感染，在小肠内约经3周发育为成虫。

2. 线中绦虫（中线绦虫） 虫体长30～250 cm，最宽处为3 mm。成节近方形，每节有一套生殖器官，子宫位于节片中央，呈纵向长囊状，故眼观该种绦虫的链体中央部似有一纵线贯穿。已知线中绦虫需要2个中间宿主，第一中间宿主为食粪的地螨，在其体内形成似囊尾蚴。第二中间宿主为蛇、

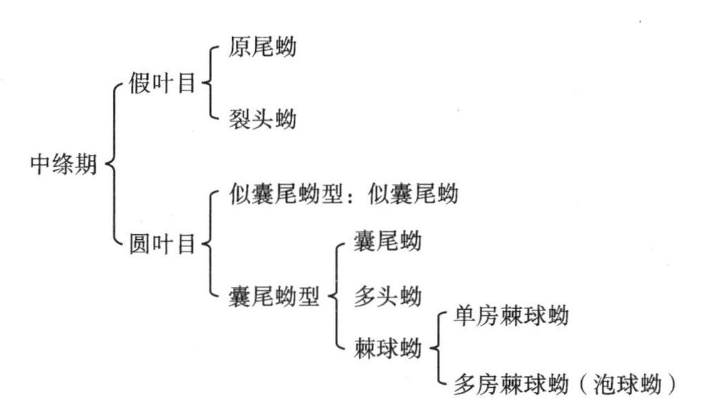

图 4-2　绦虫中绦期分类

蛙、鸟类及啮齿类，在它们体内形成四槽蚴，多在第二中间宿主的腹腔或肝脏、肺脏等器官内发现。四槽蚴被终末宿主吞食后，经 16～20 天变为成虫。

3. 泡状带绦虫(边缘绦虫)　虫体长 75～500 cm，前部节片宽而短，向后节片逐渐加长，成熟体节长、宽分别为 10～14 mm、4～5 mm。子宫有 5～10 对大侧支再分小支，每个节片有一套生殖器官，生殖孔在节片一侧不规则地交互开口。中间宿主为牛、羊、猪等家畜，幼虫为细颈囊尾蚴，寄生在中间宿主的肝脏、大网膜及肠系膜等处，犬吞食含细颈囊尾蚴的内脏而被感染，经 36～73 天在小肠发育为成虫。

4. 豆状带绦虫(锯齿绦虫)　虫体长 60～200 cm，生殖孔不规则地在节片一侧交互开口，稍突出，使虫体侧缘呈锯齿状。成熟体节长、宽分别为 10～15 mm、4～7 mm。子宫有 8～14 对侧支。中间宿主为家兔和野兔，幼虫为豆状囊尾蚴，寄生于兔的肝脏、网膜、肠系膜等处。犬吞食含豆状囊尾蚴的内脏，经 35～46 天发育为成虫。

5. 多头带绦虫(多头绦虫)　虫体长 40～100 cm，最宽处为 5 mm，子宫有 9～26 对侧支。中间宿主为牛和羊，幼虫为多头蚴(脑共尾蚴)，寄生于中间宿主脑内，有时也见于延脑或脊髓中。犬吞食含多头蚴的脑而被感染，经 41～73 天发育为成虫。

6. 细粒棘球绦虫　虫体由 1 个头节和 3～4 个节片组成，全长不超过 7 mm。成节内有一套生殖器官，孕节长度超过虫体全长的一半，子宫呈囊状，没有侧支，只有一些突起。细粒棘球绦虫的幼虫为棘球蚴，寄生于多种动物和人的肝脏、肺脏及其他器官中，犬吃了含棘球蚴的脏器而被感染。

7. 曼氏迭宫绦虫(孟氏裂头绦虫)　虫体长约 100 cm，宽 2～2.5 cm，头节呈指形，背腹各有 1 个纵行的吸槽。颈节细长。节片一般宽大于长。孕节则长、宽几乎相等。成节中有一套生殖器官，节片前部中央有一圆形雄性生殖孔，子宫呈螺旋盘曲，位于节片中部，子宫末端开口与阴道口分别位于雄性生殖孔下方。虫体呈黄灰色，体节中央因子宫与虫卵而呈灰黑色点状连线。

任务 2　犬复孔绦虫病

情境导入

犬复孔绦虫病是由囊宫科(Dilepididae)、复孔属(*Dipylidium*)的犬复孔绦虫(*Dipylidium caninum*)寄生于犬科和猫科动物小肠引起的常见寄生虫病，又称为犬绦虫(dog tapeworm)病、猫绦虫(cat tapeworm)病。流行广泛，遍及世界各地，偶见于人，由于儿童喜欢抚玩犬、猫，因此儿童有更多机会感染本病。我国动物感染较为广泛，已有北京、广西、四川、福建、山东等 11 个省、直辖市人体感染病例的报道。本病是世界性分布的人畜共患寄生虫病。

扫码看课件

4-2

必备知识

一、病原形态构造

犬复孔绦虫常见于犬、猫等家养动物以及狐狸、狼、獾、花面狸、野猫、草原斑猫、澳洲野犬等动物肠道内，人类主要是儿童偶见寄生。犬复孔绦虫为中型绦虫，虫体活时为淡红色，固定后为乳白色。成虫长 15～72 cm，宽 0.2～0.4 cm。通常有 120～200 个节片，头节小，近菱形，横径 0.3～0.4 mm，具有 4 个杯状吸盘和 1 个可前后伸缩的棒状顶突，上有 30～150 个玫瑰刺状小钩，常排成 4 圈(1～7 圈)，小钩数和圈数可因虫龄和顶突受损伤程度不同而异。颈节细短，幼节宽大于长，成节和孕节近方形或长方形，形似黄瓜籽，故又称“瓜籽绦虫”。成节有 2 套雌性生殖器官和 2 套雄性生殖器官，每侧有 1 个生殖孔，分别在节片两侧缘的中线稍下方。成节内的睾丸较多，为 100～200 个，分布在节片中部前后，排泄管内侧的中央区，连接输出管，汇入输精管到左右两个贮精囊，最后开口于生殖腔。阴茎较短、阴茎囊呈椭圆形，输精管呈卷曲状。子宫呈网状，阴道呈细管状，位于阴茎囊下方。卵巢分为两叶，位于纵排泄管内侧，呈花瓣状。卵巢和卵黄腺之间有 1 个很小的卵模，它上方为卵巢发出的输卵管，下接卵黄管，卵黄腺分叶状，位于卵巢后方。孕节内子宫呈网状，内含若干个贮卵囊，大小为(50～60)μm×170 μm，每个贮卵囊内含有 2～40 个虫卵(图 4-3)。虫卵呈圆球形，卵壳透明较薄，直径 35～50 μm，卵壳内层为薄且透明的外胚膜，胚膜与卵壳间有许多卵黄细胞，内胚膜更薄，其内有 1 个六钩蚴。

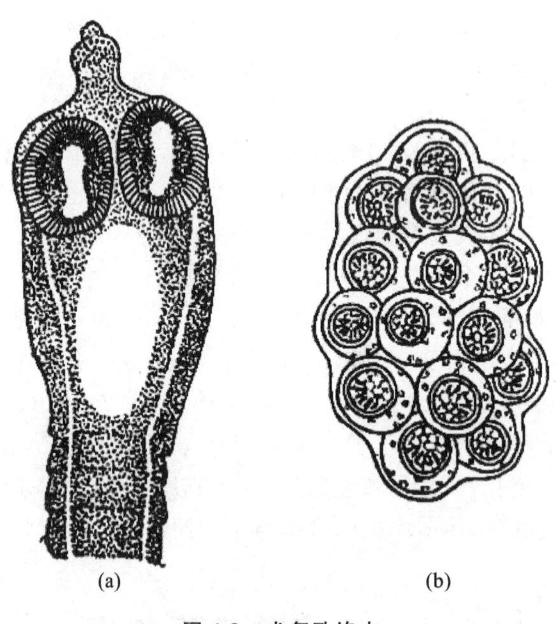

图 4-3　犬复孔绦虫

(a)头节；(b)贮卵囊

二、生活史

犬复孔绦虫的主要终末宿主是犬、猫，中间宿主主要是犬栉首蚤(*Ctenocephalides canis*)、猫栉首蚤(*Ctenocephalides felis*)和致痒蚤(*Pulex irritans*)，其次是犬毛虱(*Trichodectes canis*)。成年蚤为刺吸式口器，不能食入绦虫卵，只有蚤类幼虫有咀嚼式口器，才能食入绦虫卵。犬复孔绦虫的成虫寄生于犬、猫小肠中，脱落的孕节常随宿主粪便排出或主动逸出宿主肛门。孕节破裂后散落的虫卵污染地面环境。如被蚤类幼虫吞食虫卵后，六钩蚴在蚤类幼虫的前、中肠孵出，穿过肠壁进入血腔开始幼虫期的发育。先后形成原腔期幼虫、囊腔期幼虫、似囊尾蚴期幼虫，经 30 天左右发育为似囊尾蚴，一般蚤体内含有 2～4 个似囊尾蚴，有的多达 56 个。犬毛虱为咀嚼式口器，可直接食入虫卵，在其体内发育为似囊尾蚴。受感染的蚤活动迟缓，有的甚至死亡。犬、猫均有觅食自己体表蚤类和毛虱的生活习性，当犬、猫用舌舔毛时体表的蚤或虱被吞食，似囊尾蚴随之进入犬、猫的消化道，逸出后头节翻出并吸附在肠壁上寄生，经2～3周便发育为成虫。人体感染常由误食病蚤污染的食物或饮水所致。

三、流行病学

犬复孔绦虫在犬、猫中感染率极高，许多野生食肉动物如野猫、麝猫、狼、狐等也可感染。人体复孔绦虫病比较少见，患者多为婴幼儿。我国报道的26例人体犬复孔绦虫病患者中仅3例为成人病例，其余皆为2月龄至4岁的婴幼儿病例。这可能是因为儿童与犬、猫接触机会较多。据调查，我国犬的感染率为16%～40.8%，猫的感染率可达58.8%。国外文献显示，猫蚤和犬蚤似囊尾蚴感染率为1.2%～3.1%。

人体感染以婴幼儿多见，一般2～6岁居多，最小的仅2月龄。全世界人犬复孔绦虫病报道有数百例，我国报道有30多例，分布于辽宁、北京、河北、河南、山东、山西、内蒙古、四川、安徽、福建、广东、广西、台湾等地。

本病呈世界性分布，感染无明显季节性，但犬复孔绦虫幼虫发育受中间宿主影响较大。研究发现，虫卵只能感染蚤类幼虫，不能感染成年蚤；六钩蚴的发育随着蚤的发育而进行，当蚤类幼虫发育经蛹到成年蚤时，六钩蚴也逐渐发育为似囊尾蚴，因此当环境温度低，蚤类幼虫发育缓慢时，六钩蚴发育为似囊尾蚴的速度也减慢。

四、主要症状及病理变化

轻度感染时常无临床症状。严重感染时，临床主要表现为食欲下降、呕吐、腹泻，或贪食、异嗜，继而消瘦、贫血、生长发育停滞，严重者死亡。有的呈现出剧烈的兴奋症状，有的发生痉挛或四肢麻痹。虫体成团时，会堵塞肠管，导致肠梗阻、套叠、扭转甚至破裂。不断脱落的孕节会附在肛门周围刺激肛门，引起肛门瘙痒或疼痛发炎。局部症状比较常见。可见胃肠道症状及瘙痒。胃肠道症状一般不是连续的，而且具有多样性。主要有如下3种症状：①食欲不规律，有时会增加。②软便，腹泻(充血性肠炎导致)。③排出孕节，一般肉眼可见，大小为(6～10)mm×(4～6)mm。犬复孔绦虫节片具有活动性，可以排出肛门外，黏附在肛周。节片具有大米样外观，长3～5 mm。节片可出现在肛周及粪便中。宠物主人有时会把它们误认为是儿童的蛲虫，需要知道的是食肉动物是不会感染蛲虫的。

五、诊断

结合临床症状，检查可疑动物粪便中有无孕节、虫卵和贮卵囊。临床诊断时，可以检查患畜肛门或者会阴部周围被毛上的孕节或贮卵囊。对新排出的粪便可用放大镜观察有无节片进行初步诊断。孕节特征为长方形，新鲜时似黄瓜籽，两侧缘均有生殖孔，具有2套雌雄生殖器官。若排出的节片已干枯萎缩，可用解剖针在水中挑碎，在显微镜下观察有无贮卵囊或虫卵。粪便中的节片可直接观察或用饱和盐水漂浮法检查虫卵。

六、治疗

(1)吡喹酮：犬按每千克体重5～10 mg，猫按每千克体重5 mg，1次口服。

(2)依西太尔(伊喹酮)：犬、猫按每千克体重5.5～7.5 mg，1次口服。对幼畜毒性较大，适合成年动物。

(3)阿苯达唑：犬按每千克体重10～20 mg，1次口服。

(4)氢溴酸槟榔碱：犬按每千克体重1～2 mg，1次口服。

服药前动物应绝食16～20 h，防止呕吐，预先(给药前20 min)服稀碘液10 mL(水10 mL加碘酊2滴)。

七、防治

对犬进行定期驱虫，一般一年4次，消灭中间宿主，常用驱虫药有氯硝柳胺(剂量100 mg/kg体

重)、吡喹酮(剂量 5 mg/kg 体重,1 次拌料饲喂)、丙硫苯咪唑(剂量成犬 30 mg/kg 体重,幼犬 15 mg/kg 体重,猫 12 mg/kg 体重,每天拌食 1 次,连续 3～5 天,或将药品包入肉馅内,使其自行吞服)、氢溴酸槟榔碱(剂量 1～2 mg/kg 体重,1 次拌料饲喂)。在治疗患病动物的同时,应用溴氰菊酯、蝇毒磷等杀虫药杀灭动物圈舍和物体上的外寄生虫,切断犬复孔绦虫的生活史。

由于犬复孔绦虫宿主范围广,除了犬和猫有较高感染率之外,很多野生动物也能感染,因此驱虫后的粪便应做无害化处理,防止虫卵污染周围环境,搞好环境卫生,消灭老鼠等有害动物,同时也应对周围动物(尤其是流浪犬和猫)进行调查和预防。人体感染者多为婴幼儿,应该注意个人卫生和饮食卫生,教育儿童尽量不要和犬、猫有过分亲密的接触,接触后一定要养成及时洗手的习惯,同时也要重视宠物犬与猫的卫生与健康状况。

任务 3 线中绦虫病

情境导入

扫码看课件
4-3

犬、猫线中绦虫病是由中绦科(Mesocestoididae)、中绦属(*Mesocestoides*)的线中绦虫(*Mesocestoides lineatus*)寄生于犬、猫和野生食肉动物的小肠内所引起的绦虫病。本病呈世界性分布,人体感染仅报道 20 余例,有一定公共卫生学意义。

必备知识

一、病原形态构造

虫体呈乳白色,长 30～250 cm,头节最宽处仅为 3 mm,头节上的 4 个椭圆形吸盘很发达,但无吻突和小钩。成节近方形,内有雌、雄生殖器官各 1 套。睾丸 54～58 枚,直径为 50 μm,位于节片两侧。卵巢呈马蹄形,位于子宫后方,子宫为盲管,呈纵向长囊状,子宫在体节的中央,故眼观此虫的节片中长部似有一条纵线贯穿,所以又称为中线绦虫。生殖孔位于腹面正中(故又名线中生殖孔绦虫)(图 4-4)。孕节呈桶形,长 4～6 mm,其内有子宫和 1 个呈卵圆形的副子宫器或称卵袋,成熟虫卵全位于副子宫器内,呈长卵圆形,大小为(40～60)μm×(34～43)μm。

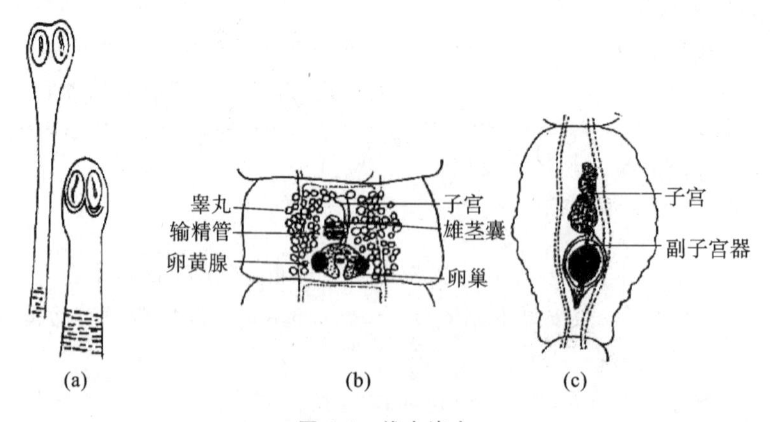

图 4-4 线中绦虫

(a)头节;(b)成节;(c)孕节

二、生活史

迄今为止,线中绦虫生活史尚不完全清楚。一般认为整个生活史需要 3 个宿主才能完成。第一中间宿主可能是食粪地螨或者甲虫,虫卵在其体内发育为似囊尾蚴;第二中间宿主包括两栖类、爬行类、鸟类、啮齿类和哺乳类多种动物，当它们吞食第一中间宿主后，似囊尾蚴在其体腔和组织内发育为四盘蚴(tetrathyridium)，终末宿主(犬或猫等动物)吞食了含四盘蚴的肌肉或内脏而感染，四盘蚴在小肠约经 2 周发育为成虫。

三、流行病学

线中绦虫生活史十分复杂，第二中间宿主种类繁多，包括蛙、蜥蜴、蛇、鸡、鸭、鼠类、兔、猫和犬等；第一中间宿主虽不完全明了，但食粪甲虫和地螨的种类非常繁多，因此线中绦虫的中间宿主非常广泛。

四、主要症状及病理变化

严重时引起肠道炎症、营养不良。无特异性临床表现，主要是消化道症状，如消化不良、腹痛腹胀、腹泻或便秘、消瘦。

五、诊断

采集患畜粪便检查，查出节片或虫卵可确诊。第二中间宿主的调查也有助于诊断。

六、治疗

(1)吡喹酮：犬按每千克体重 5～10 mg，1 次口服。

(2)硝唑尼特：猫按每千克体重 100 mg，1 次口服。

(3)阿苯达唑：犬按每千克体重 5～10 mg，猫按每千克体重 5 mg，1 次口服。

(4)氯硝柳胺(灭绦灵)：犬按每千克体重 100～150 mg，1 次口服。

除此之外，仙鹤草素、伊喹酮等对该虫均有驱除作用。

七、防治

本病的发生是由于犬、猫食入感染似囊尾蚴的鼠类、禽类、爬虫类。可主要通过消灭啮齿类，避免犬、猫食入第二中间宿主。每年进行 1～2 次预防性驱虫。加强粪便管理，做到粪便入池。在公共卫生方面，人类要改变不良生活习惯，摒弃生喝动物血液(尤其是蛇血液)、吃蛇胆和生肉的陋习，从而避免感染。

任务 4　细粒棘球绦虫病

情境导入

棘球蚴病(俗称包虫病)是带科、棘球属(*Echinococcus*)绦虫的中绦期幼虫(棘球蚴)寄生于动物和人的肝、肺及其他器官内所引起的一类人畜共患绦虫蚴病。本病呈世界性分布，据估计全球约有 5000 万棘球蚴病患者，甚至在有的地区人群感染率达 10%；而动物棘球蚴病每年造成的经济损失达 20 亿美元左右。在我国，棘球蚴病是仅次于日本血吸虫病的一类重要的人畜共患寄生虫病，2022 年我国修订的《一、二、三类动物疫病病种名录》将其列为二类动物疫病。

扫码看课件

4-4

必备知识

一、病原形态构造

成虫是绦虫中最小的几种之一，体长 2～7 mm，平均 3.6 mm。除头节和颈节外，整个链体只有幼节、成节和孕节各 1 节，偶或多 1～2 节。头节略呈梨形，直径 0.3 mm，具有顶突和 4 个吸盘。顶突富含肌肉组织，伸缩力很强，其上有两圈大小相间的小钩共 28～48 个(通常 30～36 个)，呈放射状排列，颈节内含生发细胞，再生能力强。顶突顶端有一群梭形细胞组成的顶突腺(rostellar gland)，其

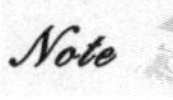

分泌物可能具有抗原性。各节片均为狭长形。成节的结构与带绦虫略相似，生殖孔位于节片一侧的中部偏后。睾丸45～65个，均匀地散布在生殖孔水平线前后方。孕节的生殖孔更靠后，子宫具不规则的分支和侧囊，含虫卵200～800个。虫卵与猪、牛带绦虫卵基本相同，在光镜下难以区别(图4-5)。

幼虫即棘球蚴，为圆形囊状体，随寄生时间长短、寄生部位和宿主不同，直径可不足1 cm至数十厘米不等。棘球蚴为单房性囊，由囊壁和囊内含物(生发囊、原头蚴、囊液等)组成。有的还有子囊和孙囊。囊壁外有宿主的纤维组织包绕。囊壁分两层，外层为角皮层(laminated layer)，厚约1 mm，乳白色、半透明，似粉皮状，较松脆，易破裂。光镜下无细胞结构而呈多层纹理状。内层为生发层(germinal layer)，亦称胚层，厚约20 μm，具有细胞核。生发层紧贴在角皮层内，电镜下可见从生发层上有无数微毛延伸至角皮层内。囊腔内充满囊液，亦称棘球蚴液(hydatid fluid)(图4-6)。囊液无色透明或微带黄色，比重1.01～1.02，pH 6.7～7.8，内含多种蛋白、肌醇、卵磷脂、尿素及少量糖、无机盐和酶，对人体有抗原性。

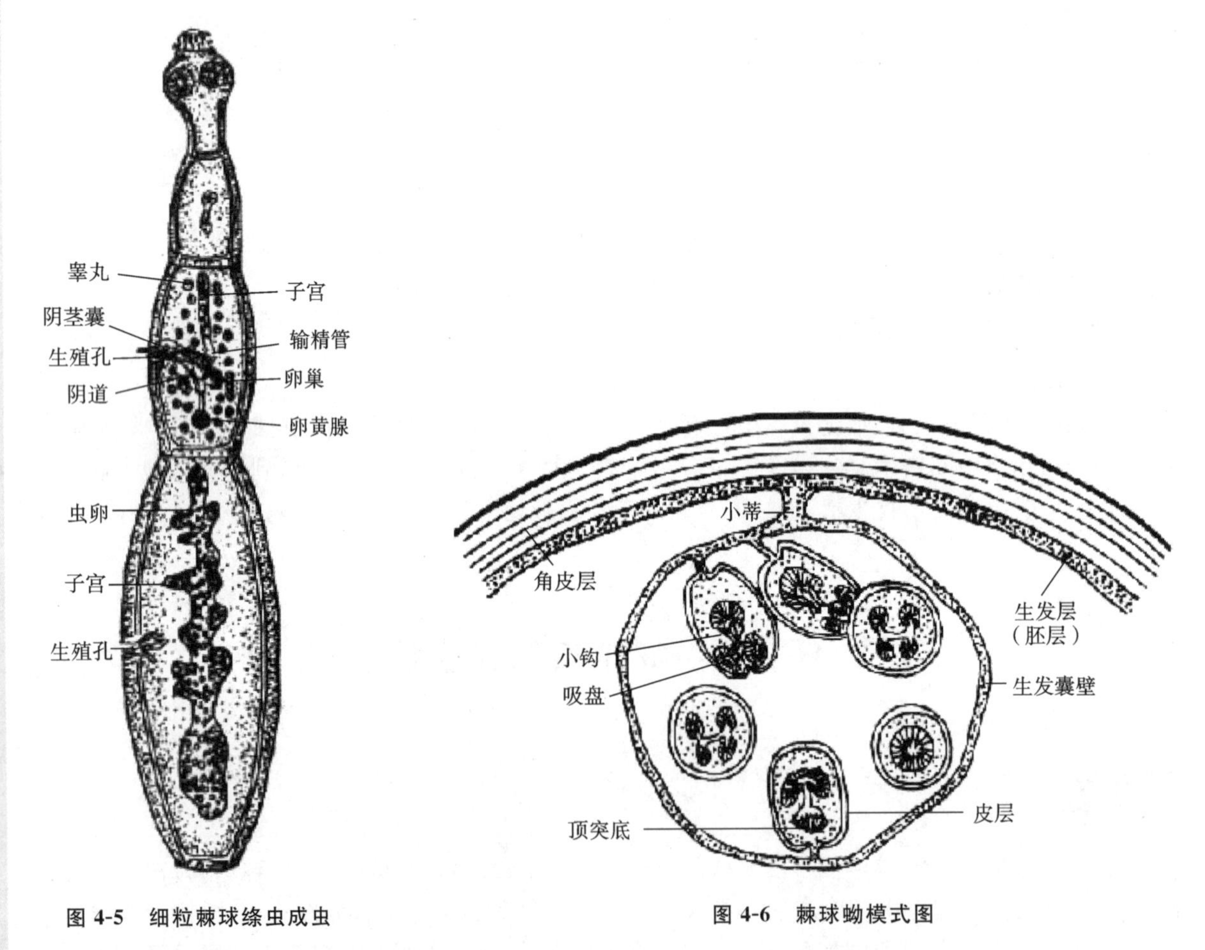

图4-5　细粒棘球绦虫成虫

图4-6　棘球蚴模式图

二、生活史

细粒棘球绦虫的终末宿主是犬、狼和豺等食肉动物；中间宿主是羊、牛、骆驼、猪和鹿等偶蹄类，偶可感染马、袋鼠、某些啮齿类、灵长类等。成虫寄生在终末宿主小肠上段，以顶突上的小钩和吸盘固着在肠绒毛基部隐窝内，孕节或虫卵随宿主粪便排出，孕节有较强的活动能力，可沿草地或植物蠕动爬行，致使虫卵污染动物皮毛和周围环境，包括牧场、畜舍、蔬菜、土壤及水源等。当中间宿主吞食了虫卵和孕节后，六钩蚴在其肠内孵出，然后钻入肠壁，经血液循环至肝、肺等器官，经3～5个月发育成直径为1～3 cm的棘球蚴。随棘球蚴囊的大小和发育程度不同，囊内原头蚴可有数千至数万个，甚至数百万个。原头蚴在中间宿主体内播散可形成新的棘球蚴。棘球蚴被犬、狼等终末宿主吞食后，其所含的每个原头蚴都可发育为一条成虫。故犬、狼肠内寄生的成虫也可达数千至上万条。从感染至发育成熟排出虫卵和孕节约需8周时间。大多数成虫寿命为5～6个月(图4-7)。

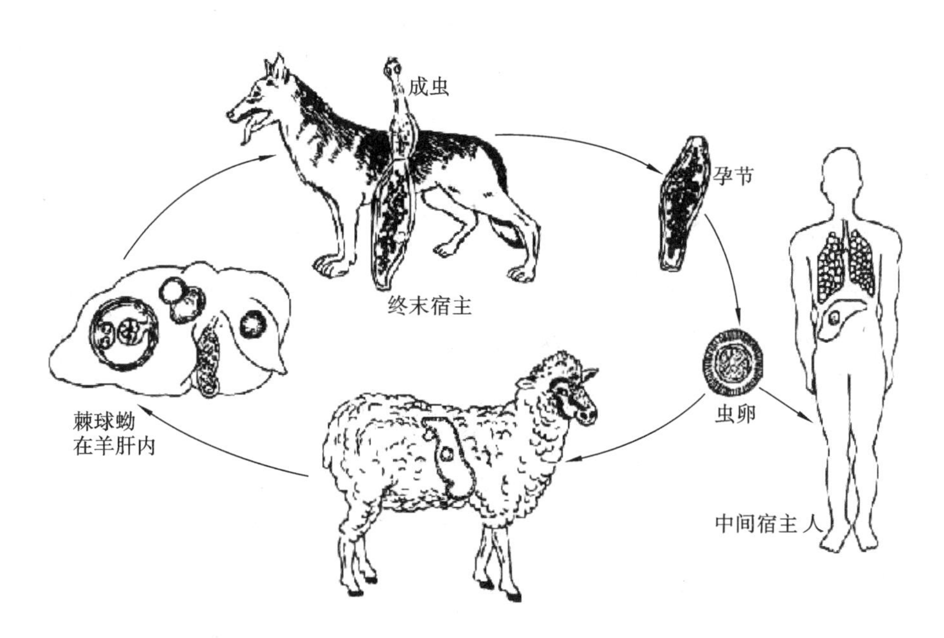

图 4-7 细粒棘球绦虫生活史

三、流行病学

细粒棘球绦虫有较广泛的宿主适应性，分布遍及世界各大洲牧区，主要以在犬和偶蹄类家畜之间循环为特点，在我国主要是绵羊/犬循环，牦牛/犬循环仅见于青藏高原和甘肃省的高山草甸和山麓地带。在牧区，牧羊犬和野犬是人和动物棘球蚴病的主要传染源。犬粪中排出的虫卵及孕节污染牧地及饮水而引起牛、羊等家畜的感染，而犬常吃到带虫的动物内脏，从而造成本虫在家畜与犬之间的循环感染。家犬、野犬、狐、狼等食肉动物因捕食啮齿目动物而感染多房棘球绦虫。

棘球绦虫卵对外界环境的抵抗力很强，可以耐低温和高温，对化学物质也有相当强的抵抗力。人常因直接接触犬，致使虫卵粘在手上再经口感染。猎人或牧民因直接接触犬和狐狸的皮毛等，感染机会较多。此外，通过蔬菜、水果、饮水具和生活用具等，误食虫卵也可引起人的感染。

四、主要症状及病理变化

在动物体内寄生时，由于虫体逐渐增大，对周围组织呈现出剧烈压迫，引起组织萎缩和机能障碍。当肝脏、肺脏有大量虫体寄生时，由于肝、肺实质受到压迫而发生高度萎缩，能引起死亡。寄生的虫体小、数目不多时，则出现消化障碍、呼吸困难、腹水等症状，患畜逐渐消瘦，终因恶病质或窒息死亡。各种动物都可因囊泡破裂而产生严重的过敏反应，甚至突然死亡。

五、诊断

常用的粪便检查方法，如直接涂片法、沉淀法都可采用。另外，临床上可结合患畜流行病学资料和临床表现做出正确诊断，同时对中间宿主的调查也有一定的辅助诊断作用。

六、治疗

对绵羊棘球蚴病可用阿苯达唑和吡喹酮进行治疗。

(1)阿苯达唑：按每千克体重 90 mg 口服，每天 1 次，连服 2 次，对原头蚴杀灭率可达 82%～100%。

(2)吡喹酮：按每千克体重 25～30 mg 口服，每天 1 次，连服 5 天，也有较好疗效。

对终末宿主(犬、狐、狼)的驱虫可选用以下药物。

(1)吡喹酮：对犬科食肉动物感染细粒棘球绦虫的驱除按每千克体重 10～20 mg，1 次口服。

(2)丁萘脒：按每千克体重 25～50 mg，投药前需停食 3～4 h。

(3)伊喹酮(又称依昔苯酮或依西太尔)：按每千克体重 7～7.5 mg，对多种绦虫驱虫率可达

100%。本药物对成年动物的毒性低,不适宜于幼龄动物。

七、防治

对犬进行定期驱虫,驱虫后对犬粪进行无害化处理,以防止病原的扩散。对犬的驱虫,可选用吡喹酮按每千克体重 5～10 mg 口服。

加强健康教育,宣传、普及棘球蚴病知识,提高全民的防病意识,在生产和生活中加强个人防护,避免感染。

加强卫生法规建设和卫生检疫,强化群众的卫生行为规范,根除以患畜内脏喂犬和乱抛的陋习。加强对屠宰场和个体屠宰户的检疫,及时处理患畜内脏。

任务 5　多头带绦虫病

情境导入

扫码看课件
4-5

多头带绦虫病又称多头蚴病,是由多头带绦虫(多头绦虫)的幼虫寄生人体所致,为动物源性寄生虫病。多头蚴主要寄生在绵羊、山羊的脑脊髓内,引起脑炎、脑膜炎及一系列神经症状,是使羊致死的严重寄生虫病,它可危害牛、马、猪,甚至人类。成虫则寄生于犬、狼、狐等食肉动物的小肠。本病散布于全国各地,多见于犬活动频繁的地方。

必备知识

一、病原形态构造

脑多头蚴呈囊泡状,囊内充满透明的液体,外层为一层角质膜;囊的内膜上有 100～250 个头节;有从豌豆大到鸡蛋大的囊泡。多头绦虫成虫呈扁平带状,虫体长 40～80 cm,有 200～250 个节片;头节上有 4 个吸盘,顶突上有两圈角质小钩(有 22～32 个小钩);成节呈方形;孕节内含有充满虫卵的子宫,子宫两侧各有 18～26 个侧支。寄生在狗等食肉动物小肠内的多头绦虫的孕节,随粪便排出,当牛等反刍动物吞食了虫卵以后,卵内的六钩蚴随血液循环到达宿主的脑部,经 7～8 个月发育成为多头蚴;当狗等食肉动物吃到牛等动物脑中的多头蚴后,幼虫的头节吸附在其小肠黏膜上,发育为成虫。

二、生活史

成虫寄生于犬、狼、狐等食肉动物的小肠内,发育成熟后,其孕节脱落,随粪便排出体外,释放出大量虫卵,污染草场、饲料或饮水。当这些虫卵被中间宿主羊、牛等吞食后,误食的虫卵在其消化道中孵出六钩蚴,六钩蚴钻入肠黏膜血管内随血流到达脑和脊髓,经 2～3 个月发育为脑多头蚴。如六钩蚴被血流带到身体其他部位则不能继续发育,并迅速死亡。多头蚴在羔羊脑内发育较快,一般在感染 2 周时能发育至粟粒大,6 周后囊体直径可达 2～3 cm,经 8～13 周发育到 35 cm,并具有发育成熟的原头蚴。囊体经 7～8 个月停止发育,其直径可达 5 cm 左右。终末宿主犬、狼、狐等食肉动物吞食了含有多头蚴的动物脑、脊髓,多头蚴在其消化液的作用下,囊壁溶解,原头蚴附着在小肠壁上开始发育,经 41～73 天发育为成虫。

三、流行病学

狗是各种家畜多头蚴病的主要传染来源,多头绦虫可在狗的小肠内生存数年之久,因此感染多头绦虫的狗一年四季均可散布病原,使羊或其他动物感染,当屠宰羊只或其他动物时,将头喂狗,又增加了狗感染多头绦虫的机会,故此虫在狗与羊或其他动物间循环感染。本病在世界各地分布广泛,欧洲、亚洲及北美洲绵羊的脑多头蚴均极为常见。我国内蒙古、宁夏、甘肃、青海多发;其他地区,

如陕西、山西、河南、山东、江苏、福建、贵州、四川也有报道。云南各地均有发现，但不同的是，多头蚴病多见于当地山羊，所以本病对当地山羊危害严重。

四、主要症状及病理变化

若寄生虫寄生在羊的大脑前部，则羊向前直跑，直至头顶在墙壁上，头向后仰；若寄生在羊的脑室，则向后退；若寄生在羊的大脑后部，则头弯向背面；若寄生在羊的小脑，则羊四肢痉挛，身体不能保持平衡；若寄生在羊的脊髓，则表现为步伐不稳，甚至引起后肢麻痹，食欲减退，甚至食欲消失，由于不能正常采食和休息，患羊体重逐渐减轻，显著消瘦、衰弱，常在数次发作后或陷于恶病质时死亡。

五、诊断

在流行区，可根据本病特异的症状、病史、头部触诊等做出初步诊断，有些病例须在剖检时才能确诊。也可用以脑多头蚴重组抗原建立的 ELISA 等血清学方法进行早期诊断。

六、治疗

在头部前方大脑表层寄生的脑多头蚴可施行手术摘除或穿刺治疗，而在头的后部及深部寄生者则难以手术治疗。药物治疗可选用吡喹酮，剂量为每千克体重 50～70 mg，每天 1 次，连服 3 天。

七、防治

(1)定期驱虫：犬应定期进行驱虫，尤其是牧羊犬。

(2)减少传染源：捕杀野犬、流浪犬等终末宿主，患羊的脑、脊髓应予销毁，以防被犬吞食而感染本病。

任务 6 曼氏迭宫绦虫病

情境导入

曼氏迭宫绦虫成虫主要寄生在猫科动物，偶尔寄生在人体；但中绦期裂头蚴可在人体寄生，导致曼氏裂头蚴病(sparganosis mansoni)，其危害远较成虫为大。

扫码看课件 4-6

曼氏迭宫绦虫成虫较少寄生在人体，对人的致病力也不大，可能因虫体机械和化学刺激引起中上腹不适、微痛、恶心、呕吐等轻微症状。

必备知识

一、病原形态构造

曼氏迭宫绦虫成虫长 60～100 cm，宽 0.5～0.6 cm。头节细小，长 1～1.5 mm，宽 0.4～0.8 mm，呈指状，其背、腹面各有 1 条纵行的吸槽。颈部细长，链体有节片约 1000 个，节片一般宽度均大于长度，但远端的节片长、宽几近相等。

成节和孕节的结构基本相似，均具有发育成熟的雌、雄生殖器官各 1 套。肉眼即可见到每个节片中部凸起的子宫。睾丸呈小泡形，有 320～540 个，散布在节片靠中部的实质中，由睾丸发生的输出管在节片中央汇合成输精管，然后弯曲向前并膨大成贮精囊和阴茎，再通入节片前部中央腹面的圆形雄生殖孔。卵巢分两叶，位于节片后部，自卵巢中央伸出短的输卵管，其末端膨大为卵模后连接子宫。卵模外有梅氏腺包绕。阴道为纵行的小管，其月牙形的外口位于雄生殖孔之后，另端膨大为受精囊再连接输卵管。卵黄腺散布在实质的表层，包绕着其他器官，子宫位于节片中部，有 3～4 个或多至 7～8 个螺旋状盘曲，紧密重叠，基部宽而顶端窄小，略呈发髻状，子宫孔开口于阴道口之后(图 4-8)。

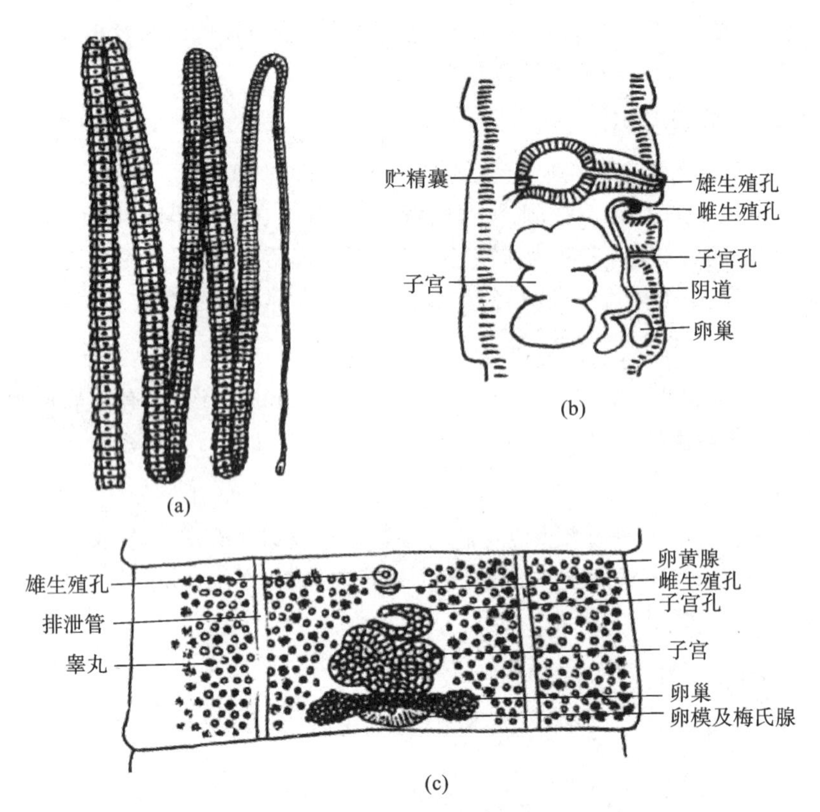

图 4-8　曼氏迭宫绦虫成虫、成节切面以及孕节切面

(a)成虫;(b)成节切面;(c)孕节切面

曼氏迭宫绦虫卵呈椭圆形,两端稍尖,长 52～76 μm,宽 31～44 μm,呈浅灰褐色,卵壳较薄,一端有卵盖,内有 1 个卵细胞和若干个卵黄细胞。裂头蚴呈长带形,白色,约 300 mm×0.7 mm,头端膨大,中央有一明显凹陷,与成虫头节略相似;体不分节,但具有不规则横皱褶,后端多呈钝圆形,活时伸缩能力很强。

二、生活史

曼氏迭宫绦虫的生活史中需要 3 个宿主。终末宿主主要是猫和犬,此外还有虎、豹、狐和猫等食肉动物。第一中间宿主是剑水蚤,第二中间宿主主要是蛙。蛇、鸟类和猪等多种脊椎动物可作其转续宿主。人可成为它的第二中间宿主、转续宿主甚至终末宿主。

成虫寄生在终末宿主的小肠内。卵自虫体子宫孔中产出,随宿主粪便排出体外,在水中适宜的温度下,经过 3～5 周发育(25～28 ℃约需 15 天),即孵出椭圆形或近圆形,周身被有纤毛的钩球蚴,常在水中做无定向螺旋式游动,当其主动碰击到剑水蚤时即被后者吞食,随后脱去纤毛,穿过肠壁入血腔,经 3～11 天的发育,长成原尾蚴。一个剑水蚤血腔里的原尾蚴数可达 20～25 个。原尾蚴呈长椭圆形,前端略凹,后端有小尾球,内仍含 6 个小钩。带有原尾蚴的剑水蚤被蝌蚪吞食后,失去小尾球,随着蝌蚪逐渐发育成蛙,原尾蚴也发育成裂头蚴。裂头蚴具有很强的收缩和移动能力,常迁移到蛙的肌肉,特别是在大腿或小腿的肌肉中寄居,多蜷曲穴居在肌肉间隙的一小囊内,或游离于皮下。当受染的蛙被蛇、鸟类或猪等非正常宿主吞食后,裂头蚴不能在其肠中发育为成虫,而是穿出肠壁,移居到腹腔、肌肉或皮下等处继续生存,蛇、鸟类等即成为其转续宿主。猫、犬等终末宿主吞食了带有裂头蚴的第二中间宿主蛙或转续宿主后,裂头蚴逐渐在其肠内发育为成虫。一般在感染 3 周后,终末宿主粪便中开始出现虫卵。成虫在猫体内可活 3 年半。

三、流行病学

曼氏迭宫绦虫分布很广,但成虫在人体感染并不多见,国外仅见于日本、俄罗斯等少数国家。在我国,成虫感染病例报道近 20 例,分布在上海、广东、台湾、四川和福建等地。患者年龄最小 3 岁,最

大58岁。曼氏裂头蚴病多见于东亚和东南亚各国，欧洲、美洲、非洲和澳大利亚也有记录。在我国已有800多例被报道，来自21个省、自治区、直辖市，依感染例数排序是广东、吉林、福建、四川、广西、湖南、浙江、海南、江西、江苏、贵州、云南、安徽、辽宁、湖北、新疆、河南、河北、台湾、上海和北京。感染者年龄为0～62岁，以10～30岁感染率最高，男女比例为2∶1，各民族均有。

人体感染裂头蚴的途径有二，即裂头蚴或原尾蚴经皮肤或黏膜侵入，或误食裂头蚴或原尾蚴。具体方式可归纳为以下3种：

(1)局部敷贴生蛙肉：为主要感染方式，占患者半数以上。在我国某些地区，民间传说蛙有清凉解毒作用，常用生蛙肉敷贴伤口或脓肿处，包括眼、口颊、外阴等部位。若蛙肉中有裂头蚴即可经伤口或正常皮肤、黏膜侵入人体。

(2)吞食生的或未煮熟的蛙、蛇、鸡或猪肉：民间沿用吞食活蛙治疗疮疖和疼痛等陋习，或喜食未煮熟的肉类，被吞食的裂头蚴即穿过肠壁入腹腔，然后移行到其他部位。

(3)误食感染的剑水蚤：饮用生水或游泳时误吞湖塘水，使受感染的剑水蚤有机会进入人体。

四、主要症状及病理变化

裂头蚴寄生于人体引起曼氏裂头蚴病，危害远较成虫大，其严重程度因裂头蚴移行和寄居部位不同而异。常见寄生于人体的部位依次是眼部、四肢躯体皮下、口腔颌面部和内脏。在这些部位可形成嗜酸性肉芽肿囊包，致使局部肿胀，甚至发生脓肿。囊包直径1～6 cm，具囊腔，腔内盘曲的裂头蚴可从1条至10余条不等，根据对我国见于报道的患者临床表现分析，该病可归纳为以下5型。

1. 眼裂头蚴病 最常见，占45.6%。多累及单侧眼睑或眼球，表现为眼睑红肿、结膜充血，畏光、流泪、微痛、奇痒或有虫爬感等；有时患者伴有恶心、呕吐及发热等症状。在红肿的眼睑和结膜下，可有流动性、硬度不等的肿块或条索状物，直径约1 cm。偶尔破溃，裂头蚴自动逸出而自愈。若裂头蚴侵入眼球内，可发生眼球凸出，眼球运动障碍；严重者出现角膜溃疡，甚至并发白内障而失明。眼裂头蚴病在临床上常误诊为睑腺炎、急性葡萄膜炎、眼眶蜂窝织炎、肿瘤等，往往在手术后才被确诊。

2. 皮下裂头蚴病 占患者数的31.0%，常累及躯干表浅部如胸壁、乳房、腹壁、外生殖器以及四肢皮下，表现为游走性皮下结节，可呈圆形、柱形或不规则条索状，大小不一，直径为0.5～5 cm，局部可有瘙痒、虫爬感等，若有炎症时可出现间歇性或持续性疼痛或触痛，或有荨麻疹。

3. 口腔颌面部裂头蚴病 占20.1%，常在口腔黏膜或颊部皮下出现硬结，直径为0.5～3 cm，患处红肿，发痒或有虫爬感；并多有小白虫(裂头蚴)逸出史。

4. 脑裂头蚴病 占2.3%，临床表现酷似脑瘤，常有阵发性头痛史，严重时昏迷或伴喷射状呕吐、视物模糊、间歇性口角抽搐、肢体麻木、抽搐，甚至瘫痪等，极易误诊。

5. 内脏裂头蚴病 仅占1%，临床表现因裂头蚴移行位置而定，有的可经消化道侵入腹膜，引起炎症反应，有的可经呼吸道咳出，还可见于脊髓、椎管、尿道和膀胱等处，引起较严重后果。

另外，国内外文献均报道了数例人体"增殖型"裂头蚴病("proliferative type" sparganosis)，认为可能是由曼氏裂头蚴患者免疫功能受抑或并发病毒感染后，裂头蚴分化不全引起。虫体较小而不规则，最长不超过2 mm，可广泛侵入各组织芽生增殖。还有一种增殖裂头蚴病(proliferative sparganosis)，经研究认为系由另一种较少见的增殖裂头蚴引起。虫体是多态形，具不规则的芽和分支，大小约10 mm×1 mm，最长者24 mm，亦可移行到人体各部位组织中进行芽生增殖，预后很差。但有关这两种裂头蚴病的发病机制，仍有待进一步研究。

五、诊断

(1)曼氏迭宫绦虫成虫感染可以用粪检虫卵以确诊。曼氏裂头蚴病则主要靠从局部检出虫体做出诊断，询问病史有一定参考价值，必要时还可以进行动物感染实验。

(2)综合采用CT等放射影像技术可提高脑裂头蚴病确诊率。

(3)亦可用裂头蚴抗原进行各种免疫辅助诊断。

六、治疗

(1)主要是宣传教育。不用生蛙肉敷贴，不食生的或未煮熟的肉类，不饮生水以防感染。

(2)成虫感染可用吡喹酮、丙硫苯咪唑等药驱除。

(3)裂头蚴主要靠手术摘除，术中注意务将虫体尤其是头部取尽，方能根治，也可用40%乙醇普鲁卡因2～4 mL局部杀虫。

(4)增殖裂头蚴病治疗困难，多用保守疗法。

任务7 阔节裂头绦虫病

情境导入

扫码看课件
4-7

阔节裂头绦虫病是由假叶目、裂头科(Diphyllobothriidae)、裂头属(又称双叶槽属)(*Diphyllobothrium*)的阔节裂头绦虫(*Diphyllobothrium latum*)寄生于人、犬、猫以及其他食鱼哺乳类动物小肠引起的绦虫病。阔节裂头绦虫的幼虫(裂头蚴)寄生于各种淡水鱼类，人、犬、猫等动物因食入含有裂头蚴的鱼而受到感染。本病呈世界性分布，是主要的人畜共患寄生虫病之一，全球约有2000万人感染。

必备知识

一、病原形态构造

阔节裂头绦虫(又称阔节双叶槽绦虫)，长2～12 m或以上，最宽约2 cm，节片3000～4000个。头节细小，呈匙状，背、腹面各有1个狭长而深凹的吸槽。成节宽度显著大于长度，呈宽扁的矩形。睾丸700～800个，与卵黄腺一起散布于节片两侧。卵巢分两叶，位于体节后缘中央。子宫左右盘曲呈玫瑰花状，生殖孔开口于节片腹面中央前1/4～1/3处。

虫卵呈卵圆形，两端钝圆，浅褐色，大小(67～71) μm×(40～51) μm，一端有明显的卵盖，另一端有一个小棘。

裂头蚴呈乳白色，长约5 mm，具有特征性的头节。

二、生活史

阔节裂头绦虫生活史需要2个中间宿主，第一中间宿主为剑水蚤，第二中间宿主为淡水鱼类。成虫寄生于人、犬和猫等动物的小肠。虫卵从孕节产卵孔产出，随粪便排到外界，在适宜条件下(15～25 ℃的水中)，1～2周孵出钩球蚴。当钩球蚴被剑水蚤吞食后，就穿过肠壁在其血腔内经2～3周发育为原尾蚴(早期幼虫)。当感染原尾蚴的剑水蚤被鱼食入后，原尾蚴移入鱼的肌肉、肝脏及性腺等处发育为实尾蚴(即裂头蚴，晚期幼虫)，终末宿主食入感染有裂头蚴的鱼时，裂头蚴逸出，在其小肠内经3～6周发育为成虫(图4-9)。

三、流行病学

阔节裂头绦虫主要分布于欧洲、美洲和亚洲的寒带和温带地区，以俄罗斯最为常见，人的病例占了一半以上，猫的感染率近90%。人和动物都是因为食入生的或未熟的鱼肉而遭受感染。在流行地区，人、犬、猫或其他野生动物粪便污染水域，成为剑水蚤感染的重要因素。但有研究认为，在人体内寄生的虫体才能大量产出成熟的虫卵，而在其他动物寄生的成虫很少产出成熟的虫卵，有的地区因为人体感染率下降或罕见感染发生，致使本虫体感染也随之减少或消失。但多种野生动物可以感染本虫种，且其中间宿主种类繁多、分布广，为本病的发生提供了自然疫源地。

四、主要症状及病理变化

犬、猫轻度感染时无明显临床症状。严重感染时，犬、猫主要表现为食欲下降，呕吐、腹泻，或贪

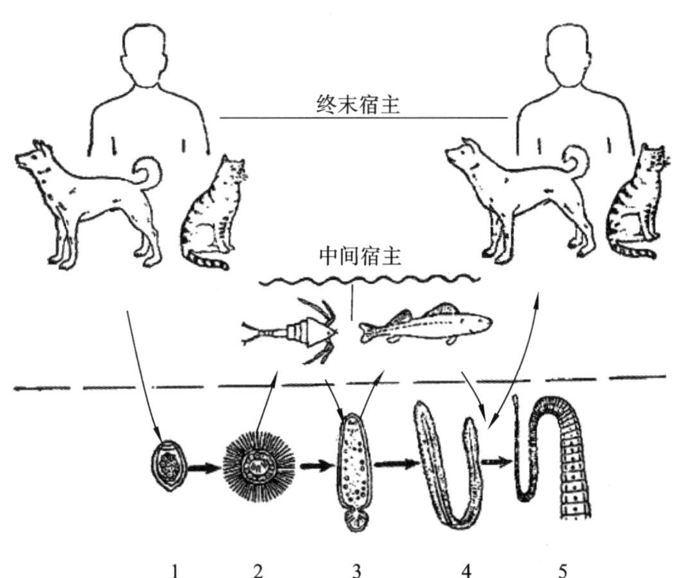

图 4-9 阔节裂头绦虫生活史

食、异嗜，继而消瘦，贫血，生长发育停滞，严重者死亡。有的呈现剧烈的兴奋，有的发生痉挛或四肢麻痹。本病呈现慢性和消耗性。

阔节裂头绦虫成虫头节上的吸钩挂住肠壁时，自然会损伤肠壁黏膜，造成渗血或细菌感染。同时，虫体要大量繁殖和快速生长，必然要夺取宿主的大量营养成分。因而给宿主带来慢性贫血、消化障碍、营养不良、进行性消瘦等不良影响。如果虫体过多，还可能造成肠道受阻，引起肠套叠、肠梗阻以致发生肠破裂，对生命造成极大的威胁。对幼龄猫危害更大，会明显抑制其生长发育。

五、诊断

依据临床症状，结合粪便中查出虫卵可做出诊断，发现粪便中有节片（阔节裂头绦虫排出的节片应是衰老的节片）有助于确诊。

六、治疗

（1）吡喹酮：犬按每千克体重 35 mg，1 次口服；猫则需要加大剂量。

（2）氯硝柳胺：犬按每千克体重 100～150 mg，1 次口服。

七、防治

（1）对犬和猫要定期驱虫，特别是较贵重的犬，每季度应驱虫 1 次。

（2）不给犬和猫饲喂生的或未经无害化处理的动物内脏或动物性食品。

（3）应用杀虫药定期杀灭动物体和动物圈舍的蚤和其他昆虫。

课后作业

线上评测

复习与思考

一、填空题

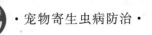

1. 绦虫纲分为＿＿＿＿＿＿和＿＿＿＿＿＿。
2. 绦虫的虫体可分为＿＿＿＿＿＿、＿＿＿＿＿＿和＿＿＿＿＿＿。
3. 圆叶目绦虫的中绦期可分为＿＿＿＿＿＿和＿＿＿＿＿＿。
4. 脑多头蚴的终末宿主是＿＿＿＿＿＿。
5. 治疗绦虫的药物有＿＿＿＿＿＿、＿＿＿＿＿＿和＿＿＿＿＿＿。
6. 犬复孔绦虫的中间宿主是＿＿＿＿＿＿。

二、简答题

1. 如何预防犬复孔绦虫病?
2. 圆叶目绦虫和假叶目绦虫有何不同?
3. 简述细粒棘球绦虫病的防治措施。

项目五　犬、猫线虫病的防治

项目描述

本项目是根据宠物健康护理员、宠物医师等岗位需求进行编写，本项目为宠物线虫病知识，内容包括蛔虫病、钩虫病、犬恶丝虫病、旋毛虫病、毛尾线虫病、似丝线虫病、类圆线虫病、毛细线虫病、猫圆线虫病、犬尾旋线虫病、肾膨结线虫病、吸吮线虫病及棘头虫病等。通过本项目的训练，学生能够了解犬、猫线虫的分类及形态结构，掌握犬、猫常见线虫的生活史、流行病学、主要症状、病理变化、诊断及治疗。为从事宠物健康护理员、宠物医师等工作做好准备。

学习目标

▲知识目标

掌握犬、猫常见线虫的形态构造、生活史、主要症状、病理变化、诊断及治疗。熟悉犬、猫线虫病的流行病学。

▲能力目标

通过学习犬、猫线虫病，学生能根据具体情况独立诊断宠物的线虫病并能制订出综合防治方案，为从事宠物医师等相关工作奠定基础。

▲思政目标

在讲授每种线虫病的过程中，列举一些宠物患寄生虫后对宠物自身以及人类公共卫生带来的影响的案例，使学生明确人与大自然和谐共存的道理，关爱小动物，关注公众健康，提高宠物医师的医德修养和技能水平。

任务1　犬、猫线虫病概述

情境导入

陈女士养的金毛猎犬，5岁，早上排便时拉出了一大一小两条线形虫体，究竟是哪种寄生虫？让我们一起来了解一下宠物线虫病。

扫码看课件
5-1

必备知识

线虫病是由线形动物门、线虫纲(Nematoda)多种线虫寄生动物体内引起的一类蠕虫病。在自然界中，线虫种类多，数量大，广泛分布于海水、淡水、沙漠和土壤等自然环境中，有50多万种。大多

于泥土或水中营独立生活，只有一小部分营寄生生活。据统计，寄生于人和动物的重要线虫有400多种，而犬、猫常见的寄生线虫仅有10多种。

微课 5-1

一、线虫形态结构

（一）线虫形态构造

线虫一般为细长的圆柱形或纺锤形，有的呈线状或毛发状，两侧对称，横断面圆形，不分节。整个虫体可分为头端、尾端、腹面、背面和两侧面。前端一般较钝圆，后端较尖细。体表天然孔有口孔、排泄孔、肛门和生殖孔、阴门。雄虫的肛门和生殖孔合为泄殖孔。动物寄生性线虫绝大多数为雌雄异体。一般雄虫较小，后端呈不同程度地弯曲，有交合伞或其他与生殖有关的辅助结构，与雌虫有显著区别。雌虫稍粗大，尾部较直。活体通常为乳白色或淡黄色，吸血的虫体常呈淡红色、血红色或棕色，死后多为灰白色。

（二）体壁

线虫体壁由角皮层、皮下组织和肌层构成。

1. 角皮层　覆盖体表，由皮下组织分泌形成，光滑或有纹线等。角皮可延续为口囊、食道、直肠、排泄孔及生殖管末端的内壁。有些虫体外表还常有一些由角皮参与形成的特殊构造，如头泡、唇片、叶冠、颈泡、颈翼、侧翼、尾翼、交合伞、乳突等，这些特殊构造有帮助虫体附着、感觉和辅助交配等功能。这些角皮衍生物的大小、形状、数目、位置和排列方式，常是分类的依据。

(1)叶冠：环绕在口囊边缘的细小叶片状乳突，有1或2圈。一般位于内圈的称为内叶冠，而位于外圈的称为外叶冠。其功能是在虫体采食时可以插入黏膜，在虫体脱离黏膜时可以封住口囊，防止异物进入。

(2)头泡和颈泡：分别指在头端或食道区周围形成的角皮膨大。

(3)颈乳突和尾乳突：是指长在食道区和尾部的刺状或指状突起，有感觉和支持虫体的功能。

(4)颈翼、侧翼和尾翼：在食道区、体侧面或尾部由表皮伸出的扁平翼状薄膜突起。

2. 皮下组织　紧贴在角皮基底膜之下，是一层原生质，由合胞体细胞组成。在虫体背面、腹面和两侧的中部，原生质相对集中，使皮下层增厚，形成4条纵索，分别称为背索、腹索和2条侧索。虫体的排泄管和侧神经干常穿行于侧索中，主神经干穿行于背索、腹索中。

3. 肌层　皮下组织下面为肌层，由单层肌细胞组成。线虫的体肌仅有纵肌而无环肌。肌层被4条纵索分割成4个区。不同种的线虫肌层结构和肌细胞形态不同。肌纤维的收缩和舒张可使虫体发生运动。在食道和生殖系统还有特殊功能的肌纤维。

（三）体腔

在体壁与消化道之间存有一腔隙，没有源于内胚层的浆膜作衬里，也无上皮细胞覆盖，故称假体腔或原体腔。假体腔内充满体液，它是虫体的血淋巴，内含葡萄糖、蛋白质和一些无机盐类，具有输送营养物质和排泄废物的功能。线虫的消化器官和生殖器官等悬浸在此液中。假体腔液压很高，有"液压骨骼"之称，维持着线虫的形态和强度，对躯体运动有极重要的作用。

（四）消化系统

线虫大多有完整的消化系统，包括口孔、口腔、食道、肠、直肠、肛门，常呈管状。口孔位于虫体头端，常有唇片围绕，唇片上分布有感觉乳突。无唇片围绕的寄生虫，有的在该部位发育为叶冠或角质环。口与食道之间有口腔，一些线虫在口腔内会形成非常厚的角质化衬里，成为硬质构造，称为口囊。有些线虫在口腔中还会有齿、口针或切板等构造。线虫的食道常为肌质构造，多呈圆柱状、棒状或漏斗状等，其功能是将食物泵入肠道。一些线虫在食道部位形成1～2个球形膨大，称为食道球。线虫的食道壁内常埋藏有数个食道腺，开口于食道腔、牙齿顶端等处，可以分泌消化液。线虫食道的形状在分类上具有重要意义。

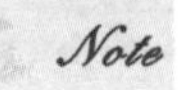

一些线虫的食道后端有小胃或盲管，大多数线虫的食道后为管状的肠，肠的后端为直肠，末端为

肛门。雌虫的肛门常单独开口于尾部腹面，雄虫的直肠常与射精管汇合成泄殖腔，开口于尾部腹面。一些线虫的肛门附近常分布有性乳突，其数目、形状和排列方式随虫种不同而有差异，具有分类学意义。

（五）排泄系统

线虫的排泄系统主要有腺型和管型两类。

无尾感器亚纲的线虫，系腺型排泄系统，常见一个大的腺细胞位于体腔内，主要见于营自由生活的线虫。尾感器亚纲的线虫，系管型排泄系统，寄生线虫均属此型。管型排泄系统一般由左右两支排泄管构成，位于侧索内，排泄孔通常开口于食道部腹面正中线上。因其开口位置在每种线虫都相当固定，常作为分类依据。

（六）神经系统

线虫有发达的神经系统，位于线虫食道部的神经环相当于其神经中枢，由许多神经纤维连接的神经节组成。自此处向前后各发出若干神经干，分布于虫体各部位，各神经干间有横联合。在虫体的其他部位还有单个神经节，在肛门处有一后神经环。

此外，大多线虫体表有许多乳突，如头乳突、唇乳突、尾乳突或生殖乳突等和尾感器，都是神经感觉器官。尾感器一般位于线虫尾部，为一对小孔，位于肛门之后。尾感器的有无是划分纲的重要特征。

（七）生殖系统

动物寄生性线虫大多为雌雄异体，生殖器官内部基本都是简单弯曲的连续管状结构，形态上区别不大。

1. 雌性生殖器官　雌性生殖器官通常为双管型（双子宫型），即有两组生殖器，最后由两条子宫汇合成一条阴道。少数为单管型（单子宫型），个别为多管型。由卵巢、输卵管、子宫、受精囊（贮存精液，无此构造的线虫其子宫末端行此功能）、阴道（有些线虫无阴道）和阴门（有些虫种尚有阴门盖）组成。个别线虫在阴道与子宫之间还有肌质的排卵器来控制虫卵的排出。阴门是阴道的开口，可能位于虫体腹面的前部、中部或后部，但均在肛门之前，其位置及其形态常具分类学意义。

2. 雄性生殖器官　雄性生殖器官通常为单管型，由睾丸、输精管、贮精囊和射精管组成。睾丸产生的精子经输精管进入贮精囊，交配时，精液从射精管入泄殖腔，经泄殖孔射入雌虫阴门。雄性生殖器官的末端部分常有交合刺、引器、副引器等辅助交配器官。线虫的交合刺常包藏在位于泄殖腔背壁的交合刺鞘内，多为 2 根，少数虫种 1 根，个别虫种无交合刺，其功能是在交配时掀开雌虫的生殖孔。根据雄虫尾部尾翼的发育情况，可把雄虫尾部分为两型。一型尾翼不发达，其上常排列有对称或不对称的性乳突，其形状、大小、排列和数目因种而异。另一型尾翼发达，演化为交合伞，在交配时可以帮助固定雌虫。

二、线虫的生活史

（一）线虫的生殖方式

根据雌虫产出的虫卵发育情况，人们把线虫的生殖方式分为 3 种：①卵生：雌虫排出的虫卵尚未卵裂，不管是处于单细胞期还是卵细胞分裂初期，只要胚胎尚未形成，都称为卵生，如蛔虫类、毛首线虫类和圆线虫类等都属于卵生。②卵胎生：从雌虫子宫排出的虫卵，已经发育成胚胎或幼虫，如后圆线虫类、类圆线虫类和多数旋尾线虫类。③胎生：从雌虫子宫中直接产出幼虫，如旋毛虫和恶丝虫类等雌虫产出的直接是早期幼虫，属于胎生。

线虫的虫卵大多为卵圆形，不同虫种，其虫卵的形态、大小及卵壳的厚度差异较大。卵壳一般包括 3 层：内层为薄的脂质层，无渗透性，可以调节内渗透压；中层为坚实的几丁质层，较厚，抵抗压力能力较强，许多虫种在此层一端或两端会形成卵盖；外层为卵黄膜，可以加固虫卵，有的虫卵表面还有一层蛋白质膜，可以抗干燥。一般虫卵的卵壳越厚，对外环境的抵抗力就会越强。

（二）线虫的发育过程

蜕化是幼虫产生一层新角皮，蜕去旧角皮的过程。此时幼虫不采食、不活动、不生长，处于休眠状态。线虫的虫卵成熟后，一般要经过5个幼虫期，4次蜕化，才能发育为成虫。其中前2次蜕化一般在外界环境中完成，后两次蜕化在宿主体内完成。

雌虫新产出的虫卵或幼虫一般不具有感染性，必须在新的环境中（外界或中间宿主体内）继续发育，一般经1次或2次蜕化后才对终末宿主具有感染性（或称侵袭性）。此时线虫所处的发育阶段称为感染性阶段。这时如果蜕化的幼虫已从卵壳内孵出，生活于自然界，称为感染性幼虫。如果感染性的幼虫仍在卵壳内未孵出，称为感染性（或侵袭性）虫卵。有的线虫蜕化后，旧角皮仍留在幼虫身体表面，称为披鞘幼虫。披鞘幼虫对外界环境的抵抗力较强，也很活跃。

根据线虫在发育过程中需不需要中间宿主，可分为无中间宿主线虫和有中间宿主线虫。无中间宿主线虫幼虫在外界环境（如粪便、土壤等）中可直接发育到感染性阶段，所以又称直接发育型线虫或土源性线虫；有中间宿主线虫幼虫需要在中间宿主（如昆虫或软体动物等）的体内才能发育到感染性阶段，又称间接发育型线虫或生物源性线虫。

1.直接发育型线虫（土源性线虫）的发育 雌虫产卵排出体外后，在外界适宜的条件下发育为具有感染性的虫卵或幼虫，被终末宿主吞食后，幼虫在宿主体内逸出，在体内经过移行或不移行（因种而异），并进行2～3次蜕化后，发育为成虫。

（1）蛔虫型：虫卵随宿主粪便排到外界后，在粪便或土壤中发育为感染性虫卵。宿主经口感染后，幼虫在小肠内孵出，多数种类的幼虫需要在宿主体内经过复杂的移行过程，重新返回到小肠内才能发育为成虫，如猪蛔虫。

（2）毛尾线虫型：虫卵随宿主的粪便排到外界后，在粪便或土壤中发育为感染性虫卵。宿主经口感染后，幼虫在小肠内孵出，然后移行到大肠发育为成虫，如猪毛尾线虫。

（3）蛲虫型：雌虫在终末宿主肛门周围和会阴部产卵，并在该处发育为感染性虫卵。宿主经口感染后，幼虫在小肠内孵出，然后移行到大肠发育为成虫，如人的蛲虫、马的尖尾线虫。

（4）钩虫型：虫卵随宿主粪便排出体外，在外界先孵出第1期幼虫，再经2次蜕化，发育为感染性幼虫。宿主经皮肤黏膜或经口感染后，幼虫随血流经过复杂的移行过程，最终到达小肠发育为成虫，如犬钩虫。

（5）圆线虫型：虫卵随宿主粪便排到外界后，在外界发育并孵化出第1期幼虫，再经2次蜕化后，发育为感染性幼虫。感染性幼虫在土壤或牧草上活动时，被宿主经口食入，幼虫在终末宿主体内经复杂的移行或直接到达寄生部位发育为成虫。大部分圆线虫均为此类型。

2.间接发育型线虫（生物源性线虫）的发育 雌虫产出虫卵或幼虫后，首先被中间宿主（多为无脊椎动物）吞食，并在其体内发育为感染性幼虫。当终末宿主误食带有感染性幼虫的中间宿主或遭其侵袭后感染。幼虫在终末宿主体内经几次蜕化后发育为成虫。

（1）原圆线虫型：雌虫在终末宿主体内产出含有幼虫的卵，随即孵出第1期幼虫。第1期幼虫随粪便排到外界后，主动钻入中间宿主螺体内发育到感染性阶段。终末宿主往往因食入带有感染性幼虫的螺而感染。幼虫在终末宿主肠内逸出后，移行到寄生部位，发育为成虫，如寄生于绵羊呼吸道的原圆线虫等。寄生于猪呼吸道的后圆线虫的发育也与此相似，但中间宿主为蚯蚓。

（2）旋尾线虫型：雌虫产出的虫卵或幼虫，随粪便排入外界环境后被中间宿主（节肢动物）通过各种渠道摄入。幼虫在中间宿主体内发育到感染阶段后，被终末宿主吞食。之后在不同部位发育为成虫，如旋尾类的多种线虫、猪胃线虫等。

（3）丝虫型：雌虫产出的幼虫进入终末宿主的血液循环中，中间宿主（节肢动物）吸食患病动物血液时顺带摄入幼虫。幼虫在中间宿主体内发育至感染性阶段后，当吸食易感动物（终末宿主）血液时，会将感染性幼虫注入其体内。然后幼虫通过移行到达寄生部位后，发育为成虫，如犬恶丝虫等。

（4）龙线虫型：雌虫寄生于终末宿主的皮下结缔组织中，通过一个与外界相通的小孔，将幼虫产入水中。幼虫在被中间宿主剑水蚤摄食后，在其体内发育至感染性阶段。终末宿主往往因食入带有

Note

感染性幼虫的剑水蚤而感染。然后，幼虫移行到终末宿主皮下结缔组织中发育为成虫，如鸟蛇线虫等。

(5)旋毛虫型：旋毛虫的发育史比较特殊，同一宿主既是终末宿主（先是）又是中间宿主（后是）。其雌虫在宿主（此时为终末宿主）的肠壁产出幼虫，幼虫转入血液循环后，随血液循环到达横纹肌纤维中发育，形成幼虫包囊（此时被感染动物由终末宿主转变成了中间宿主）。其他动物（此时为终末宿主）因吞食含有幼虫的肌肉而感染。当肌肉被消化后，幼虫被释放出来，并在小肠内发育为成虫，成虫再产幼虫，幼虫再随血液循环到达横纹肌寄生，如此在不同动物之间循环感染。

三、线虫的分类

线虫属线形动物门、线虫纲，其下分 2 个亚纲：尾感器亚纲和无尾感器亚纲。

（一）尾感器亚纲（Phasmidia）

1. 蛔目（Ascaridida） 口孔由 3 片唇围绕，无口囊，食道简单，肌质，呈圆柱状。卵壳厚，处于单细胞期，属直接发育型。

(1)蛔科（Ascaridae）：属大型虫体，有 3 片发达的唇片，食道简单，肌质，圆柱形，后部无腺胃或盲突。雄虫尾部无尾翼膜，有肛乳突，具 2 根交合刺，无引带。雌虫尾部圆锥形，阴门位于虫体前部。卵生，常寄生于哺乳动物肠道。

(2)弓首科（Toxocaridae）：体侧具有颈翼膜，头端有 3 个唇片，食道与肠接合处有小胃。雄虫尾部具指状突起，尾翼膜有或缺，有肛前乳突和肛后乳突，交合刺等长或稍不等长，无引带。雌虫阴门位于虫体前部，后子宫，卵生。寄生于食肉动物肠道。

(3)禽蛔科（Ascaridiidae）：体侧具有狭侧翼膜，头端钝，有 3 片唇，食道呈棒状，无食道球或腺胃。雄虫有尾翼膜，尾端尖，交合刺 2 根，具有角质的肛前吸盘，肛乳突大。雌虫尾部圆锥形，阴门位于虫体中部，卵生。寄生于鸟类。

(4)异尖科（Anisakidae）：雄虫泄殖孔后有数对乳突，具 2 根不等长的交合刺。主要寄生于海洋类哺乳动物的消化道。

2. 尖尾目（Oxyurida） 属中小型虫体，雄虫明显小于雌虫。食道有明显的食道球，口腔内有瓣或小齿或嵴。雌虫体尾部长而尖，雄虫尾翼发达，上有大的乳突。卵胎生或胎生，属直接发育型。成虫主要寄生于宿主大肠，具有严格的宿主特异性。

(1)尖尾科（Oxyuridae）：口围有 3 个唇片分瓣或不分，口囊内有齿，有发达的后食道球。雄虫尾部钝圆具翼膜，交合刺 1 根或 2 根或缺，有或无引带。雌虫通常比雄虫长很多，尾部细长呈锥状，阴门位于体前部，少数在后部。卵生，少数为胎生，寄生于哺乳动物消化道。

(2)异刺科（Heterakidae）：头端钝，口围有 3 片唇，口腔小或缺，食道圆柱形，后部具有发达的食道球。雄虫尾尖，具有肛前吸盘和多数肛乳突，交合刺 2 根，等长或不等长。雌虫尾部细长呈锥状，阴门位于体前部，少数在后部。卵生，少数为胎生，寄生于两栖、爬行、鸟类和哺乳动物肠道。

3. 杆形目（Rhabditata） 微型至小型虫体，常具 6 片唇。雌、雄虫尾端均呈锥形，交合刺同形等长，常具引器。自由生活世代，雌雄异体，有显著的前、后食道球。寄生世代为孤雌生殖（宿主体内仅有雌虫），无食道球。两种世代交替进行，寄生于两栖类、爬行类、鸟类、哺乳动物类的肠道或肺部。

(1)类圆科（Strongyloididae）：毛发状小型虫体。口具 2 个侧唇，口腔短或缺，食道细长，约为体长的 1/3。雌虫尾短，阴门位于体后 1/3 处，生殖器官双管型，卵巢弯曲。卵胎生或胎生，寄生于哺乳动物的肠道。

(2)小杆科（Rhabditidae）：虫体很小。口腔呈圆柱状，具 3～6 个不发达的唇片。雄虫尾翼发达，尾部钝圆或细。雌虫生殖孔开口在体中部，自由生活。

4. 圆线目（Strongylata） 细长形虫体。有口囊，口孔有小唇或叶冠环绕。食道常呈棒状。雄虫尾部有发达的交合伞，2 根交合刺等长。卵生，常寄生于脊椎动物。

(1)圆线科（Strongylidae）：有发达的口囊，呈球形或半球形。多数口囊前缘有叶冠，有的口囊有

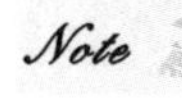

背沟，口囊底部常有齿。雄虫有发达的交合伞和典型的肋，交合刺细长。雌虫阴门距肛门近。大多数寄生于哺乳动物。

(2)盅口科(Cyathostomidae)(又称毛线科)：属小型圆线虫。口缘有明显的叶冠。口囊不发达，一般较浅，呈圆筒状或环状，底部无齿。颈沟有或无。雄虫交合伞发达，背叶显著。种类多，形态复杂，寄生于哺乳动物和两栖动物的消化道。

(3)毛圆科(Trichostrongylidae)：小型毛发状虫体，口囊通常不发达或无。雄虫多有交合伞，交合刺 2 根。雌虫阴门大多数位于虫体后半部，有阴门盖或无。生活史属于直接发育型，通常不移行，第 3 期幼虫为感染性阶段，主要寄生于反刍动物消化道。

(4)钩口科(Ancylostomatidae)：口囊发达，向背侧弯曲，口边缘具齿或切板，无叶冠。因虫体前端向背面弯曲，故又名钩虫。雄虫交合伞发达。雌虫阴门在中部前或后。雌雄虫处于交配状态时，形成"T"字形外观。卵生，寄生于哺乳类动物消化道。

(5)冠尾科(Stephanuridae)：虫体粗壮，口囊发达，呈杯状，基部有 6～10 个小齿。口缘有细小的叶冠和角质隆起，食道球后部呈花瓶状。雄虫交合伞不发达，交合刺粗短。雌虫阴门靠近肛门。寄生于哺乳动物肾脏及周围组织。

(6)网尾科(Dictyocaulidae)：口囊小，口缘有 4 个小唇片。雄虫交合伞退化，中、后侧肋大部融合，交合刺短粗，黄褐色，呈颗粒状外观。雌虫生殖孔位于虫体中部。寄生于动物呼吸系统。

(7)原圆科(Protostongylidae)：虫体毛发状。雄虫交合伞不发达，交合刺呈膜质羽状，有栉齿。雌虫阴门位于近肛门处。卵生，寄生于哺乳动物呼吸系统及循环系统。

(8)后圆科(Metastrongylidae)：口缘有 1 对分三叶的唇。雄虫交合伞发达，交合刺细长。阴门位于肛门附近。卵胎生，主要寄生于猪的支气管和细支气管。

(9)比翼科(Syngamidae)：虫体短粗，口囊发达，无叶冠、齿或切板。雄虫明显小于雌虫，交合伞发达，交合刺等长或不等长。雌虫尾端圆锥形，子宫平行排列，生殖孔位于虫体前半部或中部。雄虫通常以其交合伞附着于雌虫生殖孔处，构成"Y"字形外观，雌雄虫一生均处于交配状态。卵生，寄生于鸟类及哺乳动物呼吸道和中耳。

(10)裂口科(Amidostomatidae)：虫体细长，口腔发达，呈亚球形，底部有 1～3 个齿，口孔周围无叶冠。雄虫交合伞发达，2 根交合刺等长。雌虫尾长，指状，阴门位于虫体后 1/5 部。卵生，寄生于禽类肌胃角质膜下，偶见于腺胃。

(11)管圆科(Angiostrongylidae)：雄虫交合伞有所退化，但肋清晰，具典型圆线虫特征。具交合刺 2 根，纤细，等长。雌虫阴门位于近肛门处。

(12)似丝科(Filaroididae)：雄虫交合伞背叶退化严重，只剩下乳突。交合刺短，弓形。雌虫阴门位于肛门前方，表皮膨大形成一个半透明的鞘。卵胎生。

5. 旋尾目(Spirurida) 口周有 6 片小唇，或有 2 个侧唇，有筒形口囊，有些种类头部常有饰物。食道由短的前肌质部和长的后腺质部组成。雄虫尾部呈螺旋状卷曲，交合刺 2 根，通常异形不等长。雌虫阴门大多位于体中部。卵胎生，发育过程中需中间宿主，常寄生于宿主消化道、眼、鼻腔等处。

(1)尾旋科(Spirocercidae)：虫体粗壮，螺旋形。有分为三叶的侧唇 2 片。雄虫尾部具发达的尾翼和多对乳突，2 根交合刺不等长。卵胎生，寄生于食肉动物。

(2)似蛔科(Ascaropsidae)：唇小，咽部呈螺旋形或环形。雄虫尾部有尾翼膜，肛前有 4 对乳突，交合刺 2 根，不等长。雌虫阴门位于虫体中部，卵胎生，属间接发育型。寄生于猪胃内。

(3)吸吮科(Thelaziidae)：虫体细长，体表角皮具有横纹，唇不明显，口囊小，食道全肌质呈圆柱形。雄虫尾部弯向腹面，短钝或细长，无尾翼膜，具有多数肛乳突，交合刺 2 根，不等长，形态也不同。雌虫尾部钝，阴门位于虫体前部或后部。胎生，寄生于哺乳类或鸟类的眼部组织。

(4)筒线科(Gongylonematidae)：虫体细长，颈翼发达。口腔短小圆柱状。雄虫尾部具有翼膜，交合刺 2 根，不等长。雌虫尾部钝圆，阴门位于体后半部。卵胎生，寄生于鸟类和哺乳动物的食道和胃壁。

(5)华首科(Acuariidae):虫体细长,头部有悬垂物或角质饰带,常无侧翼膜。食道分为短的肌质部和粗长的腺质部。雄虫具有尾翼膜,肛前乳突 4 对和不同数目的肛后乳突,交合刺不等长,形态也不同,无引带。雌虫尾部圆锥形,阴门位于体后部。卵胎生,主要寄生于鸟类消化道前部,罕见于肠。

(6)四棱科(Tetrameridae):虫体无饰带。雌、雄明显异形。雄虫体小,白色,呈线状,尾部尖,无尾翼膜,交合刺不等长,肛乳突小,无柄。雌虫近似球形,体表有 4 条纵沟,尾部尖,阴门近肛门,子宫发达。卵生,寄生于禽类腺胃。

(7)颚口科(Gnathostomatiidae):口具有 3 片侧唇,呈三叶状。唇后头端呈球状膨大,形成头球,有明显的横纹或钩。体表布满小棘,体前部小棘呈鳞片状。雄虫有尾翼膜,上有具柄的乳突数对。交合刺等长或不等长。雌虫阴门位于体后半部。卵生,寄生于鱼类、爬行类和哺乳类的胃、肠,偶见于其他器官。

(8)泡翼科(Physalopteridae):虫体粗,头端具有 2 个大的三角形侧唇,无口囊,有齿,食道分肌质部和腺质部。雄虫尾翼发达,交合刺 2 根,多不等长。雌虫阴门位于体前或后部。卵生,寄生于脊椎动物胃或小肠。

(9)柔线科(Habronematidae):虫体中等大小,口囊边缘有 2 片唇。口腔圆柱状或漏斗状,食道分短的肌质部和长的腺质部。雄虫尾部卷曲,尾翼膜发达,具有柄乳突和无柄的小乳突,交合刺 2 根不等长,异形,有或无引带。雌虫尾部钝圆,阴门近于体中部。卵胎生或胎生,常寄生于哺乳类的胃黏膜下。

6. 驼形目(Camallanata) 无唇,有或无口囊,食道长,分前肌质部和后腺质部。胎生,需要中间宿主,成虫寄生于脊椎动物的皮下组织、体腔、气囊、循环系统或消化系统。

龙线科(Dracunculidae):虫体细长,丝状。头端圆钝,口简单,食道分短的肌质部和粗长的腺质部。雄虫尾部弯向腹面,尾端尖,交合刺等长或不等长,有或无肛乳突。雌虫尾部圆锥形或具有尾突,阴门位于虫体中部稍后或体后部,虫体成熟时阴门和阴道萎缩。胎生,寄生于鸟类皮下组织,或哺乳动物的结缔组织。

7. 丝虫目(Filariata) 虫体乳白色,丝状,多数种缺口囊,口孔直接通食道。食道分前肌质部和后腺质部。雄虫交合刺常异形,不等长。雌虫阴门开口于食道部或头端附近。卵胎生或胎生,属间接发育型,寄生于陆生脊椎动物肌肉、循环系统、淋巴系统和体腔等与外界不相通的组织中。

(1)丝虫科(Filariidae):虫体前部角皮光滑或具有乳突状或环状结构。雄虫尾部旋曲,有尾翼膜或缺,交合刺异形,不等长,有 3～4 对肛前和肛后乳突。雌虫肛门靠近末端,阴门开口于食道部。卵胎生,寄生于哺乳动物结缔组织。

(2)腹腔丝虫科(丝状科):虫体细长,角皮有细横纹。口周围有明显角质环、肩章状或乳突状构造。雌、雄虫尾部均较长。雄虫尾部旋曲,交合刺异形,不等长。雌虫尾部弯向背面,阴门位于食道区,后子宫。卵胎生,寄生于哺乳动物的腹腔。

(3)盘尾科(Onchocercidae):虫体细长,丝状。雌虫远大于雄虫。口腔发育不全。体表角皮有横纹和螺旋状脊。雄虫尾部短,交合刺异形,不等长,具多数肛乳突,排列常不对称。雌虫尾部钝圆或锥形,阴门位于食道部。胎生,微丝蚴无鞘膜,寄生于哺乳动物结缔组织。

(4)双瓣科(Dipetalonematidae):虫体细长,丝状。雄虫尾部具尾翼膜或缺,交合刺不等长,同形或异形,具有肛前和肛后乳突。雌虫阴门位于体前部。胎生,寄生于脊椎动物心脏或结缔组织。

(二)无尾感器亚纲(Adenophorea)

1. 毛尾目(Trichurata) 虫体前部(食道部)细,后部粗。食道为一串单列细胞组成,呈念珠状。雄虫交合刺 1 根或无。卵两端有塞。卵生或胎生,寄生于鸟类或哺乳动物。

(1)毛尾科(Trichuridae):虫体前部细长,占全长的 2/3,后部较粗。雄虫交合刺 1 根,具鞘。雌虫尾部稍弯曲,后端钝圆,阴门位于虫体粗细交界处。卵生,直接发育型,寄生于哺乳动物大肠。

(2)毛形科(Trichinellidae):小型虫体,口简单,食道细长,约为体长的 1/3,后部较前部稍粗。雄虫尾部具 1 对圆锥形突起,无交合刺,泄殖腔两侧有 1 对交配叶。雌虫尾端钝圆,肛门位于尾端,阴

门位于食道区。胎生，成虫寄生于哺乳动物肠道，幼虫寄生于肌肉。

(3)毛细科(Capillariidae)：虫体细长，毛发状，前部稍细。雄虫具 1 根交合刺或无。雌虫阴门位于前后交界处。卵生，可寄生于鸟类或哺乳动物的鼻腔、气管、肠道、肝脏及泌尿系统等处。

2. 膨结目(Dioctophymata)　虫体粗大，唇和口囊退化，食道呈柱状，食道腺发达。雌、雄虫肛门均位于尾部。雄虫尾部呈钟形无肋交合伞，交合刺 1 根。雌虫阴门位于虫体的食道部。卵壳厚，表面不平。寄生于哺乳动物的泌尿系统、腹腔和消化道，或寄生于鸟类。

膨结科(Dioctophymatidae)：口孔由排列成 1～3 圈的乳突围绕。雄虫尾端有一钟形交合伞，无肋，交合刺 1 根。雌虫生殖孔位于体前部或体后部肛门附近。卵生，属间接发育型，寄生于食肉或杂食动物泌尿系统及相通组织。

任务 2　蛔　虫　病

情境导入

扫码看课件 5-2

动物医院接待了一只 45 日龄患犬，发现其精神沉郁，腹部膨大明显，消瘦。主诉：患犬喜卧，偶尔呕吐，曾排出淡黄白色虫体，呈圆柱形，长 5～15 cm。根据临床症状和实验室诊断确诊该犬患了蛔虫病。

必备知识

微课 5-2

犬、猫蛔虫病是由弓首科、弓首属的犬弓首蛔虫和猫弓首蛔虫以及蛔科、弓蛔属的狮弓首蛔虫寄生于犬、猫的小肠内所引起的一种寄生虫病。此类疾病广泛分布于世界各地。主要危害幼龄动物，常引起幼犬、猫发育不良，生长缓慢，严重感染时可导致死亡。作为伴侣动物，如果感染人，可引起人体内脏及眼部幼虫移行症，严重者可致失明，具有重要的公共卫生学意义。

一、病原形态构造

1. 犬弓首蛔虫　寄生于犬和犬科动物的小肠中，是一种大型线虫。虫体白色或浅黄色(图 5-1、图 5-2)，头端有 3 片唇，缺口腔，食道简单。虫体前端体侧有向后延伸的颈翼膜，食道与肠管连接处有一个小胃。雄虫体长 50～110 mm，尾端弯曲，尾尖有圆锥状突起，尾翼发达，有两根不等长的交合刺。雌虫体长 90～180 mm，尾端直，阴门开口于虫体前半部。

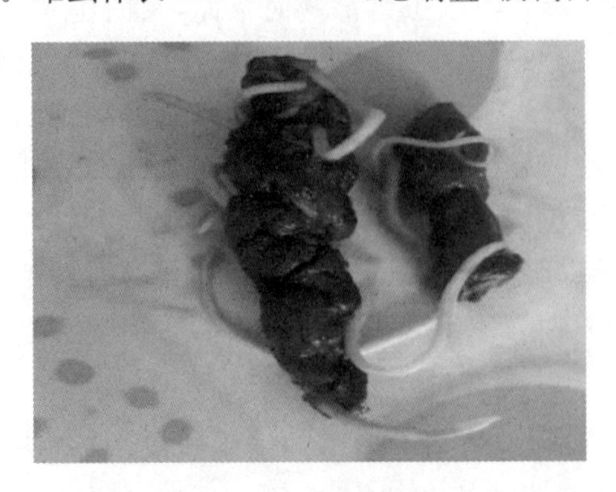

图 5-1　刚排出来的犬弓首蛔虫(一)

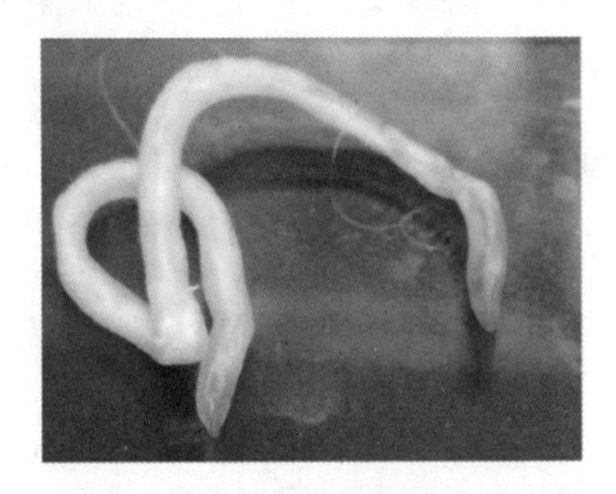

图 5-2　犬弓首蛔虫

虫卵呈亚球形，深黄色或黑褐色，大小为(68～85) μm×(64～72) μm，卵壳厚，外膜上有明显的小泡状结构，内含有分裂的卵胚。

2. 猫弓首蛔虫　属于弓首属，寄生于猫和猫科动物的小肠中，很少发生于犬。成虫外形与犬弓

首蛔虫相似，但其颈翼膜短而宽，近头端处颈翼膜变窄，使虫体前端如箭头状(图 5-3)。雄虫体长 30～60 mm，尾部有指状突起，有两根等长的交合刺。雌虫体长 40～100 mm。虫卵大小为 64 μm×70 μm，卵壳表面结构与犬弓首蛔虫相似。

3. 狮弓首蛔虫 属于蛔科、弓蛔属，也称为狮蛔虫，寄生于犬、猫和野生食肉动物的小肠中，多感染成年犬。虫体颜色、形态与犬弓首蛔虫相似。其从头端开始到近食道末端的两侧具有狭长的呈柳叶刀形的颈翼膜，上有较密的横纹。虫体头端常向背侧弯曲，食道与肠管连接处无小胃构造。雄虫长 35～70 mm，无尾翼膜，有两根等长的交合刺。雌虫体长 30～100 mm，阴门开口于虫体前 1/3 与中 1/3 交界处，尾直而尖细。

虫卵近似卵圆形，浅黄色(图 5-4)，卵壳厚而光滑，大小为(49～61)μm×(74～84)μm。

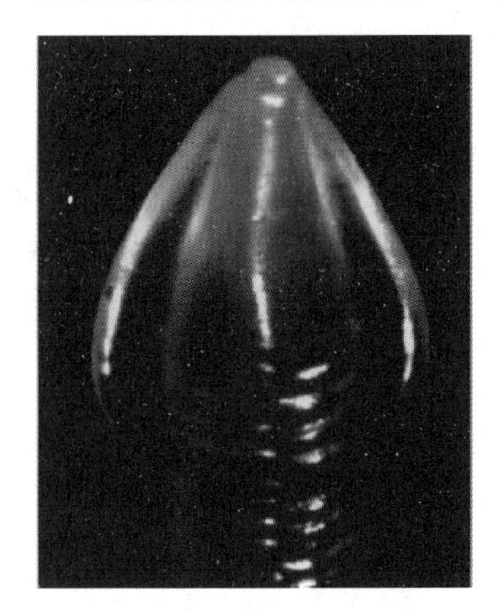

图 5-3 猫弓首蛔虫头端

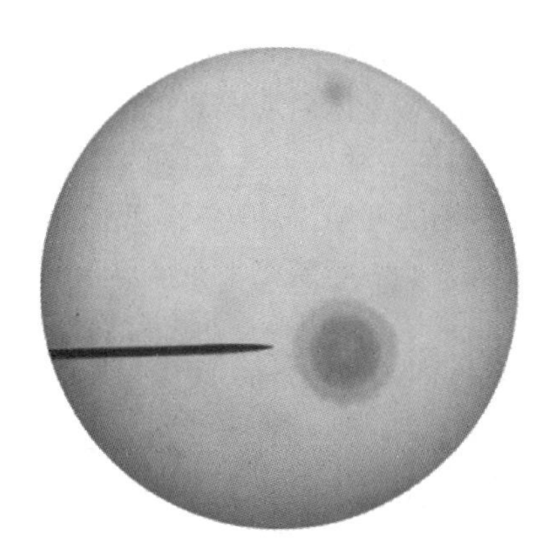

图 5-4 显微镜视野内的犬弓首蛔虫卵

二、生活史

犬弓首蛔虫的生活史为直接发育型，不需要中间宿主。但其生活史却是较为复杂的一种，传播方式多样，不同年龄犬感染蛔虫后，发育方式不同。犬弓首蛔虫的生活史是典型的蛔虫生活史，似猪蛔虫的生活史，而这种发育模式通常只发生于 3 月龄以内的犬。

犬弓首蛔虫卵随粪便排出体外，在适宜的环境条件下，经 10～15 天发育为感染性虫卵。3 月龄以内的幼犬吞食感染性虫卵后，幼虫在其消化道内孵出后钻入肠壁，经淋巴系统到达肠系膜淋巴结。然后经血液循环到达肝脏，在肝内蜕化成第 3 期幼虫后，继续沿肝静脉、后腔静脉进入右心房、右心室和肺动脉移行至肺脏。感染后约第 5 天肺中幼虫达到高峰。在肺脏蜕化成第 4 期幼虫后，幼虫在肺内上行至气管、咽部，被重新吞下后入胃，再次返回小肠后进一步发育为成虫。凡不能移行至肺脏而误入其他器官的幼虫，不能继续发育为成虫。从感染到发育为成虫需 4～5 周。

在 3 月龄以上的犬，虫体很少发生上述肝脏到气管的移行。6 月龄以上的犬感染后，几乎不见有虫体发生移行，其第 2 期幼虫在肠壁孵出后，可随血流转移到范围更广的组织器官中，包括肝脏、肺脏、脑、心、骨骼肌、消化管壁等。在这些器官、组织中，幼虫并不进一步发育，但保持对其他食肉动物的感染性。当被其他食肉动物吞食后，包囊内的幼虫仍可发育为成虫。若体内含有包囊的母犬怀孕后，第 2 期幼虫会在犬分娩前 3 周被激活，然后随血液循环通过胎盘先后移行到胎儿犬的肝脏、肺脏，并蜕化发育成第 3 期幼虫，所以胎儿犬在母体子宫内已经感染了。待幼犬出生后，第 3 期幼虫已移行到肺脏，在肺中停留 1 周左右，变为第 4 期幼虫。再随呼吸进入气管及口腔，当幼犬吞咽时会被咽入胃中，然后进入小肠中，发生最后一次蜕化，生成第 5 期幼虫，并进一步发育为成虫，从而完成生活史。幼犬出生后 23～40 天，肠道里即可出现成熟的蛔虫。所以幼犬在出生后 1 个月左右最易发生蛔虫性胃肠炎。在母犬体内的一小部分活动性幼虫也可趁其免疫力低下在其体内完成正常移行，变为成虫。在泌乳开始后的前3周，幼犬也可通过吸吮含有第3期幼虫的母乳而感染。通过这个途径受到感染的幼犬，幼虫在其体内不发生移行，可在小肠中直接发育为成虫。

啮齿动物（鼠类）或鸟类若误食了犬、猫感染性虫卵，可在其体内发育成第3期幼虫而成为贮藏宿主。

猫弓首蛔虫的生活史与犬弓首蛔虫相似，幼虫也可经母乳感染，但未见胎内感染。猫通过吃入贮藏宿主（鼠、蟑螂、蚯蚓）等而感染后，幼虫移行不入肝脏、肺脏，在胃壁发育到第3期幼虫后，返回胃肠发育为成虫。

狮弓首蛔虫的生活史较简单，发育完全局限在肠壁和肠腔内，很少有体内移行过程。成虫在小肠内产卵，卵随粪便排出体外，在适宜环境条件下3～6天可发育为感染性虫卵。被宿主吞食后，幼虫在消化道逸出，然后钻入肠壁内发育，最后返回到肠腔，经3～4周发育为成虫。

三、流行病学

带虫幼犬及被感染的怀孕母犬是主要感染源。另外，犬、猫的感染性虫卵还可以被贮藏宿主误食，在贮藏宿主体内形成幼虫包囊。这些幼虫包囊虽不能发育却能保持感染性，当犬、猫捕食贮藏宿主后就会发生感染。犬弓首蛔虫的贮藏宿主主要是啮齿动物。猫弓首蛔虫的贮藏宿主多为蚯蚓、蟑螂、一些鸟类和啮齿动物。狮弓首蛔虫的贮藏宿主为啮齿动物、食虫目动物和一些小型食肉动物。

犬、猫蛔虫病感染率在世界各国不等，在5%～80%之间，主要发生于6月龄以下幼犬，成年犬感染相对较少。主要感染方式为消化道感染，多为宿主吞食了感染性虫卵或含幼虫包囊的动物肉所致。犬弓首蛔虫繁殖能力很强，每条雌虫每天可产卵约20万枚，每天每克粪便平均排虫卵约700个，在感染幼犬的每克粪便中发现15000个以上虫卵很常见。而且虫卵对外界环境和消毒剂有较强的抵抗力，常温下可在土壤中存活数年。感染性虫卵至少能存活11天，最长可存活1年以上，很容易污染食物和饮水。虫卵对于干燥和高温敏感，特别是阳光直射、沸水处理和粪便堆沤时可迅速死亡。此外，幼虫在感染的成年犬，特别是感染母犬的机体组织中长期存在，且对大多数抗蠕虫药不敏感，也是感染的一个持续来源。

四、主要症状及病理变化

危害主要为虫体的机械性损伤作用，会夺取犬、猫的营养和产生毒素。蛔虫是犬、猫体内较粗大的寄生虫，对肠道有机械性的刺激作用，可引起卡他性肠炎、肠壁出血。蛔虫还具有游走的习性，常窜入与肠道相通的管道中，如胃、胆管或胰管等，引起呕吐等症状。特别是在宿主发热、妊娠、饥饿或饲料成分改变等因素刺激下，其活动更为频繁。严重感染时，蛔虫常在肠内集结成团，造成肠阻塞或发生扭转、套叠，甚至发生肠穿孔。蛔虫幼虫在宿主体内移行时，可损伤肠壁、肺毛细血管和肺泡壁，引起肠炎和蛔虫性肺炎。蛔虫以半消化物质为食，常掠夺宿主大量营养，致使宿主消瘦，营养不良。其新陈代谢产物和体液对宿主呈现毒害作用，能引起造血器官和神经系统中毒，发生过敏反应。

幼犬症状较明显。一般轻度或中度感染时，症状不明显或没有临床症状。严重感染时幼虫移行期可引起腹膜炎、败血症、肝脏的损害和蛔虫性肺炎。犬、猫表现为发热、厌食、腹痛、咳嗽、呼吸困难、泡沫性鼻漏等症状，一般3周后症状可自行消失或治疗后消失，重度病例则会在数天内死亡。

成虫阶段寄生于犬、猫小肠，轻中度感染可引起胃肠功能紊乱。患犬、猫表现为食欲不振，营养不良，渐行性消瘦，发育迟缓，被毛粗乱，贫血，黏膜苍白，呕吐、异食癖、腹泻或腹泻与便秘交替出现。有时腹围增大，排泄物恶臭，可在呕吐物和粪便中见到完整的虫体（图5-5）。大量严重感染时可引起肠阻塞，进而引起肠破裂、腹膜炎。幼犬偶见有兴奋、运动麻痹、癫痫性痉挛等神经症状。

犬弓首蛔虫和猫弓首蛔虫的幼虫也可感染人，引起幼虫移行症。多寄生于皮下或肌肉，会出现圆形无痛结节性肉芽肿。严重患者表现为消瘦、厌食、体温升高、肌肉疼痛、咳嗽和皮疹。如幼虫移行于眼部可致视力减退，寄生于神经系统可引起惊厥等相应的神经症状。

五、诊断及防治

根据流行病学资料分析、病史调查、临床表现以及病理变化，结合实验室检查，可对该病做出综

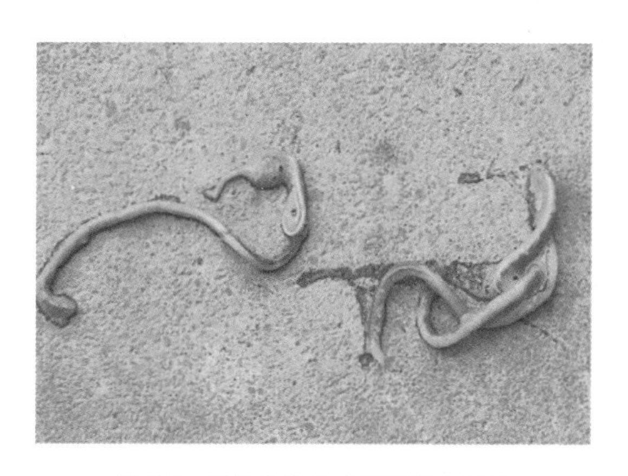

图 5-5 刚排出来的犬弓首蛔虫(二)

合诊断。

如 2 周龄幼犬若出现肺炎症状我们就可结合犬舍的饲养管理状况及驱虫情况判定是否为幼虫移行期症状,若能从痰液或尸体剖检中找到虫体,可立即确诊。

若此时虫体已经发育到成虫阶段,可以利用直接涂片法或饱和盐水漂浮法检查粪便,若检出虫卵即可确诊。也可进行驱虫性诊断,看到虫体也可确诊。

六、治疗

(1)芬苯达唑:犬、猫每千克体重 50 mg,每天 1 次,连喂 3 天。少数病例在用药后可能出现呕吐。

(2)甲苯咪唑:犬的总剂量为每千克体重 22 mg,分 3 天喂服。此药常可引起呕吐、腹泻或偶尔可引起肝功能障碍(有时是致命的)。

(3)枸橼酸哌嗪(驱蛔灵):犬、猫的剂量均按每千克体重 100 mg,口服。

(4)双羟萘酸噻嘧啶:犬每千克体重 5 mg,喂服。

(5)左旋咪唑:每千克体重 10 mg,1 次内服。

(6)伊维菌素:每千克体重 0.2～0.3 mg,皮下注射或口服。柯利犬及有柯利犬血统的犬,禁止使用。

七、预防

(1)注意环境卫生和个人卫生,及时清除粪便并进行无害化处理,防止感染性虫卵污染环境。

(2)经常暴晒通风,保持犬舍、猫舍的干燥。

(3)定期驱虫,孕犬在怀孕后第 40 天至产后 14 天驱虫。幼犬 2 周龄首次驱虫,2 周后再次驱虫,2 月龄再次驱虫,若为哺乳犬,则母犬同时驱虫。

(4)新购进的幼犬必须间隔 14 天驱虫 2 次。

(5)不给犬、猫喂生肉,防止宠物吞食贮藏宿主。

任务 3 钩 虫 病

情境导入

扫码看课件

5-3

李先生家的牧羊犬"花花"最近老爱乱啃东西,不愿运动,经诊断其患了钩虫病。动物在什么情况下容易患钩虫病?其都有哪些危害?让我们一起来学习钩虫病的相关知识。

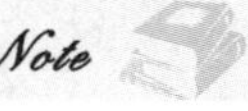

必备知识

微课 5-3

钩虫病是由钩口科(Ancylostomatidae)、钩口属(*Ancylostoma*)和弯口属的多种线虫寄生于犬、猫的小肠,尤其是十二指肠中引起的以贫血、胃肠功能紊乱及营养不良为特征的一种寄生虫病,是犬,尤其是特种犬(警犬)严重的寄生虫病之一。除犬、猫外,钩虫的有些虫种亦可寄生于狐狸、浣熊、獾和其他食肉动物的小肠。主要虫种有犬钩口线虫(*Ancylostoma caninum*)、巴西钩口线虫(*Ancylostoma braziliense*)和狭首弯口线虫(*Uncinaria stenocephala*)。

一、病原形态构造

1. 犬钩口线虫 钩口属的小型线虫。寄生于犬、猫、狐狸的小肠,偶尔寄生于人。虫体粗壮,呈淡红色,头端向背面弯曲,口囊发达,腹侧口缘上有 3 对排列对称的大齿(图 5-6),口囊深部有 2 对背齿和 1 对腹侧齿。雄虫长 10～13 mm,有交合伞,两根交合刺等长。雌虫长 14～18 mm,尾端尖细,阴门开口于虫体后 1/3 前部。

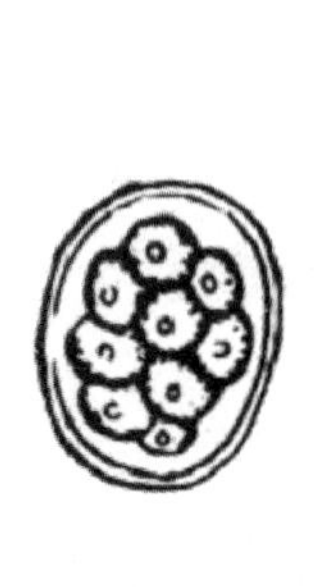
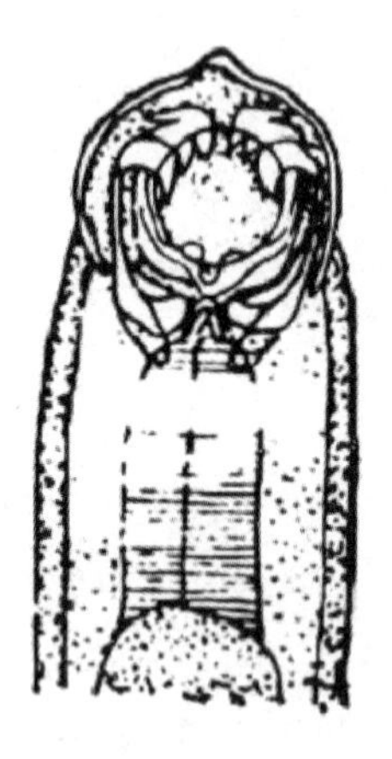
图 5-6 犬钩口线虫的头部及虫卵

虫卵呈椭圆形,浅褐色,随粪便排出的卵,内含 8 个卵细胞(桑葚期见图 5-6)。虫卵大小为(56～75) μm×(34～47) μm。

2. 巴西钩口线虫 钩口属,寄生于犬、猫、狐狸。虫体头端腹侧口缘上有 1 对大齿和 1 对小齿。雄虫长 5～7.5 mm,雌虫长 6.5～10 mm。虫卵大小为 80 μm×40 μm。

3. 狭首弯口线虫 弯口属。寄生于犬科动物,猫少见。虫体呈淡黄色,两端稍细,头端向背面弯曲,口囊发达,呈漏斗状,其腹面前缘两侧各有一片半月状切板,底部有 1 对亚腹侧齿。雄虫长 6～11 mm。雌虫长 7～12 mm。虫卵形状与犬钩口线虫卵相似,大小为(65～80) μm×(40～50) μm。

4. 美洲板口线虫 寄生于犬和人。雄虫长 5～9 mm,雌虫长 9～11 mm。

二、生活史

犬钩口线虫发育成熟后开始产卵,卵随粪便排到体外,在适宜的外部环境条件下,经 12～30 h 孵出第 1 期幼虫(杆状蚴),再经 1 周左右,经两次蜕皮蜕化为第 3 期幼虫即感染性幼虫(带鞘丝状蚴)。感染性幼虫可经口或经皮肤侵入犬、猫等宿主体内,也可经胎盘感染宿主。

经口感染时,少数幼虫可耐过胃酸进入宿主肠道,脱去囊鞘,直接发育为成虫。其他幼虫多会先钻入食道黏膜再进入血液循环,然后经心脏、肺脏,随痰液进入口腔,再被咽入胃中,到达小肠发育为成虫。经皮肤侵入时,幼虫会先钻入外周血管再进入血液循环。随血液进入心脏,经血液循环到达肺中,穿破毛细血管和肺组织,移行到肺泡和细支气管,再经支气管、气管,随痰液到达咽部,最后随痰液被咽到胃中,经胃进入小肠,固着于小肠壁上发育为成虫。怀孕的母犬,幼虫在其体内移行过程中,可通过胎盘到达胎儿体内,造成胎儿感染。幼虫在母犬体内移行过程中,可进入乳汁,当幼犬吸吮乳汁时,可使幼犬感染。宿主自感染到体内出现成虫需 5～7 周。

狭首弯口线虫的生活史和犬钩口线虫生活史大致相同,但以口感染为主,幼虫移行一般不经过肺,皮肤、胎盘感染和乳汁感染很少见。感染后 15 天可有虫卵排出。

三、流行病学

钩虫病是世界上分布极为广泛的寄生虫病之一,在亚洲、欧洲、美洲、非洲等均有流行,尤其是在热带和亚热带地区,感染较为普遍。由于各地气候条件不一样,一般在流行区常以一种钩虫流行为主,但亦有混合感染的现象。我国土地辽阔,大部分地区处于亚热带与温带,所以钩虫病在我国分布

也比较广泛。在华东、中南、西北和华北等温暖地区钩虫病广泛流行，但主要流行于气候温暖的长江流域及华南地区，其中以四川、广东、广西、福建、江苏、江西、浙江、湖南、安徽、云南、海南及台湾等地较为严重。

钩虫病多发生于温暖、潮湿的夏季，对1岁以内的幼犬和幼猫危害较严重，成年动物多由于年龄免疫而不发病。感染来源为患病或带虫犬、猫，虫体繁殖力较强，一条雌虫每天可产卵16000个。虫卵在外界环境中的发育及幼虫的孵出受温度和湿度的影响较大，最适宜的温度为25～30 ℃，湿度为60%～80%。温度低于10 ℃时停止发育；超过45 ℃时，数小时即可死亡。虫卵在温暖、潮湿、氧气充足、不受阳光直射的环境中，24～48 h即可孵出第1期幼虫(杆状蚴)，经1周左右可发育为感染性幼虫(第3期幼虫)。感染性幼虫多生活于离地面约6 cm深的土层中，其在土壤中存活的时间与温度有关。在最适宜条件下可存活15周左右，在45 ℃时，幼虫能存活50 min，在－15～－10 ℃时，存活时间不超过4 h。干燥和阳光直射不利于幼虫的生存，潮湿、阴暗、空气流通不畅、阳光不能射入以及卫生条件差等不良因素有利于本病的流行。

四、主要症状及病理变化

幼虫侵入、移行和成虫寄生阶段均可引起临床症状。感染性幼虫侵入皮肤时，可破坏皮下血管导致出血，从而引起钩虫性皮炎。患犬表现为皮肤红肿、瘙痒，抓破后可继发感染性皮炎，常发生在趾间、腹下和四肢，表现为瘙痒、脱毛、肿胀和角质化等。

幼虫移行阶段，可破坏肺微血管和肺泡壁，寄生数量少时，一般不表现出临床症状。严重感染时，大量幼虫在肺部移行，可引起局部出血及炎性病变。

成虫寄生阶段，钩虫以口囊吸附在宿主的肠黏膜上，利用齿或切板刺破黏膜而大量吸血，造成黏膜出血、溃疡，1个虫体每天吸血量为0.01～0.02 mL。除此之外，虫体还能分泌抗凝素来延长凝血时间，而且喜欢不断变换吸血部位，这样当新的伤口出现后，原伤口仍继续流血，从而造成动物大量失血。因此由于慢性失血，宿主体内的铁和蛋白质会不断损耗，随之宿主出现缺铁性贫血。轻度感染时，由于感染虫体量少，一般只出现轻度贫血、营养不良和胃肠功能紊乱的症状。此种情况多发生于自身免疫功能较强的成年犬、猫。中度或重度感染时，患犬、猫出现食欲减退或不食，被毛粗糙易脱落，倦怠、异嗜、呕吐、下痢，并伴有血性或黏液性腹泻，粪便带血或呈黑色、咖啡色或柏油色，并带有腐臭气味。红细胞数下降到400万/mm^3以下，比容下降至20%以下。哺乳期幼犬一般较严重，病情比较急，常表现为精神沉郁，严重贫血，可因极度衰竭或继发感染等其他疾病而死亡。剖检后可见全身黏膜苍白，血液稀薄，小肠黏膜肿胀、出血，肠内容物中常混有血液，小肠内可见有许多虫体。

此外，很多钩虫的幼虫还可感染人，引起皮肤幼虫移行症。因幼虫移行路线蜿蜒弯曲，引起匐行线状的皮疹，称匐行疹，但幼虫不能发育为成虫。

五、诊断

根据流行病学资料、临床症状，结合病原检查发现虫卵、幼虫或小肠内的虫体即可确诊。

(1)直接涂片法：简便易行，但感染者容易漏诊，反复检查可提高诊断准确率。

(2)饱和盐水漂浮法：检出率明显高于直接涂片法。

(3)钩蚴培养法：检出率与饱和盐水漂浮法相似，此法可鉴定虫种，但需培养才能得出结果。

此外，饱和盐水漂浮法和钩蚴培养法亦可用于定量检查。皮内试验、间接免疫荧光试验等免疫诊断方法可应用于钩虫产卵前的早期诊断，但因特异性低而少有应用。

六、治疗

应用抗蠕虫药，配合输血、补液等对症治疗法。

(1)盐酸丁咪唑：犬、猫按每千克体重0.2 mL，1次皮下注射。此药不宜与盐酸丁萘脒合用，对感染了犬恶丝虫的犬禁用，8周龄以下的幼犬禁用。

(2)二碘硝基酚：每千克体重0.2～0.23 mg，1次皮下注射或内服。此药可用于极年幼的犬、猫。

(3)双羟萘酸噻嘧啶：每千克体重6～25 mg，1次内服。

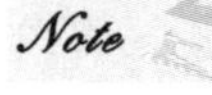

(4)丙硫苯咪唑:每千克体重 20～25 mg,每天 1 次内服,连用 3 天。

(5)左旋咪唑:每千克体重 10 mg,1 次内服。

(6)伊维菌素:每千克体重 0.2～0.3 mg,1 次皮下注射或口服,隔 3～4 天注射 1 次,连用 3 次。

七、预防

(1)注意清洁卫生,保持犬舍、猫舍干燥。定期对笼舍、用具以及犬、猫经常活动的地方进行消毒,尽量用干燥或加热方法杀死幼虫及虫卵。

(2)定期对犬、猫进行预防性驱虫。

(3)饲喂的食物要清洁卫生,不让宠物吃生食。

(4)控制转续宿主,注意灭鼠。实验表明,鼠类经口或皮肤感染钩虫后,钩虫可经血流进入鼠的头部,并存活达 18 个月之久。犬、猫可因捕食鼠类而感染本病。

(5)及时治疗患犬和带虫动物,成年犬与幼犬要分开饲养。

任务 4　犬恶丝虫病

情境导入

扫码看课件 5-4

李老汉养的小狗“旺财”最近老咳嗽,稍微运动就呼吸困难,经检查发现患了犬恶丝虫病。什么是犬恶丝虫病,应该怎样防治?让我们一起学习犬恶丝虫病的相关知识吧!

必备知识

微课 5-4

犬恶丝虫病又名犬心丝虫病,是由丝虫目、双瓣科(Dipetalonematidae)、恶丝虫属(*Dirofilaria*)的犬恶丝虫(*Dirofilaria immitis*)寄生于犬的右心室及肺动脉(少见于胸腔、支气管)而引起的一种寄生虫病。患犬主要表现为循环障碍、呼吸困难及贫血等症状。本病多发于 2 岁以上犬,少见于 2 岁以内犬。除犬外,猫、狐狸、狼及其他野生食肉动物亦可作为终末宿主。人偶尔也会被感染,在肺部及皮下形成结节,患者出现胸痛和咳嗽。犬恶丝虫在我国分布甚广,北至沈阳、南至广州均有发现。

一、病原形态构造

犬恶丝虫为黄白色细长粉丝状(图 5-7),食道细长。雄虫长 12～16 cm,尾部短而钝,有窄的尾翼,泄殖腔前乳突有 5 对,后乳突 6 对。有两根不等长的交合刺,左侧的长,右侧的短,整个尾部呈螺旋状卷曲。雌虫体长 25～30 cm,尾端直,阴门开口于食道后端。胎生,幼虫称为微丝蚴,体长 307～322 μm,为直线形,前端尖细,后端平直,在新鲜的血液中做蛇形或环形运动。

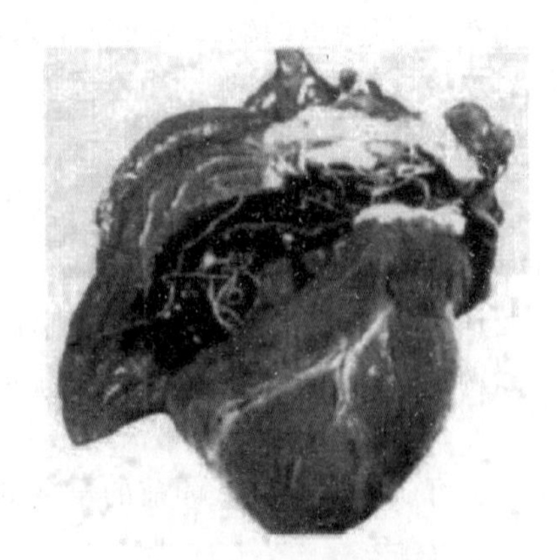

图 5-7　犬右心室内的恶丝虫成虫

二、生活史

犬恶丝虫生活史为间接发育型,中间宿主为中华按蚊、白纹伊蚊、淡色库蚊等多种蚊,除此,微丝蚴也可在蚤、蜱体内发育。恶丝虫成虫寄生于犬、猫和人类的右心室与肺动脉处。雌雄交配后,雌虫在血液中产出长约 0.3 mm 的微丝蚴(可在血液中生存 1～3 年),并随血流游于宿主全身,可随时出现在患犬的外周血液中,但一般晚间出现较多。当中间宿主蚊、蚤等叮咬患病犬、猫时,微丝蚴会顺势进入其体内。经 2～2.5 周,在中间宿主体内发育成对终末宿主具有感染能力的成熟子虫(即幼丝虫),长约 1 mm。

然后移行到中间宿主蚊、蚤的口器。当带虫的中间宿主叮咬其他健康犬、猫或人类时，成熟子虫即从其口器中逸出，钻进健康犬、猫或人类的皮孔中，开始在皮下结缔组织、肌间组织、脂肪组织和肌膜下发育。3～4个月后，由淋巴、血液循环移行到心脏及大血管内。在此处继续发育3～4个月，蜕变为成熟的成虫。微丝蚴从侵入犬、猫等终末宿主体内到其血液中再次出现微丝蚴需要6～9个月的时间。成虫在宿主体内能生存5～6年，在此期间内不断产生微丝蚴。

三、流行病学

恶丝虫病在世界各地分布广泛，在亚洲、南北美洲、非洲和欧洲等地区都有该病的报道。在中国，恶丝虫病也分布甚广，几乎全国各地均有发生，南方蚊虫活跃的地区较为普遍。本病不仅感染犬、猫，其他野生食肉动物等都可感染，另外，免疫力不全的人遭受病媒叮咬后，也很容易被感染。

此病多发生于2岁以上的犬，主要发生于夏秋季节，与蚊子的活动季节一致，感染时期一般为6—10月，7—9月为高峰期。

饲养条件差的犬感染率较高，户外饲养的犬感染率高于室内饲养的犬。

四、主要症状及病理变化

由于虫体及其代谢物长期的慢性刺激，血管内膜常增生，血管内径变窄使血流阻力上升。末梢动脉容易发生阻塞性纤维栓塞。虫体作为栓子的一种，也会阻碍血液的流动。综上所述，肺部的循环阻力会随着恶丝虫的寄生时间渐增，最终造成肺脏高压，使肺组织失去生理功能。患犬因恶丝虫在肺部寄生引发弥漫性间质性嗜酸性粒细胞的浸润，同时肺组织因栓子的出现，在栓塞周围会形成肉芽肿，最后在诸多不利因素的作用下肺实质组织渐渐产生病变，并引起心脏病变。包括右心室肥大和右心淤血性心力衰竭。中后期恶丝虫寄生位置转移至后腔静脉和肝静脉，会造成肾小球性肾炎，甚至肾脏滤过功能永久丧失。这是由患犬体内虫体寄生引起的Ⅲ型变态反应和微丝蚴对肾小球生理性损伤的共同作用引起的。

本病多发生于2岁以上的犬，少见于1岁以内的犬。症状取决于成虫寄生的数量和部位、感染的持续时间，以及宿主对虫体的反应、有无并发症等。

一般感染初期症状不明显，患犬偶尔咳嗽，但无上呼吸道感染的其他症状，受刺激或运动时咳嗽加剧，易疲劳。随着病情的发展，患犬开始出现呼吸困难、咳嗽频繁，训练耐力下降，体重减轻等症状。体检会发现其脉细小而弱并有间歇，心脏有杂音，肝脏常肿胀。胸部X线摄影可见右心房、右心室、肺动脉和主动脉扩张。肺动脉栓塞及肺水肿时，局部X线透过性降低。心电图检查可见右轴变位和肺性P波，右心室扩张时，ST波降低和T波增高。血液生化检查可见血清谷丙转氨酶和血清尿素酶升高，红细胞压积和血红蛋白降低。

后期贫血进一步加重，腹围增大，全身水肿，逐渐消瘦衰弱而死亡。并发急性腔静脉综合征时，还会出现血色素尿、黄疸和尿毒症的症状。

此病常伴发结节性皮肤病，以瘙痒和倾向破溃的多发性结节为特征，皮肤结节中心化脓，在化脓性肉芽肿周围的血管内常见有微丝蚴。对恶丝虫病治疗后，皮肤病变亦随之消失。

猫最常见的症状为食欲减退、咳嗽、呼吸困难、嗜睡和呕吐，体重下降，可突然死亡。右心衰竭和腔静脉综合征在猫少见。

尸体剖检发现虫体除寄生于肺动脉和心室外，还可移行到脑、腹腔、胸腔、眼前房、气管、食道和肾脏等处，并造成相应器官的功能障碍。

五、诊断及防治

根据病史调查、临诊症状结合外周血液内发现微丝蚴或血清学检查即可确诊。

1. 血液微丝蚴的检查

(1)改良Knott氏试验：取全血1 mL加2%甲醛9 mL，混合后1000～1500 r/min，离心5～8 min，倾去上清液，取1滴沉渣和1滴0.1%亚甲蓝溶液混合，显微镜下检查微丝蚴。

(2)毛细管离心法：取抗凝血，吸入特制的毛细管内离心，取红细胞和血浆交界处的样本镜检。

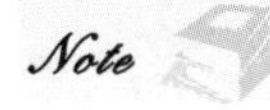

(3)直接涂片法:采末梢血1滴,滴到载玻片上,加盖盖玻片镜检,也可全血涂片直接镜检。

2. 免疫学诊断 可用琼脂扩散试验、补体结合试验、荧光抗体标记技术、酶联免疫吸附试验(ELISA)。

六、治疗

对于心脏功能障碍的患犬应先给予对症治疗,然后分别针对成虫和微丝蚴进行治疗,同时对患犬进行严格的监护。因恶丝虫寄生部位特殊,故药物驱虫具有一定的危险性。应先用手术摘除或驱除已存在的成虫,再驱除微丝蚴,最后应用预防药以防再感染。

1. 手术治疗 用恶丝虫夹虫手术法暂时减少恶丝虫的寄生量,减轻腔静脉和右心负担,病情缓解后再行驱虫以降低治疗的危险性。

2. 驱除成虫

(1)硫胂铵钠:每千克体重0.22 mg,静脉注射,每日1次,连用2~3日。注射时应缓缓注入,药液不可漏出血管。该药有一定的毒性,可引起肝和肾中毒,对患严重恶丝虫病的犬较危险。犬出现持续性呕吐、黄疸和橙色尿,应停止使用。

(2)盐酸二硫苯砷:剂量为每千克体重2.5 mg,用蒸馏水稀释成1%溶液,缓慢静脉注射,间隔4~5日1次。

(3)菲拉松:每千克体重1 mg,口服,每日3次,连用10日。

(4)海群生:每千克体重22 mg,口服,每日3次,连用14日。

3. 驱除微丝蚴

(1)碘化噻唑氰胺:按每日每千克体重6.6~11.0 mg,用7日。如果微丝蚴检查仍为阳性,则可增大剂量到每千克体重13.2~15.4 mg,直至微丝蚴检查阴性。

(2)左旋咪唑:按每千克体重11.0 mg,每日1次,口服,用6~12日。治疗后第6日开始检查血液,当血液中微丝蚴转为阴性时停止用药。

(3)伊维菌素:每千克体重0.1~0.2 mg,1次皮下注射。

(4)对症治疗:主要是强心、利尿、镇咳、保肝等。

七、预防

(1)搞好环境及犬体卫生,扑灭周围蚊、蚤是预防本病的重要措施。

(2)对流行地区的犬、猫定期进行血液检查,感染微丝蚴的犬应及时治疗。

(3)在蚊蝇活动季节做好药物预防。

任务5 旋毛虫病

情境导入

扫码看课件
5-5

小明吃过烤串后,全身肌肉酸痛、发热、腹泻,经诊断医师说小明感染了旋毛虫,这种小虫子都有哪些危害?我们应该怎样预防?让我们一起来学习旋毛虫相关知识吧!

必备知识

微课5-5

旋毛虫病是由毛尾目(Trichurata)、毛形科(Trichinellidae)、毛形属(*Trichinella*)的旋毛形线虫(*Trichinella spiralis*)所引起的一种人畜共患寄生虫病。旋毛虫的宿主范围非常广泛,人、猪、犬、猫、狐狸、豹、狼和鼠类等几乎所有哺乳动物均可感染。鸟类也可以实验感染。人患旋毛虫病严重时可导致死亡,故肉品卫生检验中将对其的检验列为首检项目,在公共卫生上具有重要意义。

Note

一、病原形态构造

旋毛虫的成虫寄生于小肠黏膜，称为肠旋毛虫，是一种白色细小的线虫(图5-8)，消化道为一简单管道，由口、食道、中肠、直肠及肛门组成。虫体前半部为较细的食道部，占整个体长的1/3～1/2。后端较粗，内有肠管和生殖器官。

生殖器官为单管型。雄虫长1.4～1.6 mm，尾端有直肠开口的泄殖孔，其外侧为2个呈耳状悬垂的交配叶，内侧有2对小乳突，无交合刺。雌虫长3～4 mm，阴门位于虫体前部(食道部)中央，卵巢位于虫体的后部，呈管状。子宫内含发育的幼虫。胎生。

幼虫寄生于横纹肌内，称为肌旋毛虫(图5-9)。虫体长为0.1～1.15 mm，前端尖细，向后逐渐变宽，后端稍窄，尾端钝。幼虫蜷曲在由机体炎性反应所形成的包囊内，又称包囊幼虫。包囊呈圆形、椭圆形或梭形，长0.25～0.8 mm，其长轴与肌纤维平行，有2层壁。每个包囊内一般含有1条幼虫，有时可达3～4条。

图5-8　旋毛虫成虫

图5-9　肌肉压片中的旋毛虫幼虫

二、生活史

旋毛虫的生活史比较特殊，发育过程不需要在外界进行。成虫和幼虫寄生于同一宿主，先为终末宿主后为中间宿主，但要延续生活史必须更换宿主。宿主常因食入含有感染性幼虫包囊的动物肌肉而感染，而后肌肉被宿主消化掉，包囊也被消化液溶解，释出幼虫。幼虫在小肠黏膜细胞内，两昼夜(48 h时内)经4次蜕化即可发育为性成熟的肠旋毛虫。成虫寄生于小肠的绒毛间，雌、雄虫交配后，雄虫死去。雌虫受精后钻入肠腺或肠黏膜中继续发育，3天后子宫内受精卵发育为新生幼虫，并从阴门排出。雌虫的产幼虫期可持续4～16周。

产出的幼虫除少数附于肠黏膜表面由肠道排出外，大部分经肠系膜淋巴结进入血液循环。然后随血流被带到全身各处，到达横纹肌后，幼虫随即穿破微血管，侵入肌细胞内发育。在感染后第17～20天开始蜷曲盘绕起来，周围逐渐形成包囊。虫体在包囊内呈螺旋状盘曲，充分发育的幼虫，通常有2.5个盘旋。此时幼虫已具有感染力，并有雌、雄之分。包囊呈梭形，长达0.25～0.5 mm，其长轴与肌纤维平行，其中一般含1～2条虫体，也有的多达6～7条。包囊是由幼虫的机械性刺激和代谢产物的刺激，使肌细胞受损，出现炎症细胞浸润和纤维组织增生而形成的。6～9个月后包囊从两端向中间开始钙化，慢慢波及整个囊体。钙化可以使幼虫的感染力大大降低，但并不意味着包囊内的幼虫死亡，除非钙化波及幼虫本身。包囊内幼虫的生存时间，随动物个体不同而异，可保持生命力数年至25年之久。此时动物为中间宿主，其肌肉若被其他宿主生食，则幼虫又可在新宿主体内发育为成虫，开始其新的生活史。

三、流行病学

旋毛虫病分布于世界各地，尤其是欧洲及北美流行较为严重。我国旋毛虫病呈现局部暴发感染流行的特点。目前已在20多个省、自治区、直辖市发现动物和人感染旋毛虫，其中尤以黑龙江、西藏、云南、湖北、河南等地动物及人的旋毛虫感染较为严重。

在自然界中，动物患旋毛虫病主要是因吞食了含有幼虫包囊的生肉。各种动物之间互相捕食可以造成本病的传播。世界各地的多种野生动物和家养动物，甚至许多海洋动物、甲壳动物都能感染并传播本病。一般认为鼠类旋毛虫的感染率较高。鼠为杂食性动物，常互相蚕食，且对旋毛虫很敏感，2条即可造成感染。一旦旋毛虫侵入鼠群，就会长期在鼠群中保持感染。

另外，中间宿主肌肉包囊中的幼虫对外界的抵抗力很强，−20 ℃时可保持生命力57天，在腐败的肉或尸体内可存活100天以上，而且晾干、腌制、熏烤及涮食等一般不能将其杀死。

在动物中，犬和猪的旋毛虫病发生率比较高。犬感染旋毛虫主要是因捕食鼠类，吃生肉、腐肉或粪便等引起。犬的活动范围比较广泛，吃到动物尸体的机会比较多，对动物粪便的嗜食性也比较强烈，所以其旋毛虫的感染率比较高。猪感染旋毛虫除了因吞食老鼠外，用未经处理的废肉水、生肉屑和其他动物的尸体喂猪，亦是猪感染旋毛虫的主要原因。

人感染旋毛虫多与嗜食生肉和误食烹饪不熟的含旋毛虫包囊的各种肉类及其制品有关。在我国一些地区，人们有吃生肉或半生肉如“杀片”“生皮”“剁肉”的习俗，易引起本病的暴发流行。另外，切过生肉的菜刀、砧板均可能黏附有旋毛虫的包囊，亦可能污染食品而造成食源性感染。

四、主要症状及病理变化

旋毛虫寄生于宿主后，成虫可引起肠黏膜出血、发炎和绒毛坏死。幼虫移行时常引起肌炎、血管炎和胰腺炎，在肌肉定居后可引起肌细胞变形、肿胀、排列紊乱、横纹消失，虫体周围肌细胞坏死、崩解、肌间质水肿及炎症细胞浸润，肌纤维结缔组织增生。不同动物对其敏感性不同，所以临床症状也不一样。

动物对旋毛虫耐受性较强，猪、犬等动物轻度或中度感染时几乎不表现出任何临床症状。只有在屠宰时会发现其肌肉病变，如肌细胞横纹消失、萎缩，肌纤维膜增厚等。严重感染时，初期有食欲不振、呕吐和腹泻等肠炎症状。随后出现肌肉疼痛、步伐僵硬，声音嘶哑，流涎、发热，呼吸和咀嚼吞咽亦有不同程度的障碍。有时会有眼睑和四肢水肿。很少死亡，症状多于4～6周后逐渐消失，自行恢复。

人感染旋毛虫后症状比较明显。成虫侵入肠黏膜时常引起肠黏膜充血、水肿，患者表现为腹痛、腹泻、恶心、呕吐等症状，严重时粪便带血，一般持续3～5天自行缓解。幼虫进入血液循环后可引起异性蛋白质反应，患者出现持续性高热、荨麻疹、斑丘疹、眼睑和面部水肿等症状，末梢血嗜酸性粒细胞也明显增多。幼虫进入肌肉后可引起急性肌炎，表现为发热和肌肉疼痛，以四肢肌肉和肋间肌为著。重者会出现吞咽、咀嚼、行走、发音和呼吸困难，眼睑水肿，食欲不振，极度消瘦。严重感染时多因呼吸肌麻痹、心肌及其他脏器病变和毒素作用而死亡。这些症状可持续1～2个月，肌肉疼痛有时持续数月。随着囊包的逐渐形成，急性炎症消退，症状缓解，但患者仍消瘦、乏力，体力恢复约需4个月。

五、诊断

1. 生前诊断 旋毛虫病的生前诊断较为困难，可依据流行病学史及典型的临床表现，再结合病原检查或免疫学检查结果确诊。实验室常采用免疫学方法如IHA、ELISA、间接荧光抗体试验(IFA)、胶体金试纸条法等进行检验。这些免疫学方法具有敏感性高、特异性好、操作简便、快速等优点。目前，以ELISA较常用，对旋毛虫病诊断的阳性检出率可达93%～96%。

2. 宰后检验 旋毛虫病是我国肉品卫生法定检验项目，宰后检验主要检查肌肉中的包囊幼虫，方法有目检法、压片镜检法与集样消化法等。目前，我国多采用目检法和压片镜检法，欧美等国家多采用集样消化法。

(1)目检法。将新鲜膈肌脚撕去肌膜，肌肉纵向拉平，观察肌纤维表面，若发现顺肌纤维平行、针尖大小的白色结节，即初步认为是旋毛虫幼虫形成的包囊。随着包囊形成时间的延长，其色泽逐渐变成乳白色、灰白色或黄白色。该方法缺点是漏检率较高。

(2)压片镜检法。这是检验肉品中有无旋毛虫的传统方法。具体方法是，猪肉取左、右膈肌脚(犬取腓肠肌)各一小块，先撕去肌膜做肉眼观察，沿肌纤维方向剪成燕麦粒大小的肉粒(10 mm×3 mm)12 粒，两块共 24 粒，放于两玻片之间压薄，于低倍显微镜下观察，若发现有梭形或椭圆形，内有呈螺旋状盘曲的包囊，即可确诊。当被检样本放置时间较久，包囊不清晰时，可用亚甲蓝溶液染色。染色后肌纤维呈淡蓝色，包囊呈蓝色或淡蓝色，虫体不着色。在感染早期及轻度感染时压片镜检法的漏检率较高，不易检出。

(3)集样消化法。每头猪取 1 个肉样(100 g)，再从每个肉样剪取 1 g 小样，集中 100 个小样(个别旋毛虫病高发地区以 15～20 个小样为一组)进行检验。取肉样用搅拌机搅碎，每克加入 60 mL 水、0.5 g 胃蛋白酶、0.7 mL 浓盐酸混匀。在 37 ℃下，加温搅拌 30～60 min。经过滤、沉淀、漂洗等步骤后，将带有沉淀物的凹面皿置于倒置显微镜或在 80～100 倍的普通显微镜下调节好光源，将凹面皿左右或来回晃动，镜下捕捉虫体、包囊等，发现虫体时再对这一样品采用分组消化法进一步复检(或压片镜检)，直到确定患猪为止。

六、治疗

(1)丙硫苯咪唑：犬、猫按每千克体重 15 mg，猪按每千克体重 15～30 mg，口服，每日 1 次，连用 10～15 日。

(2)甲苯咪唑：犬、猫按每千克体重 10 mg，口服，每日 1 次，连用 1 周。

(3)噻苯咪唑：犬、猫按每千克体重 25～40 mg，口服，每日 1 次，连用 5～7 日，对成虫、幼虫均有效。

七、预防

(1)加强肉品卫生检疫，凡发现有旋毛虫的肉品，严格进行生物安全处理，即检疫中发现有旋毛虫包囊和钙化虫体者，头、胴体和心脏作工业用或销毁。

(2)在旋毛虫病流行严重地区，不放养动物，不用生的废肉屑和泔水喂动物。

(3)加强环境卫生管理，控制或消灭饲养场周围的鼠类和其他啮齿类动物。

(4)加强卫生宣传，改变人的饮食习惯和饮食卫生，不吃生的和未煮熟的猪肉、犬肉等。提倡各种肉品熟食，生熟分开，防止旋毛虫幼虫对食品及餐具的污染。

任务 6　毛尾线虫病

情境导入

王奶奶家的小狗“欢欢”最近越来越瘦，经常腹泻，经化验是患了毛尾线虫病，这又是一种什么样的寄生虫病呢？让我们一起来学习一下。

扫码看课件 5-6

必备知识

犬毛尾线虫病是由毛尾科(Trichuridae)、毛尾属(*Trichuris*)的狐毛尾线虫(*Trichuris vulpis*)，寄生于犬、猫、狐的盲肠和结肠，所引起的一种寄生虫病。由于虫体前端细长像鞭梢，后端粗短像鞭杆，故又称鞭虫病。本病呈世界性分布，我国各地均有报道。多发于犬，主要危害幼犬，严重感染时可以引起死亡，极少见于猫。

微课 5-6

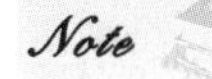

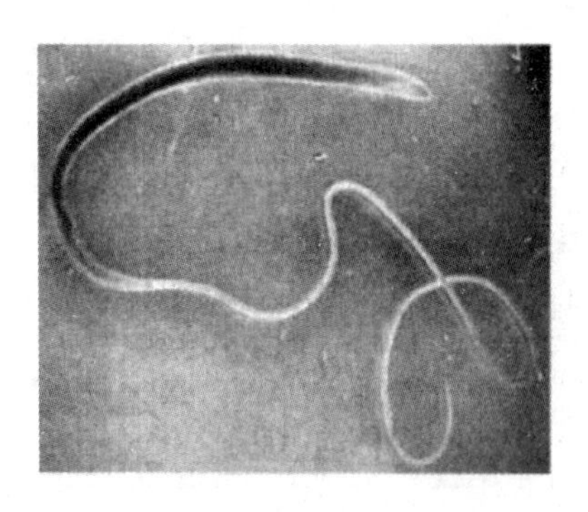

图 5-10　毛尾线虫成虫

一、病原形态构造

成虫呈乳白色，雌雄虫体体长均为 40～75 mm。前端细长呈丝状（图 5-10），其内部是一串单细胞环绕的食道，占整个虫体长度的 3/4。寄生时，毛发状前端深陷在盲肠肠黏膜内。虫体后部粗短，内含肠管和生殖器，游离于肠腔中。虫体粗细过渡突然，形状呈鞭子样。雄虫尾部卷曲，泄殖腔在尾端，有一根交合刺，外被有小刺的交合刺鞘。雌虫尾部直，后端钝圆，阴门位于粗细交界处，肛门位于虫体末端。

虫卵呈腰鼓形，黄褐色，两端具塞状构造，处单细胞期，大小为（70～90）μm×（32～41）μm。

二、生活史

毛首线虫为直接发育型线虫，不需要中间宿主。成虫寄生于犬、猫或狐的盲肠和结肠内。雌雄虫体交配后产卵，虫卵随粪便排到外界，在适宜的环境条件下经 3～4 周卵内幼虫可发育到感染性阶段，成为感染性虫卵。犬等误食入感染性虫卵后，幼虫在十二指肠或空肠中自卵壳孵出。然后从肠腺隐窝处钻入肠黏膜中，5～10 天重新回到肠腔，移行至盲肠继续发育为成虫。犬从感染到在其体内出现成虫，需 11～12 周。

三、流行病学

本病呈世界性分布，我国各地均有报道，但南方地区感染率明显高于北方地区。本病一年四季均能发病，但以夏季的发病率最高。常发于不卫生的犬舍，多发于幼犬，严重感染时可能引起死亡，极少见于猫。消化道是主要传播途径，患犬是重要的传染来源。一条雌虫每天可以产卵 2000～7000 个，由于卵壳厚，虫卵对寒冷和干燥有很强的抵抗力，在犬舍中存活时间可达 3～4 年。

四、主要症状及病理变化

毛尾线虫主要损害盲肠，其次为结肠。动物感染毛尾线虫后，其以头部深入肠黏膜吸血，可引起盲肠、结肠黏膜卡他性炎症或出血性炎症。眼观肠黏膜充血、肿胀，表面覆有大量灰黄色黏液，大量乳白色毛尾线虫混在黏液中或埋于肠黏膜。严重感染时可引起肠黏膜出血、水肿及坏死。感染后期可发现溃疡病灶，并产生大量结节。结节有两种：一种质软有脓，虫体前部埋入其中；另一种在黏膜下，呈圆形包囊状。

犬等轻度感染时，一般不表现出明显临床症状。中度感染时，表现精神不振、被毛粗糙、体重减轻。严重感染时，表现为肠炎、贫血、消瘦、急性或慢性腹泻、粪便恶臭，有时带血。幼犬生长发育受阻，严重时可造成衰竭死亡。

五、诊断

主要根据流行病史、临床症状结合病原检查即可确诊。

检查虫卵可用直接涂片镜检或用饱和盐水漂浮法，发现大量虫卵即可确诊。死后诊断剖检尸体，若肠道有明显的炎症变化，盲肠中存在大量鞭虫，即可确诊。

六、治疗

（1）羟嘧啶：2 mg/kg 体重，1 次口服。

（2）甲苯达唑：100 mg/kg 体重，1 次口服，每天 2 次，连喂 3～5 天。

（3）丙硫苯咪唑：5～10 mg/kg 体重，1 次口服。

（4）左旋咪唑：10～15 mg/kg 体重，1 次口服。

（5）1%伊维菌素：0.05～0.1 mL/kg 体重，1 次皮下注射。

七、预防

(1)注意保持环境卫生,及时清除粪便,并注意用品、用具及犬舍的消毒。

(2)用适宜的驱虫药定期驱虫。

(3)加强饲养管理,提高动物的抵抗力。

任务7 似丝线虫病

情境导入

在宠物医院实习的晓兰今天解剖了一只因呼吸困难而死亡的犬,发现其肺部有大量的似丝线虫,医师说该犬就是因为这种寄生虫而死亡的。究竟什么是似丝线虫呢?让我们一起来学习。

扫码看课件
5-7

必备知识

微课 5-7

似丝线虫病是由圆线目(Strongylata)、似丝科(Filaroididae)、似丝虫属(*Filaroides*)的几种线虫寄生于犬、猫的呼吸系统所引起的疾病。临床上主要表现为顽固性咳嗽。

一、病原形态构造

1. 奥氏似丝线虫(欧氏类丝虫) 寄生于家犬和野犬的气管和支气管,少见于肺实质。雄虫细长,长5.6～7 mm,尾端钝圆,交合伞退化,只见有几个乳突,有2根短而不等长的交合刺。雌虫粗壮,长9～15 mm,阴门开口于肛门附近。虫卵大小为80 μm×50 μm,卵壳薄,内含幼虫,幼虫长232～266 μm,尾部呈"S"状。

2. 贺氏似丝线虫 与奥氏似丝线虫相似,寄生于犬、臭鼬等野生食肉动物的肺实质。

3. 米氏似丝线虫 雄虫长3～4 mm,雌虫长11 mm,卵胎生。寄生于犬、臭鼬等野生食肉动物的肺实质和细支气管。

二、生活史

似丝虫属均属直接发育型寄生虫,生活史相似,不需要中间宿主。在唾液或粪便中可见到第1期幼虫,即感染性幼虫。健康犬可通过摄入患犬的唾液、呕吐物或粪便污染的食物及饮水感染,也可通过相互之间舔舐的方式造成感染。犬感染后,幼虫通过淋巴液、门静脉系统移行到心脏和肺脏,然后移行到细支气管,寄生于气管分叉处,经4次蜕化发育为成虫,开始产卵。本病易感染6周龄以内的幼犬,从感染到发现第1期幼虫,贺氏似丝线虫需4～6周,米氏似丝线虫约需10周,奥氏似丝线虫需6～7个月。

三、流行病学

似丝线虫病呈世界性分布,美国、英国、法国和澳大利亚等均有报道。

四、主要症状及病理变化

虫体寄生在气管或支气管黏膜或黏膜下层,可刺激组织形成结节。结节为灰白色或粉红色,直径一般在1 cm以下,息肉样,结节内有腔,虫体寄生于其中。结节发育很慢,但可造成支气管或气管的堵塞。严重感染时,气管分叉处有许多出血性症状病变覆盖。

本病症状的轻重主要取决于感染的严重程度和结节数目,主要感染幼犬,多呈慢性经过,但有时也可引起死亡。最明显的临诊症状是顽固性咳嗽,呼吸困难,食欲不振,消瘦,贫血等。幼犬致死率最高达75%。

五、诊断

用内窥镜检查支气管或化验痰液发现幼虫即可确诊。粪便检查也可发现幼虫，但检出率不高，必须细心检查。另外，雌虫产卵不是连续性的，必须进行多次检查。所以即使粪便检查为阴性，仍不能排除本病。

六、治疗

(1)阿苯达唑：每千克体重 25 mg，口服，每日 2 次，连用 5 日为 1 个疗程。

(2)丙硫苯咪唑：每千克体重 25 mg，口服，每日 1 次，连用 5 日为 1 个疗程，停药 2 周后，再用药 1 次。

七、预防

(1)犬饲养场应执行严格卫生消毒措施。

(2)母犬在繁殖前应进行驱虫，对新引进的犬要隔离，确认健康后方可合群饲养。

任务 8　类圆线虫病

情境导入

扫码看课件

5-8

小明的网友说他家的小猫咪得了类圆线虫病，什么是类圆线虫病呢？让我们一起来学习。

必备知识

微课 5-8

类圆线虫病(strongyloidiasis)是由杆形目、类圆科(Strongyloididae)、类圆属(*Strongyloides*)的类圆线虫(*Strongyloides stercoralis*)寄生于犬、猫的体内所引起的寄生虫病，也可感染狐、人和其他灵长类。

一、病原形态构造

类圆线虫是一种兼性寄生虫，不同的生殖阶段其形态各异。自生生活的雄虫，长 0.7～0.8 mm。食道长，尾部尖细向腹面卷曲，有 1 对等长的交合刺，引器呈匙状。自生世代的雌虫，长 1～1.5 mm，头端有 2 个侧唇，每唇顶端又分 3 个小唇，食道为杆状。尾端尖细，生殖系统为双管型。成熟虫体子宫内有呈单行排列的各期虫卵，阴门位于体腹面中部略后。

寄生世代的成虫只有雌虫，长 2～2.5 mm，细如毛发，乳白色，半透明，体表有角质细横纹。口囊小，食道细长，为体长的 1/3～2/5。尾部尖细，末端略呈锥形，肛门位于近末端处腹面。阴门为两片小唇，稍向外突出，位于体中 1/3 与后 1/3 交界处。生殖器官为双管型，子宫前后排列，其内各含 8～12 个虫卵。

杆状蚴长为 0.2～0.45 mm，具双球型咽管；丝状蚴即感染期幼虫，虫体细长，为杆状蚴的 2～3 倍，长为 0.6～0.7 mm，咽管呈柱状，尾端尖而分叉。

虫卵较小，呈椭圆形，卵壳薄而透明，大小为(50～70)μm×(30～40)μm，内含折刀样幼虫。

二、生活史

类圆线虫生活史复杂，既可在土壤中营自生生活，又可在动物体内营寄生生活。当外界温度适宜(27 ℃左右)时，虫卵在温暖、潮湿的土壤中，数小时内即可孵化出杆状蚴，在 2～3 天经 4 次蜕化发育为自生生活的雌虫和雄虫。若外界环境一直适宜，自生世代可继续多次，此过程称为间接发育。当外界环境不利于虫体发育时，杆状蚴蜕化 2 次，发育成具感染性的丝状蚴。丝状蚴主要经皮肤或黏膜侵入宿主，开始世代寄生，此过程称为直接发育。直接发育型的丝状蚴侵入宿主后，先经淋巴进入血液循环，12 h 后经肝脏移行到肺脏，穿破毛细血管，进入肺泡。然后沿支气管、气管移行至咽喉，并被宿主重新咽下至消化道，3～5 天达小肠。然后钻入小肠（尤以十二指肠、空肠为多）黏膜，蜕化 2 次，发育为雌性成虫，并在此产卵。

虫卵产出后，发育很快，数小时后即可孵化出杆状蚴，并自黏膜内逸出，进入肠腔，随粪便排出体外。然后根据外界环境选择发育形式。在不适宜的外界环境条件下（温度低于 25 ℃，营养环境不合适），杆状蚴经 2 次蜕化直接发育成具有感染性的丝状蚴，重复上述寄生生活。而在适宜的环境条件下，杆状蚴则会进行间接发育。在动物机体发生便秘或有自身免疫缺陷等特殊情况下，杆状蚴在肠腔内迅速发育为丝状蚴，再自小肠下段或结肠的黏膜内侵入血液循环，引起自身体内感染。此外，若排出的丝状蚴附在肛周，也可钻入皮肤，而引起自身体外感染。自杆状蚴感染至丝状蚴排出，至少需要 17 天。严重腹泻的动物，也可自粪便中排出虫卵。除肠道外，类圆线虫偶尔也可寄生于大肠、胆管、胰管、肺或泌尿生殖系统。

三、流行病学

本病世界性分布，广泛分布于热带和亚热带地区。我国东起台湾，西至甘肃，南及海南，北至辽宁，均有本病的报道。温暖、潮湿的夏季本病容易流行。感染率自 0.03%至 2.0%，最高达 11%。未孵化的虫卵抵抗力较强，能在适宜的环境下保持其发育能力达 6 个月以上。感染性幼虫对外界抵抗力较弱，在潮湿环境下可生存 2 个月。

四、主要症状及病理变化

类圆线虫的致病作用与其感染程度和动物自身健康状况，特别是免疫功能状态有密切关系。本病主要发生在幼犬、猫或其他免疫力低下的动物或人。

临床症状主要表现在 3 个阶段。初期，当丝状蚴侵入皮肤时，可以引起小出血点，出现红色肿块或结节，发痒，有刺痛感，蹭破后易引起继发性感染。患犬初次感染一般无明显皮肤变化，当反复感染或虫体大量寄生时，才表现出临床症状。

中期，幼虫侵入肺脏后，在肺内移行时，可引起肺毛细血管管壁破坏或穿孔而出血，使炎症细胞浸润，轻者动物表现为食欲减退、咳嗽、多痰、哮喘等。严重者可出现高热、呼吸困难、发绀或伴发细菌性支气管肺炎。如虫体定居于肺、支气管时，则症状更加严重，持续时间也长，患犬生长缓慢，明显消瘦。

后期，虫体进入肠道后，钻入肠黏膜，破坏黏膜的完整性，引起慢性炎症，轻度感染者表现为以黏膜充血为主的卡他性肠炎，粪便中不带血，多可自行恢复。中度感染者表现为水肿性肠炎或溃疡性肠炎，患犬出现腹泻、脱水、贫血、昏睡等症状，治疗后大多可恢复。重度染者可引起肠黏膜广泛坏死及剥离，甚至继发腹膜炎，患犬衰弱、严重贫血，排出带有黏液和血丝的粪便，死亡率较高。犬、猫与人患病后的症状相似，但犬的嗜酸性粒细胞增加不显著。

此外，丝状蚴也可移行到全身其他器官，如心、肝、肾、胰、脑及泌尿生殖系统等处，并可形成肉芽肿，引起相应器官病变，甚至引起多器官性损伤，导致弥散性类圆线虫病。其发生的机制，可能与机体自身细胞免疫功能减退有关。

五、诊断

根据流行病学、症状，结合实验室检查做出综合判断。

1. 粪便检查 用饱和盐水漂浮法检查刚排出的新鲜粪便时，夏季粪便放置不应超过 6 h，发现虫卵即可确诊。粪便检查幼虫时，要将粪便放置 5～15 h，一般采取直接涂片法检出率较低，贝尔曼氏法分离幼虫检查效果较好，发现幼虫即可确诊。也可刮取十二指肠黏膜，压片镜检，若发现大量雌虫即可确诊。

2. 免疫诊断 用 ELISA 检测血清中特异性抗体，对轻、中度感染者，具有较好的辅助诊断价值。

3. 其他检查 剖检发现虫体可确诊。做胃和十二指肠液引流查病原，对胃肠类圆线虫病诊断的价值大于粪便检查。也可从动物痰液、尿或脑积液中检获幼虫或培养出丝状蚴确诊。

Note 

注意：由于患者有间歇性排虫现象，故应多次反复进行检查。

六、治疗

(1)丙硫苯咪唑：按 7～10 mg/kg 体重，拌料，一次性投服，治愈率可达 90%以上。

(2)左旋咪唑：按 10 mg/kg 体重，一次性口服。

(3)噻苯咪唑：按 50 mg/kg 体重，一次性口服，连用 3 日，2 周后重复用药 1 次，治愈率达 95%以上。

(4)伊维菌素：按 0.2～0.4 mg/kg 体重，一次性注射。

七、预防

(1)搞好犬、猫舍环境卫生，保持地面干燥、清洁，经常消毒，以杀死环境中的幼虫。

(2)对犬定期驱虫，发现患犬、猫及时隔离治疗。

任务 9　毛细线虫病

情境导入

扫码看课件

5-9

小明今天看了一篇报道说人感染动物的毛细线虫病可以致死，什么是毛细线虫病呢？让我们一起来学习吧。

必备知识

微课 5-9-1

一、嗜气毛细线虫病

嗜气毛细线虫病是由毛尾目(Trichurata)、毛细科(Capillariidae)、毛细属(*Capillaria*)的嗜气毛细线虫(*Capillaria aerophila*)寄生于犬、猫、狐和人类的气管、支气管和鼻旁窦所引起的疾病。

(一)病原形态构造

嗜气毛细线虫，又称肺毛细线虫。虫体细长，呈毛发状，乳白色。前部为纤细的食道部，等于或短于身体后部。雄虫体长 15～25 mm，尾部具尾翼，有一根细长的交合刺，外被交合刺鞘。雌虫体长 18～40 mm，阴门开口于虫体前后交界处，接近食道的末端。

虫卵呈淡绿色，腰鼓状，表面布满带分支又相互吻合的网格状嵴，卵壳厚，两端各有一卵塞，虫卵大小为(59～80) μm×(30～40) μm。

(二)生活史

生活史为直接发育型。嗜气毛细线虫的成虫寄生在动物的气管和支气管的上皮细胞。雌虫于此处产卵后，卵随支气管分泌物上行到口腔，随咳嗽或动物的吞咽动作进入消化道，然后随粪便排出体外。在外界适宜的条件下，虫卵经 5～7 周即发育为感染性虫卵。感染性虫卵被宿主误食后，幼虫在其小肠中孵出，然后钻入肠黏膜，通过淋巴进入血液循环，随血流移行到肺，进入气管或支气管发育，此过程需 7～10 天。动物自感染到在其体内出现成虫约需 40 天。

(三)流行病学

嗜气毛细线虫分布广泛，遍布全世界。犬、猫及大多种类的野生动物均可感染。在欧洲和北美洲犬、猫的发病率接近 10%，野生哺乳动物，如狐狸等的发病率最高可达 88%。人类感染、发病者少见，仅在欧洲及伊朗、摩洛哥有报道。但人类一旦感染发病，大多数引起死亡。

文献表明，人类、宠物及其他各种易感动物的感染与发病无明显的季节性。幼儿及幼龄动物发病例数多于成年者。

嗜气毛细线虫的虫卵卵壳比较厚，对外界不良因素有较强的抵抗力。常温下，在被土壤覆盖的粪便中可存活1年。−20～−15 ℃时，其能存活100天以上。在潮湿的土壤中可存活约2年。感染性幼虫也可以越冬。

（四）主要症状及病理变化

本病轻度感染时一般无明显临床症状，偶见患病宠物轻微咳嗽。严重感染时常引起鼻窦炎、慢性气管炎、支气管炎，动物表现为流涕（常混有血液）、咳嗽、呼吸困难、进行性消瘦、贫血、被毛粗糙等。

（五）诊断

根据症状，结合粪便、鼻液虫卵检验即可确诊。

（六）治疗

（1）丙硫苯咪唑：250 mg/kg体重，内服，连用5日。

（2）左旋咪唑：5 mg/kg体重，内服，连用5日，停药9日后，再重复用药1次。

（3）海群生：60～70 mg/kg体重，一次性口服。

（4）伊维菌素：0.2～0.4 mg/kg体重，一次性注射。

（七）预防

（1）及时治疗患病及带虫的犬、猫。犬、猫每季度检查1次，并定期驱虫。

（2）管好犬、猫的粪便，保持畜舍卫生。

（3）污染比较严重的场地应保持干燥，充分日晒，以杀死虫卵。

（4）人类注意饮食、饮水的清洁卫生，不吃生或半熟的肉类食物，养成常洗手的习惯，不吃不洁、可疑食物，并定期驱虫。

二、肝毛细线虫病

本病由毛细科、毛细属的肝毛细线虫（*Capillaria hepatica*）寄生于犬、猫、鼠类和多种哺乳动物的肝脏所引起的一种人畜共患寄生虫病。肝毛细线虫是野生啮齿动物，特别是野鼠类体内常见的寄生虫。肝毛细线虫病是一种自然疫源性寄生虫病。野生啮齿动物感染常无明显症状，但在灵长类动物中可引起肝炎，导致死亡。

微课 5-9-2

（一）病原形态构造

肝毛细线虫成虫细长，食道占体长的1/2（雄虫）和1/3（雌虫）。雄虫长为24～37 mm，尾端有1个突出的交合刺被鞘膜所包裹。雌虫长53～78 mm，尾端呈钝锥形。该虫虫卵较大，虫卵形态与鞭虫卵相似，椭圆形，卵壳厚，分两层。外层有明显的凹窝，两端各有透明塞状物，不凸出于卵壳外。

（二）生活史

肝毛细线虫的成虫寄生在宿主的肝组织中，并产卵于肝实质内。若宿主被其他食肉动物捕食，则肝被消化，而虫卵随吞食者的粪便排出体外。或者患病的动物死亡后，虫卵从腐烂的尸体中释出。排至土壤中的虫卵在适宜的温度下经5～8周发育为含胚胎的感染性虫卵，在−15 ℃条件下可存活2个月以上。终末宿主往往因食入被感染性虫卵污染的食物或饮水而感染。感染后24 h内虫卵于肠中孵化，孵出的第1期幼虫在6 h内钻入肠黏膜，经2～3天经肠系膜静脉、门静脉，到达肝脏。并在肝组织中经4次蜕化发育为成虫，成虫寿命为40～60天。

（三）流行病学

肝毛细线虫和嗜气毛细线虫在全世界均有感染发病的报道。

（四）主要症状及病理变化

肝毛细线虫成虫产卵于肝实质中，可引起肝损伤性疼痛及非细菌性炎症。人类感染与宠物感染症状类同。犬、猫、兔等动物的症状相对较轻，但有时可引起灵长类动物的致命性肝炎。临床表现为

Note

发热、肝脾大、嗜酸性粒细胞显著增多、白细胞增多及高丙种球蛋白血症，低血红蛋白性贫血颇为常见，严重者可表现为嗜睡、脱水等，甚至死亡。

剖检死亡的动物可见因虫卵沉积而导致的肉芽肿反应和脓肿样病变，肉眼可见肝表面有许多点状、珍珠样白色或黄色颗粒，或灰色小结节，其大小为 0.1～0.2 cm。脓肿中心由成虫、虫卵和坏死组织组成，虫体可完整或崩解，周围有嗜酸性粒细胞、浆细胞和巨噬细胞浸润。

（五）诊断

在肝组织或组织切片中发现虫体或虫卵是确诊的依据。其他免疫学检查方法如免疫荧光试验、间接血凝试验、ELISA 等及影像学检查，对诊断有重要参考价值。

（六）治疗

（1）阿苯达唑：剂量 400 mg，2 次/日，疗程 20～30 日。

（2）甲苯咪唑：剂量 200 mg，2 次/日，疗程 2 个月，可以有效地杀死虫卵。

使用抗虫药的同时应合并应用糖皮质激素，可减轻患者的炎症反应和降低热度。

（七）预防

（1）及时正确诊断、治疗患病动物，死亡率将从 53%下降到 3%。

（2）注意饮食、饮水的清洁卫生，不吃生或半熟的肉类食物。

任务 10　猫圆线虫病

情境导入

扫码看课件 5-10

小花家的波斯猫最近老打喷嚏，厌食，呼吸急促，经诊断感染了猫圆线虫，这种寄生虫是怎么感染的，应该怎样预防？让我们一起来学习其相关知识。

必备知识

微课 5-10

猫圆线虫病是由管圆科(Angiostrongylidae)、管圆属的深奥猫圆线虫寄生于猫的细支气管和肺泡而引起的一种寄生虫病。

一、病原形态构造

病原是猫圆线虫，虫体乳白色，纤细呈丝状。口孔周围有两圈乳突，体形较小。雄虫体长 4～5 mm，交合伞短，分叶不清楚，腹肋完整，背肋稍大，有两根不等长的交合刺。雌虫体长 9～10 mm，阴门开口近虫体后端。虫卵大小为(60～80) μm×(55～80) μm。

二、生活史

猫圆线虫属于生物源性寄生虫。其中间宿主是蜗牛和蛞蝓，啮齿类动物、蛙类、蜥蜴和鸟类可作为贮藏宿主。其成虫常寄生于终末宿主的肺动脉血管中，雌虫于肺泡管产卵后，虫卵进入邻近的肺泡孵出幼虫。幼虫逆行至气管，到口腔后，随宿主吞咽动作被咽下后进入消化道，最后随粪便排到体外。幼虫被中间宿主蜗牛或蛞蝓吞食后，在体内经 2～5 周发育为感染性幼虫。终末宿主猫常因捕食含有感染性幼虫的中间宿主或贮藏宿主而感染。感染后，幼虫先进入其食道、胃或肠管上段黏膜，再进入血液循环，然后随血流进入宿主肺部。猫从感染到在其粪便中发现幼虫需 5～6 周，成虫寿命一般为 4～9 个月。

三、流行病学

猫圆线虫病分布广泛，世界大部分地区均有报道。猫是其唯一的终末宿主，蜗牛和蛞蝓是其中

间宿主，啮齿类动物、蛙类、蜥蜴和鸟类常可作为其贮藏宿主。此病经口感染，自由觅食猫感染率较高。本病一年四季均可发生，多流行于温暖、潮湿的季节，阴雨连绵时易造成本病流行。在我国，南方地区每年4—6月和9—11月，北方地区每年7—9月为蜗牛和蛞蝓的活动季节，也是此病的高发季节。

四、主要症状及病理变化

本病感染一般是无症状和局限性的，对幼猫危害严重。成年猫轻度感染时一般只引起呼吸道黏液增多，不表现出任何临床症状。体弱的幼猫感染常可引起咳嗽，同时易继发感染而导致肺炎。中度感染时，患猫出现咳嗽、打喷嚏、厌食、呼吸急促。严重感染（成年猫少见）时，因肺内堆积着大量的虫卵和幼虫，患猫表现为体温升高、剧烈咳嗽、呼吸困难、厌食、消瘦、腹泻，常会导致死亡。但也有个别患病幼猫会耐过而逐渐好转，并恢复健康。

剖检病死猫可见肺表面有直径1～10 mm大小不等的灰色结节，结节内含虫卵和幼虫，胸腔充满乳白色液体，其中也含有虫卵和幼虫。由于结节的压迫和堵塞，可见周围肺泡的萎缩等病变。

五、诊断

根据本病的流行特点、临床症状，对可疑病例可用贝尔曼氏法检查粪便中的幼虫，若发现幼虫即可确诊。剖检患猫若发现典型病理变化，或查到虫卵或幼虫也可确诊。

六、治疗

(1)左旋咪唑：每千克体重10 mg。隔天口服1次，连用5～6次。

(2)苯硫咪唑：每千克体重20 mg，每天口服1次，连用5天为1个疗程，间隔5天后再重复1个疗程。

七、预防

(1)严禁生食动物性饲料，防止猫捕食蜗牛、蛙类和鸟类等。

(2)猫不宜放养，管好猫的粪便，防止污染环境，保持猫舍干燥、整洁、卫生。

任务11　犬尾旋线虫病

情境导入

王奶奶家的小狗“淘淘”最近老爱捕食蟑螂等昆虫，兽医杨伯伯说这样容易感染犬尾旋线虫，这又是一种什么寄生虫呢？让我们一起来学习。

扫码看课件 5-11

必备知识

犬尾旋线虫病，又称犬食道线虫病，是尾旋科(Spirocercidae)、尾旋属(*Spirocerca*)的狼尾旋线虫(*Spirocerca lupi*)寄生于犬和犬科动物的食道壁、胃壁或主动脉壁而引起的疾病。

微课 5-11

一、病原形态构造

新鲜的成虫呈血红色，螺旋状，粗壮。头端有两片唇，每片唇又分为三叶，咽部短。雄虫长30～54 mm，尾部有尾翼和许多肛前乳突，交合刺左右两根，不等长。雌虫长54～80 mm，尾端钝圆，有乳突，阴门开口于食道后方。虫卵呈长椭圆形，卵壳厚，随粪便排出时，卵内已有幼虫。虫卵大小为(30～37)μm×(11～15)μm。

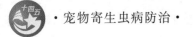

二、生活史

尾旋线虫属间接发育型，中间宿主是食粪甲虫、蟑螂、蟋蟀等昆虫，两栖类、鸟类、爬虫类、禽类及小哺乳类等可作为贮藏宿主。

成虫寄生于终末宿主的食道壁，排出的虫卵通过食道结节破溃口进入消化道，随粪便排出体外。虫卵被中间宿主吞食后，幼虫在肠道内从卵中逸出，经两次蜕化发育成具有侵袭能力的第3期幼虫，若未被终末宿主及时吞食，会在中间宿主体内形成包囊，虽不继续发育，但可一直保持感染能力。此时，若中间宿主被贮藏宿主食入体内，幼虫包囊仍可在它们体内继续存活，并保持感染能力。这样终末宿主犬等食入含感染性幼虫的中间宿主或贮藏宿主后，包囊在其体内被消化，感染性幼虫逸出。经过2.3～3.5周感染性幼虫穿过胃壁进入胃网膜动脉，再通过胸腔的结缔组织移行到食道壁，少数仍寄生于胃壁和主动脉壁内，在寄生处形成结节并发育为成虫。犬从感染到粪便中出现虫卵需5～7个月。

三、流行病学

尾旋线虫主要寄生于犬和犬科动物的食道壁、胃壁或主动脉壁，偶尔也寄生于山羊、猪、驴等。该病多发生于热带、亚热带地区，我国华中、华南等地多发，辽宁、北京、甘肃、新疆等地均有报道。

四、主要症状及病理变化

发病初期，幼虫钻入胃壁移行时，可引起宿主组织不同程度的出血、炎症，甚至坏疽性脓肿。一般幼虫离去后病灶可自愈，但可造成动脉内壁的瘢痕。患犬轻度感染时，一般不会表现出明显的临床症状。中度或重度感染可出现明显的厌食、贫血、咳嗽、发热、呼吸困难等症状。

在病程中后期成虫寄生在宿主的食道壁、胃壁和主动脉壁中可形成肿瘤，从而呈现出不同症状。若成虫寄生于食道壁或胃壁，形成的肿瘤结节逐步增大后会压迫食道，轻度感染时，患犬除有轻度食道梗阻症状外，其他症状一般不明显。重度感染时，常出现吞咽困难、流涎、呕吐、食道梗阻等症状，有时可见食物及虫体从口腔或鼻孔排出。当虫体寄生于肺部支气管壁时，可出现激烈而断续的咳嗽、呼吸困难等症状。

在疾病后期多数患犬会同时出现消化功能、呼吸系统和循环系统障碍。表现为结膜苍白，精神沉郁，极度消瘦，有的收腹拱背，行走时摇摇晃晃，有的出现肌肉抽搐、呻吟等神经扰乱症状，最后衰竭而亡或继发其他疾病而死亡。个别患犬因虫体寄生于主动脉壁形成的动脉瘤，使血管腔狭窄引起血管壁破裂导致大出血而突然死亡。慢性病例常伴有肥大性骨关节病，前、后肢肿胀、疼痛，贫血，胸膜炎、腹膜炎，唾液分泌增加。

据统计，此病病变部位大部分发生于食道的上1/3和下1/3段，少部分发生于动脉和胃等器官与组织。极少部分见于肺、支气管、淋巴结、胸腺、皮下和肾包膜下。剖检病死犬，可见多个大小不等的肿瘤状结节病灶分布于食道壁、靠近贲门部的胃壁或主动脉壁上。这些肿瘤状结节同花生米一样大，大的与鸡蛋一样大，与周围组织界限明显。剪开结节病灶，内为纤维肉质样结构，里面有很多瘘管，管内充满淡红色的浓稠液体，内有1个或多个卷曲成团的成虫。有的为陈旧性病灶，内部已形成钙化性病变，即所谓骨肉瘤。由于结缔组织增生，可见多个管腔变得狭窄或梗阻。死于主动脉管壁破裂的病例，剖检可见胸腔积蓄大量的凝血块，在动脉壁上可见肿瘤病灶(内有虫体)和动脉瘤发生破裂的病变。

五、诊断

根据临诊症状，结合粪便或呕吐物中发现虫卵即可确诊。虫卵检查可用饱和盐水漂浮法，由于虫卵是周期性排出，因此需要反复多次检查。

六、治疗

驱除虫体和清除肿瘤状结节是根治本病的有效疗法，可分为手术疗法、药物疗法和对症疗法等。

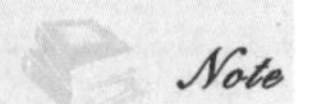

1. 手术疗法 根治本病的方法之一。但由于食道局部解剖的特殊性等原因，手术难度太大，设备条件要求高。

2. 药物疗法

(1)二碘硝基酚：每千克体重 10 mg，皮下注射，每隔 3～5 天 1 次，连用 3～5 次。

(2)左旋咪唑：每千克体重 10 mg，口服，每天 1 次，连用 3～7 天。

(3)丙硫苯咪唑：每千克体重 25～50 mg，口服，每天 1 次，连用 5～7 天。

(4)1%的伊维菌素：每千克体重 0.2～0.3 mL，皮下注射，隔 7～10 天注射 1 次，连用 3～5 次。

七、预防

(1)防止犬采食中间宿主或贮藏宿主。

(2)注意犬舍及周围环境卫生，定期消毒，无害化处理犬粪、呕吐物和其他排泄物，防止甲虫滋生。

(3)在流行地区，可把犬放在铁丝网中饲养。

(4)定期检查犬群的粪便，发现患犬隔离治疗。严重或预后不良的患犬予以淘汰。

(5)加强饲养管理，增强犬体抵抗力，不仅可预防线虫病的发生，即使犬只已被感染，也可阻止虫体的正常发育和生长，降低其致病作用。

任务 12 肾膨结线虫病

情境导入

小明看报道说狗狗的肾脏中也会长虫子，这是一种什么样的寄生虫呢？让我们一起来学习吧。

扫码看课件 5-12

必备知识

微课 5-12

肾膨结线虫病又称肾虫病，是由膨结目(Dioctophymata)、膨结科、膨结属(*Dioctophyma*)的肾膨结线虫(*Dioctophyma renale*)寄生于犬的泌尿系统而引起的寄生虫病。亦可寄生于猪、狐狸、水貂、狼等 20 多种动物，偶尔可以感染人。主要临床特征为体重减轻、尿血、尿频、腹痛等。

一、病原形态构造

肾膨结线虫为大型线虫，俗称巨肾虫。虫体新鲜时呈红色(图 5-11)，固定后为浅灰褐色，圆柱状，两端略细，表皮有横纹，沿每条侧线有乳头排列。口简单，无唇，口孔位于顶端，周围有 2 圈乳突，前环乳头较细，后环位于结节膨大处。雄虫长 14～45 cm，尾端有一钟形的交合伞，其边缘及内壁有许多细小乳突，交合刺一根，呈刚毛状。雌虫长 20～100 cm，虫体粗壮。生殖器官为单管型，阴门开口于食道后端处，略突出于体表。肛门位于后侧，呈半月形，在其附近有数个小乳突。

图 5-11 犬肾膨结线虫(图中直尺长 30 cm)

虫卵椭圆形，淡黄色，卵壳厚，表面不平，有许多小凹陷，两端具塞状物，整体大小为(72～80) μm×(40～48) μm。

二、生活史

肾膨结线虫生活史为间接发育型。蚯蚓科的贫毛环节动物为其第一中间宿主。补充宿主为淡水鱼或蛙类。终末宿主为犬、水貂、狐狸、猪、马、牛等哺乳动物，人也可作为其终末宿主。

成虫寄生于终末宿主的肾盂内，产出的虫卵随尿液排出体外。在水中发育成熟后，卵内形成第1期幼虫，被中间宿主蚯蚓类(环节动物)吞食后，在其体内发育为第2期幼虫。当补充宿主吞食了含有第2期幼虫的环节动物后，幼虫移行至鱼的肠系膜形成包囊，并发育为第3期感染性幼虫。犬等终末宿主因摄食含感染性幼虫的生的或未煮熟补充宿主而感染。在终末宿主体内，幼虫进入消化道后，先进入肠壁血管，然后随血流移行到肾或与其相通的体腔发育为成虫。整个发育过程约需2年。从终末宿主食入感染性幼虫到尿中出现虫卵需要5～6个月，一般认为已感染过的犬不会再发生感染。

三、流行病学

该病呈世界性分布，主要分布于欧洲、北美洲和亚洲等地，非洲及大洋洲报道较少。温暖潮湿的地区较多见，常呈地方性流行，一些地方的淡水鱼的感染率高达50%。在我国，江苏、浙江、四川、上海、辽宁、吉林、云南、湖北、新疆和黑龙江等地均有报道，可能与当地以淡水鱼、蛙类或其废弃物作为动物饲料有关。人体感染本虫多是由食入了未加工熟的鱼肉所致。

由于除犬外，水貂、狼、褐家鼠等多种野生食肉动物被感染后，常可作为传染源污染环境。因此，野生动物的感染在本病的流行上具有重要意义。

四、主要症状及病理变化

肾膨结线虫的成虫通常寄生于犬、狐、猪、人等终末宿主的肾脏中。在感染早期或者仅有一侧肾脏受到虫体侵害时，动物一般不会表现出明显的临诊症状。在感染中期，当幼虫接近成熟或成熟时，寄生部位受害明显，动物表现为消瘦、弓背、跛行、不安，腹股沟淋巴结肿大，有的有腰痛或腹痛。严重的表现为排尿困难、尿频，反复出现血尿、脓尿等。若虫体阻塞输尿管，则发生肾盂积水，引起肾脏肿大。如两侧肾脏都受损时，或者未受侵袭的肾脏缺乏代偿功能时，则会引起肾功能不全，还可并发肾盂肾炎、肾结石等症状。有时可见尿中排出活的或死的，甚至残缺不全的虫体。当虫体自尿道逸出时可引起尿路阻塞，或表现为急性尿中毒症状。当虫体寄生于腹腔时，可引起腹膜炎、腹水或腹膜出血，动物表现为腹痛、不安等。有时发生失血性贫血，或出现神经症状。

解剖死亡动物，发现病变主要在肾脏，初期肾实质有虫道，肾脏显著增大。随着寄生时间延长，在中期，大多数肾小球和肾盂黏膜乳头变性，肾盂腔中常有大量的红细胞、白细胞或脓液。感染后期，肾实质萎缩，肾包膜和基质纤维化，包膜骨胶质沉积，甚至将肾组织完全破坏，形成一个膨大的膀胱状的纤维质包囊，内含一条至数条虫体和带血的液体。右侧肾常比左侧肾受侵害的程度高，而未被侵害的另侧肾脏往往呈代偿性肥大。虫体还常进入输尿管，或进入膀胱、腹腔。寄生于腹腔的虫体，有的游离，有的形成包囊，常引起慢性腹膜炎，使腹壁多处发生粘连。除此之外，偶尔可在肝脏、卵巢、子宫和乳腺等处见到含有虫体的结节。

五、诊断

根据流行病学、临诊症状、尿液检查和剖检进行综合判定。

1. 生前诊断　尿液中检出虫卵即可确诊。尿液检查用沉淀法：取晨尿于烧杯中，沉淀30 min，弃去上清液，在杯底衬以黑色背景，肉眼可见杯底粘有白色虫卵颗粒。如检测不出，也不能排除本病，因为仅有雄虫或者雌虫寄生时没有虫卵，若虫体仅寄生于腹腔时在尿中也查不出虫卵。可用尿道造影、B超或CT、X线摄影等辅助检查方法。

2. 死后剖检　在肾脏中找到虫体及相应病变即可确诊。

六、预防

(1)在本病流行地区要禁止犬等易感动物吞食生鱼或其他水生动物。

(2)发病动物或带虫动物的粪尿应严格处理，以防病原扩散。

(3)定期对犬等易感动物进行预防性驱虫。

七、治疗

对于已经确诊有虫体寄生于腹腔或肾脏的患犬，最有效的治疗是手术摘除虫体。如单侧肾脏病变严重，可实施肾脏摘除术。

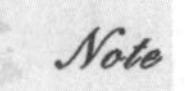

任务 13 吸吮线虫病

情境导入

黄先生家的柯基犬最近老蹭眼部，还用爪子抓挠，兽医检查后在眼部挑出了两条白色丝状虫体，说是吸吮线虫。这种寄生虫都有哪些特点呢？让我们一起来学习。

扫码看课件 5-13

微课 5-13

必备知识

吸吮线虫病又称眼线虫病，是由旋尾目(Spiruria)、吸吮科(Thelaziidae)、吸吮属(*Thelazia*)的结膜吸吮线虫(*Thelazia callipaeda*)、加利福尼亚吸吮线虫(*Thelazia californiensis*)等寄生于犬、猫、狐等动物的眼部瞬膜下所引起的疾病。本虫亦可寄生于羊、兔和人。常造成动物的结膜炎和角膜炎，导致视力下降，甚至造成角膜糜烂、溃疡和穿孔。

一、病原形态构造

1. 结膜吸吮线虫 又称丽嫩吸吮线虫。虫体在宿主结膜囊内时半透明(图 5-12)，离开犬体后虫体呈乳白色。虫体细长，体表有显著的微细横纹，横纹边缘锐利呈锯齿状。头钝圆，口囊小，无唇，口缘有内外两圈乳突。雄虫长 7～11.5 mm，尾端卷曲，有两根不等长的交合刺。肛门接近尾端，并有左、右并列的乳突。雌虫长 7～17 mm，生殖器呈双管型，阴门位于虫体前方食道部，开口于食道中线的水平略后位置。

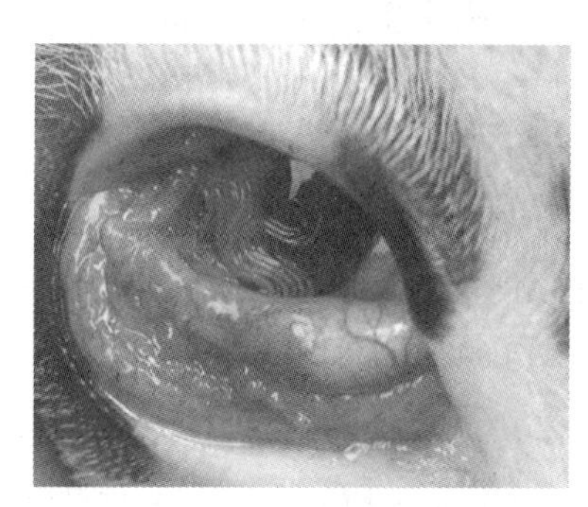

图 5-12 犬眼内的结膜吸吮线虫

虫卵呈椭圆形，卵壳薄、透明，大小为(54～60) μm×(34～37) μm，排出时已含幼虫。孵化后，幼虫带鞘，被囊末端呈特异的降落伞状。

2. 加利福尼亚吸吮线虫 虫体呈白色，雄虫体长 12～13 mm，有左右交合刺两根，长度不一。雌虫长 15～17 mm，阴门位于食道和肠管交汇处。

二、生活史

吸吮线虫生活史为间接发育型，中间宿主为多种蝇类，终末宿主为犬、猫、狐等动物。

成虫主要寄生于终末宿主的瞬膜下，雌虫直接于结膜囊和瞬膜下产卵。卵迅速孵出第 1 期幼虫，通过降落伞状的被囊，浮游于眼分泌物和泪液中。当蝇栖身于犬、猫的眼睑上，舔食其分泌物时顺带食入幼虫。经 10～14 天幼虫在蝇的卵滤泡内，发育为第 3 期幼虫即感染性幼虫。然后进入蝇的体腔，并进一步移行到蝇的口器内。当带有感染性幼虫的蝇再次舔食其他健康犬、猫等动物的眼分泌物时，幼虫顺势进入终末宿主的眼内瞬膜下进行寄生。15～20 天，经 2 次蜕化发育为成虫。一般从终末宿主感染到体内出现成虫约需 5 周，成虫寿命一般 1～2 年，最长可达 2 年半以上。

三、流行病学

结膜吸吮线虫多发生于亚洲地区，故该病又称为东方眼虫病。我国 26 个省、自治区、直辖市有报道，其中以山东、湖北、江苏、河南、安徽、云南及河北报道的病例较多。加利福尼亚吸吮线虫，主要见于美国的加利福尼亚州，亦曾见于西雅图。

由于该病靠蝇类作为中间宿主进行传播，故本病的感染季节与蝇类出没的季节相吻合。南方温暖地区一年四季均有流行，北方地区以夏秋季为主，多发生于蝇类较多的地区，各种年龄阶段的动物均可感染发病。

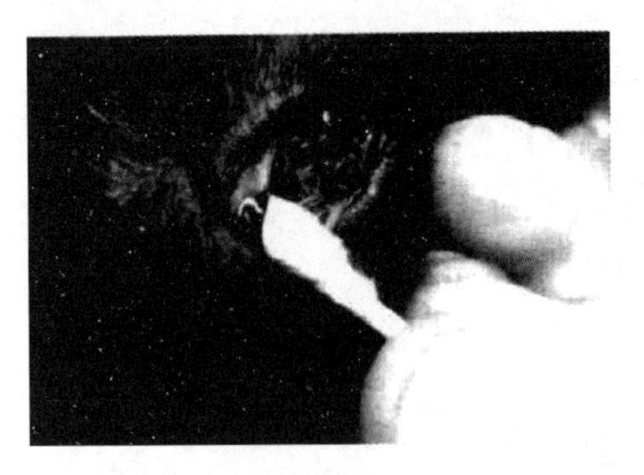

图 5-13　犬眼内的结膜吸吮线虫

四、主要症状及病理变化

成虫主要在瞬膜囊、结膜囊和泪管等部位寄生(图 5-13),偶尔可见虫体在眼前房液中活动。虫体多侵犯一侧眼,少数病例可双眼感染。

本病症状与虫体寄生部位及数量相关,少量寄生时常无明显症状。寄生数量多时,由于虫体机械性刺激泪管、结膜和角膜,常造成机械性眼球损伤、发炎。动物呈急性结膜炎、角膜炎的症状,眼部明显不适、奇痒,异物感严重,结膜充血肿胀、眼球湿润、分泌物增多,畏光、流泪。患病动物坐立不安,常用前肢抓挠眼部,或在障碍物上摩擦患眼。以后逐渐转为慢性结膜炎,可见眼部有黏稠脓性分泌物,结膜有米粒大的滤泡肿,特别密集地发生在瞬膜下,摩擦易出血。严重病例常引起眼睑黏合、眼睑炎和角膜混浊,极个别病例还发生角膜糜烂、溃疡或穿孔,出现水晶体损伤及睫状体炎,甚至失明。

五、诊断

根据临床症状,在眼内检查发现虫体即可确诊。检查时可采取盐酸左旋咪唑滴眼液点眼,用手轻揉 10～20 s,翻开上下眼睑检查是否有半透明乳白色蛇形活泼运动的虫体。

六、治疗

保定病犬,用 2%普鲁卡因点眼,按摩眼睑 5～10 s,待虫体麻痹不动时,用眼科镊子摘除可见虫体,再用 3%硼酸溶液洗眼。然后滴入含抗蠕虫药的滴眼液(如 0.5%盐酸左旋咪唑),连用 2～3 天。同时应用抗生素滴眼液预防继发感染。

七、预防

(1)在流行季节大力灭蝇,搞好环境和犬舍卫生,减少蝇类滋生,防止蝇类滋扰犬、猫。

(2)根据地区流行病学特点,每年在蝇类大量出现之前,对全群犬、猫进行预防性驱虫,以减少病原的传播。

(3)一旦发现患病犬、猫,要及时采取治疗措施。同时要提高警惕,注意个体卫生,特别要注意眼部清洁。

任务 14　棘头虫病

情境导入

某拉布拉多犬,3 岁,消瘦,不愿活动,腹痛,拉稀,做粪便检查发现其粪便内有许多长椭圆形、黑褐色的虫卵,卵内含有带有小刺的棘头蚴,确诊为棘头虫病。

扫码看课件 5-14

必备知识

犬、猫棘头虫病是由棘头动物门(Acanthocephala)、巨吻目(Gigantorhynchidea)、少棘科(Oligacanthorhynchidae)的棘头虫寄生于犬、猫和狼的小肠,主要是空肠所引起的疾病。也可感染猪或野猪,偶见于人。

微课 5-14

一、病原形态构造

1. 蛭形巨吻棘头虫　虫体较大,长圆柱形,前部较粗,后部逐渐变细。体表有明显的横皱纹,常

Note

因吸收宿主的营养，而呈现红色、橙色、褐黄色或乳白色。头端有1个可伸缩的球形吻突，其上有5～6列向后弯曲的小棘，每列6个，是附着于宿主肠壁的工具。虫体无消化器官。雌雄虫体差异很大，雌虫长300～680 mm。雄虫长70～150 mm，尾部弯曲，呈长逗点状。

虫卵呈深褐色，长椭圆形，两端稍尖，卵壳较厚，由4层膜组成，有细皱纹，一端较圆，另一端较尖，虫卵两端有小塞状构造，大小为(89～100)μm×(42～56)μm。卵内含有棘头蚴，棘头蚴的大小为58 μm×26 μm。

2. 犬钩吻棘头虫 寄生于犬、猫肠道。虫体较小，呈圆锥形，白色，雄虫长6～13 mm，雌虫长7～14 mm，虫体前端的吻突上有6排钩。

虫卵呈褐色，椭圆形，卵壳较厚，大小为(59～71)μm×(40～50)μm。

二、生活史

棘头虫生活史属间接发育型，中间宿主为金龟子等甲壳动物和昆虫。终末宿主为犬、猫、猪等哺乳动物，偶尔感染人。

成虫寄生在终末宿主的小肠内，虫卵随粪便排出体外，被中间宿主吞食后，虫卵在中间宿主的肠内孵出棘头蚴，然后穿过肠壁进入体腔，发育为棘头体。经2～3个月，棘头体长出吻突吻钩，并缩进吻鞘内，进一步发育成白色具有感染力的棘头囊。棘头囊长3.6～4.4 mm，体扁，白色，易被肉眼看到。幼虫在中间宿主体内的发育期限因季节而异，若6月以前感染需3～4个月，若6月以后感染需12～13个月。当甲虫等中间宿主发育为蛹或变为成虫时，棘头囊仍留在它们体内，并能保持感染力达2～3年。一些小型哺乳动物或鸟类摄食这种中间宿主后，棘头囊在其体内也可保持感染力。犬等终末宿主吞食了含有棘头囊的中间宿主或贮藏宿主后，即可造成感染。感染后，棘头囊先在犬的消化道中脱囊，然后以吻突固着于肠壁上，经3～4个月发育为成虫。成虫生命期为10～24个月。

犬钩吻棘头虫的生活史尚不完全清楚，一般认为，其中间宿主为一种节肢动物，火鸡和犰狳可作为其贮藏宿主。犬或猫因吞食带有棘头囊的中间宿主或贮藏宿主而发生感染，在肠道内发育为成虫。

三、流行病学

本病呈世界性分布，地方性流行。犬、猫的感染率和感染强度与地理、气候条件，饲养管理方式等有密切关系。每年春、夏季节，甲虫出没频繁时容易造成此病流行。严重流行区感染率达60%～80%。棘头虫的繁殖力很强，每条雌虫每日可产25万～68万个卵，产卵期可达10个月。而且虫卵对外界环境的抵抗力很强，在高温、低温、干燥或潮湿的环境下均可长期存活。虫卵被中间宿主吞食后，可在中间宿主的各个发育期中进行发育，还可随中间宿主越冬。一个中间宿主体内可有几十个棘头囊，它们在中间宿主体内可生存2～3年仍保持感染力。一些小型哺乳动物或鸟类等贮藏宿主摄食这些中间宿主后，棘头囊在其体内也可保持感染力。

四、主要症状及病理变化

犬、猫感染少量棘头虫时，一般不会表现出明显的临床症状。中度感染时，虫体以吻突牢牢地插入肠黏膜内，可引起肠炎，动物表现为贫血、消瘦和发育迟缓。严重感染时，患犬肠壁组织遭受严重的机械性损伤，表现为食欲减退、明显消瘦、下痢、粪便带血、腹痛。当虫体固着部位发生脓肿或肠穿孔时，则体温升高到40 ℃以上，呼吸浅表，剧烈腹痛。后期若继发腹膜炎，腹壁紧张，患犬表现为衰弱、不食、腹痛、抽搐，多以死亡而告终。

剖检病死动物发现，尸体消瘦，黏膜苍白。有的因吻突深入到浆膜层，在空肠和回肠的浆膜上形成了无数灰黄色，或暗红色的豆粒大小的结节，其周围有红色充血带，肠黏膜发炎，肠壁肥厚、水肿，有出血点和溃疡。在炎症部位的组织切片上可以观察到吻突周围有嗜酸性细胞带和细菌。严重感染时，肠道塞满虫体，有时可见到吻突穿过动物肠壁，吸附在邻近的浆膜上，引起发炎和肠粘连，可能因诱发泛发性腹膜炎而死亡。

Note

五、诊断

根据流行病学资料、临床症状、粪便检查及剖检病变可确诊。粪便检查可用直接涂片法和沉淀法。

六、治疗

目前尚无理想驱杀病原的药物，可用左旋咪唑和丙硫苯咪唑治疗，结合支持疗法和对症疗法。腹痛可予阿托品等解痉剂，贫血者加强营养，补充铁剂及各种维生素。当发生弥漫性腹膜炎、肠梗阻、肠出血或肠腔脓肿等急腹症时，立即手术，并将病变肠段，连同结节、虫体一并切除，或者于结节中心将虫体取出。

七、预防

(1)定期进行粪便检查，发现患犬及时驱虫，以消除感染源。

(2)保持犬舍的清洁卫生，粪便要及时清理，堆积发酵进行生物热处理。

(3)消灭犬舍及其周围的甲虫，避免犬、猫吞食带有棘头囊的中间宿主和贮藏宿主。

任务 15　麦地那龙线虫病

必备知识

扫码看课件 5-15

小明看书时发现世界上最长的寄生线虫称作麦地那龙线虫，这是一种什么样的寄生虫呢？我们一起来学习一下。

必备知识

微课 5-15

麦地那龙线虫，俗称几内亚线虫，是由线形动物门、驼形目、龙线虫科、龙线虫属（*Dracunculus*）的麦地那龙线虫（*Dracunculus medinensis*）寄生于犬、猫和多种哺乳动物皮下及结缔组织内引起的一种人畜共患寄生虫病。主要特征为局部皮肤出现红斑、水肿、水疱和溃疡。

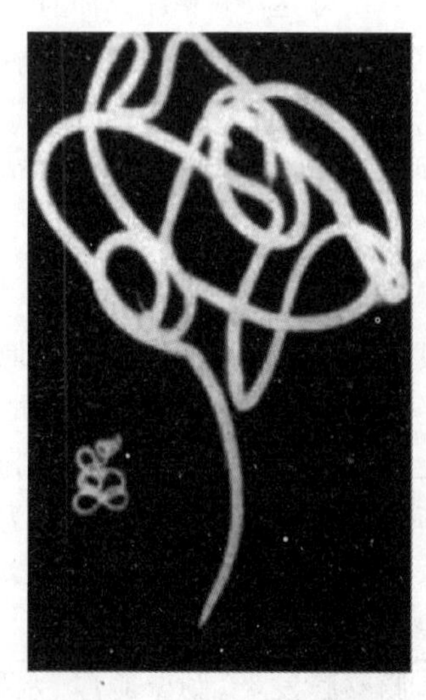

图 5-14　麦地那龙线虫

一、病原形态构造

麦地那龙线虫为目前发现的最长的线虫。虫体呈圆柱形，似一根粗白线（图 5-14），前端钝圆，体表光滑，镜下可见较密布的细环纹。口呈三角形。雌虫长 100～400 cm，阴门位于虫体的中部。成熟后的雌虫，阴门不容易被看到，体腔被前、后两支子宫所充满，子宫内含大量第 1 期幼虫，属于胎生寄生虫。雄虫较短，长为 12～29 cm，有 10 对生殖乳突，末端卷曲 1 至数圈，有 2 根等长的交合刺。

二、生活史

麦地那龙线虫生活史属间接发育型，中间宿主为剑水蚤，终末宿主为犬、猫、狼、马、牛、灵长类等。

犬、猫等终末宿主常因吞食了含有感染性幼虫的剑水蚤感染。幼虫在十二指肠处从剑水蚤体内逸出，钻入肠壁，经淋巴循环穿过肠系膜、胸腹肌移行至皮下结缔组织寄生。3 个月后，雌雄虫体穿过皮下结缔组织到达腋窝和腹股沟区，雌虫受精后，雄虫在数月内死亡。雌虫自寄生部位移居至终末宿主的肢端皮肤，主要移居至四肢、背部的皮下组织，此时子宫内幼虫已完全成熟。雌虫从

皮下组织把头伸向皮肤表面，当与水接触时，雌虫的前端伸出体外，由于内外压力而致子宫破裂，释放出大量活跃的第1期幼虫。这些幼虫可引起宿主强烈的免疫反应，使皮肤形成水疱和溃疡。幼虫不断产入水中，雌虫产完幼虫后自然死亡，并被组织吸收，伤口随即愈合。第1期幼虫在水中较为活跃，可存活约3天，若被中间宿主剑水蚤吞食，在适宜温度下，经12～14天，在其体内经2次蜕化后，发育为感染性幼虫。

三、流行病学

麦地那龙线虫是一种人畜共患寄生虫病，也是唯一的主要由饮水传播的线虫。该病在世界各地均有流行，主要流行于非洲、西亚及南亚等热带地区。其终末宿主主要经口感染，感染来源于患病或带虫的犬等哺乳动物，发病季节以5—9月为最高。

四、主要症状及病理变化

犬一般在感染43天后，当虫体移行到皮下组织时，开始出现症状。最初皮肤会形成条索状硬结或肿块。然后雌虫释放的大量幼虫及代谢产物会引起宿主的免疫反应，患病动物皮肤局部出现丘疹、瘙痒、水疱。严重的会出现发热、恶心、荨麻疹、呼吸困难和昏迷等全身过敏性症状，血中嗜酸性粒细胞明显增高。割开皮肤上的水疱，发现水疱内为无菌黄色液体，内含大量巨噬细胞、嗜酸性粒细胞、淋巴细胞和幼虫。如果继发细菌感染则症状加重，愈合后留下永久性瘢痕或肌肉损伤。此外，虫体还可破坏中枢神经系统，引起瘫痪。体内深部组织内的雌虫死亡后，变性的虫体释放出大量抗原，可诱发无菌囊液性脓肿，也可致邻近的关节发炎，或引起眼部、心脏及泌尿生殖系统的炎性病变。此病极少致死，约50%病例在成虫被挤出后，病灶迅速愈合，仅有短暂的行动不便。但若出现继发感染，除伴有持续数月难以忍受的疼痛外，常会留下如关节炎、滑膜炎、关节强直和患肢萎缩等后遗症，也可因肌腱挛缩和慢性关节炎而永久致残。

五、诊断

检查皮肤上的典型水疱，水疱溃破后，检查幼虫。方法是用少许水置于伤口上，取少量伤口表面的液体至载玻片上，在低倍镜下检查运动活跃的幼虫。也可用手术方法自肿块内取出成虫或抽吸肿块内液体进行涂片，镜检幼虫。自伤口获取伸出的雌虫是最可靠的确诊依据，但须与皮下寄生的裂头蚴相鉴别。深部脓肿可经穿刺抽吸脓液镜检，X线检查有助于宿主体内虫体钙化的诊断。免疫学试验，如皮内试验、IFA和ELISA可作为辅助诊断方法。

六、治疗

(1)发现有虫体自皮肤暴露时，先用冷水冲淋伤口，使虫体伸出，然后用一根小棒卷上虫体，每日向外拉出数厘米，直至将虫体全部拉出(图5-15)。此过程操作必须小心谨慎，一旦虫体被拉断，幼虫逸出可致严重的炎症反应。

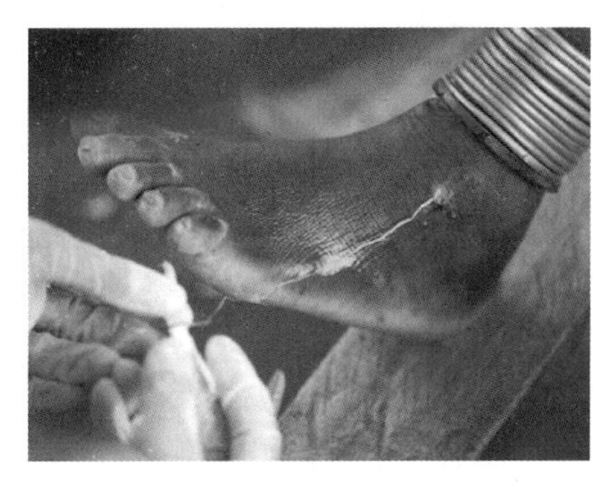

图5-15 从人足上拉出麦地那龙线虫

(2)根治方法：局部麻醉后手术摘除虫体。

(3)可选用甲硝唑、硝咪唑、甲苯咪唑或伊维菌素等药物驱虫。配合抗生素治疗，防止继发感染。

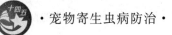

七、预防

(1)注意饮水卫生,防止宿主接触污染水源。

(2)在流行地区,注意不要让犬到河流、湖水和池塘中洗澡和游戏。

(3)发现感染应及早治疗,避免污染环境。

课后作业

线上评测

复习与思考

1. 简述线虫的形态结构特征。
2. 举出生物源性线虫和土源性线虫各若干例,并列出其宿主及寄生部位。
3. 拟定当地主要犬、猫线虫病的治疗方案,并制订综合性防治措施。
4. 简述犬旋毛虫的发育特性及犬旋毛虫病的综合防治措施。
5. 简述犬恶丝虫病的生活史、致病作用、诊断及治疗。
6. 简述犬棘头虫的形态构造特点、发育过程及犬棘头虫病的诊断和防治。

项目六　犬、猫原虫病的防治

项目描述

本项目为宠物原虫病，内容包括犬、猫原虫病概述，球虫病、弓形虫病、犬巴贝斯虫病、利什曼原虫病、阿米巴病、贾第鞭毛虫病和伊氏锥虫病的防治。通过本项目的训练，学生能够了解原虫的基本形态结构及分类，掌握常见宠物原虫病的生活史、诊断及防治方法，以便能在宠物临床诊断中进行快速、正确的诊断。

学习目标

▲知识目标

掌握球虫病、弓形虫病、巴贝斯虫病、利什曼原虫病、阿米巴病、贾第鞭毛虫病和伊氏锥虫病等常见宠物原虫病的形态结构、生活史、流行病学、临床症状及病理变化、诊断及防治。

▲能力目标

通过宠物原虫病的学习，在临床诊断中能快速、正确诊断出原虫病，并能有效地进行治疗。

▲思政目标

在讲授犬、猫原虫病的过程中，许多原虫的生活史需要媒介昆虫的参与，通过生活史的学习，学生明白保护环境的重要性，明确人与大自然和谐相处的道理。

任务1　犬、猫原虫病概述

情境导入

在各类寄生虫中，原虫的结构是最简单和最原始的，但作为一个细胞来说，又是非常复杂的，能完成摄食、代谢、呼吸、排泄、运动及生殖等全部生命活动。虽然原虫的体积很小，必须在显微镜下才能观察到，但原虫感染后对犬、猫造成的影响却是巨大的，不仅造成犬、猫的贫血、营养不良等，还会对宠物的繁殖产生影响，甚至危及生命。要想掌握宠物原虫病的防治方法，首先我们应该认识一下原虫的形态结构、生殖方式及分类。

扫码看课件

6-1

Note

必备知识

微课 6-1

一、原虫的形态结构

（一）细胞结构

原虫体积微小，长 2～3 μm 至 100～200 μm 不等，多数在 1～30 μm，必须用显微镜才能观察到。原虫的形态因种的不同而不同，同一原虫在生活史的不同阶段，形态也可能大不相同。原虫的基本结构由细胞膜、细胞质和细胞核三部分组成。

1. 细胞膜 包被于原虫体表，参与原虫的摄食、营养吸收、排泄、感觉、运动、逃避宿主免疫等多种生理活动。

2. 细胞质 由基质和细胞器组成。基质的主要成分是蛋白质，分为外质和内质。外质呈透明凝胶状，不仅能维持虫体的形状，还与原虫的运动、摄食、营养、排泄等功能有关。内质呈溶胶状，内含线粒体、内质网、高尔基体、溶酶体、动基体等细胞器，参与原虫的新陈代谢。

3. 细胞核 细胞核由核膜、核质、核仁和染色质组成。大多数原虫有一个核，有的原虫有两个或多个核。

（二）运动器官

原虫的运动器官有鞭毛、纤毛、伪足和波动嵴。

1. 鞭毛 鞭毛较细，呈鞭子状。鞭毛可做前后、螺旋、快慢等多种形式的运动。

2. 纤毛 纤毛比较短，密布于虫体的表面。纤毛运动时平行于细胞表面推动液体。

3. 伪足 伪足是肉足鞭毛门虫体的临时性运动器官，具有引起虫体运动捕获食物的作用。

4. 波动嵴 波动嵴是孢子虫的定位器官。

（三）特殊细胞器

一些原虫还有特殊的细胞器，包括动基体和顶复合器。

1. 动基体 动基体目原虫所特有的结构，呈点状或杆状。动基体是一个重要的生命活动器官和重要的分类依据。

2. 顶复合器 顶复门原虫在生活史的某些阶段所具有的特殊结构，只有在电镜下方可观察到。顶复合器具有参与虫体识别、黏附、入侵宿主细胞以及促进纳虫空泡的形成的作用。此外，顶复合器也是原虫分类的重要依据之一。

二、原虫的生殖方式

原虫的生殖方式包括无性生殖和有性生殖两种。

（一）无性生殖

1. 二分裂 细胞核先一分为二，形成两个核，然后细胞质分裂，最后形成两个新虫体。按分裂的方向不同，可分为纵二分裂（如伊氏锥虫）和横二分裂（如纤毛虫）。

2. 裂殖生殖 细胞核先连续多次分裂，形成若干小核，然后每个小核周围的细胞质紧缩而形成数个新个体。分裂中的母细胞称为裂殖体，分裂后的子代称为裂殖子。

3. 出芽生殖 细胞核经过不均等分裂产生一个或多个芽体，芽体再分化发育成新个体，即为出芽生殖。出芽生殖包括外出芽生殖和内出芽生殖两种，但寄生原虫仅有内出芽生殖。

4. 孢子生殖 在有性生殖的配子生殖阶段形成合子后，合子进行复分裂，即孢子生殖。孢子生殖后，一个孢子体可形成多个子孢子。

（二）有性生殖

1. 接合生殖 仅见于纤毛虫。两个同种虫体结合后，互相交换核质，然后分离，各自成为具有新核的个体。

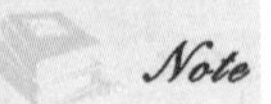

2. 配子生殖 原虫在分裂过程中出现性的分化，一部分形成雌配子体（大配子体），一部分裂殖子形成雄配子体（小配子体），雌、雄性配子体发育成熟后形成雌、雄性配子，雄性配子钻入雌性配子体内结合形成合子，称为配子生殖。

三、原虫的分类

原虫分类十分复杂，原生动物的分类系统还在不断地发展和完善。根据国际原生动物学家协会分类与进化委员会公布的五界分类系统，原虫被看作原生生物界的一个亚界。以下仅列出与宠物医学有关的原虫分类。

（一）肉足鞭毛门（Sarcomastigophora）**动鞭毛虫纲**（Zoomastigophorea）

1. 动基体目（Kinetoplastida） 椎虫科（Trypanosomatidae）典型虫体呈叶状，也有可能呈圆形。有利什曼虫属（*Leishmania*）和锥虫属（*Trypanosoma*）。

2. 双滴虫目（Diplomonadida） 六鞭科（Hexamitidae），有贾第虫属（*Giardia*）。

3. 毛滴虫目（Trichomonadida）

（1）毛滴虫科（Trichomonadidae），有三毛滴虫属（*Tritrichomonas*）。

（2）单毛滴虫科（Monocercomonadidae），有组织滴虫属（*Histomonas*）。

（二）顶复门（Apicomplexa）**孢子虫纲**（Sporozoa）**真球虫目**（Eucoccidiida）

（1）艾美耳科（Eimeriidae），有艾美耳属（*Eimeria*）、等孢属（*Isospora*）、温扬属（*Wenyonella*）、泰泽属（*Tyzzeria*）。

（2）隐孢子虫科（Cryptosporidiidae），有隐孢子虫属（*Cryptosporidium*）。

（3）肉孢子虫科（Sarcocystidae），有弓形虫属（*Toxoplasma*）。

（4）疟原虫科（Plasmodiidae），只有疟原虫属（*Plasmodium*）。

（5）血变原虫科（Haemoproteidae），主要为鸟类寄生虫。

（6）住白细胞虫科（Leucocytozoidae），主要为鸟类寄生虫。

（三）纤毛虫门（Ciliophora）

毛口目（Trichostomatida），有小袋科（Balantidiidae）。

任务 2 球 虫 病

情境导入

2019 年 7 月，重庆市某宠物医院接诊了 6 只 2.5 月龄的柯基幼犬。主人自述一窝 6 只柯基幼犬，相继出现精神沉郁、食欲减退、腹泻、粪便稀薄、偶见呕吐等症状。3 天后其中 1 只柯基幼犬食欲废绝，腹泻，粪便混有血液、黏液，腥臭，遂送来就诊。6 只柯基幼犬均用“卫佳捌”疫苗进行了 2 次免疫接种，但未做驱虫。临床诊断见柯基幼犬精神沉郁，卧地不起，食欲、饮欲废绝，腹泻，排带黏液和血液的粪便，粪便腥臭，体温 38.2 ℃。取粪便镜检，发现大量椭圆形卵囊。该病最可能是什么病？如何进行防治？

扫码看课件

6-2

必备知识

犬、猫等孢球虫病是由艾美耳科、等孢属（*Isospora*）的球虫寄生于犬、猫的肠黏膜上皮细胞所致的一种原虫病。该病呈世界性分布，主要的表现是出血性肠炎，严重感染时可导致死亡。

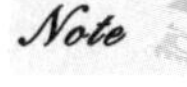

微课 6-2

一、病原形态构造

1. 犬等孢球虫(*Isospora canis*) 卵囊呈椭圆形或卵圆形,大小为(32～42)μm×(24～34)μm。孢子化后的卵囊含2个孢子囊,每个孢子囊含有4个子孢子(图6-1)。卵囊壁光滑,呈无色或者淡绿色。寄生于犬的小肠,具有轻度至中度致病力。

2. 俄亥俄等孢球虫(*Isospora ohioensis*) 卵囊呈椭圆形或卵圆形,大小为(20～27)μm×(15～23)μm(图6-1)。卵囊壁光滑,呈无色或者淡黄色。寄生于犬的小肠、结肠和盲肠,通常无致病力。

3. 猫等孢球虫(*Isospora felis*) 卵囊呈卵圆形,大小为(36～51)μm×(26～39)μm(图6-1)。卵囊壁光滑,呈淡黄色或者淡褐色。寄生于猫的小肠,具有轻微的致病力。

4. 芮氏等孢球虫(*Isospora rivolta*) 卵囊呈椭圆形或卵圆形,大小为(21～30.5)μm×(18～28)μm(图6-1)。卵囊壁光滑,呈无色或者淡褐色。寄生于猫的小肠、盲肠和结肠,具有轻微致病力。

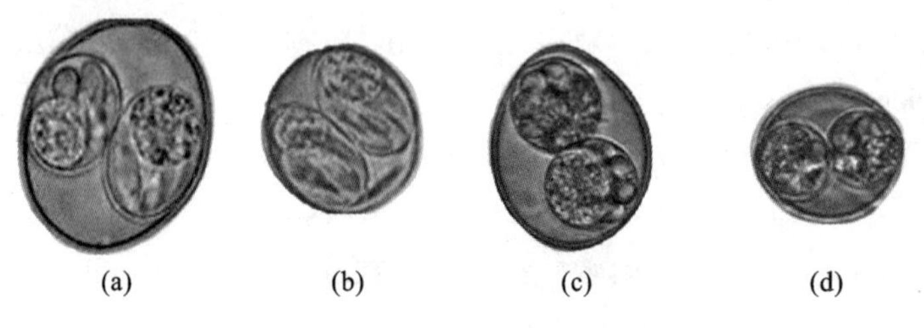

图6-1　犬、猫球虫形态

(a)犬等孢球虫卵囊;(b)俄亥俄等孢球虫卵囊;(c)猫等孢球虫卵囊;(d)芮氏等孢球虫卵囊

二、生活史

犬、猫球虫的生活史包括裂殖生殖、配子生殖和孢子生殖三个阶段,其中裂殖生殖和孢子生殖为无性生殖,配子生殖为有性生殖。只有孢子生殖在体外完成,裂殖生殖和配子生殖两个阶段在宿主体内完成。

卵囊成熟后,导致宿主肠上皮细胞破裂,卵囊进入肠腔并随粪便排出体外,此时的卵囊内部没有分化,不具有感染性。在外界适宜的温度、湿度条件下,卵囊进行孢子生殖发育为感染性卵囊(内含2个孢子囊,每个孢子囊含有4个子孢子)。当犬、猫吞食了感染性卵囊后,子孢子从孢子囊和卵囊中释放出来,进入犬、猫的肠上皮细胞,进行裂殖生殖,发育为第一代裂殖体。第一代裂殖体成熟后释放第一代裂殖子,使细胞破裂,又侵入新的上皮细胞内成为第二代裂殖体,成熟后释放第二代裂殖子。通常进行三代裂殖生殖后,开始配子生殖。裂殖子进入新的肠上皮细胞,发育成雌、雄配子体(大配子体或小配子体)。大、小配子体发育成大、小配子,大、小配子结合后形成合子,在合子周围通过透明颗粒的结合形成一层囊壁,最后形成卵囊,再次随粪便排出体外。犬、猫从感染孢子化卵囊到排出卵囊的时间为9～11天。

三、流行病学

犬、猫球虫病主要危害幼犬和幼猫。患犬和带虫的成年犬是主要的传染源。该病通过消化道感染。一般在温暖潮湿的季节发病率较高,卫生条件差的饲养环境容易导致球虫病的发生。

四、主要症状及病理变化

犬、猫轻度感染时一般不表现症状。严重感染时,初期表现为轻度发热、精神沉郁、食欲不振、消化不良、消瘦、贫血,后期出现腹泻、便血等症状。感染3周后,有的患犬的症状可自行消失,多数可以自己康复,成为带虫宿主。

主要的病理变化是整个小肠出现卡他性肠炎或出血性肠炎,回肠下段的病变最为严重,肠黏膜肥厚,黏膜上皮脱落。

五、诊断

Note

根据临床症状和流行病学可以初步判断。实验室检查主要采用饱和盐水漂浮法,在粪便中发现大量卵囊即可确诊。

六、治疗

可使用的药物如下。

(1)磺胺-6-甲氧嘧啶:50 mg/kg 体重,1 次/天,连用 7 天。

(2)磺胺二甲嘧啶:55 mg/kg 体重,口服,3 次/天,连用 3～4 天。

(3)氨丙啉:犬按 110～220 mg/kg 体重混入食物中,连用 7～12 天。氯丙啉长期使用会出现呕吐、厌食、腹泻等副作用,一旦出现此类症状,应立即停止使用。

对于腹泻、便血、脱水和贫血严重的患犬要对症治疗,补糖、补液、补碱、止血等。

七、防治

(1)搞好环境卫生,并做好犬、猫舍及饮食、饮水器具的卫生、消毒工作。

(2)要加强饲养管理,发现患犬或患猫,要及时隔离治疗,以免传染给同窝幼仔。

(3)药物预防。对于有球虫病史的母犬可以在产后用抗球虫药物进行预防。

任务3 弓形虫病

情境导入

一只 2 岁雌性的比熊犬,主人反映其 4 天前开始出现食欲减退,精神差,就诊当日生殖器流出血性分泌物。临床检查发现该患犬鼻干燥,眼睛有分泌物,体温 40.1 ℃,呼吸频率 30 次/分。粪便学检查阴性、B 超检查未见孕囊。询问饲养情况时,主人说半个月前曾收养过一只流浪猫在家。根据临床诊断结果该病最可能是什么病?要确诊还需要进行何种诊断?如何进行防治?

扫码看课件 6-3

必备知识

微课 6-3

弓形虫病是由肉孢子虫科(Sarcocystidae)、弓形虫属(*Toxoplasma*)的刚地弓形虫(*Toxoplasma gondii*)引起的一种人畜共患寄生虫病,可以感染犬、猫等大部分哺乳动物(包括人类)和鸟类。

一、病原形态构造

刚地弓形虫在不同发育阶段,表现出不同的形态,主要有包囊、速殖子、裂殖体、配子体和卵囊 5 种形态。在中间宿主的组织细胞中有速殖子和包囊 2 种形态,在终末宿主猫体内除了具有以上 2 种形态,还有裂殖体、配子体和卵囊 3 种形态。包囊、速殖子和卵囊与弓形虫病的传播和致病有重要的关系。

(一)速殖子

速殖子又称滋养体,呈新月形、香蕉形或弓形,一端较尖,另一端钝圆,大小为(4～7)μm×(2～4)μm。速殖子主要出现在急性感染时,在细胞内迅速以二分裂法增殖,形成假包囊。

(二)包囊

包囊呈圆形或椭圆形,直径 8～100 μm。包囊具有一层富有弹性的坚韧囊壁,囊内含有缓殖子,数目可由数十个增殖至数千个。包囊主要存在于慢性感染时脑、眼、骨骼肌等组织中。

(三)裂殖体

裂殖体成熟后呈圆形,直径 12～15 μm,内含 4～24 个裂殖子。裂殖子呈前端尖、后端钝圆的形态,与速殖子相似,但较速殖子小。出现在猫和猫科动物的肠上皮细胞中。

(四)配子体

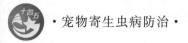

数代裂殖生殖后，部分裂殖子变为大、小配子体。小配子体为雄性，呈圆形，直径约 10 μm。小配子体成熟后形成 10～32 个小配子，小配子呈新月形，长约 3 μm。大配子体为雌性，呈卵形或类球形，直径 15～20 μm。大配子体成熟后只形成 1 个大配子。大、小配子结合形成合子，合子形成卵囊。配子体存在于终末宿主猫的肠上皮细胞内。

(五)卵囊

卵囊有两层囊壁，呈圆形或椭圆形，直径 10～12 μm。孢子化后含有 2 个孢子囊，每个孢子囊有 4 个子孢子，相互交错，呈新月形。卵囊存在于猫粪中。

二、生活史

弓形虫在发育过程需要 2 个宿主，终末宿主是猫和一些野生猫科动物，中间宿主种类很多，已报道的有 200 多种，包括人、其他哺乳动物和鸟类。

(一)在中间宿主中的生活史

猫粪便中的卵囊或动物肉类中的包囊或假包囊被中间宿主如人、猪、牛和羊等吞食后，在中间宿主的肠内逸出的子孢子、缓殖子或速殖子，进入肠壁，经淋巴或血液侵入全身各组织(如脑、心、肝、肺、肌肉等)，在细胞内以内出芽方式进行无性生殖。被寄生的细胞破裂后，速殖子又进入血流或淋巴侵犯其他组织细胞。如果感染的虫株毒力很强，而且宿主未能有足够的抵抗力，则发生急性弓形虫病；如果虫株毒力比较弱或宿主可产生一定的免疫力，则会发育为包囊，存在于肌肉、淋巴结、脑与骨骼肌等组织器官中，使宿主成为隐性感染者。当机体免疫功能低下时，组织内的包囊可破裂，释出缓殖子，重新开始发育繁殖。

(二)在终末宿主(猫)中的生活史

猫或猫科动物食入带有弓形虫卵囊、包囊(内含缓殖子)或假包囊(内含速殖子)的动物内脏、肉类、饲料和饮水而发生感染。卵囊内的子孢子、包囊内的缓殖子和假包囊内的速殖子在肠腔逸出，进入猫小肠上皮细胞进行裂殖生殖，2～3 代裂殖生殖后，部分裂殖子发育为大、小配子体，继续发育为大、小配子，大、小配子结合形成合子，再发育为卵囊，进入肠腔后，随粪便排出体外。在外界适宜的温度、湿度条件下经 2～4 天发育为具有感染性的孢子化卵囊。

被猫吞食的子孢子、缓殖子或速殖子进入淋巴、血液循环，侵入有核细胞，则以内出芽生殖进行无性生殖，最后形成包囊。

三、流行病学

猫或猫科动物是弓形虫的唯一终末宿主，鸟类、鱼类、爬行类和人、其他哺乳动物等 200 多种动物可作为弓形虫的中间宿主。弓形虫可以通过消化道、受损的皮肤、黏膜感染，也可通过胎盘感染胎儿。猫除了可以通过消化道感染外，也可以通过受感染的母猫垂直感染。

虫体的抵抗力因不同形态结构而不同。卵囊的抵抗力强，在常温下，可以保持感染力达 1～1.5 年，并且对常用的消毒药不敏感。动物组织中包囊在冰冻或干燥的条件下很快死亡，但在 4 ℃时可保存活力 68 天。裂殖子抵抗力较差。

四、主要症状及病理变化

(一)主要症状

犬、猫患弓形虫病，以隐性感染为主。

犬的症状类似犬瘟热、犬传染性肝炎，主要表现为发热、厌食、精神萎靡，眼和鼻有分泌物，咳嗽，呼吸困难，黏膜苍白，腹泻，共济失调等，有的可引起虹膜炎及视网膜炎甚至失明，也有因麻痹、痉挛而出现意识障碍。母犬早产或流产。

Note

猫的症状主要表现为发热(体温 40 ℃以上)、厌食、嗜睡、咳嗽、呼吸困难、呕吐、腹泻、贫血、虹膜发炎、黄疸等症状。有的患猫出现中枢神经系统症状，表现为共济失调、惊厥、瞳孔不均、视觉丧失、抽搐及延髓麻痹等。母猫流产或死产。

（二）病理变化

犬主要的病理变化是胃和肠道有大量的溃疡，大小不等。肠系膜淋巴结肿大，切面常有坏死区。肺有灰白色大小不等的结节。脾大。心肌有小的坏死灶。

猫主要的病理变化是肺水肿，肺脏有大小不等的结节。肝有小的坏死灶。淋巴结增生、出血或坏死。心肌有出血和坏死灶。胸腔和腹腔积有大量淡黄色的液体。

五、诊断

疑似病例可采集组织或体液做涂片、压片或切片染色镜检，观察有无弓形虫的滋养体。也可应用血清学检查如补体结合试验、间接血凝试验、酶联免疫吸附试验等，检测特异性抗体。目前宠物临床上已广泛使用快速诊断试剂盒。近年来将 PCR 技术应用于检测弓形虫感染，更具有灵敏性高、特异性高、早期诊断的意义。

六、治疗

治疗弓形虫病的药物主要是磺胺类，常用磺胺嘧啶和乙胺嘧啶。

磺胺嘧啶的剂量为 10 mg/kg 体重，乙胺嘧啶的剂量为 0.5～1 mg/kg 体重，两种药物混合后口服，4～6 次/天，连用 14 天。

磺胺二甲嘧啶（弓乐净），口服，每 100 kg 体重，首次剂量为 28～40 片，维持剂量为 14～20 片，1～2 次/天，连用 3～5 天。

七、防治

（1）加强犬、猫的饲养管理。在平时的饲养过程中不饲喂生肉，并防止犬捕食啮齿类动物，防止猫粪便污染饲料和饮水。

（2）搞好环境卫生。平时应保持环境的清洁，及时清理猫粪便，并对地面、圈舍、饮水、饮食器具进行定期消毒。

（3）对血清学检查阳性的怀孕母犬要用磺胺类药物治疗，以防感染后代。

任务 4　犬巴贝斯虫病

情境导入

2 岁的泰迪犬，近期表现为食欲不振，发热、呕吐，尿液颜色发黄，送到宠物医院进行治疗。临床诊断发现患犬发热、四肢无力、身体摇摆、黄疸明显。血常规检查发现红细胞偏低。经询问，该犬在发病前曾随主人在山上找蘑菇。根据临床诊断结果该病最可能是什么病？如何有效防治该病？

扫码看课件 6-4

必备知识

微课 6-4

犬巴贝斯虫病为巴贝斯科、巴贝斯属的多种巴贝斯虫寄生于犬的红细胞而引起的一种血液原虫病。临床上主要表现为再生障碍性、溶血性贫血和血红蛋白尿症。

一、病原形态构造

寄生于犬的巴贝斯虫主要是犬巴贝斯虫（*Babesia canis*）和吉氏巴贝斯虫（*Babesia gibsoni*）。

（一）犬巴贝斯虫

虫体比较大，长 4～5 μm。典型虫体呈双梨籽形，一端尖，一端钝，两虫尖端以锐角相连（图6-2）。

1 个红细胞内可以感染 1 个或多个虫体，多的可以达到 16 个。

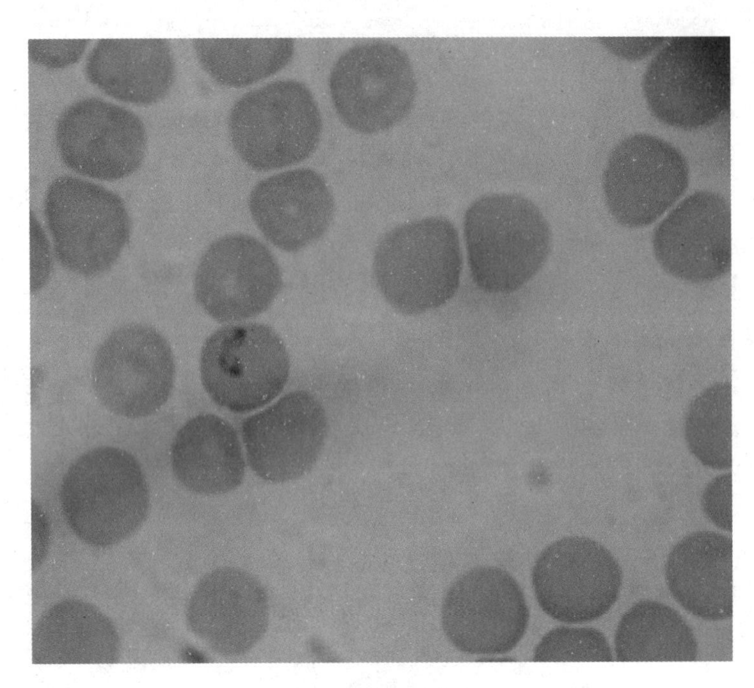

图 6-2　犬巴贝斯虫

（二）吉氏巴贝斯虫

虫体比较小，通常呈环形、椭圆形，少数情况下呈梨籽形。一般 1 个红细胞内最多可寄生 1～13 个虫体。

二、生活史

巴贝斯虫发育过程中需要蜱作为终末宿主，犬作为中间宿主。因为巴贝斯虫的种类不同，所需要的传播媒介蜱的种类也不同，吉氏巴贝斯虫的终末宿主为长角血蜱、镰形扇头蜱和血红扇头蜱，而犬巴贝虫的终末宿主主要为血红扇头蜱。

蜱在吸取犬的血液时，将巴贝斯虫的子孢子注入犬体内，子孢子进入红细胞内，以出芽生殖方式进行繁殖，产生裂殖体和裂殖子，红细胞破裂后，虫体再次进入新的红细胞。反复分裂几代后，形成大、小配子体。

蜱再次叮咬吸血时，配子体进入蜱的肠管进行配子生殖，形成大、小配子，而后结合形成合子。这些合子可以运动，进入各器官后形成更多的动合子。动合子侵入蜱的卵细胞，在子代蜱发育成熟和采食时，进入子代蜱的唾液腺，进行孢子生殖，形成子孢子。在子代蜱叮咬吸血时，又开始下一个生活史循环过程。

三、流行病学

各种品种的犬都易感，一般中华田园犬的抵抗力较强，纯种犬和国外引种犬的抵抗力较弱。本病主要通过蜱的叮咬传播，吉氏巴贝斯虫还可由胎盘垂直感染幼犬。巴贝斯虫病的发生需要蜱作为传播媒介，所以本病的分布和发病季节，往往与蜱的分布和活动季节有密切关系，南方地区一般于每年 3 月开始发生。

四、主要症状及病理变化

（一）主要症状

犬巴贝斯虫的潜伏期约 2 周。病初患犬食欲减退、精神沉郁、虚弱无力、喜卧；发热，体温在39～41 ℃，呈间歇热；结膜苍白，黄疸；尿液呈黄色至暗褐色，有血红蛋白尿；溶血性贫血，血小板减少，血

液稀薄。

(二)病理变化

巴贝斯虫寄生在红细胞，主要的病理损伤是造成溶血性贫血，导致再生性贫血、血红蛋白尿和胆红素尿。

五、诊断

根据临床症状、流行病学调查以及体表检查发现蜱可做出初步诊断。

确诊可采患犬静脉血制成血涂片，再经吉姆萨或瑞氏染色镜检，在红细胞中发现虫体，即可确诊。还可以用间接荧光抗体试验和酶联免疫吸附试验进行诊断，该方法灵敏性较高。目前，宠物临床上已经广泛应用基因检测法诊断该病，该法敏感性和特异性较高。

六、治疗

(1)贝尼尔：肌内注射，3～5 mg/kg 体重。

(2)三氮脒：按 11 mg/kg 体重，配成 1%溶液，皮下或肌内注射，间隔 5 天再用药 1 次。

(3)咪唑苯脲：按 5 mg/kg 体重，配成 10%溶液，皮下或肌内注射，间隔 24 h 重复 1 次。

在使用抗原虫药的同时，还要配合抗生素进行治疗，如有其他症状还应该对症治疗。

七、防治

(1)首先要消灭环境中的蜱，根据蜱的活动规律，进行有计划的灭蜱工作，消灭犬体、犬舍以及运动场上的蜱。

(2)加强饲养管理，尽量不要带犬进入灌丛等地，减少接触到蜱的机会。

(3)患犬应坚持早发现，早诊断，早治疗。发现病例后，要及时送医院治疗。

任务 5　利什曼原虫病

情境导入

利什曼原虫病是一种人畜共患的，以慢性经过为主的寄生虫病。利什曼原虫病可以感染人、犬、猫、牛、马、绵羊、鼠、海豚等动物，对人和动物的健康造成较大的威胁，要想掌握如何防治该病，下面我们就来具体认识一下利什曼原虫吧。

扫码看课件 6-5

必备知识

利什曼原虫病是由锥体科(Trypanosomatidae)、利什曼虫属(*Leishmania*)的多种利什曼原虫引起的一种人畜共患原虫病。利什曼原虫寄生在犬和人的脾、肝和淋巴结的网状内皮细胞，又称为“黑热病”。

微课 6-5

一、病原形态构造

致病的利什曼原虫主要有三种，分别是热带利什曼原虫(*Leishmania tropica* Wright)、杜氏利什曼原虫(*Leishmania donovani* Laveran & Mesnil)(图 6-3)和巴西利什曼原虫(*Leishmania braziliensis*)。三种利什曼原虫的形态十分相似，包括无鞭毛体和前鞭毛体两种形态。无鞭毛体阶段呈卵形或球形，大小约 4 μm×2 μm。抹片经吉姆萨染色后镜检，虫体呈淡蓝色，核呈深红色，动基体为紫色或红色。前鞭毛体因发育程度不同形态多样，常呈卵圆形、短柱形或菱形等形态，成熟虫体呈细长的纺锤形，前部较宽，后部窄，前端有一根长度与体长相当的游离鞭毛。

二、生活史

利什曼原虫需要白蛉作为传播媒介。白蛉吸食患犬或患者的血液时，血液或皮肤中的无鞭毛体

Note

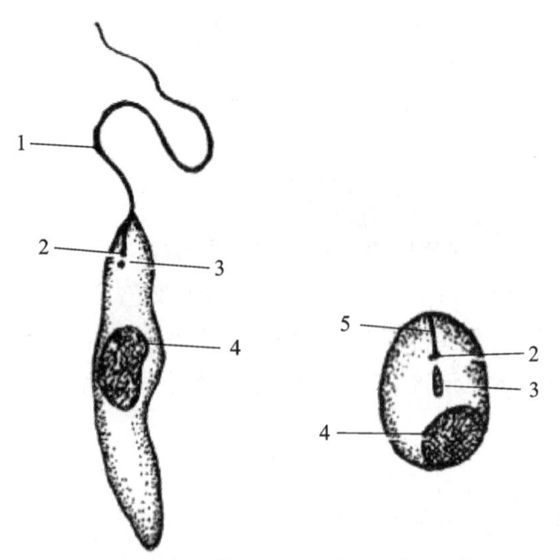

1. 鞭毛；2. 鞭毛基体；3. 动基体；4. 核；5. 鞭毛根

图 6-3　杜氏利什曼原虫

被摄入白蛉胃中，随后虫体在白蛉的肠中繁殖，形成前鞭毛型虫体，虫体继续发育并逐渐向咽喉部运动，在白蛉口腔集中，7～8 天发育为具有感染力的前鞭毛体。当白蛉再次吸食健康犬或其他动物血液时，成熟的前鞭毛体随白蛉的唾液进入体内，再次感染宿主。

三、流行病学

犬是利什曼原虫的天然宿主，同时犬也是杜氏利什曼原虫的保虫宿主。此外，人、狼、狐狸及某些啮齿类也感染本病。该病的传播需要吸血昆虫白蛉。

四、主要症状及病理变化

犬感染利什曼原虫后，潜伏期较长，有的患犬感染数周、数月乃至 1 年后才出现临床症状。利什曼原虫感染后主要有两种临床表现，一种是皮肤型，另一种是内脏型。皮肤型利什曼原虫病的主要症状是唇和眼睑部有浅层溃疡，一般能够自愈。内脏型利什曼原虫病在临床上更为常见，表现为眼圈周围脱毛，然后身体大量脱毛，皮肤出现湿疹、结节甚至溃疡。体温升高、精神萎靡、食欲不良、消瘦、贫血，最后患犬因衰竭而死亡。

病理变化主要是脾和淋巴结肿胀，许多器官出现肉芽肿。

五、诊断

根据临床症状和流行病学可做出初步诊断，要确诊需进行实验室检查。可在患犬的皮肤溃疡边缘刮取病料涂片，或抽取骨髓涂片，经吉姆萨染色或瑞氏染色检查，检出无鞭毛型的利什曼原虫即可确诊。也可以采血进行血清学检查，如酶联免疫吸附试验、间接血凝试验等。

六、治疗

(1)葡萄糖酸锑钠：按 150 mg/kg 体重给药，总量不超过 5 g，使用时把总量分成 6 份，配成 10% 注射液，1 次/天，肌内注射或静脉注射，6 次为 1 个疗程。用药后患犬常出现发热、呕吐、咳嗽、腹泻等反应，一般不需要处理，可自行消失。

(2)戊烷脒：按 4 mg/kg 体重，配成 10%水溶液，肌内注射，1 次/天，连用 15 天。

七、防治

本病是人畜共患原虫病，在我国已经基本消灭，因此一旦发现患犬，应该立即扑杀。

任务6 阿米巴病

情境导入

扫码看课件
6-6

一只1岁4月龄的金毛犬，因腹泻1周不见好转送到医院就诊。询问主人了解到，该犬免疫正常，驱虫正常，但不定期腹泻，已经持续半年。主人有一片鱼塘，该犬经常随主人去鱼塘边活动，并饮用鱼塘里的水。临床检查发现该犬精神不振，四肢无力，鼻腔干燥，体温39.14 ℃，呕吐，腹泻，粪便糊状、带血。通过流行病学调查及临床表现，该犬最可能是什么病呢？如何有效防治该病呢？

必备知识

微课 6-6

阿米巴病是由内阿米巴科（Entamoebidae）、内阿米巴属（*Entamoeba*）中的溶组织内阿米巴（*Entamoeba histolytica*）引起的一种人畜共患原虫病。溶组织内阿米巴寄生于人的肠黏膜，引起人阿米巴痢疾，也可能感染犬、猫、猴、猪等动物，表现为顽固性腹泻。

一、病原形态构造

溶组织内阿米巴有两种形态，即滋养体和包囊（图6-4）。滋养体又分为大滋养体和小滋养体，大滋养体为致病型，小滋养体为共生型。小滋养体的大小为12～15 μm，形态不规则，又称变形虫。小滋养体的细胞核呈圆形，核仁小，位于核心的正中央。大滋养体20～30 μm，内质透明，运动时，外质形成伪足。大滋养体的细胞核形态结构与小滋养体相同。

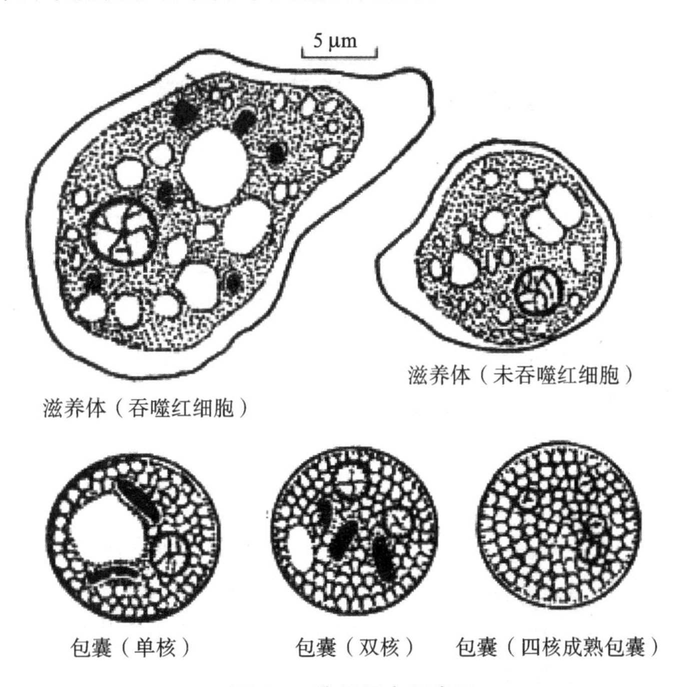

图6-4 溶组织内阿米巴

包囊呈球形，直径5～20 μm，外包一层透明的囊壁，内含1～4个核，每个核的中央都有一颗核仁。

二、生活史

犬食入包囊而感染。包囊进入宿主的消化道，在小肠内脱囊，以二分裂法进行繁殖，形成滋养体。滋养体依靠伪足进行运动，侵入肠壁，破坏组织，致使肠壁局部坏死，形成溃疡。滋养体在一定

条件下形成包囊，随宿主粪便排出体外。

三、流行病学

患病动物粪便中排出的包囊是重要的感染来源。人、犬、猫、猴、猪和鼠类容易感染该病。包囊随粪便排至外界，动物因食入被包囊污染的饲料或饮水而感染。此外，苍蝇和蟑螂可作为包囊的机械携带者。

四、主要症状及病理变化

动物感染溶组织内阿米巴后，多数情况下无明显症状或症状比较轻微。严重感染时，患犬精神萎靡，体重下降，水样腹泻，便血，少数可导致死亡。

病理变化主要是在盲肠和结肠上段出现糜烂、溃疡。

五、诊断

进行粪便检查，在粪便中发现包囊或滋养体即可确诊。因滋养体对寒冷环境较敏感，一般仅在30 min左右保持活动和便于诊断，因此只能采集新鲜粪便涂片镜检。

六、治疗

(1)甲硝唑(灭滴灵)：适于肠道和组织的各型阿米巴病。按30 mg/kg体重，口服，1次/天，连用5～10天。

(2)四环素：对肠腔及肠壁的滋养体都有效。按25～50 mg/kg体重，口服，1次/天，连用5～10天。

七、防治

(1)加强饲养管理，饮水应煮沸后饮用。

(2)搞好环境卫生，坚持防蝇灭蝇。

任务7　贾第鞭毛虫病

情境导入

一只3月龄的柴犬，腹泻3天，粪便混有血液，精神沉郁，卧地不起，主人送到宠物医院就诊。进行细小病毒、犬瘟热、冠状病毒检查结果为阴性。粪便检查时，在显微镜下发现了贾第鞭毛虫的滋养体。对于贾第鞭毛虫病，我们该如何治疗呢？

扫码看课件
6-7

微课 6-7

必备知识

贾第鞭毛虫病是由六鞭科、贾第虫属的贾第鞭毛虫(简称贾第虫)寄生在犬、猫的小肠而引起的一种原虫病。临床上以腹泻、脱水为主要特征。

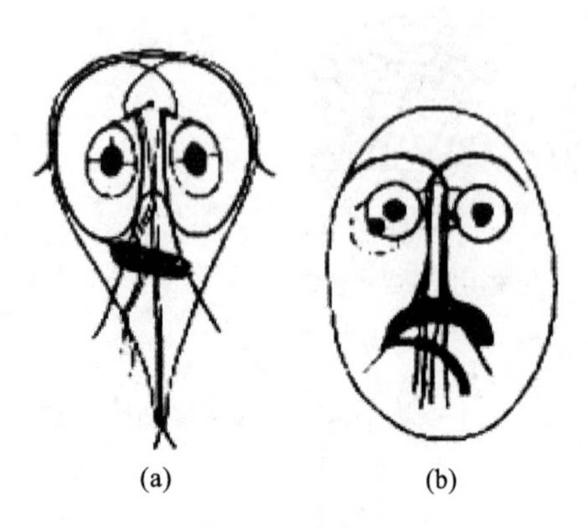

图6-5　贾第虫

(a)贾第虫滋养体；(b)贾第虫包囊

一、病原形态构造

1. 犬贾第虫(*Giardia canis*)　寄生于犬的十二指肠、空肠和回肠上段。有两种形态，即滋养体和包囊(图6-5)。滋养体呈切开的梨形，左右对称，前部呈圆形，后部变尖，大小为(9～20)μm×(5～10)μm。虫体腹面扁平，背面隆突，腹面有2个吸盘。有2个核,4对鞭毛。体中部还有2个细长的中体。包囊呈卵圆形,囊壁较厚,大小为(8～13) μm×(7～9)μm,包囊内有2～4个核,少数有更多的核。

2. 猫贾第虫(*Giardia cati*) 寄生于猫的小肠和大肠。与犬贾第虫形态非常相似。

二、生活史

贾第虫的包囊随宿主粪便排出体外,污染饲料或饮水,被犬和猫吞食后,在十二指肠内脱囊变成滋养体,侵入肠壁,以纵二分裂法繁殖,受免疫力等的不利影响,滋养体在肠腔变为包囊。包囊随粪便排出体外后又开始下一轮的发育过程。

三、流行病学

犬因食入被包囊污染的饲料和饮水而感染。

四、主要症状及病理变化

贾第虫的致病性和宿主的免疫状态和抵抗力有关。患犬一般为隐性感染,但几种疾病混合感染或在断奶等应激因素条件下,表现出临床症状。幼犬发病时,精神沉郁、消瘦、腹泻,粪便带有黏液或血液,后期出现脱水。成年犬主要表现为腹泻,排多泡沫的糊状粪便。病理剖检发现肠道出现炎症。

五、诊断

根据本病的临床症状可做出初步诊断。要确诊需进行实验室检查。常用直接涂片镜检法,取新鲜粪便用生理盐水稀释后涂片,盖上盖玻片,镜检,发现左右摆动的滋养体即可确诊。检查包囊可用33%硫酸锌溶液漂浮集虫镜检。

六、治疗

(1)甲硝唑(灭滴灵):按25～30 mg/kg体重,口服,3次/天,连用5天。

(2)替硝唑:10～15 mg/kg体重,口服,2次/天,连用5次。

如果发现有其他寄生虫混合感染时,要用广谱驱虫药驱虫。此外,还应对症治疗,补水、补能、纠正酸中毒等。

七、防治

平时要搞好环境卫生,及时清理粪便,并做好犬舍、地面等的消毒工作。要加强饲养管理,注重犬的饮食卫生。

任务8 伊氏锥虫病

情境导入

一只1岁的雌性昆明犬(估计已怀孕),半个月前发病,精神萎靡,食欲减退,阴道出血,眼分泌物增多,半个月症状不见好转被送到宠物医院就诊。临床检查发现,体温39.8 ℃,鼻腔干燥,眼结膜黄染,阴道黏膜黄染,尿液量少、颜色黄。B超检查未见孕囊,脾大。从临床诊断分析,该犬患有何病?应如何进行治疗呢?

扫码看课件 6-8

必备知识

微课 6-8

伊氏锥虫病是由锥虫科(Trypanosomatidae)、锥虫属(*Trypanosoma*)的伊氏锥虫(*Trypanosoma evansi*)寄生于犬、猫、马、牛、骆驼、兔等动物血液而引起的一种原虫病。

一、病原形态构造

伊氏锥虫呈弯曲的柳叶形(图6-6),前端尖,后端钝,大小为(18～34)μm×(1～2)μm。伊氏锥

虫的细胞核呈椭圆形，位于细胞中央。虫体后端有点状动基体和毛生体，毛生体生出 1 条鞭毛，沿虫体边缘的波动膜向前延伸，游离于虫体外。伊氏锥虫在吉姆萨染色的血涂片中，虫体的核和动基体呈深红紫色，鞭毛呈红色，波动膜呈粉红色，原生质呈蓝色。

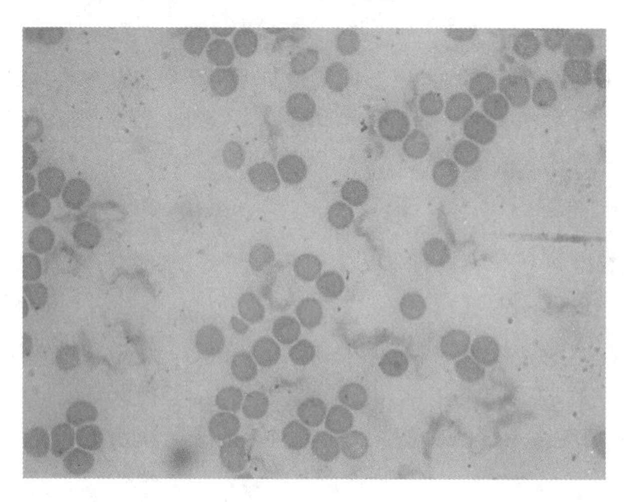

图 6-6　伊氏锥虫

二、生活史

伊氏锥虫需要虻和吸血蝇作为传播媒介，在媒介昆虫体内不进行发育(机械性传播)。伊氏锥虫寄生于动物的造血器官、血液和淋巴中，以纵二分裂法进行生殖。媒介昆虫在患病动物身上吸血后，锥虫进入媒介昆虫喙中，不进行任何发育，且生存时间较短暂。当媒介昆虫再次吸食健康动物血液时，将虫体传入健康动物体内。

三、流行病学

患病动物和带虫动物是主要的感染源。在所有的易感动物中，以马、骡等的易感性最高；犬也可能急性发作，如果治疗不及时会很快死亡；牛、水牛以慢性感染为主。伊氏锥虫主要是由吸血昆虫传播，除了通过吸血昆虫传播外，还可以通过胎盘、乳液和注射途径等传播。本病的发生与媒介昆虫活动季节紧密相关，由于吸血昆虫每年在不同季节出没，频繁吸血，造成伊氏锥虫病的广泛流行。

四、主要症状及病理变化

患犬精神沉郁，食欲减退，体温升高达 40～41 ℃，眼结膜苍白，黄疸，进行性消瘦。后期高度贫血，水肿，最后站立困难，倒地死亡。

剖检死亡的患犬，可见皮下黄色胶样浸润。血液稀薄，血液凝固不良。淋巴结肿大，脾大，肝淤血肿大，内脏器官浆膜小点出血。

五、诊断

可根据临床症状、流行病学调查做出初步诊断。要确诊需进行实验室检查。可行血涂片染色检查。患犬发热时采集末梢静脉血制作血涂片，自然干燥后用甲醇固定，经吉姆萨或瑞氏染色后镜检。也可以采用血清学诊断，如酶联免疫吸附试验、琼脂扩散试验等。还可以采用 PCR 核酸诊断法检查该病。

六、治疗

(1)血虫净：按 5 mg/kg 体重，肌内注射，隔日 1 次，连用 2～3 次。

(2)萘磺苯酰脲：按 1～2 mg/kg 体重，以灭菌蒸馏水或生理盐水配成 10%溶液，静脉注射，1 周后再注射 1 次。

七、防治

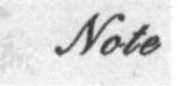

(1)搞好环境卫生，做好防虫杀虫工作。在吸血昆虫出现的季节，经常用杀虫药喷洒圈舍，消灭

环境中的吸血昆虫。

(2)药物预防。在该病流行的地区,使用药物进行预防。

 课后作业

线上评测

项目七　犬、猫蜱螨和昆虫病的防治

项目描述

本项目是根据宠物健康护理员、宠物医师等岗位需求进行编写。本项目内容包括宠物犬、猫常见的蜱螨和昆虫病，论述其生物学特性、生活史、主要感染症状、诊断及防治等内容。

学习目标

▲知识目标

掌握蜱虫、螨虫及其他犬、猫易感昆虫的形态特征、生活史及生物学特性；明确其感染后的主要症状及诊断。

▲能力目标

能够根据患病犬、猫的主要症状，诊断其感染源，并且能够提出合理的治疗手段并实施治疗。

▲思政目标

在教学过程中，培养学生严谨的工作作风和坚韧的职业精神，提高学生的生物安全意识，防治人畜共患病，提升学生作为兽医工作者的社会责任感，时刻把人民生命健康和社会经济持续发展放在心中。

任务1　犬、猫蜱螨和昆虫病

情境导入

扫码看课件

7-1

蜱螨和昆虫是指能够致病或传播疾病的一类节肢动物，是动物界中种类最多的一门，大多数营自由生活，只有少数危害动物而营寄生生活，或作为生物传播媒介传播疾病。主要包括蛛形纲、蜱螨目和昆虫纲的节肢动物。

必备知识

一、节肢动物形态结构

虫体左右对称，躯体和附肢（如足、触角等）既分节，又是对称结构。体表由几丁质和其他无机盐沉着而成，称为外骨骼，具有保护内部器官和防止水分蒸发的功能，与内壁所附着的肌肉共同完成动作，当虫体发育中体形变大时则必须蜕去旧表皮而产生新的表皮，这一过程称为蜕皮。

Note

（一）蛛形纲

虫体圆形或椭圆形，分头胸和腹两部，或头、胸、腹完全融合。假头突出在躯体前或位于前端腹面，由口器和假头基组成，口器由1对螯肢（第1对，是采食器官）、1对须肢（第2对，能协作采食和交配）、1个口下板组成。成虫有足4对。有的有单眼。在体表一定部位有几丁质硬化而形成的板或颗粒样结节。以气门或书肺呼吸。

（二）昆虫纲

主要特征是身体明显分头、胸、腹三部。头部有触角1对，胸部有足3对，腹部无附肢。

1. 头部 有眼、触角和口器。绝大多数有复眼1对，由许多六角形小眼组成，为主要的视觉器官，有的亦为单眼。触角在头部前面两侧。口器是采集器官，由于昆虫的采集方式不同，其口器的形态构造亦不相同，主要有咀嚼式、刺吸式、锉吸式、舐吸式及虹吸式5种。

2. 胸部 分前胸、中胸和后胸，各胸节的腹面均有分节的足1对，称前足、中足和后足。多数昆虫的中胸和后胸的背侧各有翅1对，称为前翅和后翅。双翅目昆虫仅有前翅，后翅退化为平衡棒。有些昆虫翅完全退化，如虱、蚤等。

3. 腹部 腹部由8～12节组成，但有些虫由于腹节互相愈合，只有5～6节，如蝇类。腹部最后几节变为外生殖器。

4. 内部体腔 混合体腔，因其充满血液，所以又称为血腔。多数利用鳃、气门或书肺来进行气体交换。具有触、味、嗅、听觉及平衡器官，具有消化和排泄系统。雌雄异体，有的为雌雄异形。

二、节肢动物的生活史

蛛形纲的节肢动物为卵生，不完全变态，从卵孵出的幼虫，经过若干次蜕皮变为若虫，再经过蜕皮变为成虫，其间在形态和生活习性上基本相似。若虫和成虫在形态上相同，只是体形小和性器官尚未成熟。

昆虫纲的昆虫多为卵生，极少数为卵胎生。发育具有卵、幼虫、蛹、成虫四个形态与生活习性都不同的阶段，这一类称为完全变态；另一类无蛹期，称为不完全变态。这两类发育过程中都有变态和蜕皮现象。

三、节肢动物的分类

节肢动物分类较为复杂，隶属于节肢动物门，主要是蛛形纲、蜱螨目中的硬蜱科、软蜱科、疥螨科、痒螨科、皮刺螨科、肉食螨科，以及昆虫纲双翅目，虱目中的血虱科、毛虱科、短角羽虱科、长角羽虱科，蚤目中的蚤科。

任务2 疥 螨 病

情境导入

犬、猫的疥螨病是由疥螨科的疥螨寄生于皮肤内所引起的疥螨病，是犬、猫的螨虫病中危害最大的一种。犬的疥螨病俗称“癞皮狗病”。本病广泛分布于世界各地，多发于冬季，常见于皮肤卫生条件较差的犬、猫。

扫码看课件
7-2

必备知识

一、病原形态构造

犬、猫疥螨似猪疥螨，呈宽的卵圆形，雌虫大小为380 μm×270 μm，体表覆以相互平行的细毛。

Note

雄虫大小为 220 μm×170 μm,其外形与雌虫相似。虫卵呈椭圆形,卵壳薄,平均大小为 150 μm×100 μm。虫体背腹扁平,背面有细横纹、锥突、圆锥形鳞片和刚毛。腹面有 4 对短粗的圆锥形足,每对足上均有角质化的支条。雄虫第 1、2、4 对足,雌虫第 1、2 对足跗节末端有一长柄的膜质的钟形吸盘,其余各足末端为一根长刚毛。雄虫生殖孔在第 4 对足之间,围在一根角质化的倒 V 形的构造中。雌虫腹面有两个生殖孔:一个为横裂,位于后两对肢前方中央,为产卵孔;另一个为纵裂,位于体末端,为阴道。肛门位于体后缘正中。幼虫有三对足,若虫和成虫相似。

虫卵呈椭圆形,两端钝圆,透明,灰白色,大小约 150 μm×100 μm,内含卵胚或幼虫(图 7-1)。

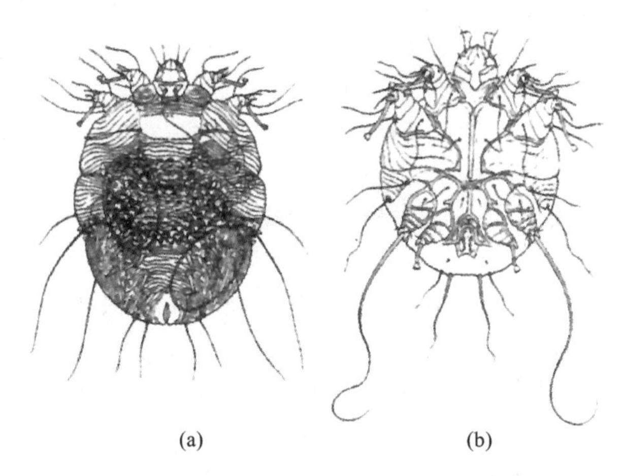

图 7-1　犬、猫疥螨

(a)雌虫;(b)雄虫

二、生活史

疥螨的发育属于不完全变态,其全部发育过程均在动物体上度过,包括卵、幼虫、若虫、成虫 4 个阶段,其中雄虫为 1 个若虫期,雌虫为 2 个若虫期。

犬、猫疥螨全部发育过程都在犬、猫体上完成。疥螨成虫在犬、猫皮肤内挖掘隧道(图 7-2),以皮肤组织和渗出淋巴液为营养。雌雄交配后,雄虫不久就死亡,雌虫在皮肤表皮层挖掘隧道,并在其中产卵,一只雌虫一生可产 40～50 个虫卵,每天产卵 1～2 个。疥螨从卵发育到成虫一般需 17～21 天,最短需要 14 天的时间,疥螨在发育期间,死亡率很高,往往只有 10%能够完成从虫卵发育为成虫的整个生活史过程。

图 7-2　疥螨在皮肤内挖掘隧道

三、流行病学

疥螨病是一种高度接触性传染病,通过患病动物或带虫动物与健康犬、猫直接接触而传播。也可通过患病动物在搔抓时将幼虫或若虫等散布到周围物体,如被褥、用具、栏舍的墙壁等处而传播。这些幼虫和若虫可在外界存活 2～3 周,健康动物通过与之接触而发生感染。疥螨病的传播速度很快,从初期感染到群体出现临床症状,犬、猫往往只需要 1～2 周。

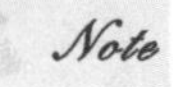

疥螨病多发于家养的舍饲小动物,尤其是在卫生条件差的情况下,以冬季和春初寒冷季节多发。

对大多数临床病例，皮肤内所感染疥螨的数量较少，而大量疥螨的出现常常发生于免疫抑制的犬、猫或长期使用糖皮质激素治疗的犬、猫。

四、主要症状及病理变化

疥螨多起始于口、鼻梁、颊部、耳根及腋间等处，后遍及全身，病初皮肤发红，出现丘疹，进而形成水疱，破溃后流出黏稠黄色油状渗出物，渗出物干燥后形成鱼鳞状黄痂，患部皮肤可出现增厚、变硬、龟裂等。患犬、猫奇痒，常搔抓啃咬或在地面及各种物体上摩擦患部，引起严重的脱毛。轻轻触摸耳部边缘往往会诱发明显的瘙痒反射。随着病情的发展，患犬、猫出现体重减轻和厌食等症状。

五、诊断

对怀疑为感染疥螨的犬、猫，可对其进行实验室诊断，具体方法如下。

1. 病料的刮取 疥螨一般寄生于动物的体表或皮内，主要采集皮屑作为病料检查虫体或虫卵。刮取皮屑的方法很重要，刮取部位应选择患病皮肤与健康皮肤交界处，这里的螨多，应该尽量去除坏死的痂皮，刮的时候应在刀片上滴加甘油与水等量混合液体，防止皮屑和虫体乱飞，脱落并污染周围环境。

2. 直接检查 在没有显微镜的条件下，可将刮下的干燥皮屑，放于培养皿或黑纸上，在日光下暴晒，或用热水或炉火等对皿底底面以 40～50 ℃加温 30～40 min，移去皮屑，肉眼观察，可见白色虫体在背景上移动，此法仅适用于体形较大肉眼可见的螨。

3. 显微镜检查 取少量刮取的痂皮置于载玻片上，滴加 50%甘油与水的混合溶液或煤油，用牙签调匀，剔去大的痂皮，涂开，覆以盖玻片，低倍镜检查活动的虫体。

4. 虫体浓集法 将病料加入 10 mL 试管，加 10%NaOH 溶液，在酒精灯上加热数分钟后，使皮屑溶解，虫体释放。然后待其自然沉淀(或以 2000 r/min 离心，5 min)，虫体即沉于管底，弃去上层液体，吸取沉渣镜检。或向沉淀中加入 60%硫代硫酸钠溶液，至虫体上浮，再取表面溶液检查。

5. 温水检查法 将病料浸入 40～50 ℃的温水中，置恒温箱内，1～2 h 后，将浸过病料倾入表面玻璃皿内解剖镜下观察。活的螨在温热的作用下，由皮屑内爬出，集成团，沉入水底。

6. 培养皿内加温法 将刮取的病料(即没有加油和氢氧化钾等)放在培养皿内，加盖。将培养皿平放于盛 400 L、40～45 ℃温水的杯子上，经 10～15 min，将皿翻转，则虫体与少量皮屑黏附于皿底，大量虫体和皮屑则倒在皿盖上，取皿底检查，皿盖继续放在温水杯上，15 min 后可以再次重复以上操作。

六、治疗

治疗时，先患部剪毛，用温肥皂水刷洗患部，除去污垢和痂皮，再用杀螨剂按推荐剂量和使用方法进行局部涂擦、喷洒、洗浴、口服或注射等。用于治疗动物疥螨等外寄生虫病的药物主要包括以下几类。

1. 大环内酯类杀虫剂 如用伊维菌素(因柯利犬系会出现中毒反应，故该犬系禁用伊维菌素)或多拉菌素进行皮下或肌内注射，剂量为每千克体重 0.2～0.4 mg，连用 3 次，每次间隔 14 天。在大环内酯类药物中，也有口服或局部涂擦的剂型，按推荐方法进行使用可获得很好的杀螨效果。

2. 甲脒类杀虫剂 如双甲脒具有广谱、高效、低毒的特点，对小动物及各种家畜的疥螨、痒螨、蜱等外寄生虫具有杀灭和驱避效果。使用时将 12.5%双甲脒用温水稀释 250～500 倍，进行药浴或涂擦，7 天后再重复一次。

3. 有机磷类杀虫剂 如敌百虫、辛硫磷、巴胺磷、地亚农等，广泛用于小动物和家畜的外寄生虫病的防治。如敌百虫用温水稀释至 0.2%～0.5%浓度进行药浴，或用 0.1%～0.5%的浓度进行涂擦或喷洒环境。

4. 拟除虫菊酯类杀虫剂 这类药物中的溴氰菊酯、戊酸氰菊酯、氯菊酯等已在动物上广泛使用。如临床上将 5%溴氰菊酯(倍特)用温水配成 15～50 mg/L 浓度进行药浴，7～10 天再重复一次。或用棉籽油将溴氰菊酯稀释成 1∶(1000～1500)，涂擦头部、耳部、眼周、尾根和趾部。

5. 昆虫生长调节剂 如鲁芬奴隆、双氟苯隆、烯虫酯等，在临床上将这类药物单独使用或与其他类型的杀虫剂联合使用，能有效防治小动物及各种家畜的疥螨、蜱和跳蚤等外寄生虫病。

由于许多杀螨剂对虫卵的杀灭作用差，故5～7天后重复用药1～2次是十分必要的。治疗时为防止犬、猫中毒，可采用必要的防护措施，如戴上嘴笼，眼睛四周涂以凡士林，药浴后及时吹干被毛等。

七、防治

根据螨的生活史和本病的流行病学特点，采取综合性的防治。

(1)加强犬、猫的饲养管理和栏舍清洁卫生工作，保持动物栏舍宽敞、干燥和通风，避免潮湿和拥挤，以减少动物相互感染的机会。

(2)搞好栏舍及用具的消毒和杀虫工作，可用杀螨剂定期喷洒栏舍及用具，以消灭犬、猫生活环境中的螨虫。由于疥螨偶尔可感染人，因此也要注意个人防护。

(3)新进的犬、猫要注意观察，无螨者方可合群饲养。对患病和带螨的犬、猫要及时隔离治疗，防止病原蔓延。

(4)做好平时预防工作，避免与带虫动物或有脱毛和瘙痒症状的动物接触。给犬、猫戴除虫项圈有助于减少犬、猫感染疥螨等外寄生虫的机会。

任务3　犬、猫蠕形螨病

情境导入

扫码看课件
7-3

犬、猫蠕形螨病是由蠕形螨科、蠕形螨属的蠕形螨寄生于犬、猫的毛囊和皮脂腺内所引起的疾病。

必备知识

一、病原形态构造

犬、猫蠕形螨虫体细长，呈蠕虫状。雄性成螨长220～250 μm，宽约45 μm；雌性成螨长250～300 μm，宽约45 μm。虫体自胸部至末端逐渐变细，呈细圆桶状(图7-3)。咽呈向外开口的马蹄形。雄螨背足体瘤呈“8”字形。虫卵呈简单的纺锤形。寄生与犬、猫皮肤的毛囊内，少见于皮脂腺内。

图7-3　犬蠕形螨

二、生活史

蠕形螨属于不完全变态。犬、猫蠕形螨的全部发育过程均在宿主的毛囊或皮脂腺内进行。包括卵、幼虫、两期若虫和成虫。雌虫在毛囊内产卵，卵在适宜温度下，一般经2～3天孵出3对足的幼虫，以皮脂为食。幼虫经1～2天蜕化为4对足的若虫。经1个或多个若虫期蜕皮变为成虫。完成一个生活周期需要18～24天，雌虫一生可产卵20～24枚。成螨在体内可存活4个月以上。

三、流行病学

蠕形螨是一种世界性分布寄生虫病，正常犬、猫的皮肤常带有少量的蠕形螨，但不表现出临床症状。动物营养状况差、应激、其他外寄生虫或免疫抑制性疾病感染、肿瘤、衰竭性疾病等可诱发蠕形螨病发生。

感染蠕形螨的动物是本病的感染来源，动物之间通过直接或间接接触而相互传播。刚出生的幼犬、猫在哺乳期间可通过与感染蠕形螨母犬、猫的腹部皮肤接触而感染，这种感染发生在出生后几天内，是犬、猫感染的主要方式。

蠕形螨病的发生与犬、猫的品种和年龄有关。一般来说，蠕形螨病常发生于被毛较短的品种。但一些长毛犬、猫，如阿富汗猎犬、德国牧羊犬和柯利牧羊犬对蠕形螨亦较易感。3～6月龄的幼年犬、猫最易发生该病。

四、主要症状及病理变化

感染少量蠕形螨的犬、猫(常无临床症状)，当发生免疫抑制时，寄生于毛囊根部、皮脂腺内的蠕形螨会大量增殖，由此产生的机械性刺激和分泌物和排泄物的化学性刺激，可使毛囊周围组织出现炎性反应，称为蠕形螨皮炎。根据患犬所表现出的临床特征，可将蠕形螨病分为局部型、全身型和脓疱型三种类型。

幼年犬、猫的蠕形螨病以3～15月龄的犬、猫多发，常表现为局部型，初发病部位往往在眼上部、头部、前肢和躯干部出现局灶性脱毛、红斑、脱屑，但不表现出瘙痒。这种局部型蠕形螨病具有自限性，不需治疗常可自行消退。但如果使用糖皮质激素类药物或严重感染治疗不当或不予治疗，可造成全身型蠕形螨病。脓疱型蠕形螨病常伴随化脓性葡萄球菌感染，表现出皮肤脱毛、红斑，形成脓疱和结痂，不同程度的瘙痒，有些病例会出现淋巴结病。

成年犬、猫的蠕形螨病多见于5岁以上个体，常伴随一些引起免疫抑制的疾病，如肾上腺皮质功能亢进，表现出皮肤脱毛、出现鳞屑和结痂。其发病可能是局部型，也可能是全身型，但局部型多发生在头部和腿部。在一些慢性病例常表现出局部皮肤色素过度沉着。

五、诊断

诊断蠕形螨病，可刮取皮屑在显微镜下检查有无蠕形螨；也可以用消毒针尖或刀尖，将脓疱丘疹等损害处划破，挤出脓液直接涂片检查；还可拔取病变部位的毛发，在载玻片上加1滴甘油，把毛根部置于甘油内，在显微镜下检查毛根部的蠕形螨。

犬、猫蠕形螨感染时应与疥螨感染相区别，该病毛根处皮肤肿起，皮表不红肿，皮下组织不增厚，脱毛不严重，银白色皮屑具黏性，瘙痒不严重。疥螨病时，毛根处皮肤不肿起，脱毛严重，皮表红而有疹状突起，但皮下组织不增厚，无白鳞皮屑，但有小黄痂，奇痒。

六、治疗

(1)5%碘酊外用，每天6～8次。

(2)苯甲酸苄酯33 mL，软肥皂16 g，95%乙醇51 mL，混合，间隔1 h涂擦2次或每天涂擦1次，连用3天。

(3)伊维菌素每千克体重0.05 mg，皮下注射，每周1次，连续使用(因柯利犬系会出现中毒反应，故禁用伊维菌素)。

(4)对重症患犬、猫除局部应用杀虫剂外，还应全身应用抗生素，防止细菌继发感染。

七、防治

犬、猫蠕形螨病的防治，可参照犬、猫疥螨病。

任务4 耳痒螨病

情境导入

扫码看课件

7-4

耳痒螨病是由痒螨科、耳痒螨属的耳痒螨寄生于犬、猫外耳道中所引起的疾病。

必备知识

一、病原形态构造

犬、猫耳痒螨虫体呈椭圆形，雌虫体长 345～451 μm，雄虫体长 274～362 μm。口器为短的圆锥形，足 4 对，在雄虫的每对足末端和雌虫的第 1、2 对足末端均有带柄的吸盘，柄短，不分节。雌虫第 4 对足不发达，不能伸出体边缘。雄虫体后端的结节很不发达，每个结节有两长两短 4 根刚毛，结节前方有 2 个不明显的肛吸盘(图 7-4)。虫卵为白色，卵圆形，一边较平直，长度为 166～206 μm。

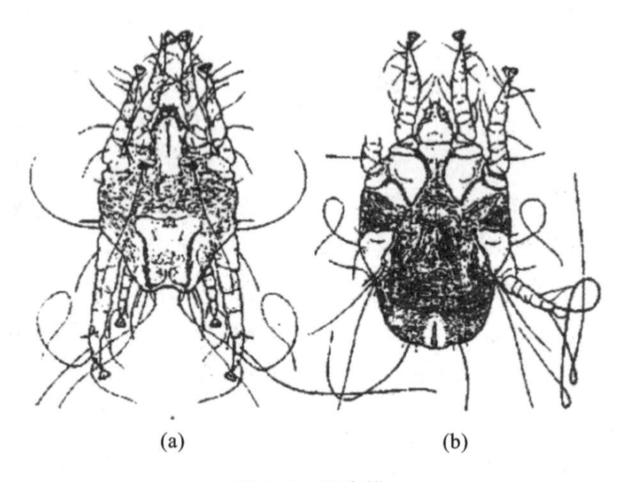

(a) (b)

图 7-4 耳痒螨

(a)雄虫；(b)雌虫

二、生活史

耳痒螨属于不完全变态，与疥螨不同，耳痒螨仅寄生于动物的皮肤表面。雌雄虫体交配后，雌虫产出虫卵，由产卵时的分泌物黏附在犬、猫的外耳道所致该病。虫卵经 4 天左右的时间孵化出幼虫。幼虫进一步发育为若虫，若虫有两个时期，即一期若虫和二期若虫，完成每一期的发育一般需要 3～5 天。随后经过 24 h 的静止期，二期若虫蜕皮变为成虫。

随环境温度的不同，耳痒螨从虫卵发育到成虫所需的时间不同。在温暖季节经 13～15 天即可完成发育，寒冷季节则需要 3 周左右时间。

三、流行病学

耳痒螨病是犬、猫的一种普遍存在的外寄生虫病，呈世界性分布。动物之间主要是通过直接接触传播，特别是在哺乳期，幼年犬、猫与母犬、猫频繁接触很容易发生感染。相对湿度较高时，耳痒螨的存活时间较长。据报道，在体外相对湿度为 80%，温度为 35 ℃的条件下，耳痒螨可存活数月。因此，动物通过间接接触周围环境中存活的耳痒螨也可感染。

四、主要症状及病理变化

耳痒螨寄生于犬、猫的外耳道内，借助口器刺破皮肤，以吸吮淋巴液、组织液和血液为食，对寄生部位产生刺激，导致皮炎或变态反应，引起寄生部位上皮细胞过度角质化和增生，感染部位的炎症细胞，尤其是肥大细胞和巨噬细胞增多，皮下血管(主要是静脉血管)扩张。通常是双侧性的，在外耳道内有灰白色的沉积物。随着刺激的加剧，痒感愈来愈明显，动物因痒感而不断摇头、抓耳、在器物上摩擦耳部，引起耳朵血肿和耳道溃疡，有的动物可能出现痉挛或转圈运动。当发生化脓性细菌的继发感染时，可引起化脓性外耳炎。

五、诊断

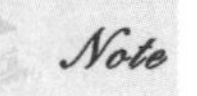

犬、猫出现外耳炎，外耳道内有大量的耳垢伴发痒时可怀疑为耳痒螨病，确诊可通过耳镜检查发

现运动的耳痒螨；取可疑病例的耳垢或病变部位的刮取物在显微镜下发现耳痒螨或虫卵，即可确诊。

六、治疗

(1)将刺激性小的油如矿物油或耳垢溶解剂注入外耳道内，轻轻摩擦以助清洁。在清洁过程中用金属环清除紧贴在鼓膜上的渗出物，清洁后应用杀螨剂。耳垢溶解剂配方：油酸三乙基对苯烯基苯酚多肽冷凝物 10%，氯乙醇 0.5%，丙二醇 89.5%，混匀。

(2)取 1～2 mL 酞酸二甲酯(邻苯二甲酸二甲酯 24%、棉籽油 76%)注入外耳道内并轻揉，也可敷药于外耳廓，每 3～4 天 1 次，直至痊愈。

(3)取保护型油基质溶液(间苯二酚 5%，氧化锌 4%，炉甘石 2%，杜松油 1%，纯木醋酸 0.4%，氢氧化锌 8%)适量滴注入外耳道内，每天 1 次。

(4)严重病例应每天用杀螨剂处理全身，以杀死不在外耳道内的耳痒螨。若存在炎症病变，应在炎症部位涂抹复方氢化可的松新霉素软膏，或取杀虫药液(每毫升含噻苯唑 40 mg、硫酸新霉素 3.2 mg、地塞米松 1 mg)5～15 滴，注入外耳道内直到炎症消退为止。

七、防治

犬、猫耳痒螨病的防治，可参照犬、猫疥螨病。

任务 5　蜱　　病

情境导入

蜱分为 3 个科：硬蜱科、软蜱科和纳蜱科，其中最常见的、危害性最大的是硬蜱科，其次是软蜱科，而纳蜱科既不常见也不重要。本任务只介绍硬蜱科和软蜱科两类蜱。

扫码看课件

7-5

通常将硬蜱科的蜱称为硬蜱，是寄生于动物体表的一类很常见的外寄生虫。硬蜱除寄生于犬、猫在内的各种动物体表直接损伤皮肤和吸血外，还常常成为多种重要的传染病和寄生虫病的传播者。

软蜱科的蜱通常被称为软蜱，软蜱平时隐居于宿主动物的巢穴和休息处，只有在吸血时才侵袭动物。当大量虫体侵袭吸血时，可引起动物消瘦和贫血，更重要的是软蜱也可传播多种病原。

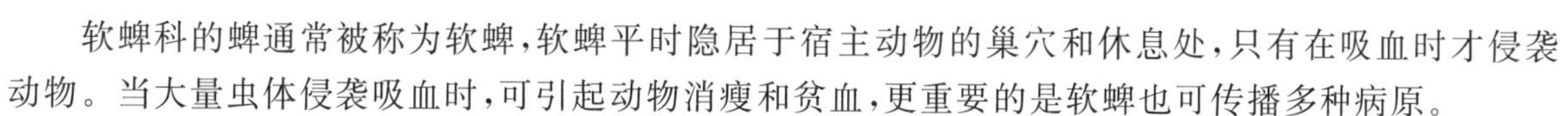

必备知识

一、病原形态构造

1. 硬蜱　硬蜱呈长椭圆形，背腹扁平，头胸腹融合，按其外部附器的功能与位置，可分为假头和躯体两部分。

假头位于虫体前端，由假头基和口器组成。假头基嵌入体前端头凹内，其背面观有六角形、矩形和梯形之别，雌蜱假头基背面有两个孔区，有感觉功能及分泌体液帮助产卵的功能。口器位于假头基前端正中，由 1 对须肢、1 对螯肢和 1 个口下板组成。须肢位于两侧。螯肢位于须肢之间，为一对长杆状结构，具有切割宿主皮肤的作用。口下板位于螯肢的腹侧，其腹面有呈纵列分布的倒齿，是吸血时穿刺与附着的重要器官。螯肢和口下板之间为口腔。口腔后端腹侧有口通入咽部，背侧有唾液管口。

躯体呈卵圆形，大多褐色，两侧对称。吸饱血后的硬蜱，雌雄虫体的大小差异很大，雌蜱吸饱血后形如赤豆或花生米般大小，明显大于雄蜱。躯体背面最明显的结构是几丁质的盾板，雄蜱盾板大，几乎覆盖躯体整个背面；雌蜱的盾板小，只占背面前方一部分。盾板的形状一般为卵圆形或圆形。有些种类的蜱，在盾板的上侧缘有 1 对眼，硬蜱属和血蜱属无眼。盾板上有颈沟，自盾板缘凹后方两侧向后伸展，其长度和形状因种类而异。在雄蜱盾板上有侧沟，沿着盾板侧缘伸向后方。有些种类雄蜱的盾板后缘常有方块状的结构称为缘垛，通常有11个。

腹面最明显的是足、生殖孔、肛门、气门和几丁质板（图7-5）。成虫有4对足，幼虫有3对足。第1对足的跗节背缘近端部具哈氏器，具有嗅觉功能。生殖孔位于腹面第2、3对足基节之间的水平线上，其两侧有生殖沟。肛门位于腹面后部正中。气门1对，位于第4对足部的后方。气孔在气门板上，其形状随蜱的种类而异，也是分类的重要依据。在雄蜱的腹面有的还有各种形状的几丁质板，随种类不同而异。硬蜱属有7块腹板。

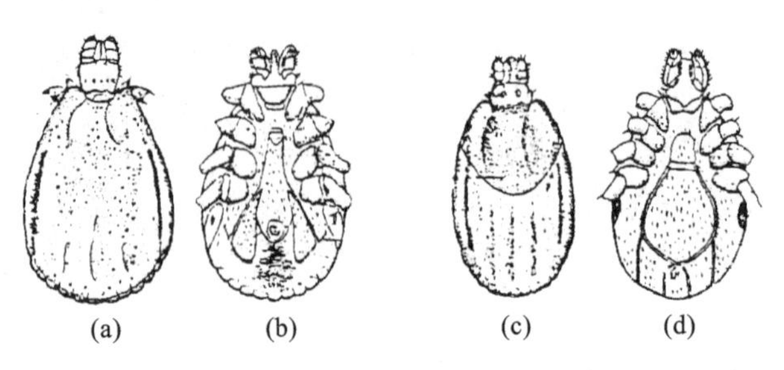

图7-5　硬蜱的外观

(a)雄扇头蜱（背面观）；(b)雄扇头蜱（腹面观）；(c)雌扇头蜱（背面观）；(d)雌扇头蜱（腹面观）

幼虫和若虫的形态与成虫相似，但盾板仅覆盖虫体的背面前部，其上无花斑。此外，幼虫只有3对足，无气门板，无生殖孔与孔区。而若虫有4对足，有气门板，无生殖孔与孔区。

2. 软蜱　软蜱体形扁平，呈长椭圆形或卵圆形，浅灰色、灰黄色或淡褐色。最显著的特征是躯体背面无盾板，由有弹性的革状表皮构成，上有乳头状、颗粒状结构，或有圆的凹陷，或星状的皱褶。虫体前端较窄，假头位于虫体前端腹面（幼虫除外），假头基小，无孔区。须肢游离，不紧贴于螯肢和口下板两侧。口下板不发达，齿亦小。雄蜱躯体的革状表皮较厚而雌蜱较薄，背腹面也有各种沟，腹面有生殖沟、肛前沟和肛后沟，无几丁质板。生殖孔和肛门的位置与硬蜱相似。气门1对，位于第4对足基节之前。

二、生活史

硬蜱的发育属于不完全变态，需要经过卵、幼虫、若虫和成虫四个时期。雄蜱和雌蜱在宿主体上完成交配后，雄蜱存活1个月左右死亡。雌蜱吸饱血后待体内血液消化且卵发育完成后，陆续将卵产出，产卵一般在4～5天内完成，随后雌蜱即萎缩死亡。硬蜱一生只产1次卵。卵经过一定时期孵出幼虫，幼虫侵袭宿主吸血（需2～4天），吸饱血后才蜕皮变成若虫。若虫吸血（需7～9天）后再蜕皮，变为成虫。整个生活周期大约50天。每年发生4～5代。

硬蜱在生活史中的各个阶段均需在动物体上寄生吸血，根据其在发育的各个阶段是否更换宿主、更换宿主的次数和蜕皮场所可分为以下三种类型。

（1）一宿主蜱：其幼虫、若虫和成虫都在同一宿主体表发育，雌虫在吸饱血后落地产卵，如牛蜱属的蜱。

（2）二宿主蜱：其幼虫期和若虫期在同一个宿主体表吸血，当若虫吸饱血后落地蜕皮为成虫，成虫再爬到另一宿主体表吸血，这另一宿主可能是同种或不同种的动物，雌虫在吸饱血后再落地产卵，如残缘璃眼蜱。

（3）三宿主蜱：其幼虫、若虫和成虫的三个发育时期依次更换三个宿主。大多数硬蜱是三宿主蜱，如硬蜱属和革蜱属的蜱。三宿主蜱是多种虫媒性疾病的传播媒介。

与硬蜱相似，软蜱的发育同样经历卵、幼虫、若虫和成虫四个阶段。但其若虫阶段常有2～7个若虫期。软蜱只在吸血时才侵袭宿主，吸血的时间大多在夜间，发育各时期在宿主体表吸血的时间长短不一，一般幼虫吸血需要的时间长一些，而若虫和成虫吸血只需0.5～1 h。因此在动物体表很少见到其若虫和成虫，常可发现幼虫。成虫一生可多次吸血，在吸血离开宿主后，雌雄虫体交配产卵，软蜱一生可多次产卵。

软蜱由卵发育为成虫需要 1 个月到 1 年。成虫吸血次数和吸血量越多，产卵次数和产卵量越多，存活时间越长，一般都在 6～7 年。据报道，乳突钝缘蜱能存活 25 年。软蜱发育的各活跃期均具有长期耐饥饿（达几年至十余年）的能力。

三、流行病学

硬蜱的活动具有明显的季节性，大多数在春季开始活动，如长角血蜱、草原革蜱；也有一些种类在夏季才有成虫出现，如残缘璃眼蜱。在华北地区，血红扇头蜱的活动季节为每年的 4—9 月。

硬蜱的地理分布与生态环境密切相关。全沟硬蜱适应于低湿高温的生态条件，因此最适合生存于温带林区。草原革蜱是典型的草原种类，适合生活于干旱和半荒漠的草原地带。长角血蜱和二棘血蜱为温带种类，主要生活于农区和野地。因此，各地犬、猫所感染的硬蜱种类与其习惯活动地带有关。

硬蜱的活动一般发生在白天，但活动节律因种类而不同。硬蜱侵袭宿主具有一定的选择性，一般有主要宿主和次要宿主。如血红扇头蜱主要寄生于犬、猫，也可寄生于绵羊和其他动物；微小牛蜱的主要宿主为黄牛和水牛，有时也寄生于山羊、绵羊、猪、犬、猫等动物。硬蜱具有很强的耐饥饿能力，在相当长时间内即使找不到宿主也不会死亡。据报道，硬蜱成虫在试管内可耐饥饿 5 年，幼虫也可达 9 个月。

寄生于犬、猫的软蜱主要是拉合尔钝缘蜱和乳突钝缘蜱。拉合尔钝缘蜱主要寄生于绵羊、骆驼等动物，也可寄生于犬、猫，有时也侵袭人。成虫也在冬季活动，主要分布于新疆。乳突钝缘蜱除寄生于犬、猫外，还常寄生于狐、野兔、野鼠、刺猬等野生动物，有时可在绵羊等家畜体内发现，也可侵袭人。

软蜱吸血时间较短，只在吸血时才出现在动物体表。吸血多在夜间，白天隐伏在圈舍隐蔽处。软蜱在温暖季节活动和产卵，寒冷季节雌蜱卵巢内的卵细胞不能成熟。

四、主要症状及病理变化

蜱对动物的致病性与虫体数量和寄生部位有关。少数蜱的叮咬，动物会表现出临床症状，但若寄生于趾间（即便只有 1 只），可引起跛行，即使将蜱捕捉后，跛行也会持续 1～3 天。当体表蜱的数量增多时，动物会表现出痛痒、烦躁不安等症状，经常以摩擦、抓和舔咬方式来试图摆脱害虫，然而这种努力却常导致皮肤的局部出血、水肿、发炎和角质增生，引起嗜酸性粒细胞参与的炎性反应。当被叮咬的伤口受到细菌感染后会引起局部皮肤脓肿。硬蜱吸食血液，1 只雌蜱每次平均吸血 0.4 mL，当大量寄生时，可引起动物不安，影响动物的采食和休息，导致动物贫血、消瘦、生长发育不良。

有些种类的硬蜱在叮咬犬、猫时，虫体分泌的毒素可导致动物出现蜱瘫痪症。尽管幼虫、若虫和成虫在叮咬吸血时均可引起犬、猫的瘫痪，但大多数临床病例是由成熟雌蜱侵袭所引起的。犬、猫一般在蜱侵袭后的 5～7 天出现症状，开始表现为无食欲、声音丧失、运动失调，随后出现上行性肌无力、流涎和不对称性瞳孔散大，后期出现四肢麻痹和呼吸困难，治疗不及时会导致死亡。

硬蜱传播的病原种类很多，已知可以传播 83 种病毒、14 种细菌、17 种螺旋体、32 种原虫以及衣原体、支原体、立克次体等。其中许多是人畜共患病，如森林脑炎、莱姆病、出血热、Q 热等。病原在硬蜱体内的传播形式多样，一方面，硬蜱可将携带的病原进行水平传播，如血红扇头蜱的幼虫携带的埃氏立克次体可依次传播给若虫和成虫；另一方面，受感染的雌蜱可将有些种类的病原经卵传播给后代，如革蜱可经卵传播斑点热群立克次体。

软蜱对动物的致病作用与硬蜱相似，一方面，大量成虫的反复吸血可导致大量血液丧失，引起受侵袭动物的消瘦与贫血；另一方面，多次吸血增加了软蜱传播病原的机会。钝缘蜱属的一些种类，如美洲钝缘蜱可作为人和动物 Q 热的传播者，也可导致侵袭动物出现蜱瘫痪症；非洲钝缘蜱可作为非洲猪瘟的贮藏宿主，也可传播能引起人回归热的螺旋体。

五、诊断

根据流行病学资料分析，临床表现结合实验室检查，可对该病进行诊断。

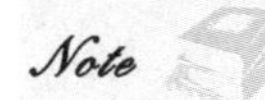

在动物体表发现幼虫、若虫和成虫可做出诊断。在进行蜱的种类鉴定时，由于未吸饱血的雄蜱较易观察，可根据背面盾板的大小选择雄蜱进行鉴定。对于怀疑为蜱瘫痪症的犬、猫，在体表发现病原，尤其是发现雌蜱可确诊。

很多情况下在动物体表看不到软蜱，应检查动物的居所及其栏舍周围墙壁的缝隙以发现软蜱做出诊断。

六、治疗

1. 用手摘除　动物体表有少量蜱寄生时，尤其是对怀疑为蜱瘫痪症的犬、猫，要仔细观察皮肤上有无蜱寄生，如发现后可立即用手摘除并及时处死。但应注意切勿用力撕拉，以防撕伤组织或口器折断而产生皮肤继发性损害。可用氯仿、乙醚、煤油、松节油或旱烟涂在蜱头部待蜱自然从皮肤上落下。

因蜱虫假头易脱落，摘除时，也可使用镊子夹住假头，然后垂直皮肤拔出。

2. 化学药物灭蜱

(1)局部用药。可用1%～2%敌百虫溶液、0.2%辛硫磷溶液、20%双甲脒乳油(配成0.05%的溶液)以及天然除虫菊酯进行局部涂擦或喷洒用药。安万克滴剂(成分为西拉菌素＋氟普尼尔＋氯芬奴隆)对犬、猫蜱和其他多种外寄生虫有显著疗效。除虫项圈中一般含有双甲脒、地亚农、二溴磷或其他杀虫剂，宠物佩戴除虫项圈可有效驱杀寄生于体表的硬蜱。另外，国外将苏云金杆菌的制剂——内晶菌灵涂擦于动物体表，能使蜱死亡率达70%～90%。

(2)全身用药。伊维菌素、阿维菌素、多拉菌素、西拉菌素等大环内酯类皮下注射或肌内注射，对蜱等外寄生虫均有很强的杀灭作用。

另外，对蜱瘫痪症的治疗应首先摘除动物体表的蜱，中和血液中的循环毒素并采取必要的支持疗法，按每千克体重30 mg氢化可的松静脉注射可有效缓解症状。

七、防治

(1)检查动物体表，如发现有蜱侵袭感染应及时进行处理。佩戴除虫项圈有助于减少犬、猫感染的机会，也可有效驱杀寄生于其体表的硬蜱等外寄生虫。

(2)避免动物在蜱滋生地活动或采食，清除周围环境的杂草、灌丛，可减少蜱的数量和动物感染的机会。

(3)对蜱滋生密度较高的草场，使用地亚农等有机磷类杀虫剂进行喷雾灭蜱。对犬、猫生活的场所、栏舍和用具也要进行定期清洗并做好灭蜱工作。

(4)对新引进和输出的动物均要进行检查和灭蜱工作，防止外来动物将蜱带入或染蜱动物携带病原，引起动物的蜱感染和蜱传播性疾病的发生。

任务6　虱　　病

情境导入

犬、猫虱病是由虱目和食毛目的虱寄生于犬、猫体表所引起的外寄生虫病，前者以血液、淋巴液为食，后者不吸血，以毛、皮屑等为食，对犬、猫造成危害。此外，毛虱还可作为复孔绦虫的中间宿主。

扫码看课件
7-6

必备知识

一、病原形态构造

在我国，寄生于犬、猫的虱主要有两种，即虱目、颚虱科、颚虱属的棘颚虱和食毛目、毛虱科、毛虱

属的毛虱。棘颚虱呈淡黄色，刺吸式口器，头呈圆锥形且比胸部狭窄；腹大于胸，触角短，足 3 对，较粗短；雄虱长 1.75 mm，雌虱长 2 mm(图7-6)。毛虱呈淡黄褐色，具褐色斑纹，咀嚼式口器，头扁圆宽于胸部；腹大于胸，触角 1 对，足 3 对，较细小；雄虱长 1.75 mm，雌虱长 1.9 mm。

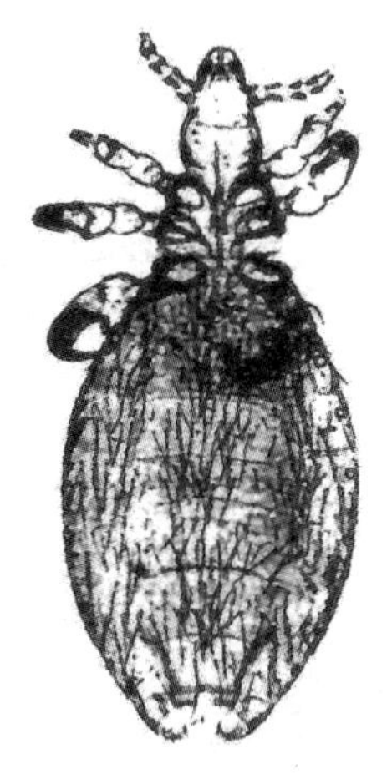
图 7-6 棘颚虱

二、生活史

棘颚虱和毛虱均属不完全变态。成虫交配后，雄虫死亡；雌虫于交配后 1～2 天开始产卵，产卵时分泌胶液，使卵黏着于被毛上。每个雌虫 1 天产卵 10 个左右，一生共产卵 50～300 个。卵经 5～9 天孵化后，幼虫就可以从卵盖钻出，数小时后就能吸血或啮食皮屑。幼虫分 3 期，经 3 次蜕皮变成成虫。幼虫期 8～9 天。从卵到成虫至少需要 16 天，通常是3～4 周。虱的发育与环境温度、湿度、光照强度、毛的密度等关系十分密切。

三、流行病学

犬、猫通过接触患畜或被虱污染的圈舍、用具、垫草等物体而被感染。圈舍拥挤、卫生条件差，营养不良及身体衰弱的犬、猫易患虱病。冬春季节犬、猫的体表环境更有利于虱的生存、繁殖而易于流行本病。

四、主要症状及病理变化

毛虱以毛和皮屑为食，采食时引起动物皮肤瘙痒和不安，影响其采食和休息。因啃咬而损伤动物皮肤，可引起湿疹、丘疹、水疱和脓疱等，严重时导致犬、猫脱毛、食欲不振、消瘦，幼犬、猫发育不良。

五、诊断

虱栖身活动于犬、猫体表被毛之间，刺激其皮肤神经末梢；棘颚虱吸血时还分泌含毒素的唾液，从而引起犬、猫剧烈瘙痒和不安，常啃咬搔抓痒处而出现脱毛或创伤，可继发湿疹、丘疹等。由于剧痒，影响食欲和正常休息，患犬、猫常表现为消瘦、被毛脱落、皮肤落屑等。若剧痒持续时间稍长，则患犬、猫精神不振，体质衰退，有时皮肤上出现小结节、小出血点甚至坏死灶，严重时引起化脓性皮炎，幼犬、猫则表现为生长发育受阻。

虱多寄生于犬、猫的颈部、耳翼及胸部等避光处，仔细检查可发现虱和虱卵，结合流行病学资料分析、临床表现以及病理变化，可做出诊断。

六、治疗

治疗药物可选用溴氰菊酯、戊酸氰菊酯、双甲脒、西维因、伊维菌素、阿维菌素、百部酊等。由于药物不能杀死虱卵，用药 2 周后应重复用药。

七、防治

保持犬、猫舍干燥及清洁卫生，并定期做好消毒工作；经常给犬、猫梳刷洗澡；做好检疫工作，无虱者方可混群；发现带虱犬、猫，及时隔离治疗。

任务 7 蚤　　病

扫码看课件
7-7

情境导入

犬、猫蚤病是由蚤目、蚤科、栉首蚤属的蚤寄生于犬、猫体表所致。成蚤以血液为食，在吸血时能引起过敏和强烈瘙痒，还可传播多种疾病。

必备知识

一、病原形态构造

蚤细小，无翅，两侧扁平(侧扁的体形是蚤类独有的特征)，呈棕黄色，刺吸式口器，披有坚韧的外骨骼以及发达程度不同的鬃和刺等衍生物。体壁硬而光滑，足发达，善跳，长 1～3 mm。寄生于犬、猫的蚤主要有犬栉首蚤、猫栉首蚤(图 7-7)和东洋栉首蚤。

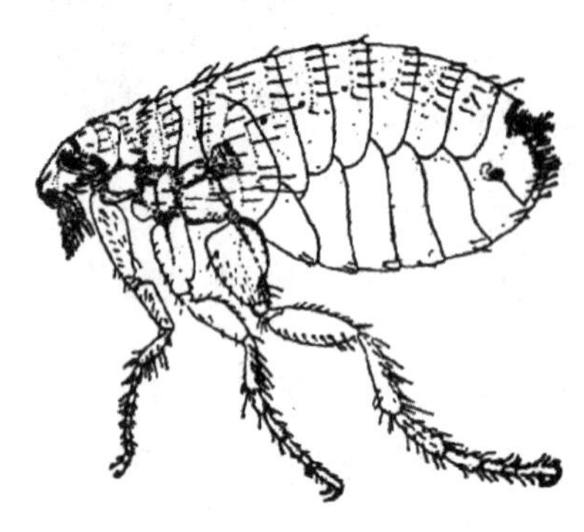

图 7-7　猫栉首蚤

(1)犬栉首蚤：寄生于犬科动物，以及犬科以外少数食肉动物。

(2)猫栉首蚤：具有广宿主性，主要宿主有猫、犬、兔和人，亦见于多种野生食肉动物及鼠类。

(3)东洋栉首蚤：与犬、猫栉首蚤同为短头型，但头短不如后者甚。主要寄生于犬、猫等小型食肉动物，还可寄生于一些啮齿类、有蹄类(山羊)动物以及灵长目的猴类和人。

二、生活史

蚤的生活史属完全变态，一生大部分时间在犬、猫身上度过，以吸食血液为生。雌蚤在地上产卵或产在犬、猫身上再落到地面；卵孵化出幼虫，幼蚤呈圆柱状，体长 4～5 mm，无足，在犬、猫舍垫草或地板裂缝和孔隙内营自由生活，以灰尘、污垢及犬、猫粪等为食；然后结茧化蛹，在适宜条件下约经 5 天成虫从茧逸出，寻找宿主吸血。雄蚤和雌蚤均吸血，吸饱血后一般离开宿主，直到下次吸血时再爬到宿主身上，因此在犬、猫舍，阴暗潮湿的地面等处可以见到成蚤，也有蚤长期停留在犬、猫体被毛间。成蚤耐饥饿，生存期长，可达 1～2 年之久。

三、流行病学

由于蚤的活动性强，对宿主的选择性比较广泛，因此便成为某些自然疫源性疾病和传染病的传播媒介及病原的贮藏宿主，如腺鼠疫、地方性斑疹伤寒、土拉菌病(野兔热)等。它们也是某些绦虫的中间宿主，如犬、猫复孔绦虫、缩小膜壳绦虫和微小膜壳绦虫等。

四、主要症状及病理变化

蚤通过叮咬和分泌具有毒性及变态性产物的唾液，刺激犬、猫引起强烈瘙痒，患犬、猫变得不安，啃咬、搔抓患部以减轻刺激。一般在耳廓下、肩胛、臀部或腿部附近产生一种急性散在性皮炎；在后背部或阴部产生慢性非特异性皮炎。患犬、猫出现脱毛、落屑，形成痂皮，皮肤增厚及形成有色素沉着的皱襞，严重者出现贫血，在犬、猫背中线的皮肤及被毛根部附着煤焦样颗粒。

五、诊断

根据临床表现以及病理变化，结合实验室检查，可对该病进行诊断。

确诊本病须在犬、猫体表发现蚤或进行抗原皮内试验。对犬、猫进行仔细检查，头部、臀部和尾尖部附近的蚤往往最多，可在被毛间发现蚤或蚤的碎屑。将蚤抗原用灭菌生理盐水稀释 10 倍，取 0.1 mL腹侧注射，5～20 min 产生硬结和红斑，证明犬、猫有感染。

六、治疗

杀灭犬、猫身上的蚤，可用 0.025%除虫菊酯或 1%鱼藤酮粉溶液，这些药物灭蚤效果快且安全，也可选用双甲脒、伊维菌素等，同时对犬、猫舍和用具进行药物喷洒灭蚤。

七、防治

平常应保持犬、猫舍的清洁干燥和犬、猫体卫生，定期做好消毒工作。当兽医工作者进行犬、猫防疫注射和诊疗工作时，应当在鞋子、裤子外面及袖口等处撒布鱼藤酮粉以保护自身不受蚤的侵袭。

课后作业

线上评测

复习与思考

1. 简述疥螨病和蠕形螨病的诊断和防治。
2. 简述蜱、虱和蚤的防治。
3. 试比较疥螨病和蠕形螨病的症状差异。
4. 简述虱病的诊断方法。

项目八　观赏鸟寄生虫病的防治

项目描述

本项目根据宠物健康护理员、宠物医师等岗位需求进行编写，为观赏鸟常见寄生虫病的防治，内容包括绦虫病、常见线虫病（蛔虫病、胃线虫病、异刺线虫病、气管比翼线虫病）、常见外寄生虫病（虱病、螨病）、常见原虫病（球虫病、组织滴虫病、疟原虫病、血变原虫病、住白细胞原虫病、毛滴虫病、贾第鞭毛虫病、锥虫病）。通过本项目的训练，学生能够基本掌握观赏鸟常见寄生虫病的生活史，为预防工作的开展奠定基础；能够讲述其流行病学、临床症状、病理变化与诊断；能够识别不同寄生虫的病原形态构造，具备临床检查的素质和能力，为从事宠物健康护理员、宠物医师等职业做好准备。

学习目标

▲知识目标

能够识别观赏鸟常见寄生虫病的病原形态构造特征，掌握其生活史、疾病流行规律、症状与病变、诊断技术、治疗和综合防治措施。

▲能力目标

能够将各论的基础知识扩展到本项目学习中，并将其灵活运用于生产实践，以协同完成临床上观赏鸟常见寄生虫病的诊断与防治。

▲思政目标

学会用辩证思维的方式看待和鉴别疾病，具备科学的态度、实事求是的学风；关爱小动物，关注公众健康，树立宠物医师的社会责任，具备按照技术规范和流程从事寄生虫病检查工作的职业意识。

任务1　绦　虫　病

情境导入

寄生于观赏鸟的绦虫种类繁多，主要为赖利绦虫和戴文绦虫，二者引起的疾病症状以及诊断与防治要点相似，下面我们来逐一认识它们。

扫码看课件

8-1

Note

必备知识

一、赖利绦虫病

赖利绦虫病是由戴文科、赖利属的绦虫寄生于观赏鸟小肠内引起的疾病，常见于雀形目和鹦形目的多种鸟中。鸟类绦虫种类繁多，其中赖利属能使鸟类出现明显疾病。

（一）病原形态构造

赖利属绦虫主要有以下 3 种。

(1)四角赖利绦虫：虫体最长可达 25 cm。头节较小，顶突上有 1～3 圈小钩，数目为 90～130 个，吸盘呈卵圆形，上有 8～10 圈小钩。成节的生殖孔位于同侧，孕节内子宫分为若干卵囊，每个卵囊内含虫卵 6～12 个，虫卵直径为 25～50 μm。

(2)棘沟赖利绦虫：大小和形状与四角赖利绦虫相似，顶突上有 2 行小钩，数目为 200～240 个。吸盘呈圆形，上有 8～15 圈小钩。生殖孔位于节片一侧的边缘上，孕节内子宫分为若干卵囊，每个卵囊内含虫卵 6～12 个，虫卵直径为 25～40 μm。

(3)有轮赖利绦虫：虫体长度一般不超过 4 cm，偶可达 15 cm。头节大，顶突宽而厚，形似轮状，突出于前端，上有 2 圈共 400～500 个小钩，吸盘上无小钩。生殖孔在体侧缘上不规则交替开口，孕节内子宫分为若干卵囊，每个卵囊内仅有 1 个虫卵，虫卵直径为 75～88 μm。

（二）生活史

中间宿主：多种类型的昆虫。

终末宿主：主要是鸡、雉鸡、鸽、野鸽、孔雀、红鹦鹉、雀科鸣禽等鸟类。

发育过程：孕节或虫卵随终末宿主粪便排出体外，被中间宿主吞食后，六钩蚴逸出，发育为似囊尾蚴。鸟因啄食含似囊尾蚴的中间宿主而感染，在其小肠内发育为成虫。

（三）流行病学

世界性分布，以昆虫、肉或鱼为食的杂食性鸟类易患此病，在以种子为食的鸟类中少见。本病的发生与中间宿主如蚂蚁、甲虫、苍蝇、蚱蜢的分布有密切关系，一半以上的野生鸟都有寄生，笼养鸟与舍养鸟感染机会很小，但大多数笼养鸟与舍养鸟是从野生鸟捕获的，因此也亦患本病。

（四）致病作用及症状

虫体以头节深入宿主肠壁，刺激肠黏膜并引起出血，呈急性肠炎症状，影响消化功能，表现为腹泻，粪便中含黏液或带血，虫体数量较多时可导致肠梗阻。虫体分泌的毒素亦可引起神经症状。患鸟表现为消瘦、食欲不振、生长缓慢、腹泻、贫血，大多数鸟有异食癖，便中带血，常继发营养不良和其他肠道传染病。

（五）病理变化

小肠黏膜增厚，有点状出血并有小结节，小结节的中央凹陷。

（六）诊断

本病无特征症状，生前诊断可通过粪便检查发现孕节或虫卵确定，但孕节排出无规律性，检出率不高。尸体剖检是最可靠的诊断方法，在小肠内发现虫体即可确诊。

（七）治疗

可选用以下药物治疗。

(1)甲苯咪唑（安乐士）：广谱驱虫药。每千克体重 3.3 mg，每天 2 次，连服 3 天。本品为首选驱虫药。

(2)硫氯酚：每千克体重 150～200 mg，1 次投服，4 天后再服 1 次。

(3)氯硝柳胺（灭绦灵）：每千克体重 50～60 mg，1 次投服。

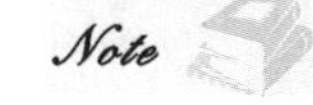

(4)氢溴酸槟榔碱:每千克体重 3 mg,配成 0.1%水溶液灌服。

(5)芬苯达唑:每千克体重 5 mg,1 次投服,连用 2 天。

(6)吡喹酮:每千克体重 10～20 mg,1 次投服。

(7)丙硫苯咪唑:每千克体重 15～20 mg,1 次投服。

(八)防治措施

(1)定期驱虫:在本病流行地区,应进行预防性驱虫。驱虫时应收集排出的虫体和粪便,彻底销毁,防止散布病原。使用驱虫药后可以加喂火麻仁,可起到润肠通便、促进虫体排出的作用。只有在粪便中看到绦虫头节才达到驱虫的目的。

(2)消灭中间宿主:注意环境卫生,做好灭蝇和杀虫工作,尤其注意消灭作为鸟的动物性蛋白来源的中间宿主。

(3)加强管理:鸟的生活环境要保持清洁、干燥,潮湿环境有利于中间宿主的生长。避免鸟接触昆虫和软体动物。

二、戴文绦虫病

戴文绦虫病是由戴文科、戴文属的节片戴文绦虫寄生于观赏鸟的十二指肠内引起的疾病,常见于雀形目和鹦形目的多种鸟中。

(一)病原形态构造

节片戴文绦虫,虫体乳白色,小似舌形,长仅 0.5～3 mm,一般由 3～5 个节片组成,节片由前往后逐个增大。头节小,顶突和吸盘上均有小钩,但易脱落。生殖孔规则交替开口于每个体节的侧缘前部。睾丸 12～15 个,排成 2 列,位于体节后部。虫卵单个散在于孕节实质中,虫卵直径为 28～40 μm。

(二)生活史

中间宿主:蛞蝓、陆地螺等。

终末宿主:雀形目和鹦形目的多种鸟。

发育过程:孕节随终末宿主粪便排出体外,能蠕动并释出虫卵。被中间宿主吞食后,在其体内经 3 周发育为似囊尾蚴。鸟因啄食含似囊尾蚴的中间宿主而感染,在其十二指肠内,约经 2 周发育为成虫。

(三)流行病学

各龄鸟均能感染,但以幼鸟最易感,且可引起死亡。虫卵在阴暗潮湿环境中能存活 5 天左右,干燥和霜冻可使之迅速死亡。中间宿主蛞蝓也适宜在潮湿环境生长,因此本病在南方地区更易流行。

(四)致病作用及症状

虫体以头节深入宿主肠壁,刺激肠黏膜并引起出血,呈急性肠炎症状,表现为腹泻,粪便中含黏液或带血。患鸟明显贫血,继而精神沉郁,行动迟缓,高度衰弱与消瘦,羽毛蓬乱。由于虫体分泌毒素,患鸟有时发生麻痹,从两腿开始,逐渐波及全身。

(五)病理变化

十二指肠黏膜增厚,有散在出血点,并充满黏液。大量白色舌形虫体固着于黏膜上。

(六)诊断

根据临床症状、病理变化及粪便检查进行综合性判断。粪便检查发现孕节或尸体剖检发现虫体可确诊。由于排出孕节量少且节片小,所以应注意收集全粪检查。

(七)防治措施

参考赖利绦虫病。

任务2 蛔 虫 病

情境导入

蛔虫病是由禽蛔科、禽蛔属的蛔虫寄生于观赏鸟体内引起的疾病，对观赏鸟危害严重，下面让我们来认识它。

必备知识

一、病原形态构造

禽蛔虫主要有以下 2 种。

(1)鸡蛔虫(图 8-1)：虫体呈白色，头端有 3 个唇片。雄虫长 26～70 mm，宽 90～120 μm，尾端向腹面弯曲，有尾翼和尾乳突，1 个圆形或椭圆形的泄殖腔前吸盘，2 根交合刺近等长。雌虫长 65～110 mm，宽 900 μm，阴门开口于虫体中部，尾端钝直。

蛔虫卵呈椭圆形(图 8-2)，深灰色，壳厚而光滑，新排出虫卵内含单个椭圆形胚细胞，大小为(7～90) μm×(47～51) μm。

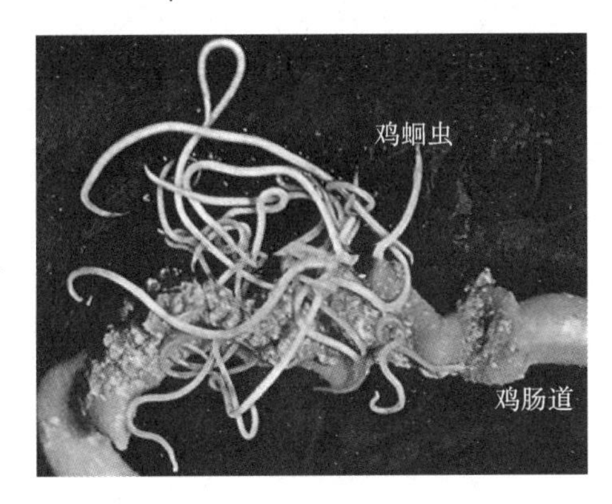

图 8-1 鸡蛔虫

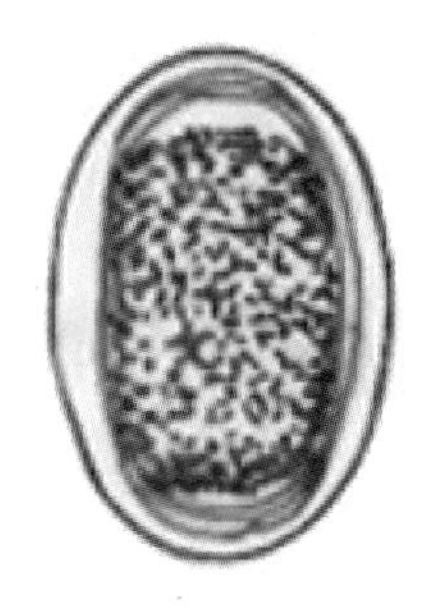

图 8-2 蛔虫卵

(2)鸽蛔虫：雄虫长 50～70 mm，交合刺等长。雌虫长 20～95 mm。

二、生活史

发育不需要中间宿主。雌虫在小肠内产卵，卵随粪便排出体外。虫卵在适宜的温度、湿度条件下，经 1～2 周发育为内含幼虫的感染性虫卵，其在土壤内 6 个月仍具感染力。感染性虫卵进入宿主体内在十二指肠孵出幼虫，继而入侵肠黏膜深处。经 7～8 天重新返回肠腔，再经 1～3 个月生长为成虫。蚯蚓可为贮藏宿主，虫卵在蚯蚓体内长期保持生命力和感染力，鸟通过啄食该种蚯蚓而感染。成虫寄生于鸟的小肠中。

三、流行病学

鹦形目鸟、雀形目鸟和鸽易感染本病，分布遍及全世界，东南亚潮湿、温热和环境差的地区分布更为广泛。蛔虫卵对外界环境和常用消毒剂的抵抗力很强，在严寒冬季经 3 个月冻结仍能存活，但在干燥、高温等条件下很快死亡。3～4 月龄的雏鸟易感，1 岁以上鸟多为带虫者。

四、症状

长尾小鹦鹉的幼鸟寄生几条虫体便会出现明显症状，因为其小肠末端直径小，而蛔虫相对较大，所以虫体排出非常困难，极易引起肠梗阻。患鸟表现为可视黏膜苍白、精神萎靡、羽毛松乱、体形消

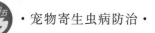

瘦、初期食欲不振,但后期食欲增加。若蛔虫破坏肠管则引起腹痛和严重腹泻,甚至造成腹膜炎,最终导致患鸟死亡。

五、病理变化

严重感染时可见大量虫体聚集,相互缠结,在鹦鹉中表现更为明显。

六、诊断

流行病学和症状可作参考,饱和盐水漂浮法检查粪便发现大量虫卵,或驱虫药做诊断性驱虫可确诊。

七、治疗

可选用以下药物治疗。

(1)枸橼酸哌嗪(驱蛔灵):每千克体重 10 mg,3 周后重复给药 1 次,同时配给润滑剂效果更佳。

(2)丙硫苯咪唑:每千克体重 10 mg,1 次内服。

(3)左旋咪唑:每千克体重 10~20 mg,均匀拌入饲料,1 次饲喂。

(4)芬苯达唑:每千克体重 10~20 mg,1 次内服。

八、防治措施

(1)切断传播途径:注意日常保持鸟舍卫生,鸟笼和鸟具要定期清洁和用沸水消毒,还要注意勿让鸟衔咬野外的草木而吞下蛔虫卵。

(2)控制传染源:及时清除粪便,堆积发酵,杀灭虫卵。发现患鸟及时隔离治疗。饲料避免潮湿,防止饲料中虫卵转变为感染性虫卵。

任务3 胃线虫病

情境导入

胃线虫病是由华首科(锐形科)、华首属(锐形属)和四棱科、四棱属的线虫寄生于观赏鸟的食道、腺胃、肌胃和小肠内引起的疾病,下面让我们来认识它。

必备知识

一、病原形态构造

禽胃线虫主要有以下 3 种。

(1)旋锐形线虫:虫体常卷曲成螺旋状,前部的 4 条饰带呈波浪形,由前向后,在食道中部折回,但不吻合。雄虫长 7~8.3 mm,雌虫长 9~10.2 mm。

虫卵卵壳厚,大小为(33~40)μm×(18~25)μm,内含幼虫。寄生于宿主的前胃和食道,偶尔可寄生于小肠。

(2)小钩锐形线虫:虫体前部有 4 条饰带,两两并列,呈不整齐的波浪形,由前向后延伸,几乎达到虫体后部,不折回亦不吻合。雄虫长 9~14 mm,雌虫长 16~19 mm。

虫卵呈淡黄色,椭圆形,卵壳较厚,内含一个"U"形幼虫,虫卵大小为(40~45)μm×(24~27)μm。寄生于宿主的肌胃角质膜下。

(3)美洲四棱线虫:虫体无饰带,雄虫和雌虫形态各异。雄虫纤细,长 5~5.5 mm。雌虫血红色,长 3.5~4.5 mm,宽 3 mm,呈亚球形,并在纵线部位形成 4 条纵沟,前、后端自球体部伸出,形似圆锥状附属物。

虫卵大小为(42～50)μm×24 μm，内含1条幼虫。

二、生活史

中间宿主：旋锐形线虫为鼠妇，俗称“潮虫”。小钩锐形线虫为蚱蜢、象鼻虫和拟谷盗。美洲四棱线虫为蚱蜢和德国小蠊。

终末宿主：鸡、火鸡、鸽、鹌鹑等禽鸟类。

发育过程：成熟雌虫在寄生部位产卵，卵随粪便排到外界，被中间宿主吞食后孵化，在其体内发育为感染性幼虫，禽鸟因吞食带有感染性幼虫的中间宿主而感染。在禽鸟胃内，中间宿主被消化而释放出感染性幼虫，其移行到寄生部位发育为成虫。

发育时间：旋锐形线虫卵发育为感染性幼虫需26天，由感染性幼虫发育为成虫需27天；小钩锐形线虫卵发育为感染性幼虫约需20天，由感染性幼虫发育为成虫需120天；美洲四棱线虫卵发育为感染性幼虫约需42天，由感染性幼虫发育为成虫需35天。

三、症状

虫体寄生数量少时症状不明显，但大量虫体寄生时，患鸟表现为消化不良、食欲不振、精神沉郁、翅膀下垂、羽毛蓬乱、消瘦、贫血、下痢。雏鸟生长发育缓慢，严重者可因胃溃疡或胃穿孔而死亡。

四、诊断

粪便检查查到虫卵，或剖检发现胃壁发炎、增厚，有溃疡灶，并在胃内或胃角质层下查到虫体可确诊。

五、治疗

可用四氯乙烯口服治疗。

六、防治措施

(1)加强管理：加强饲料和饮水卫生；勤清除粪便；疫区应定期进行预防性驱虫。

(2)消灭中间宿主：用0.005%敌杀死或0.0067%杀灭菊酯水悬液喷洒鸟笼、地面和运动场。

任务4　异刺线虫病

情境导入

异刺线虫病是由异刺科、异刺属的异刺线虫寄生于观赏鸟盲肠内引起的疾病，又称盲肠虫病。异刺线虫多寄生于家禽，但珍珠鸡、孔雀等鸡形目鸟也常受侵袭。下面让我们来认识它。

必备知识

一、病原形态构造

异刺线虫(图8-3)，虫体细小，呈白色。头端略向背面弯曲，口呈圆锥形，口缘有3个不明显的唇片，食道球发达。雄虫长7～13 mm，尾直，末端尖细，2根交合刺不等长、不同形，泄殖腔前有1个圆形吸盘。雌虫长10～15 mm，尾细长，阴门位于虫体中部稍后方。

虫卵呈灰褐色，卵壳厚，内含1个胚细胞，卵的一端较明亮，大小为(65～75)μm×(36～50)μm。

二、生活史

直接发育型。成熟雌虫在宿主盲肠内产卵，虫卵经粪便排出体外，在适宜的温度和湿度下，约经2周发育为含有幼虫的感染性虫卵(图8-4)。

感染途径有两种方式：一是吞食了被感染性虫卵污染的饲料或饮水后感染，幼虫在小肠前部孵

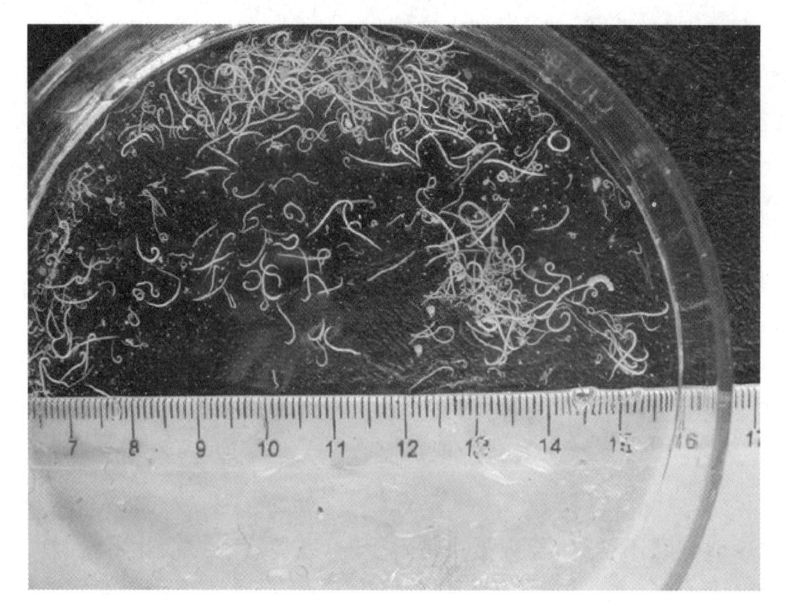

图 8-3 异刺线虫

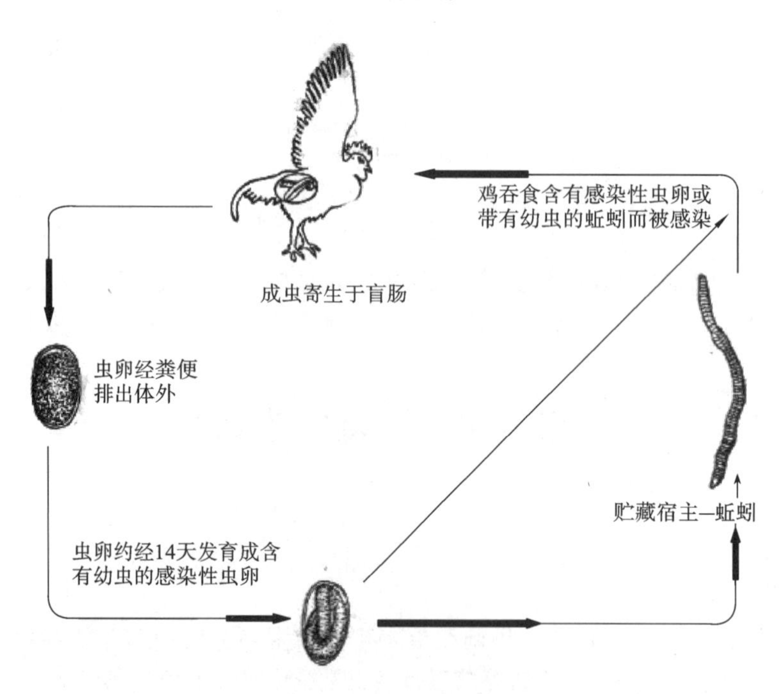
鸡吞食含有感染性虫卵或
带有幼虫的蚯蚓而被感染
成虫寄生于盲肠
虫卵经粪便
排出体外
贮藏宿主—蚯蚓
虫卵约经14天发育成含
有幼虫的感染性虫卵

图 8-4 异刺线虫生活史

出，移行到盲肠继续发育为成虫，从感染性虫卵发育为成虫需 24～30 天；二是感染性虫卵或幼虫被蚯蚓吞食，在蚯蚓体内长期生存，鸟类吃到该种蚯蚓时也能感染，蚯蚓是异刺线虫的贮藏宿主。

三、致病作用及症状

一般无症状，感染严重时虫体能机械性地损伤盲肠组织，引起盲肠炎和下痢；同时分泌毒素和代谢产物使宿主中毒。患鸟表现为消化功能障碍，食欲不振，下痢，贫血，发育缓慢而消瘦。

四、病理变化

盲肠肿大(图 8-5)，肠壁发炎增厚，有时出现溃疡灶(图 8-6)。盲肠内可查见虫体，尤以盲肠尖部居多。

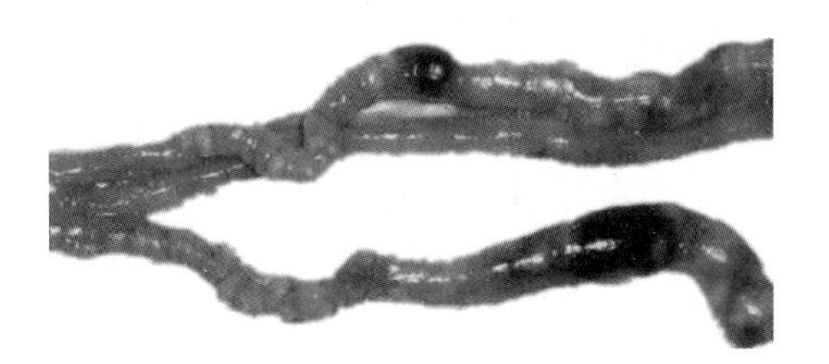

图 8-5　盲肠肿大

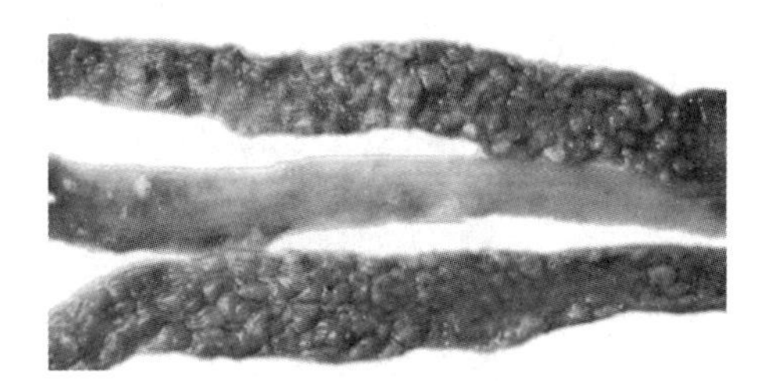

图 8-6　肠壁出现溃疡灶

五、诊断

此病常与组织滴虫病并发，因为异刺线虫是组织滴虫病的传播者，当鸟体内同时寄生这两种虫体时，组织滴虫可侵入异刺线虫的虫卵内，并随虫卵排出体外，鸟在啄食这种虫体时，可同时感染这两种寄生虫。

粪便中发现虫卵，或剖检时在盲肠发现虫体即可确诊。

六、治疗

可用驱蛔灵、四氯化碳等药物治疗。

七、防治措施

参照蛔虫病。

任务 5　气管比翼线虫病

情境导入

气管比翼线虫病是由比翼科、比翼属的气管比翼线虫寄生于观赏鸟的呼吸道引起的疾病，又称交合虫病、开口虫病，呈地方性流行，主要侵害雏鸟，见于雀形目、鸡形目和鸻形目等多种鸟类。下面让我们来认识它。

必备知识

一、病原形态构造

气管比翼线虫（又称“红虫”），虫体呈红色，头端大，呈半球形，口囊宽阔，呈杯状，底部有三角形小齿；雄虫长 2～4 mm，雌虫长 7～20 mm，雄虫以其交合伞附着于雌虫的阴门部，永远呈交配状，构成“Y”字形，又称“杈子虫”（图 8-7）。

虫卵呈椭圆形（图 8-8），大小为（78～110）μm×（43～46）μm，两端有厚的卵盖，内含 16 个胚细胞。

二、生活史

直接发育型。虫卵随鸟的粪便排出，在适宜的温度、湿度条件下，虫卵孵化为幼虫，幼虫在卵壳内经 2 次蜕皮发育形成第 3 期感染性幼虫。含幼虫的虫卵在土壤中可生存 8～9 个月。

感染途径有三种方式：一是感染性虫卵被宿主啄食；二是幼虫从虫卵孵出被宿主啄食；三是感染性虫卵或幼虫被贮藏宿主摄食，在其体内形成包囊，鸟食入贮藏宿主后感染。鸟感染后，幼虫钻入其肠壁，经血流移行至肺泡蜕变为第 4 期幼虫，之后上行到细支气管和支气管内蜕变为第 5 期幼虫，雌雄虫开始交配，在气管内发育为成虫。

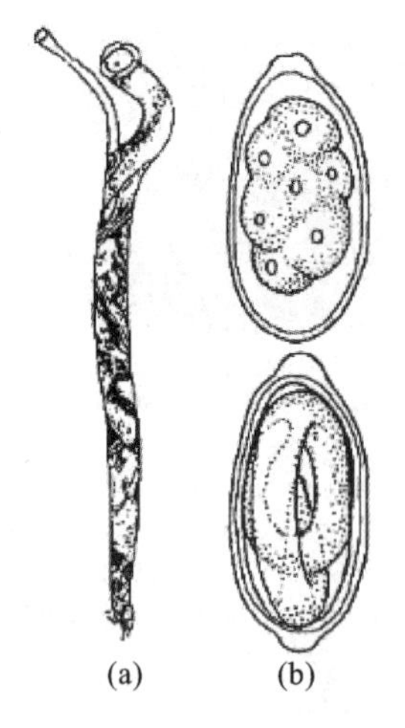

图 8-7　气管比翼线虫成虫、虫卵
(a)成虫;(b)虫卵

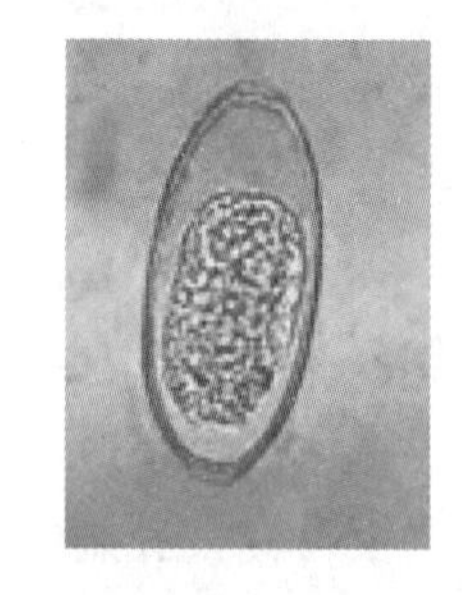

图 8-8　气管比翼线虫卵

三、流行病学

感染性幼虫在外界的抵抗力较弱,但在贮藏宿主蚯蚓、蛞蝓、蜗牛体内可存活 1 年以上。野鸟和火鸡可能是保虫宿主,在流行病学上有重要意义。

四、症状

雏鸟感染后症状最明显,表现为张口呼吸,伸颈,头努力摇摆以甩出气管分泌物,初期食欲减退、消瘦,后期呼吸困难,窒息而亡。成鸟症状轻微或无症状,极少死亡。

五、病理变化

幼虫在宿主肺部移行,引起肺淤血、水肿和肺炎;成虫寄生于气管时,头部深入气管黏膜下层吸血,引起气管的损伤和炎症,气管黏膜潮红、附有红色黏液(图 8-9)。

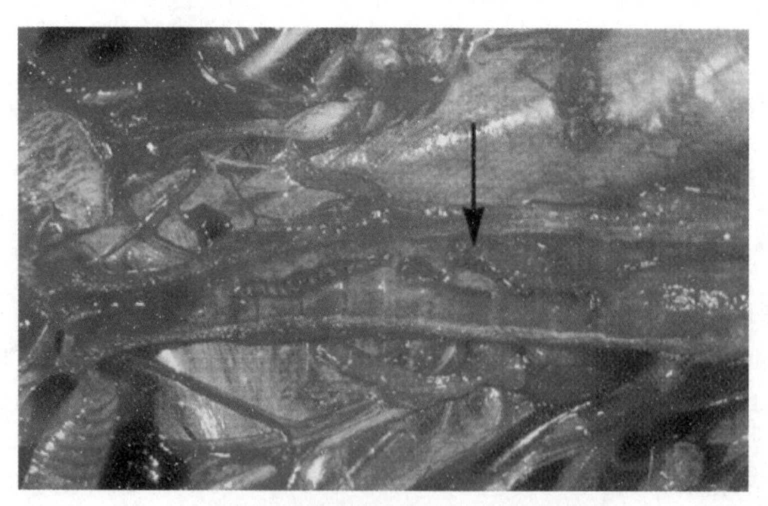

图 8-9　气管黏膜潮红、附有红色黏液

六、诊断

根据症状,结合口水检查见虫卵可确诊,或打开患鸟口腔,在强光下观察喉头是否有扩张气管中的虫体。

七、治疗

可选用以下药物治疗。

(1)噻苯唑:每千克体重 40～50 mg,口服,连用 3 天。

(2)左旋咪唑:每千克体重 10～20 mg,1 次口服。

(3)伊维菌素:每千克体重 0.3 mg,1 次口服。

(4)蒜油 1/3 与亚麻仁油 2/3 混合口服,或用碘溶液气管注射。

八、防治措施

尽量防止鸟接触到贮藏宿主;防止野鸟和家禽粪便污染鸟的活动场地;定期驱虫。

任务 6 虱　病

情境导入

虱病是由鸟虱(俗称羽虱)寄生于观赏鸟羽毛上引起的疾病,引起鸟体瘙痒并掠夺鸟体营养,下面让我们来认识它。

扫码看课件

8-6、8-7

必备知识

一、病原形态构造

羽虱是无翅的昆虫,个体较小,体长 0.5～1 mm,呈淡黄色或淡灰色。体扁平,多扁而宽,多数细长,由头、胸、腹三部分组成(图 8-10)。咀嚼式口器,头部一般比胸部宽。

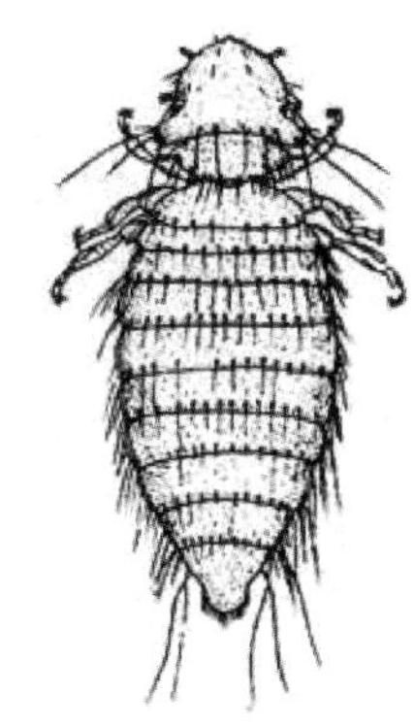

图 8-10　羽虱

二、生活史

不完全变态,永久性寄生虫。所产虫卵常簇结成块,黏附于鸟的羽毛上,经 5～8 天孵化为若虫,若虫在 2～4 周经 3～5 次蜕皮发育为成虫。

三、症状

羽虱一般不吸血,主要是啄食鸟的羽毛和皮屑,也吸取鸟体的营养,对雏鸟和幼鸟危害较大。大量寄生时,鸟体奇痒,因啄痒造成羽毛折断、脱落,影响休息,患鸟瘦弱,生长发育受阻。

四、诊断

在皮肤和羽毛上发现羽虱或虱卵即可确诊。

五、治疗

可选用以下药物治疗。

(1)阿维菌素:每千克体重 0.2 mg,混饲或皮下注射均有良效。

(2)20%杀灭菊酯乳油:按 3000～4000 倍用水稀释,喷洒或药浴,一般间隔 7～10 天再用 1 次,效果更好。

(3)2.5%敌杀死乳油(溴氰菊酯):按 400～500 倍用水稀释,喷洒或药浴,一般间隔 7～10 天再用 1 次。

六、防治措施

(1)加强管理:平时多注意鸟体与鸟笼卫生,定期消毒,鸟舍内保持通风干燥。经常检查鸟体,发现虱后及时治疗。

(2)药物预防:用布袋装 5～6 粒樟脑球,挂在鸟笼内有防虱的作用。也可用 25%除虫菊酯,用水配成 0.12%乳剂,对鸟进行消毒或药浴。

任务7　螨　　病

情境导入

螨病是由蛛形纲、蜱螨目的多种螨寄生于观赏鸟体表引起，是对观赏鸟危害最严重的外寄生虫病，其病原主要有皮刺螨、膝螨和恙螨，下面让我们来逐一认识它们。

必备知识

一、皮刺螨病

（一）病原形态构造

鸡皮刺螨，又称鸡螨、红螨。虫体呈长椭圆形，后部稍宽，体表布满短绒毛，吸饱血后虫体由灰白色转为红色。体长 0.6～0.75 mm，吸饱血后体长可达 1.5 mm。刺吸式口器，一对螯肢呈细长针状，以刺破皮肤吸血。

（二）生活史

不完全变态。雌虫吸饱血后离开宿主到隐蔽处产卵，虫卵经 2～3 天孵化出 3 对足的幼虫，不吸血，经 2～3 天蜕化为第 1 期若虫，第 1 期若虫吸血后，经 3～4 天蜕化为第 2 期若虫，第 2 期若虫再经 0.5～4 天蜕化为成虫。全部发育约 8 天完成。成虫 4～5 个月不吸血仍能生存，主要在夜间侵袭宿主吸血，白天隐匿在窝巢、墙壁缝隙或灰尘等隐蔽处。

（三）症状

轻度感染无明显症状，大量寄生时吸食鸟体血液和组织液；分泌毒素引起鸟皮肤红肿、损伤，继发炎症，在皮肤表面能找到个别大小不一、形态各异的红斑及结节凸起，反复侵袭、骚扰引起鸟不安，影响其采食和休息，导致鸟体消瘦、贫血、生长缓慢。

（四）诊断

在鸟体表或窝巢发现虫体即可确诊，但虫体较小且爬动很快，若不注意则不易发现。

（五）治疗

溴氰菊酯：每千克体重 5 mg，喷洒患鸟体表、窝巢、栖架等。

（六）防治措施

（1）药物杀螨：主要是用药物杀灭鸟体表和环境中的虫体。

（2）加强饲养管理：保持鸟舍、窝巢干燥、通风、透光，经常打扫，定期消毒。注意观察鸟群，及时发现患鸟和可疑病例并隔离治疗。平时做好环境卫生，对于某些喜欢沙浴的鸟，沙要加热消毒后再供其使用；对于经常水浴的鸟，水要清洁卫生；在沙中或水中定期放少许硫黄石灰粉可起到一定杀虫作用。

二、膝螨病

（一）病原形态构造

（1）突变膝螨，虫体小（图 8-11）。雄虫长 0.19～0.2 mm，宽 0.12～0.13 mm，卵呈圆形，足较长，足端各有 1 个吸盘；雌虫长 0.41～0.44 mm，宽 0.33～0.38 mm，近圆形，足极短，足端均无吸盘。

（2）鸡膝螨，比突变膝螨更小，体形较圆，体长仅 0.3 mm。

（二）生活史与流行病学

成虫咬破鸟体皮肤钻入皮下挖掘隧道，吞食细胞和体液，交配后在隧道内产卵，发育为成虫需14～21天。通过接触传播。

（三）症状

突变膝螨常寄生于鸟类的口角、眼睑、脚和泄殖腔周围等羽毛稀少部位，引起皮肤发炎、增厚，形成鳞片和痂皮，使患部皮肤粗糙皱裂；侵袭脚部时，患肢增粗，外观似涂有一层石灰，俗称“石灰脚”（图8-12）。鸡膝螨常寄生于羽毛根部，引起皮炎，奇痒，羽毛脱落，生长发育受阻。

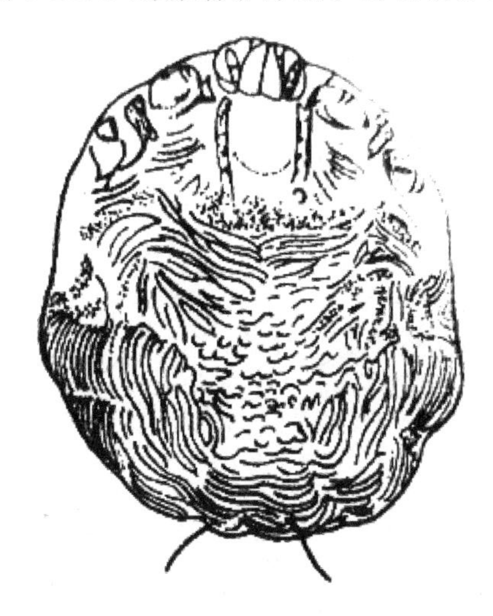

图 8-11 突变膝螨

图 8-12 石灰脚

（四）诊断

刮取病变部位镜检发现虫体即可确诊。

（五）治疗

治疗前先将患鸟的脚浸入温热的肥皂水中，使痂皮变软，除去痂皮，然后用药。可选用以下药物治疗。

(1)20%硫黄软膏或2%石炭酸软膏：涂抹患处。

(2)敌百虫：配成5%溶液涂抹患处。

(3)20%杀灭菊酯乳油或2.5%敌杀死乳油：稀释后涂抹患处或药浴，间隔数天再用药1次。

(4)阿维菌素：每千克体重0.3 mg，拌料喂服。

（六）防治措施

参照皮刺螨病。

三、恙螨病

（一）病原形态构造

鸡新棒恙螨，仅幼虫寄生于鸟类。幼虫饱食后呈橘黄色，似一微小红点，大小为0.42 mm×0.32 mm，腹面有3对短足，呈椭圆形。

（二）生活史

不完全变态。仅幼虫营寄生生活，卵、若虫和成虫均生活在潮湿的草地上。由卵发育为成虫需1～3个月。

（三）症状

幼虫以口器刺破宿主皮肤，分泌唾液溶解组织，以液化的组织为食。患部奇痒，出现痘疹状病灶，周围隆起，中间凹陷，中央可见一小红点，即恙螨幼虫。大量虫体寄生时，宿主腹部和翼下布满此

种痘疹状病灶。患鸟贫血、消瘦、拒食,如不及时治疗可造成死亡。

(四)诊断

用镊子夹取病灶中央小红点镜检,发现虫体即可确诊。

(五)治疗

患部涂擦70%乙醇、5%碘酊或5%硫黄软膏,一次即可杀死虫体。亦可用每千克体重0.2 mg的伊维菌素一次皮下注射。

(六)防治措施

(1)药物杀螨:用0.1%~0.5%敌百虫或灭虫菊酯进行环境全面杀螨,需持续喷洒3~5天,间隔10天,再持续喷洒3~5天。

(2)加强管理:注意不让笼养鸟和家禽、野鸟直接或间接接触。运动场应以树木为主,不得有较多低矮的杂草,保持运动场干燥、透光。

任务8 球 虫 病

情境导入

扫码看课件

8-8~8-11

球虫病主要由艾美耳属和等孢属的多种球虫引起。几乎所有的观赏鸟类都可感染,并出现一定的临床症状和病变,雏鸟比成鸟易感性高,甚至会引起雏鸟大批量死亡。下面让我们来认识它。

必备知识

一、病原形态构造

引起球虫病的球虫主要有以下两类。

(1)艾美耳属球虫:卵囊呈卵圆形或椭圆形,囊壁2层,一端有微孔,其上有突出的微孔帽,又称极帽,微孔下有1~3个极粒。具有感染性的卵囊内含子孢子,又称孢子化卵囊。孢子化卵囊内含4个孢子囊,每个孢子囊内含2个子孢子。

(2)等孢属球虫:卵囊无微孔、极帽和极粒。孢子化卵囊内含2个孢子囊,每个孢子囊内含4个子孢子。

二、生活史

直接发育型。卵囊随宿主粪便排出体外,在适合的环境下进行孢子生殖,经过4天左右发育为孢子化卵囊,鸟食入或饮用了被孢子化卵囊污染的饲料和饮水而感染。在宿主消化液作用下,卵囊壁和孢子囊壁破裂,释放出子孢子,继而入侵小肠上皮细胞进行裂殖生殖,使宿主的肠黏膜受损害。经数代裂殖生殖后,裂殖子转化为雌雄配子,雌雄配子结合为合子,发育为卵囊。卵囊再随宿主粪便排出体外,重复上述过程。从鸟食入卵囊到排出下一代卵囊约需7天。

三、流行病学

鸟感染途径主要是食入了被孢子化卵囊污染的饲料、饮水,直接或间接接触被孢子化卵囊污染的土壤和用具等。

一年四季均可发病,在潮湿多雨、气温较高的梅雨季节更易暴发,饲养管理不良、卫生条件恶劣的鸟舍最易发病。

球虫卵囊对外界环境和多种消毒剂均有很强的抵抗力。在一般土壤中可存活4~9个月,在潮湿土壤中可存活1年以上,但对日光、干燥等极为敏感,在日光下数小时即可死亡,用2%氢氧化钠溶

液消毒地面和用具能杀死卵囊。

各种球虫对鸟类宿主都有选择性，一种鸟有时可感染数种球虫。艾美耳属球虫常感染鸡形目、鸽形目、雁形目、鹤形目、鹈形目、鹦形目的鸟，等孢属球虫常感染隼形目、鸡形目、佛法僧目、鹗形目、鹦形目的鸟。球虫的侵害部位从十二指肠到泄殖腔，包括盲肠，也可侵害一些鸟如天鹅、猫头鹰的肾脏。各种球虫对宿主侵袭后不产生交互免疫，即一种鸟在感染一种球虫后还会感染其他种球虫。

四、症状

症状的轻重与鸟的种类、年龄、健康状况及吞食卵囊的数量有关。患鸟主要表现为精神沉郁、食欲不振或废绝、体重减轻、羽毛粗乱、贫血、腹泻，有的患鸟出现轻度下痢，有的出现致死性下痢，粪便水样或黏性绿色或呈血性稀便。若不及时治疗，患鸟会逐渐衰竭而死亡。本病呈急性或慢性经过，对雏鸟和幼鸟危害最大，成鸟多无临床症状，但表现为体质瘦弱。

五、病理变化

口腔、咽、食道和肠道可见湿的黏性分泌物和干酪样物质，肠道壁层可见红色、界限清楚的圆形小出血点。两侧盲肠显著肿大，黏膜出血。

六、诊断

根据流行病学、症状，结合虫体检查确诊。取新鲜粪便，用饱和盐水漂浮，甘油盐水涂片镜检，发现卵囊即可确诊。

七、治疗

治疗药物较多，由于球虫易产生耐药性，应避免一种药长期使用。

(1)磺胺二甲氧嘧啶：按 0.2%浓度饮水服用，连用 3～5 天，停药 2～5 天，再用 3 天。注意不要连用 7 天以防中毒。

(2)磺胺间甲氧嘧啶(制菌磺)：按 0.1%～0.2%浓度混水或拌料，连用 3 天。

(3)二硝托胺(球痢灵)：具有高效、低毒的特点，按 0.025%浓度拌料，连用 3～5 天。

(4)氯苯胍：广谱抗球虫药，疗效显著。每千克饲料加入 30～40 mg，连用 7 天，若未治愈可再喂 7 天。

(5)氯羟吡啶(克球多、可爱丹)：按 0.025%浓度混入饲料中，连用 5 天。

(6)呋喃唑酮(痢特灵)：每千克饲料加入 300～400 mg，连用 4～5 天。

(7)常山酮(速丹)：每千克饲料加入 6 mg，连用 7 天，后改用半量。

八、防治措施

(1)药物预防：经常发病地区可定期进行药物预防。

(2)加强卫生管理：做好鸟舍、笼具的卫生和消毒工作，可用 2%氢氧化钠溶液喷洒鸟舍、鸟笼、饲养用具等，垫料、垫沙必须经常更换并保持干燥和干净，用前充分晒干。

(3)加强饲养管理：幼鸟与成鸟分开饲养，一旦发现患鸟立即隔离。多喂含维生素 A 的饲料以增强抵抗力。

任务 9　组织滴虫病

情境导入

组织滴虫病是由单毛滴虫科、组织滴虫属的火鸡组织滴虫寄生于观赏鸟的盲肠和肝脏引起的疾病，又称盲肠肝炎或黑头病。该虫寄生于鸡形目的所有鸟类，包括火鸡、鸡、雉、孔雀、鹧鸪、鹌鹑等，其他目的鸟类则不易感染。下面让我们来认识它。

Note

必备知识

一、病原形态构造

火鸡组织滴虫，为多形性虫体，大小不一，有鞭毛型和无鞭毛型两种形态（图 8-13）。鞭毛型虫体寄生于肠腔和盲肠黏膜间隙，呈卵圆形或变形虫体，有一根粗壮的鞭毛，虫体直径为 5～16 μm，鞭毛长 6～11 μm，常做钟摆样运动。无鞭毛型虫体见于盲肠上皮细胞和肝细胞内，呈圆形或椭圆形，侵袭期虫体直径为 8～17 μm，生长后可达 12～21 μm。

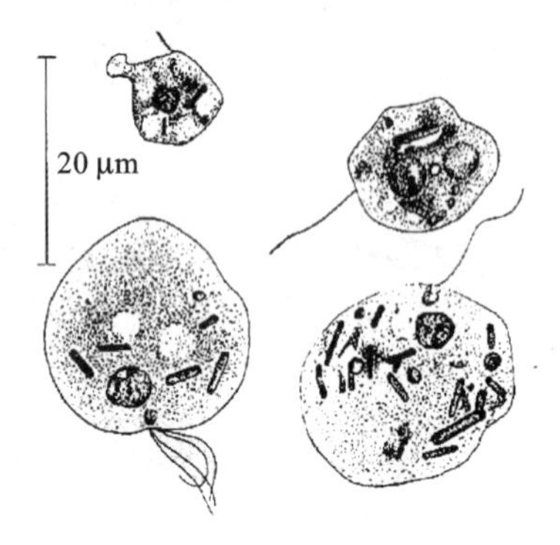

图 8-13 火鸡组织滴虫

二、生活史

直接发育型，以二分裂法繁殖。异刺线虫卵是本病的携带者，鸟通过吞食受感染的异刺线虫卵而发病。当异刺线虫卵孵化后，组织滴虫逸出进入宿主盲肠，附在盲肠壁上以二分裂法繁殖，部分虫体通过血液到达肝脏。盲肠内有异刺线虫时，组织滴虫可侵入异刺线虫，随异刺线虫排到外界，也可直接随粪便排出体外。

三、流行病学

本病无季节性，但温暖、潮湿的春夏季发生较多。组织滴虫对外界的抵抗力不强，进入异刺线虫卵内的组织滴虫可在土壤中存活数月甚至数年，成为重要的感染源。蚯蚓在组织滴虫病的流行病学上具有重要的作用。由于蚯蚓吞食了土壤中的异刺线虫卵或幼虫，幼虫能在蚯蚓体内长期生存，当鸟吃到该蚯蚓后，异刺线虫幼虫体内的组织滴虫逸出，使鸟发生感染。此外，蚂蚱、蝇类、蝗虫、蟋蟀等昆虫也能作为贮藏宿主，成为本病的传染源。

四、症状

患鸟精神沉郁、食欲减退或废绝、羽毛松乱、尾巴和翅膀下垂、蜷缩怕冷。下痢是最常见的症状，粪便恶臭，呈淡绿色或淡黄色，严重时可排血便。后期有的患鸟脸部和头部呈暗黑色（图 8-14），故称“黑头病”，但不是本病的特征症状。

五、病理变化

病变主要在盲肠和肝脏（图 8-15）。急性病例可见盲肠肿大（常一侧发生病变），内有干酪样物，形成干酪状的盲肠肠芯。盲肠黏膜出血、坏死并形成溃疡，间或有溃疡穿破肠壁，导致腹膜炎或粘连于其他内脏而引起患鸟死亡。肝脏病变具有特征性，出现黄绿色下陷的坏死灶，大小不一，或呈片状。

六、诊断

根据临床症状和特征性病变可做出诊断。必要时可采集患鸟新鲜的盲肠内容物，用 40 ℃生理盐水制成悬滴标本，镜检，见到呈钟摆状往复运动的虫体后确诊。

七、治疗

可选用以下药物治疗。

（1）呋喃唑酮（痢特灵）：按 0.04%浓度混料，连用 7 天。

（2）甲硝唑（灭滴灵）：按 0.02%浓度混料，连用 7 天。

（3）二甲硝咪唑（达美素）：按 0.04%浓度混料，连用 7～14 天。

（4）为驱除异刺线虫，可同时在饲料中加入左旋咪唑或丙硫苯咪唑，每千克体重 20 mg。

八、防治措施

（1）各种鸟类应分开饲养，尤其是幼鸟和成鸟，防止带虫宿主传播。

（2）注意环境卫生和消毒，避免鸟类接触贮藏宿主。

图 8-14　患鸟黑头

图 8-15　病变的盲肠和肝脏

(3)异刺线虫可传播本病,故控制感染异刺线虫是防治本病的重要措施。

任务 10　疟原虫病

情境导入

疟原虫病是由疟原虫科、疟原虫属的多种疟原虫寄生于观赏鸟引起的疾病。疟原虫主要寄生于鸟的红细胞内和肝、脾、脑等组织网状内皮和血管内皮细胞,分布较广。有人曾列举了1000余种鸟类可作为疟原虫的宿主,其体内疟原虫可多达65种,也有可能为35种或更少。下面让我们来认识它。

必备知识

一、病原形态构造

鸟体内常见疟原虫有以下8种:弯曲疟原虫寄生于雀形目和鹦形目;金丝雀疟原虫寄生于雀形目;长角疟原虫寄生于雀形目;燕雀疟原虫寄生于雀形目;芬氏疟原虫寄生于雀形目;残遗疟原虫寄生于雀形目和鹦形目;嗜核疟原虫寄生于鹦形目;晨残疟原虫寄生于鸽。

虫体在红细胞内有不同发育阶段,形态各异。滋养体呈环状,成熟的裂殖体呈圆形,内含不同数量的裂殖子,配子体呈圆形或椭圆形,存在于成熟的红细胞内。被寄生的红细胞核被挤向一侧,配子体具有色素颗粒,裂殖体产生8～30个裂殖子。

二、生活史

疟原虫需要两个宿主,中间宿主是鸟类,在其体内进行无性繁殖及有性繁殖的开始阶段,终末宿主是蚊子,在其体内完成有性繁殖。

感染性蚊子叮咬鸟类时,子孢子随蚊虫唾液进入宿主血液,而后侵入网状内皮细胞,在此进行两代裂殖生殖产生裂殖子,第二代裂殖子进入血流,部分被巨噬细胞吞噬,部分侵入红细胞进行裂殖生殖。侵入红细胞内的裂殖子初期似戒指状,称为环状体,即小滋养体。环状体发育长大,细胞质可伸出不规则的伪足,以摄噬血红蛋白,即大滋养体,经过3～5次裂殖生殖后,部分裂殖子逐渐发育为雌雄配子体。配子体在中间宿主体内可生存2～3个月,此期间如被蚊吸入,则在蚊体内进行有性生殖,雌雄配子体发育为雌雄配子,两者结合发育为合子,形成卵囊。

卵囊进行孢子生殖,产生大量子孢子,待蚊叮咬健康鸟类时,子孢子进入该鸟体内重复上述过程。

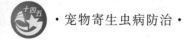

三、流行病学

传播媒介是库蚊和伊蚊。本病在我国分布广泛，除青藏高原外，几乎遍及全国。本病的流行受温度、湿度、雨量的影响，适宜的温度、湿度、雨量利于蚊滋生，温度高于 30 ℃或低于 16 ℃不利于疟原虫在蚊体内发育。因此，本病常呈地区性流行，在北方地区有明显的季节性，而在南方地区则常年流行。

四、症状

大多数情况不出现明显症状，严重感染时患鸟出现发热、精神沉郁、羽毛松乱和贫血，甚至死亡。鸵鸟感染时出现步态不稳、躺卧不起、瘦弱、贫血、发热，甚至死亡。

五、病理变化

黏膜苍白，肝、脾大，呈灰色。

六、诊断

根据症状、流行特点结合血涂片可做出诊断。血涂片染色镜检，在红细胞内发现滋养体即可确诊，滋养体呈环状，细胞核呈红色，细胞质呈淡蓝色，虫体中间为不着色的空泡。

七、治疗

盐酸阿的平，每千克体重 240 mg，连用 1 周。也可选用氯喹、奎宁、青蒿粉等药物治疗。

八、防治措施

在蚊虫流行季节注意防蚊，有条件可使用蚊帐使鸟免受叮咬。灭蚊措施除大面积应用灭蚊剂外，更重要的是消除积水，根除蚊虫滋生场所。

任务 11　血变原虫病

情境导入

血变原虫病是由疟原虫科、血变原虫属的鸽血变原虫寄生于观赏鸟血液引起的疾病。见于雀形目的多种鸟类，也见于鸽形目和鸡形目的一些鸟类，鹦形目的鸟类少见。下面让我们来认识它。

必备知识

一、病原形态构造

鸽血变原虫，为血液原虫。配子体呈长形腊肠状，围绕于宿主细胞核，虫体的细胞质中出现色素颗粒。

二、生活史

血变原虫与疟原虫属有密切关系，但有两点不同：①血变原虫不在血液循环系统中繁殖，也不由蚊传播；②繁殖只限于在血管，特别是肺部血管内皮细胞中进行，由虱蝇进行传播。

血变原虫发育过程需要两个宿主，中间宿主为鸟类，终末宿主为虱蝇。

三、流行病学

本病呈世界性分布。夏秋季节由于虱蝇繁殖快，发病率往往高于冬季。

四、症状

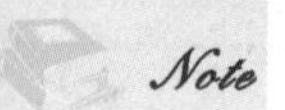

轻度感染时，症状轻微，患鸟常见精神沉郁、食欲下降、不喜活动，几日后可恢复，或转变为慢性

带虫者，表现为贫血、衰弱、生产力下降、不愿孵育，常因继发其他疾病使病情恶化，甚至引起死亡。严重感染时，雏鸽和体弱的成年鸽常为急性经过，患鸽缩颈、毛松、呆立、厌食、贫血、呼吸急促，甚至张口呼吸，不愿起飞，数天内死亡。惊吓、驱赶、捕捉、注射疫苗或药物等应激时，常可加速患鸟的死亡。

五、病理变化

剖检主要变化是肺充血、肿大，脾、肝大。

六、诊断

采血制作血涂片，染色镜检，发现红细胞内有长形呈腊肠状的配子体即可确诊。

七、治疗

可选用以下药物治疗。

(1)盐酸阿的平：每千克体重 240 mg，连用 7 天。

(2)磷酸伯氨喹啉(扑疟喹)：良种鸽首次每只每天半片(每片含 7.5 mg)，以后每只每天 1/4 片，口服，连用 7 天；也可配成饮水让其自饮。

此外还可以选用中草药防治，常用黄花蒿、青蒿、常山等。青蒿等菊科植物，含青蒿素等物质，抗疟原虫有效，使用时，取鲜叶或干粉末混饲，常用浓度为 8%左右。常山为虎耳草科植物，含生物碱，使用时，取干燥根少许，煎汤，取澄清液稀释成淡黄色供患鸟饮用。

八、防治措施

(1)杀灭传播媒介：可用杀虫药(8 mL 10%氯氰菊酯加 10 kg 水)喷洒周围环境、体表羽毛、巢盘、粪便等，可杀灭周围多种蚊，但未出毛或羽毛稀少的鸟不宜直接喷洒，以防中毒。

(2)药物预防：青蒿全株磨粉，按 5%浓度混入保健砂中长期服用，可有效预防本病。

任务 12　住白细胞原虫病

情境导入

住白细胞原虫病是由疟原虫科、住白细胞虫属的住白细胞原虫寄生于观赏鸟的血细胞和内脏器官组织细胞内所引起的一种血孢子虫病，又称“白冠病”。多种鸟类都可感染，包括雀形目、鸡形目和雁形目鸟，以及长尾小鹦鹉等。本病主要发生于亚洲，特别是东南亚各国，北美洲等地也有报道。下面让我们来认识它。

扫码看课件
8-12～8-15

必备知识

一、病原形态构造

引起住白细胞原虫病的住白细胞原虫主要有以下两种。

(1)卡氏住白细胞原虫：成熟配子体存在于宿主白细胞和红细胞内，近圆形，大小为 15.5 μm×15 μm。大配子体的直径为 12～14 μm，有 1 个核，直径为 3～4 μm；小配子体的直径为 10～12 μm，核的直径亦为 10～12 μm，即细胞核占据了整个细胞。宿主细胞为圆形，直径为 13～20 μm，细胞核被配子体挤压至一侧，有时可见宿主细胞核与细胞质均已消失。

(2)沙氏住白细胞原虫：成熟配子体为长形，大小为 24 μm×4 μm。大配子体大小为 22 μm×6.5 μm，小配子体大小为 20 μm×6 μm。宿主细胞变形为纺锤形，大小约为 67 μm×6 μm，细胞核被配子体挤压成深色狭长的带状，围绕于虫体一侧。

二、生活史

中间宿主是鸟类，终末宿主是吸血昆虫，其中卡氏住白细胞原虫为库蠓，沙氏住白细胞原虫为蚋。

生活史分为3个阶段，即裂殖生殖、配子生殖和孢子生殖。裂殖生殖发生在鸟类的组织细胞中；一部分配子生殖，即雌雄配子体的形成发生在鸟类的红细胞或白细胞内；另一部分配子生殖，即雌雄配子的结合和孢子生殖发生在库蠓或蚋体内。

当带有住白细胞原虫的库蠓或蚋吸血时，虫体的子孢子进入鸟体内，进入血液循环，进入肝细胞中寄生，发育为肝型裂殖体，释放出的裂殖子一部分重新侵入肝细胞重复裂殖生殖，另一部分被巨噬细胞吞噬后发育为巨型裂殖体，随血液循环进入内脏器官继续发育，肝型裂殖体和巨型裂殖体可重复繁殖2～3代。巨噬细胞内释放出的裂殖子侵入血细胞内进行配子生殖，发育为雌雄配子体。库蠓或蚋吸血时，雌雄配子体进入其消化道内继续进行配子生殖，结合为合子，继续发育为动合子，移行到消化道壁上形成卵囊，进行孢子生殖。卵囊产生大量子孢子，子孢子释出移行至库蠓或蚋的唾液腺中。当库蠓或蚋再次吸血时，子孢子被注入鸟体内，重复上述的生活史。

三、流行病学

发病季节与库蠓和蚋活动的季节相一致，我国南方地区多发于4—10月，北方地区多发于7—9月，热带和亚热带地区全年都可发生本病。

四、症状

雏鸟症状明显，患鸟食欲下降、精神沉郁、腹泻、明显贫血，鸡冠和肉垂苍白，死亡率较高。在长尾小鹦鹉中，虫体寄生于心脏致其心衰而死亡。

五、病理变化

全身各组织器官有小出血点或白色小结节，肌肉、心脏、肝和脾较明显，这种小结节是裂殖体在肌肉或组织内增殖形成的集落，是本病的特征病变。

六、诊断

根据流行病学、临床症状和虫体检查即可确诊。虫体检查法是通过血涂片镜检，在白细胞和红细胞内见到无色的配子体。血涂片经吉姆萨染色配子体呈蓝色，虫体细胞核呈圆形或椭圆形为淡红色，中间核仁呈紫红色，宿主的细胞核常被挤到一侧。尸体剖检可取心肌、肌胃肌层和骨骼肌的小白点压片，可见到巨型裂殖体。

七、治疗

药物治疗宜在早期进行，可选用以下药物。

(1)磺胺二甲氧嘧啶：以0.05%浓度饮水2天，然后再用0.03%浓度继续饮水3天。

(2)氯苯胍：以0.0066%浓度混料连服3～5天，然后改用预防量0.0033%浓度。

(3)复方磺胺-5-甲氧嘧啶：以0.03%浓度混料，连用5～7天。

(4)磺胺-6-甲氧嘧啶：以0.2%浓度混料，连用4～5天。

(5)呋喃唑酮：以0.04%浓度混料，连用4～5天。

八、防治措施

(1)消灭吸血昆虫：库蠓、蚋活跃季节，最好将鸟放在室内，可安装100目纱门、纱窗防止其进入。库蠓的幼虫和蛹主要滋生于水沟、池沼、水井和稻田等处，不易杀灭，但成虫多于晚间飞入鸟舍吸血，可用0.1%除虫菊酯喷洒，杀灭成虫。

(2)药物预防：在本病流行季节，可应用以下药物进行预防。磺胺二甲氧嘧啶以0.0025%～0.0075%浓度混料或饮水；磺胺喹噁啉以0.005%浓度混料或饮水。

任务 13　毛滴虫病

情境导入

毛滴虫病是由毛滴虫科、毛滴虫属的禽毛滴虫寄生于观赏鸟消化道上段引起的疾病。各种鸽、鹌鹑、隼和鹰均能感染，其他鸟类偶尔感染，该病对雏鸽的危害最大，常引起溃疡症。下面让我们来认识它。

必备知识

一、病原形态构造

禽毛滴虫，呈梨形，移动迅速，长 5～9 μm，宽 2～9 μm。虫体前端毛基体发出 4 根典型的游离鞭毛，一根细长的轴刺常延伸至虫体后缘之外。在虫体的一侧还具有鳍样的波动膜，始于虫体的前端，止于虫体的稍后方。

二、生活史

生活史很简单，通过纵二分裂法进行繁殖。尚未发现有性生殖阶段或传播媒介。健康鸟的口腔、咽、食道及嗉囊可能带虫，鸽可通过鸽乳传递给雏鸽，也可通过喙与喙的直接接触及污染的饲料和饮水传播。

三、流行特点

饮水为传播的主要途径，因为禽毛滴虫在干燥的环境中不易生存。野生和未驯化的鸽常常带有病原，成为传染源，几乎所有的鸽都是携带者，其他鸟类感染可能通过鸽、带虫的鸟污染的饮水和饲料传播。

四、症状

临床上在鸽中常见，一般侵袭 1～2 周龄的雏鸽，青年鸽也能感染，成鸽常为无症状感染。禽毛滴虫感染宿主鼻、咽、喉后，一般不通过气管感染肺部。禽毛滴虫顺食道感染嗉囊，大量繁殖，造成大量黏性分泌物产生，因为患鸟经常甩头或呕吐，使得口腔周围羽毛潮湿或沾上食物。雏鸽和青年鸽感染后症状较为严重，表现为精神沉郁、食欲减退、羽毛粗乱、迅速消瘦，随之因极度衰弱而死亡。患鸟常停止采食、腹泻、逐渐消瘦，有时可能突然死亡。

五、病理变化

患鸽口腔、头、喉部、嗉囊、食道黏膜上出现黄白色干酪样斑块或伪膜。干酪样物质积聚较多时，可部分或全部阻塞食道。口腔病变严重时，可扩散到鼻咽部、眼眶和颈部软组织。严重时病变能扩展到前胃。肝脏常受损害，始于表面，后扩散到肝实质，呈现为硬的、白色至黄色的圆形病灶。

六、诊断

临床症状和眼观病变有很大的诊断价值，结合实验室检验即可确诊。采集口腔、嗉囊分泌物或刮取病变处黏液，加少量生理盐水做成压滴标本，镜检见到呈梨形、带有多条鞭毛的迅速移动的虫体即可确诊。

七、治疗

可选用以下药物治疗。

(1)甲硝唑(灭滴灵)：治疗毛滴虫病的首选药物，按 0.05%浓度混水，连续饮用 5 天，停服 3 天，

Note

再用 5 天，效果较好。

(2)二甲硝咪唑(达美素)：按 0.05%浓度混水，连用 3 天，间隔 3 天，再用 3 天。

(3)氨硝噻唑：按 0.1%浓度混料，连用 7 天。

(4)10%碘甘油：涂擦在已除去干酪样沉积物的咽喉溃疡面上，效果很好。

八、防治措施

(1)加强卫生管理：保持笼舍通风、干净，减少粉尘是最有效的防治措施。饮水水源是交叉感染的主要传染源，因此要勤换水，盛水容器应该每天清洗。

(2)加强饲养管理：不同日龄的鸟应分群分栏饲养，避免拥挤。平时定期检查鸟口腔是否带虫，怀疑有病者，取其口腔黏液进行镜检。发现患鸟应隔离或淘汰，经彻底治愈后方可合群；不喂霉变饲料，注意补充维生素，可减少本病的发生。

(3)药物预防：定期检查鸽群，定期投药预防。由于鸽毛滴虫是由成鸽传染给雏鸽，种鸽应在哺乳前 10 天就用药物预防或治疗，以防止其传染给雏鸽。

任务 14　贾第鞭毛虫病

情境导入

贾第鞭毛虫病是由贾第属贾第鞭毛虫(简称贾第虫)寄生于观赏鸟肠道引起的疾病，主要表现为腹泻和消化不良。贾第虫寄生于长尾小鹦鹉、雀形目和少数其他鸟类，也可寄生于多种哺乳动物和人。下面让我们来认识它。

必备知识

一、病原形态构造

贾第虫，包括滋养体和包囊两种形态。滋养体似纵切、倒置的半个梨。长 9～20 μm，宽 5～10 μm，两侧对称，前半部呈圆形，后部逐渐变尖，侧面观时背面隆起，腹面扁平。有 2 个核，4 对鞭毛。1 对前鞭毛向前伸出体外，其余 3 对分别向体两侧、腹侧和尾部伸出体外(图 8-16)。

包囊呈椭圆形，囊壁厚，碘液染色后呈黄绿色，内有 2～4 个核，多偏于一侧，还可见到轴柱、鞭毛及丝状物(图 8-17)。

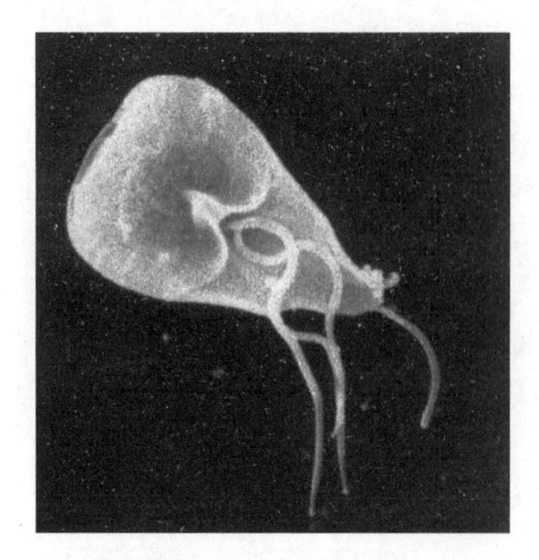

图 8-16　电镜下的肠贾第虫

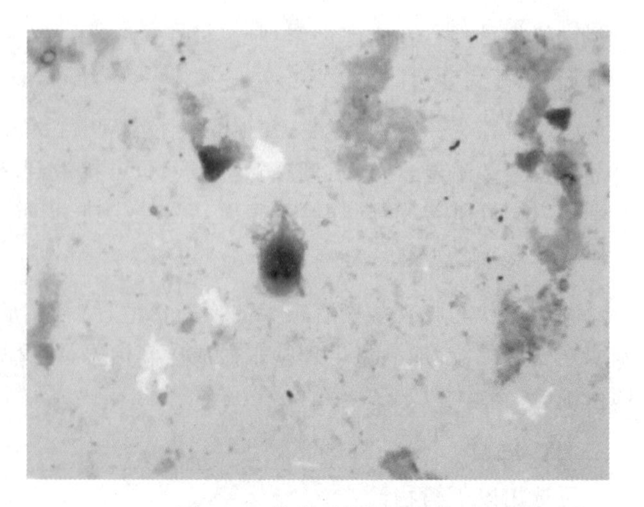

图 8-17　染色后的肠贾第虫

二、生活史

宿主摄入被包囊污染的饲料或饮水而感染。包囊在十二指肠脱囊，逸出滋养体，侵入肠壁，以纵二分裂法繁殖，滋养体落入肠腔，随粪便排出体外。外界环境不利时，粪便中滋养体分泌囊壁形成包囊。

三、流行病学

经口感染，包囊抵抗力极强，但在 50 ℃以上或干燥环境中很容易死亡。包囊可在苍蝇、蟑螂消化道内存活，故它们是传播媒介。

四、症状和病理变化

患鸟小肠壁遭到破坏，肠黏膜充血和出血，并可引发肠胃炎。患鸟表现为腹部肿胀、精神沉郁、羽毛松乱、体温升高，因肠道吸收不良而消瘦，排水便，粪便恶臭且有脂肪粒。如不彻底治疗，患鸟会因营养不良和持续消瘦而死亡。

五、诊断

根据临床症状和粪便检查可确诊：新鲜粪便检查发现活动的贾第虫滋养体，或在成形的粪便中用碘液染色，发现其包囊。

六、治疗

可选用以下药物治疗。

（1）盐酸阿的平：每千克体重 250 mg，1 次内服，连用 5 天，10 天后重复 1 个疗程。

（2）甲硝唑（灭滴灵）：每千克体重 20～40 mg，连用 5～7 天。

（3）呋喃唑酮（痢特灵）：按 0.04%浓度拌料，连用 5～7 天。

七、防治措施

（1）加强卫生管理：及时清除粪便，杀灭包囊，可应用 2%～5%石炭酸或煤酚皂溶液，防止包囊污染饲料和饮水。

（2）消灭传播媒介：定期杀灭苍蝇、蟑螂，避免鸟类与其接触。

任务 15 锥 虫 病

情境导入

锥虫病是由锥虫科、锥虫属的伊氏锥虫寄生于观赏鸟的血浆内引起的疾病，又称“苏拉病”。下面让我们来认识它。

必备知识

一、病原形态构造

伊氏锥虫，虫体呈卷曲的柳叶状，长 15～34 μm，宽 1～2 μm，前端尖锐，后端稍钝。虫体中央有 1 个椭圆形的核，后端有一点状动基体（运动体），前方有 1 根鞭毛，沿虫体表面螺旋式延伸为游离鞭毛，鞭毛与虫体之间有薄膜相连，虫体运动时鞭毛旋转，此膜也随着波动，故称为波动膜（图 8-18、图 8-19）。

二、生活史

伊氏锥虫主要寄生于宿主血浆和造血脏器内，在其中以纵二分裂法增殖。当吸血昆虫吸血时，

虫体吸入其体内但不发育，昆虫再叮咬其他宿主可使宿主感染。

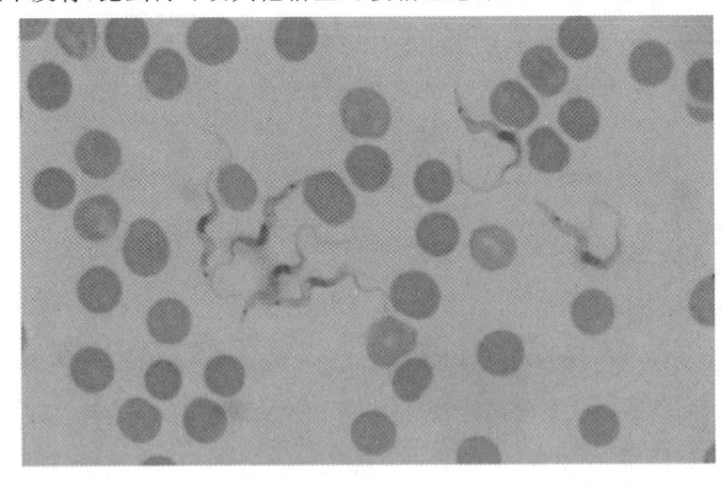

图 8-18　伊氏锥虫镜下观

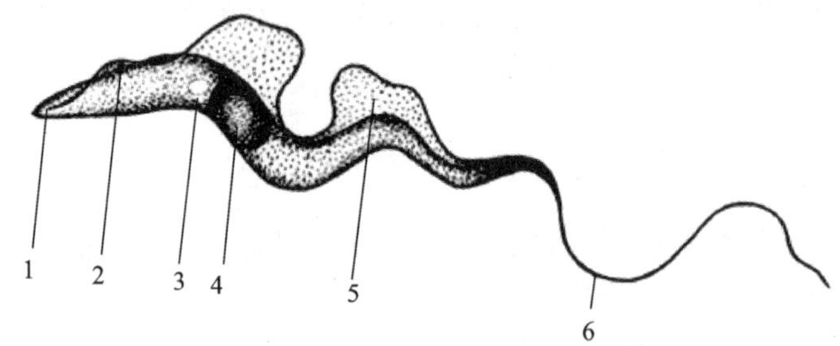

1. 动基体；2. 鞭毛；3. 空泡；4. 核；5. 波动膜；6. 游离鞭毛

图 8-19　伊氏锥虫模式图

三、流行病学

本病宿主广泛，主要由虻类和吸血蝇类机械性传播。发病季节、流行地区与吸血昆虫的活动规律相一致。本病主要分布于亚洲和非洲，我国南方各省较流行。

四、症状和病理变化

患鸟体温升高，呈间歇热，间歇期后，症状重复出现，可视黏膜苍白、黄染，皮下水肿，神经症状可见运动失调。病变主要特征为皮下水肿，有黄色胶冻浸润，体腔内大量积液，心、肝、脾、肾肿大。

五、诊断

鲜血压滴法可见运动的虫体，或血涂片检查均可确诊。

六、治疗

可用萘磺苯酰脲(拜耳 205)以生理盐水配成 10%溶液静脉注射；也可肌内注射喹嘧胺、三氮脒(贝尼尔、血虫净)。

七、防治措施

加强饲养管理，保持环境卫生，最有效的预防措施是消灭蝇、虻等传播媒介。

课后作业

线上评测

复习与思考

1. 简述鸟蛔虫病的感染途径、临床症状、诊断和防治措施。
2. 简述鸟螨病的种类、病原形态构造特征、临床症状、诊断和防治措施。
3. 简述鸟球虫病的病原形态构造特征、流行病学、症状与病变、诊断和防治措施。

Note

项目九　观赏鱼寄生虫病的防治

项目描述

本项目根据宠物健康护理员、宠物医师等岗位需求进行编写，为观赏鱼常见寄生虫病的防治，内容包括指环虫病、三代虫病、双穴吸虫病、血居吸虫病、头槽绦虫病、许氏绦虫病、毛细线虫病、嗜子宫线虫病、小瓜虫病、口丝虫病、隐鞭虫病、锚头鳋病和鲺病。通过本项目学习，学生能够了解观赏鱼常见寄生虫病，掌握各病流行病学、主要症状、病理变化、诊断及防治。为从事宠物健康护理员、宠物医师等职业打好基础。

学习目标

▲知识目标

了解观赏鱼常见寄生虫病，掌握各病流行病学、主要症状、病理变化、诊断及防治。

▲能力目标

通过本项目学习，学生具备诊断和防治常见观赏鱼寄生虫病的能力。

▲思政目标

在该项目教学中，深化职业理想和职业道德教育。教育引导学生深刻理解并自觉实践宠物行业的职业精神和职业规范，增强职业责任感，培养遵纪守法、爱岗敬业、无私奉献、诚实守信、公道办事、开拓创新的职业品格和行为习惯。

任务1　指环虫病

情境导入

扫码看课件
9-1

某白甲鱼养殖地发现病鱼在岸边缓慢游动，不摄食，消瘦，呼吸困难，病鱼均重为 150～250 g，每天有少量病鱼死亡。仔细观察病鱼体表、鳃丝和尾鳍均有一层灰白色黏液，鳃片部分呈苍白色，鳃丝肿胀、贫血发白，呈花鳃状，显微镜检查病鱼鳃丝和黏液，发现大量指环虫，初判为指环虫病。处理方法：第一天用 90%晶体敌百虫 0.5 mg/L 全池泼洒，第二、三天用 90%晶体敌百虫 0.3 mg/L 全池泼洒；三天后加注新水，泼洒 EM 菌调节水质。经过处理，病鱼死亡数减少，病情得到较好的控制。

问题：指环虫病的诊断方法有哪些？有没有其他治疗方法？

Note

必备知识

指环虫病是由单殖亚纲、指环虫属多种吸虫寄生于鱼鳃而引起的疾病。该病危害大，主要危害观赏鱼苗、鱼种、幼鱼和小型鱼，可引起鱼苗、鱼种大量死亡，在我国被列为三类动物疫病。

一、病原形态构造

病原是指环虫属的多种吸虫，主要包括鳃片指环虫、鳙指环虫、鲢指环虫、环鳃指环虫和小鞘指环虫等。虫体为雌雄同体，都很小，能像蚂蟥运动样伸缩（图 9-1、图 9-2）。

指环虫卵较大，呈卵圆形，一端有一小柄，末端呈小球状。

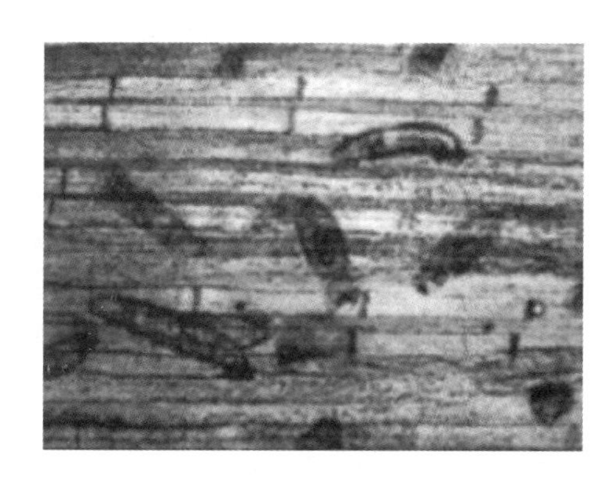

图 9-1　指环虫（一）

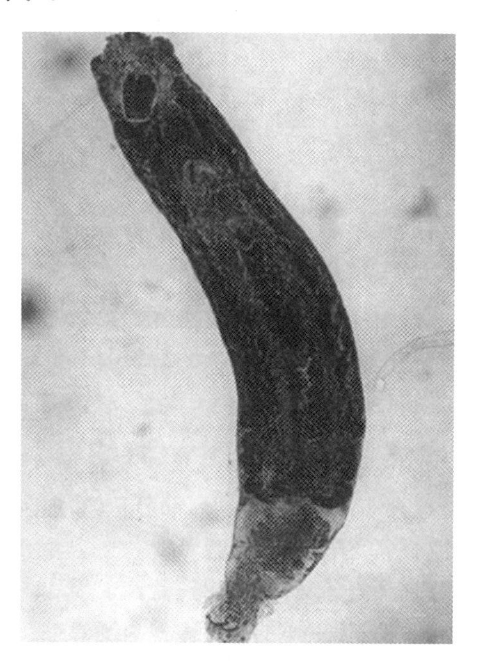

图 9-2　指环虫（二）

二、生活史

指环虫生活过程中不需要中间宿主。受精卵自虫体排出后漂浮于水面，或附着在其他物体及宿主鳃上，当水温适宜（28～30 ℃）时，经 1～3 天孵化发育成带有 5 簇纤毛的幼虫（称纤毛幼虫）。纤毛幼虫在水中游动，当遇到适宜的宿主即附着于鳃上，脱去纤毛，发育为成虫。如果纤毛幼虫在 24 h 内遇不到适宜的宿主，则会自行死亡。

三、流行病学

指环虫病为一种常见多发病，指环虫的分布很广，各地普遍流行，主要在夏季和秋季流行，指环虫适宜生长水温为 20～25 ℃，越冬鱼种池在初春温度适宜时容易发生本病。指环虫病在鱼种阶段发病较多，对幼鱼危害较大，主要危害鲢鱼、鳙鱼、草鱼、鳗鱼、鲈鱼等。

四、主要症状及病理变化

指环虫寄生于鱼鳃上，被寄生部位可见灰白色样物。当感染数量很多时，可见鱼鳃明显肿胀，鳃盖打开，且难以闭合，鳃丝分泌大量黏液，导致病鱼呼吸困难、游动缓慢，有时急剧侧游。随着时间推移，有时病鱼表现为消瘦、贫血、极度虚弱，甚至因呼吸受阻而窒息死亡。

五、诊断

在鳃丝上肉眼可见布满灰白色样物，用镊子轻轻将灰白色样物取下，置于盛有清水的培养皿中，可见蠕动的虫体，即可确诊。

六、治疗

(1)用 25～40 μL/L 的甲醛浸泡病鱼 2～3 天。

(2)用 1～2 μL/L 的敌百虫浸泡病鱼 5～10 天,或用 1 μL/L 的敌百虫浸泡病鱼 3 天。

(3)用 20 mg/kg 的高锰酸钾溶液浸洗病鱼。当水温为 25 ℃以上时,浸洗 10～15 min;当水温为 10～19 ℃时,浸洗 20～30 min;当水温为 20～25 ℃时,浸洗 15 min。

七、防治

(1)高锰酸钾溶液:放养鱼种前,用 20 μL/L 高锰酸钾溶液浸洗 15～30 min。

(2)敌百虫:放养鱼种时,当鱼池水温达到 20～30 ℃时,用 1 mg/kg 的晶体敌百虫全池喷洒,浸泡 20～30 min,可起到很好的防治效果。

(3)甲苯咪唑:全池按 150 mg/L 泼洒甲苯咪唑,若病情严重隔天再用 1 次。

(4)阿苯达唑粉:按鱼每千克体重 0.2 g 饲喂,连用 5～7 天。

(5)对于室内观赏鱼,可用加热棒将水温提高到 25 ℃以上保持恒温。

任务 2 三代虫病

情境导入

扫码看课件

9-2

2020 年 6 月,贵州省毕节市某裂腹鱼鱼苗培育流水养殖池,鱼苗摄食量大减,投饵时很多鱼不抢食,当日投喂饵料残留较多,部分鱼游动不正常等。观察可见多数病鱼离群,缓慢独游,呼吸困难,明显无力,病鱼体表呈灰白色,体表、鳃丝黏液较多,体表鳞片、各鳍条完整,体内器官均正常。在病鱼体表、口腔、鳃丝、背鳍检出三代虫。

问题:三代虫病的诊断方法有哪些?三代虫病的防治措施有哪些?

必备知识

三代虫病是由三代虫科、三代虫属的多种吸虫寄生于鱼皮肤和鳃等部位所引起的疾病。

一、病原形态构造

三代虫身体扁平纵长呈蛭状,前端有 2 个凸起的头器,能够主动伸缩,开口于头器的前端,有头腺 1 对。体后端的固着器为一大型的固着盘。后端的吸器有 1 对大钩和 16 个小钩。此虫没有眼点,口位于头器下方中央,下通咽、食道和 2 条盲管状的肠在内体两侧(图 9-3)。

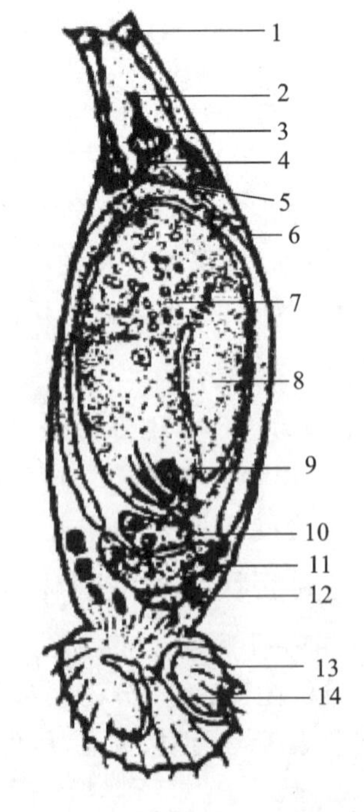

1.头腺;2.口;3.咽;4.食道;5.交配囊;6.卵黄腺;7.胚胎(孙代);8.胚胎(子代);9.肠;10.卵;11.卵巢;12.睾丸;13.边缘小钩;14.中央小钩

图 9-3 三代虫

三代虫属于扁形动物门、吸虫纲、单殖亚纲、三代虫目、三代虫科,主要寄生于鱼类、两栖类、头足类和甲壳类。鱼类三代虫主要寄生于鱼类的鳃和皮肤。能导致淡水鱼类发病的三代虫主要有鲢三代虫、鲩三代虫、秀丽三代虫、中型三代虫、细锚三代虫和古雪夫三代虫。

鲢三代虫成虫体长 0.315～0.510 mm,宽 0.074～0.136 mm,寄生于鲢鱼、鳙鱼等的皮肤、鳍、鳃上(图 9-4)。

鲩三代虫寄生于鲩鱼皮肤和鳃，虫体背联结片两端的前缘常具有一尖刺状突起（图 9-5）。

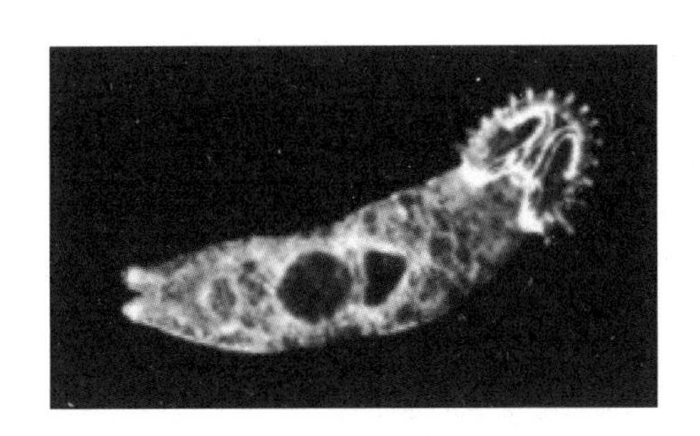

图 9-4 鲢三代虫

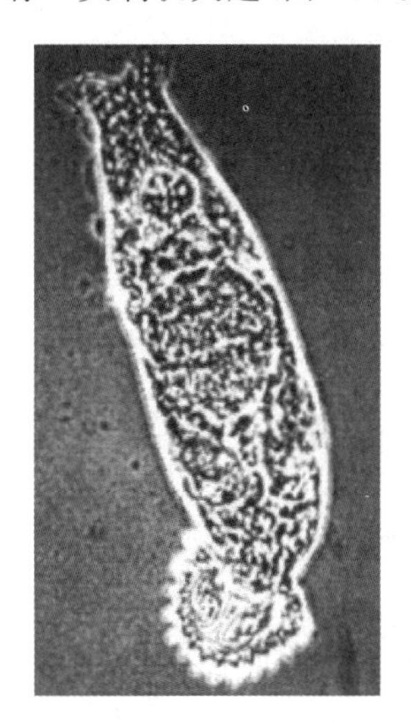

图 9-5 鲩三代虫

秀丽三代虫和细锚三代虫多寄生于金鱼、锦鲤和热带鱼的鱼苗体表和鳃上。

二、生活史

三代虫为雌雄同体，胎生，幼体尚未产出时，体内就已孕育第二代幼体，因此祖孙三代同在一个虫体内，故名“三代虫”。活泼的胎儿在即将离开母体时，在母体中部突然隆起一个囊肿，虫体从此逸出，有纤毛，可以自由游动，也是具有感染性的虫体时期。该幼虫用头器来识别宿主，遇到合适的宿主时即附着于其鳃或皮肤上，脱去纤毛，发育为成虫。

三、流行病学

本病分布广泛，全年均可发生。虫体繁殖时最适宜水温为 20 ℃左右，因而 4—5 月繁殖最盛，亦是本病流行的季节。三代虫在成鱼、鱼种和鱼苗体上都可寄生，但对鱼苗、鱼种危害严重，金鱼也常受其害。

四、主要症状及病理变化

成鱼感染后，症状不明显，危害小。幼鱼感染后症状明显，危害大。幼鱼皮肤上有一层灰白色黏液，鱼体褪色变得苍白无光泽；食欲下降，消瘦，游动异常，有时游动迟缓，有时游动狂躁，狂躁可见于在水中狂游，或急剧游于水底，或撞擦水草和鱼缸。鱼鳃被虫体寄生时表现为呼吸不畅，被大量寄生时表现为呼吸困难，甚至窒息死亡。

五、诊断

若发现幼鱼皮肤上有一层灰白色黏液，鱼体褪色，游动异常，呼吸困难，将病鱼置于盛有清水的培养皿中，发现蛭状小虫则可判断为三代虫病。

六、治疗

首选药物是福尔马林。可低浓度长时间使用，如用 20～40 μL/L 药浴，24 h 后，换水一半以上。或高浓度短时间使用，如用 200～250 μL/L 药浴，1 h 后，换水 90%以上。

治疗时注意：①避免三代虫对福尔马林产生耐药性，治疗量一定要足。②由于鱼鳃被寄生，病鱼需氧量增加，所以在治疗时要增加水体溶氧量。

七、防治

（1）鱼种放养前，用高锰酸钾溶液杀死鱼种体表的三代虫。用法为：每立方米池水用含 20 g 的高锰酸钾溶液浸洗鱼种 15～30 min。

（2）控制水温在 20～30 ℃时，用 90%晶体敌百虫全池遍洒，每立方米池水用药 0.2～0.5 g。

(3)用2.5%敌百虫粉剂全池遍洒,每立方米池水用药1～2 g。

(4)用敌百虫与面碱合剂全池遍洒,晶体敌百虫与面碱的比例为1∶0.6,每立方米池水用药0.1～0.24 g。

任务3　双穴吸虫病

情境导入

扫码看课件
9-3

某市某水产良种场培育池和另一培育池病鱼症状相同,主要侵害对象为体长5～8.3 cm的花白鲢鱼种。病鱼头向下尾朝上在水面旋转,或在水面跳跃挣扎,继而游动缓慢,发病后很快死亡。有时还可见病鱼体弯曲现象。检查病死鱼发现其头部充血,脑室及眼眶周围最为明显,还可见病死鱼眼睛浑浊(白内障症状),鱼晶体脱落。

问题:上述病死鱼可能患有何种寄生虫病?防治方法有哪些?

必备知识

双穴吸虫病是由双穴科的多种吸虫的尾蚴寄生于鱼的血管和眼球所引起的疾病,又称复口吸虫病或白内障病。

一、病原形态构造

我国主要有湖北双穴吸虫、倪氏双穴吸虫和匙形双穴吸虫。导致鱼患病的是湖北双穴吸虫和倪氏双穴吸虫的尾蚴,以及匙形双穴吸虫的后尾蚴。

尾蚴由体部和尾部组成。体部由前端的1个头器、体中部1个腹吸盘、体后部2对钻腺细胞组成。尾部由尾干和尾叉组成。尾蚴在水的上层上下游动,在水面静止时呈"丁"字形。

后尾蚴透明,呈扁平卵圆形,长0.4～0.5 mm。后尾蚴虫体分布着许多呈颗粒状发亮的石灰质体。虫体前端有1个口吸盘,及其旁边的侧器。口吸盘下方为咽,咽后为2条分枝状的肠管,伸到虫体后端。虫体中部有1个与口吸盘大小相似的腹吸盘,腹吸盘下有1个椭圆形的黏附器(图9-6)。

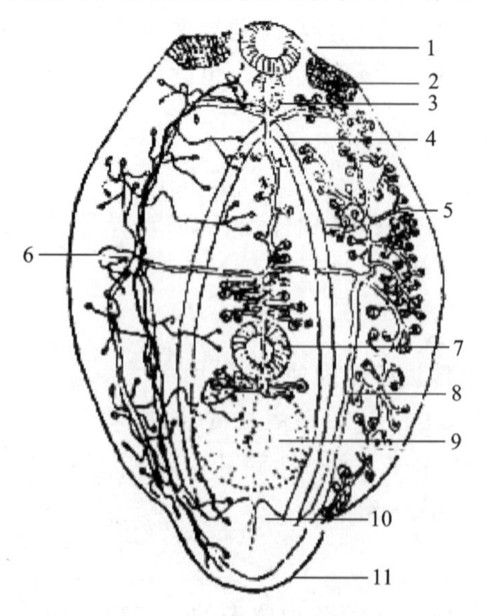

1.口吸盘;2.侧器;3.咽;4.肠;5.石灰质体;6.焰细胞;7.腹吸盘;8.侧集管;9.黏附器;10.排泄管;11.后体

图9-6　湖北双穴吸虫的后尾蚴(囊蚴)

二、生活史

中间宿主主要为斯氏萝卜螺、克氏萝卜螺等椎实螺，补充宿主为鲢鱼、鳙鱼、草鱼、金鱼等鱼类，终末宿主为鸥鸟(红嘴鸥)。

成虫寄生在鸥鸟肠道中，产生的虫卵随粪便排入水中，经 3 周左右孵出毛蚴。毛蚴钻入椎实螺体内，在其肝脏和肠外壁发育为胞蚴、尾蚴。尾蚴逸至水中，在水上层做上下运动。遇到鱼类时，迅速叮在鱼类体表，脱去尾部，钻入鱼体。湖北双穴吸虫尾蚴从肌肉钻进，经过肌肉附近血管移行至心脏，再行至头部，从视血管进入眼球；倪氏双穴吸虫尾蚴从肌肉穿过脊髓，然后向头部移行进入脑室，再沿视神经进入眼球水晶体内，经 1 个月左右发育成后尾蚴。含有后尾蚴的病鱼被鸥鸟吞食后，后尾蚴在其体内发育为成虫。

三、流行病学

双穴吸虫病每年 5—8 月广泛流行于华中地区，靠近水库、湖泊、河流、养殖区等大水域地区更是多发。本病发病率高、死亡快，死亡率可达 60%以上。本病主要危害鳙鱼、金鱼、鲢鱼、草鱼等鱼类，可造成夏花鱼等鱼种大量死亡。

四、主要症状及病理变化

本病发病后死亡快，为急性寄生虫病，主要症状为运动失调，病鱼从出现运动失调到死亡，可能只需几分钟。病鱼运动失调，可见病鱼在水面跳跃式游泳或挣扎，或头向下，尾漂浮于水面，或头向下，尾在水面旋转；还可见病鱼体弯曲现象，故本病有“体弯症”之称，出现体弯症数天后病鱼即死亡。

剖检病鱼可见头部充血严重。尾蚴在血管和心脏移行时，可引起血液循环障碍；尾蚴侵入眼球，可引起眼出血、白内障，部分鱼晶体脱落。一只眼球受害会形成独眼，有碍美观，影响观赏，也会影响生长发育；两只眼球受害会导致双眼失明，不能正常摄食，病鱼鱼体发黑、消瘦或因极度瘦弱而死亡。

五、诊断

根据流行病学、临诊症状、病原检查可确诊。

结合病鱼眼睛发白、运动失调、身体弯曲、独眼或双眼失明等异常变化可做出初步诊断。取出病鱼眼睛，剪破取出水晶体置入生理盐水中，刮下水晶体表层，肉眼观察或用显微镜观察发现有大量虫体即可确诊。确诊时要注意调查当地是否有鸥鸟，以及池中是否有椎实螺。

六、防治

(1)用晶体敌百虫稀释液遍洒全池以杀灭尾蚴。

(2)用块状生石灰化浆泼洒全池，以杀灭虫卵和毛蚴，用量按 150～225 mg/kg。

(3)每立方米水体用 0.7 g 硫酸铜杀灭椎实螺。

(4)以水草扎成把子诱捕椎实螺并将其杀灭。

(5)若发现水族箱、水池里有椎实螺，应立即清除。

任务 4　血居吸虫病

情境导入

扫码看课件 9-4

松滋市曾发生血居吸虫病造成大批鲂鱼、鲢鱼、鳙鱼死亡事件，死亡总量达 5870 kg，直接经济损失 26680 元。病鱼体表发白、竖鳞、突眼、腹部水肿膨胀，解剖时大量腹水向外喷出，划破血管血液很少，严重失血，肠管无食。镜检血居吸虫虫体很薄，披叶形，体长约 1 cm。病因分析：鱼种投放前，该池内有甲鱼，投喂了活螺，螺是血居吸虫的宿主，螺的存在为血居吸虫寄生创造了条件。

问题：如何防治血居吸虫病？

Note

必备知识

血居吸虫病是由血居吸虫科的血居吸虫寄生于鱼的血管所引起的疾病。

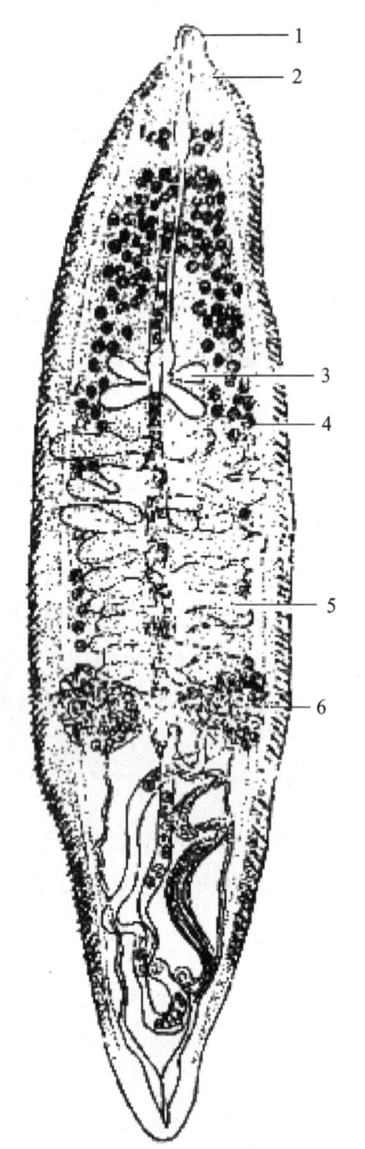

1.口；2.食道；3.肠；4.卵黄腺；5.精巢；6.卵巢

图 9-7　龙江血居吸虫

一、病原形态构造

血居吸虫有 50 种以上，我国主要为寄生于鲢鱼、鲫鱼、草鱼、鳙鱼、金鱼及热带鱼鳃血管、动脉球、肝脏血管的龙江血居吸虫。虫体前端较细，扁平，呈梭形，长 0.268～0.844 mm，宽 0.142～0.244 mm。消化道由前到后依次为口、食道、四叶状肠盲囊，无咽。卵巢左右对称，在中央相连成蝴蝶状。睾丸在卵巢前方，8～16 对，输精管沿正中线向后，至卵巢后方左侧，折叠 2～3 次达雄性生殖孔（图 9-7）。虫卵似橘瓣状，大弯的一边有一短刺。

二、生活史

龙江血居吸虫中间宿主为椎实螺或扁卷螺，终末宿主为鲢鱼、鲫鱼、草鱼、鳙鱼、金鱼及热带鱼等。

终末宿主体内成虫产出虫卵并孵出毛蚴，毛蚴从鳃血管逸出鱼体，毛蚴遇到椎实螺或扁卷螺则钻入其内发育为胞蚴、尾蚴。尾蚴形成后离开椎实螺或扁卷螺，当遇到终末宿主时，尾蚴钻入其内发育为成虫。

三、流行病学

血居吸虫病为世界性疾病，很多国家都有，并引起鱼类大批死亡。对鱼苗、鱼种危害较大，会引起急性死亡，尤其对鲤鱼、鲢鱼和鳙鱼鱼苗危害较大。本病主要发生于夏季或冬季。100 多种淡水鱼、海水鱼类会受危害。

四、主要症状及病理变化

血居吸虫主要对循环系统造成破坏，有急性型和慢性型表现。急性病例虫卵在鳃血管聚集会产生血管栓塞，表现为鳃肿胀，鳃盖打开，鳃坏死，全身红肿，不久即衰竭死亡。虫卵在鳃血管聚集也可引起红细胞及血红蛋白的减少，使宿主贫血；毛蚴钻出使血管壁破裂引起大出血，也会使病鱼发生急性死亡。慢性病例虫卵随血液循环停留在心脏、肝、肾等器官中，被结缔组织包围，当虫卵积累过多时，肝、肾的功能受损，导致病鱼腹腔积水，竖鳞、突眼，肛门肿大突出，衰竭而死。慢性型表现多见于较大的鱼。

五、诊断

结合流行病学、临诊症状、病原检查可确诊。

结合症状及在池中发现椎实螺或扁卷螺时，肉眼观察病鱼心脏及动脉球内壁，发现血居吸虫成虫可确诊。或在显微镜下观察病鱼的鳃、肾组织做成的压片，若有橘瓣状的虫卵，也可确诊。

六、防治

参照双穴吸虫病。

任务 5　头槽绦虫病

情境导入

某渔场 2015 年 4 月底放养 0.5 kg 左右的越冬草鱼种，6 月中旬，当地水温在 20 ℃左右时发现零星病例，到 7 月中旬，当地水温在 26 ℃左右时，发病率迅速增高，但无大量死鱼现象。病鱼症状：鱼体发黑，鳃丝苍白，腹部膨胀，肛门稍红，鱼体消瘦，离群独游。剖检病鱼可见肠道表面严重充血，前肠直径比正常增大，形成胃囊状扩张，肠的皱襞萎缩，肠内可见密集半透明乳白色带状虫体。根据以上症状，初步判断该病例属头槽绦虫病。

问题：如何防治头槽绦虫病？

必备知识

头槽绦虫病是由头槽科的头槽绦虫（图 9-8）寄生于鱼的消化道所引起的疾病。病鱼黑瘦，体表黑色素沉着，摄食力剧减，口常张开，故又称为“干口病”。

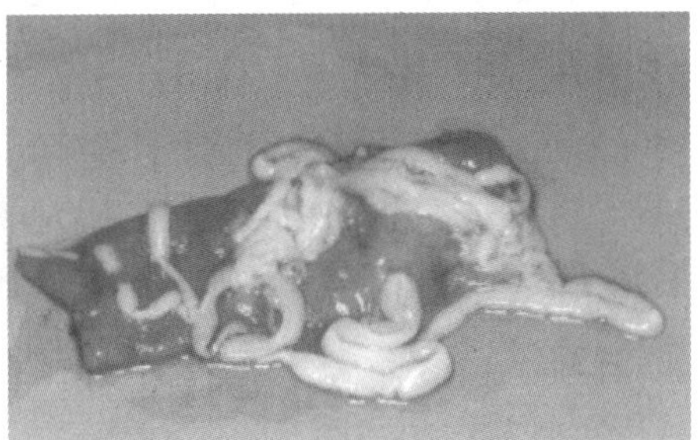

图 9-8　头槽绦虫

一、病原形态构造

九江头槽绦虫呈扁平带状，由头节、颈节、体节构成，体节又由幼节、成节和孕节组成（图 9-9、图 9-10）。虫体长 20～230 mm。头节有 1 顶盘和 2 个吸槽。卵巢呈双瓣翼状，在节片后端 1/4 的中央处横列。梅氏腺位于卵巢前端。子宫呈“S”状弯曲，在生殖孔之前，开口于节片中央腹面。睾丸呈圆形，散布在节片两侧，每个节片内有 50～90 个。卵黄腺比睾丸小，散布在节片两侧。阴道、阴茎共同开口于生殖腔内。

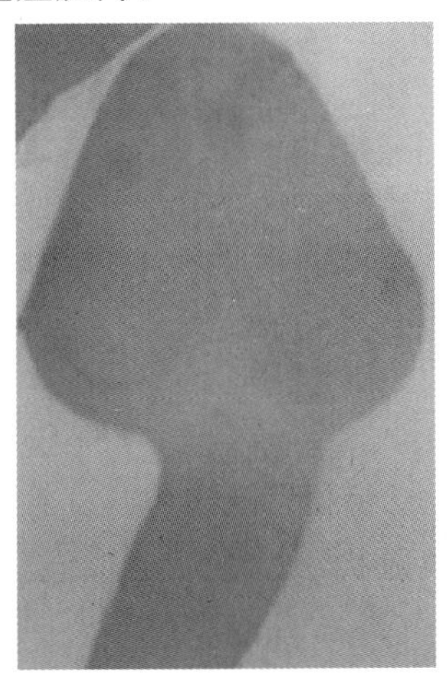

图 9-9　头节

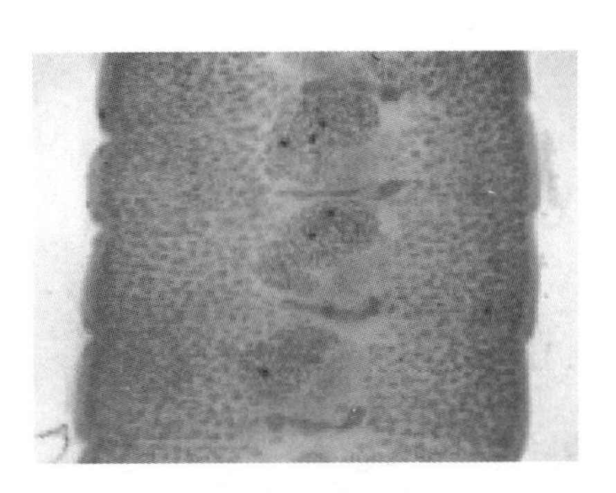

图 9-10　体节

二、生活史

头槽绦虫中间宿主为剑水蚤。终末宿主为草鱼、鳙鱼、鲢鱼、青鱼等。

头槽绦虫发育过程需要经历5个阶段：虫卵、钩球蚴、原尾蚴、裂头蚴、成虫。寄生于鱼肠道的成虫，产生的虫卵随宿主粪便落到水中，孵化成被纤毛的圆形钩球蚴（水温28～30 ℃时孵化需3～5天，14～15 ℃时孵化需10～28天）。钩球蚴在水中能存活2天。活的钩球蚴被中间宿主剑水蚤吞食后，大约5天发育为原尾蚴。鱼吞食含原尾蚴的剑水蚤，剑水蚤被消化破裂，原尾蚴即在鱼肠内蠕动，发育为裂头蚴。在夏季经11天虫体开始长出节片，进入成虫阶段。

三、流行病学

本病主要在广西、广东两省流行，有明显的地域流行特点。主要危害草鱼鱼种，可引起大批死亡。草鱼在每年育苗期间即开始感染，病情很快加重，尤对越冬的草鱼危害最大，死亡率高达90%。本病有年龄特征，当鱼体长度超过10 cm时，病情即可缓解，头槽绦虫在成鱼中极少寄生。

四、主要症状和病理变化

病鱼食欲下降或不食，加之头槽绦虫可吸取宿主营养，导致病鱼瘦弱，体表黑色素明显增加，口常张开，离群独游，重者腹部膨胀，并伴有恶性贫血现象，红细胞数量下降至96万～248万/mL（健康鱼为304万～408万/mL）。病鱼有肠炎表现。严重感染时，前肠直径比正常增大约3倍，形成胃囊状扩张，肠的皱襞萎缩，肠内虫体密集会造成机械性肠梗阻。

五、诊断

根据地域特点和张口不食、腹部膨胀等症状表现，结合剖检病鱼发现肠内聚集大量白色带状虫体可以确诊。但是，要注意与以下疾病鉴别：①侧殖吸虫病、许氏绦虫病、球虫病均会表现出肠壁膨大症状。②侧殖吸虫病也有闭口或张口不食的症状。

六、防治方法

1. 治疗方法

(1)90%晶体敌百虫：将50 g 90%晶体敌百虫和500 g面粉混合做成药饵，按鱼的吃食量投喂，每天1次，连用6天。

(2)吡喹酮：每千克鱼用48 mg拌饵料投喂1次，间隔4天用同样剂量再投喂1次。

(3)槟榔：每千克鱼用2～4 g槟榔制成颗粒拌饵料投喂。每天1次，连用3～5天。

(4)灭蠕灵：每100 g鱼重用本品20～30 g，每天1次，连服5～7天为1个疗程。

2. 预防方法

(1)漂白粉清塘：每公顷水深34 cm的水面，用漂白粉210 kg。

(2)生石灰清塘：每公顷水深34 cm的水面，用生石灰1125 kg。

任务6　许氏绦虫病

情境导入

扫码看课件
9-6

山东省某县某网箱养鲤发病，发病率达70%以上，部分鱼死亡。镜检发现病鱼肠道有大量虫体寄生，部分鱼体内有多达400条虫体寄生。该虫体头前端边缘呈鸡冠状，头部明显扩大，经过及时治疗，避免了鱼的大量死亡。

问题：许氏绦虫病的防治方法有哪些？

必备知识

许氏绦虫病是由鲤蠢科的许氏绦虫寄生于鱼的肠道所引起的疾病。主要危害鲤鱼、鲫鱼等淡水鱼类。大量寄生会阻塞肠道，引起肠炎和贫血。

一、病原形态构造

中华许氏绦虫头前端边缘呈鸡冠状，头部明显扩大，颈较长。虫体长 50～60 mm。卵黄腺呈圆形，睾丸也近圆形，睾丸比卵黄腺大，颈后卵黄腺稍后至阴茎囊的前缘，散布很多睾丸，睾丸在髓层形成一睾丸带。粗大的输精管，卷曲在阴茎囊前。卵巢位于虫体后方，呈“H”形，两侧翼很长，前翼比后翼长(图 9-11)。

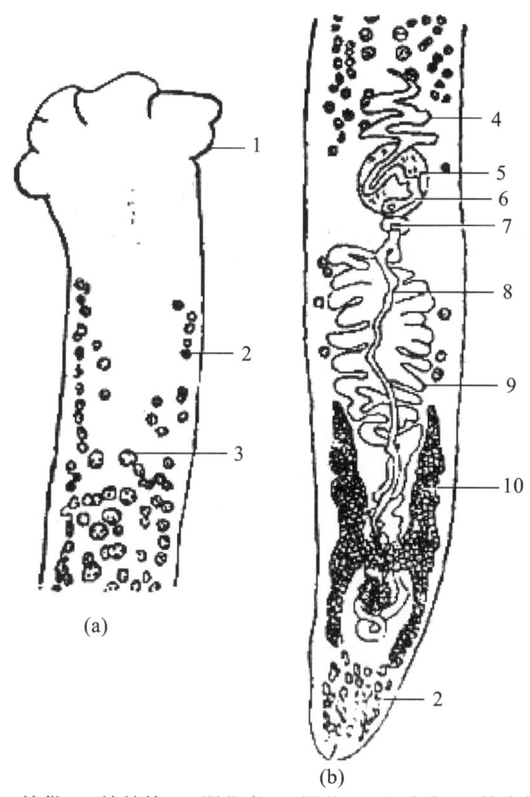

1.头部；2.卵黄腺；3.精巢；4.输精管；5.阴茎囊；6.阴茎；7.生殖孔；8.输卵管；9.子宫；10.卵巢

图 9-11 中华许氏绦虫

(a)身体前段，示头节及生殖器；(b)身体后段，示生殖系统

二、生活史

中华许氏绦虫中间宿主为环节动物颤蚓。终末宿主为鲤鱼、鲫鱼等。

颤蚓吞食原尾蚴后，原尾蚴在颤蚓体腔内发育，当鱼吞食了感染中华许氏绦虫原尾蚴的颤蚓即被感染，并在其体内发育为成虫。

三、流行病学

本病在我国分布较广，湖北、黑龙江等地有报道。主要危害鲤鱼、鲫鱼等淡水鱼类。

四、主要症状和病理变化

轻度感染时，病鱼症状不明显。严重感染时，病鱼被吸取大量营养而表现为瘦弱、贫血，肠道充满虫体造成肠梗阻、肠炎。

Note

五、诊断

解剖鱼腹取出肠道，剪开肠道发现头部有明显扩大的绦虫即可确诊。

六、防治方法

该病主要在于预防，重点做好清塘消毒预防工作。网箱鱼参考以下防治方法。

(1)90%晶体敌百虫：按每 50 kg 鱼用 5 g 90%晶体敌百虫兑水溶解后与 2 kg 颗粒饵料混匀，晾干后 1 天内分 2 次投喂。

(2)槟榔粉：按每 50 kg 鱼用 20 g 槟榔粉掺入 2 kg 颗粒饵料中，1 天内分 2 次投喂。

任务 7　毛细线虫病

情境导入

扫码看课件

9-7

青海省某养殖场草鱼发病，病鱼消瘦。解剖、镜检发现草鱼肠内有许多无色虫体寄生，虫体细如线，头端尖细，尾端呈钝圆形，肛门位于尾端的腹侧，虫体长 5～6.3 mm，初诊为毛细线虫病。

问题：鱼毛细线虫病诊断方法有哪些？防治方法有哪些？

必备知识

毛细线虫病是由毛细科的多种毛细线虫寄生于鱼的消化道所引起的疾病。

一、病原形态构造

毛细线虫，无色，呈细线状，头端尖细，尾端钝圆，由头向后逐渐变粗。食道细长，由许多行排列的食道细胞构成，这是毛细线虫最显著的特征。该虫口端无唇和其他构造。肠前端稍膨大。尾端腹侧有肛门。雌雄异体，雌虫较大，长 6.2～7.6 mm，雄虫较小，长 4～6 mm。雌虫体内具有一套生殖器官，阴门位于食道和肠连接处的腹面。雄虫生殖器官为一条长管，射精管与泄殖腔相连。雄虫末端有一条细长具鞘的交合刺(图 9-12)。虫卵呈柠檬状，两端有卵盖，卵盖如瓶塞状。

二、生活史

毛细线虫生活史为直接发育型，不需要中间宿主。

成虫寄生在病鱼的消化道，产生的虫卵随病鱼粪便排到水中，在水温 28～32 ℃时，一般 6～7 天发育为幼虫。幼虫不钻出卵壳，成为感染性含胚卵，鱼吞食后感染该病。

三、流行病学

该病主要危害草鱼、鲢鱼、黄鳝、锦鲤、鲮鱼、金鱼等的当年鱼种，斑马鱼、虎皮鱼等热带鱼均有发病。草鱼患病时，常与烂鳃病、九江头槽绦虫病、车轮虫病、肠炎并发。

四、主要症状和病理变化

毛细线虫吸收宿主营养，导致病鱼瘦弱，体黑无光泽，离群独游。寄生在消化道，有肠炎表现，由于毛细线虫头部钻入肠壁黏膜层损伤组织，易继发病原感染加重肠炎，严重时可致鱼死亡。发生在草鱼、鲢鱼、黄鳝、锦鲤、鲮鱼、金鱼等当年鱼种及斑马鱼、虎皮鱼中容易引起死亡。除斑马鱼、虎皮鱼外的 1 龄以上的大鱼，症状不明显，但生长发育受到影响。

五、诊断

通过剖检发现虫体可确诊。解剖鱼腹取出整个肠道，剪开肠壁，刮取肠内含物和黏液于载玻片，加生理盐水后压片镜检，发现许多毛细线虫可确诊。

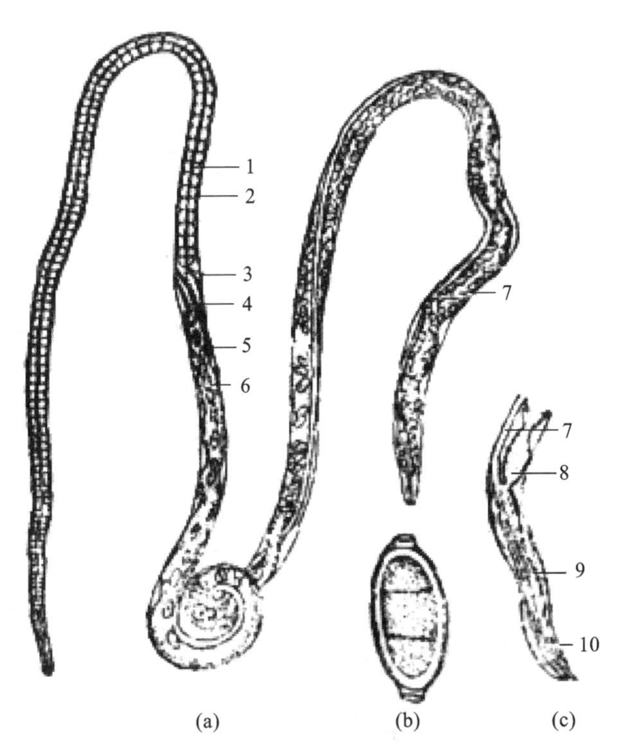

1.食道；2.食道细胞；3.前肠；4.阴道；5.子宫；6.虫卵；7.后肠；8.射精管；9.交合刺鞘；10.交合刺

图 9-12　毛细线虫

(a)成熟的雌虫，身体中段侧观；(b)虫卵；(c)成熟的雄虫尾端

六、防治方法

(1)90%晶体敌百虫，于发病初期每天按每千克鱼用0.1～0.15 g拌入豆饼粉30 g，做成药饵，连续投喂6天。

(2)水族箱、鱼池用漂白粉与生石灰合剂清塘，每立方米水体用漂白粉10 g、生石灰120 g。

(3)彻底干塘，暴晒池底至干裂。

任务 8　嗜子宫线虫病

情境导入

2018年3月，凤凰镇某鲫鱼养殖塘，每条被钓起来的鲫鱼尾鳍上均有似牙签状的红色细虫寄生，数量5～8条不等，细虫长约5 cm且会蠕动。观察鱼体，鳞片完整无脱落，鳃丝正常。解剖鱼体，未发现异常。本病初判为嗜子宫线虫病，用阿苯达唑拌饵料内服治疗，连用5天，同时用90%晶体敌百虫按每立方米水体0.5 g遍洒塘口1次。治疗后，钓起来的大多数鲫鱼尾鳍上均无红色细虫，即使有虫体寄生的，也已经死亡，说明治疗效果好。

扫码看课件
9-8

问题：嗜子宫线虫病还有哪些防治方法？

必备知识

嗜子宫线虫病是由嗜子宫线虫寄生于鱼的鳞片及鳍所引起的疾病。主要危害鲤鱼、鲫鱼、金鱼等。因嗜子宫线虫虫体细长，颜色鲜红，故本病又称“红线虫病”。

一、病原形态构造

嗜子宫线虫(红线虫)有鲤嗜子宫线虫(鲤红线虫)和鲫嗜子宫线虫(鲫红线虫)两种。

鲤嗜子宫线虫,雌虫寄生于鲤鱼、锦鲤的鳞片下,呈血红色,两端稍细,似粗棉线,体长 100～135 mm,体表乳突透明。雌虫食道较长,其后为棕红色肠管。2 个卵巢位于虫体两端,子宫内充满卵和幼虫,占据体腔大部分体积,没有阴道和阴门。雄虫寄生于鱼鳔和腹腔内,体长 3.5～4.1 mm,2 个半圆形的尾叶位于尾端膨大部,交合刺 2 根,等长,细长如针状,引带短,长度只有交合刺的 1/4～1/3(图 9-13)。

鲫嗜子宫线虫,如发丝般细小,透明无色,寄生于鲫鱼、金鱼等的鳍及其他器官。

二、生活史

嗜子宫线虫生活史为间接发育型,中间宿主为剑水蚤,终末宿主为鲤鱼、金鱼、鲫鱼等。

嗜子宫线虫生殖方式是胎生。成熟雌虫排出的幼虫在水中一般可存活 13 天,这期间剑水蚤吞食幼虫后,幼虫在剑水蚤体腔发育。鱼吞食含有幼虫的剑水蚤而被感染,幼虫从鱼肠道钻到腹腔中发育为成虫,雌、雄成虫在鱼鳔上交配,雌虫于秋末移到鳞片下或鳍条发育成熟(图 9-14)。成熟的雌虫钻破病鱼皮肤,伸出部分泡在水中,在渗透压作用下,虫体体壁和子宫破裂,子宫中的幼虫散入水中。

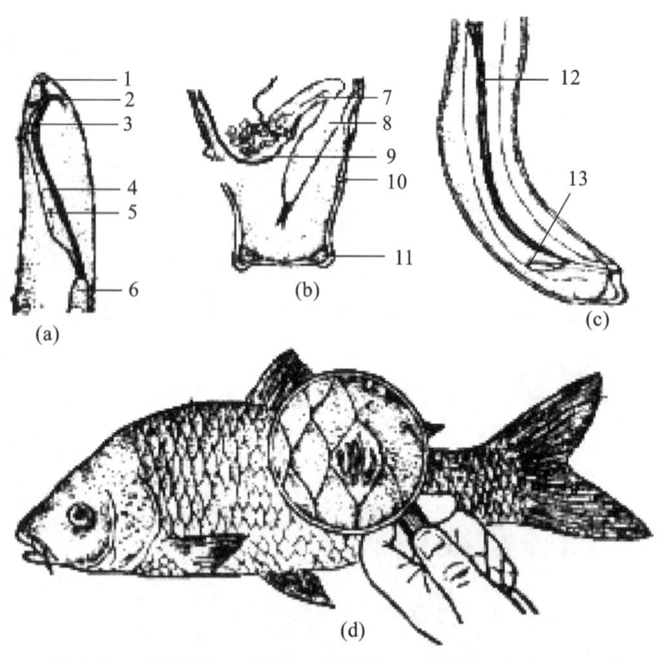

1.肌肉球；2.神经环；3.食道；4.食道腺；5.腺体核；6.肠；7.卵巢；8.后肠；9.子宫；10.乳突；11.尾叶；12.交合刺；13.引带

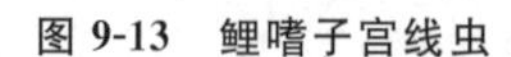

图 9-13　鲤嗜子宫线虫

(a)雌虫头;(b)雌虫尾;(c)雄虫尾端;(d)寄生情况

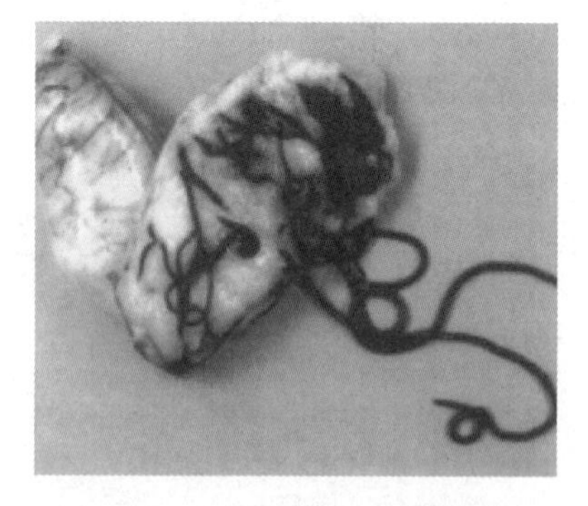

图 9-14　红紫色或灰黑色嗜子宫线虫相互缠绕

三、流行病学

本病主要危害 2 龄以上的鲤鱼。因为嗜子宫线虫影响亲鲤性腺发育,所以亲鲤患此病不能成熟产卵甚至死亡。冬季虫体较小不活动,所以不表现出症状,在鱼鳞片下也不易被发现,但春季水温转暖后,虫体迅速生长,从而使病鱼表现出症状。

四、主要症状和病理变化

病鱼瘦弱,营养不良。雌虫寄生于鱼鳞片下,皮肤和肌肉发炎、充血、溃烂,鳞囊胀大,鳞片松散竖起甚至脱落,鳞片呈现出不规则红紫色的花纹。皮肤发炎处,易感染水霉菌加重病情,甚至导致病鱼死亡。雌虫误移入红鲤和金鱼的围心腔中会导致鱼迅速死亡;钻入肾脏引起肾炎、腹部水肿等。

雄虫寄生于鱼鳔和腹腔内，引起鱼鳔和腹腔炎症表现。鳍条有红线虫寄生时，鳍条发炎，破裂。

五、诊断

结合流行病学资料，病鱼鳞囊胀大，鳞片松散竖起甚至脱落，鳞片呈现不规则红紫色的花纹，皮炎，鳍条发炎，以及掀开鳞片或鳍条，可见红线虫可确诊。但应注意，冬季时虫体细小不活动，鳞囊也不肿大发红，刮取鳞片下黏液镜检可发现淡红色、半透明虫体也可确诊。

六、防治方法

（1）用细针仔细将鳍条和鳞片下虫体挑出，然后用 1%高锰酸钾溶液涂抹伤口或病灶处，每天 1 次，连续 3 天。

（2）用 2%～2.5%食盐水浸浴鱼体 10～20 min，再用 70%乙醇或 1%高锰酸钾溶液涂擦病鱼病灶处。

（3）敌百虫可杀死水体中的剑水蚤，按 0.4～0.6 mg/kg 全池泼洒，5 月下旬及 6 月上旬各遍洒 1 次。

任务 9　小瓜虫病

情境导入

2020 年 10 月，河南省镇平县某养殖户养殖的花锦鲤发生疾病。病鱼食欲减退，在水面频繁跳跃，死亡不多，每天死亡十几条。观察发现，病鱼眼睛突出、发红，胸鳍基部和尾鳍末端发红，尾鳍末端局部溃烂，胸、背、尾鳍、体表皮肤、眼角膜均有直径 1 mm 以下白点分布。剖检病鱼发现肝脏呈粉红色，肠道食物较少，其他内脏基本正常。显微镜镜检发现白点为小瓜虫。

扫码看课件

9-9

问题：如何防治小瓜虫病？

必备知识

小瓜虫病是由纤毛虫纲、膜口目、凹口科、小瓜虫属的小瓜虫寄生于鱼的鳃（图 9-15）、皮肤、尾鳍（图 9-16）、口腔、鼻、眼角膜等处所引起的原虫性疾病，病鱼体表和鳃瓣上布满白色点状的虫体和胞囊，肉眼可见，故又称“白点病”。该病是较常见的寄生虫性鱼病，对鱼种类及年龄无严格选择性。

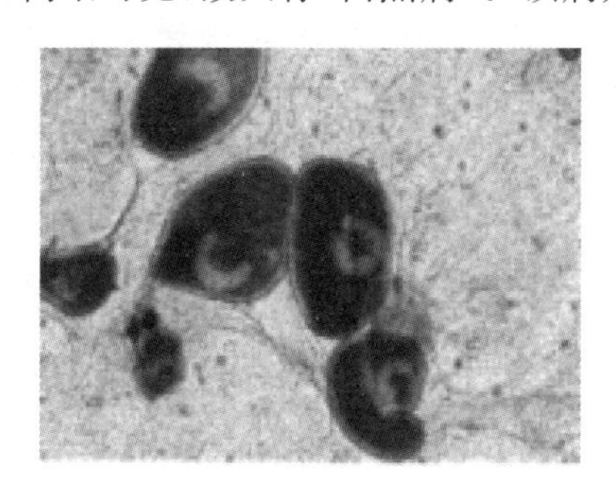

图 9-15　小瓜虫(寄生于鳃部)

图 9-16　小瓜虫(寄生于尾鳍)

一、病原形态构造

病原主要为凹口科、小瓜虫属多子小瓜虫。由细胞膜、细胞核、细胞质组成，细胞膜外还有纤毛，是一类体型比较大的纤毛虫。幼虫期和成虫期形态差别很大。幼虫呈卵圆形或椭圆形，前端尖，后端浑圆，全身密布短而均匀的纤毛，在后端还有一根粗长的尾毛，这是成虫不具有的（图 9-17）。细胞核有大核和小核，大核呈椭圆形或卵圆形，小核呈圆形，小核多数分布在虫体前半部，大核多数分布

Note

在虫体后方。成虫呈卵圆形或圆形，是大型原虫，肉眼可见。虫体全身分布着短小、均匀的纤毛，但没有尾毛。大核呈香肠形或马蹄形。小核呈圆形，紧贴在大核上不易被识别。细胞质包含大量的食物粒和小伸缩泡。

二、生活史

小瓜虫幼虫侵袭鱼的皮肤和鳃，尤以皮肤为普遍。当幼虫感染了宿主后，钻进皮肤或鳃的上皮组织，把身体包在由宿主分泌的小囊胞内，在小囊胞内生长发育，变为成虫。成虫冲破小囊胞落入水中，自由游动一段时间后落在水体底部并静止下来，分泌一层无色透明胶质胞囊。胞囊呈圆形或椭圆形，大小为(329～980)μm×(267～722)μm，胞囊里的虫体以二分裂法繁殖，产生几百甚至成千条纤毛幼虫。幼虫冲破胞囊，在水中自由游动，寻找宿主，这就是小瓜虫的感染期。幼虫感染了新宿主，又开始新生活史。

三、流行病学

小瓜虫病分布很广，不同年龄观赏鱼都可感染。小瓜虫是观赏鱼常见的寄生虫，水族箱、不流动的小水体内的观赏鱼感染更为严重，更容易引起死亡。

小瓜虫多在春末夏初和秋季流行。它最适宜的繁殖温度为 15～25 ℃，当水温降至 10 ℃以下或升至 28 ℃以上时，小瓜虫就会开始死亡。

四、主要症状和病理变化

观赏鱼因小瓜虫寄生而发病的病例较为普遍。小瓜虫幼虫侵入鱼体皮肤时，在上皮细胞内寄生，胸、背、尾鳍、体表皮肤、眼角膜均有直径 1 mm 以内的白点分布，此时病鱼照常觅食活动，几天后白点布满全身，体表覆盖一层白色薄膜，伴有大量黏液，表皮糜烂(图 9-18)。鱼体失去活动能力，常呈呆滞状，浮于水面，游动迟钝，体质瘦弱，食欲不振，皮肤伴有出血点，有时在水族箱壁、水草旁侧身迅速游动蹭痒，左右摆动，游泳逐渐失去平衡。眼角膜寄生时可引起眼球浑浊、发白、发炎、失明。鳃部大量寄生时，黏液增多，鳃小片变形、破坏，病鱼常呈浮头状。同时常继发细菌感染，鱼皮发炎腐烂、坏死，鳍条破裂，鳞片脱落。病程一般 5～10 天。传染速度极快，若不及时治疗，短时间内可造成鱼大批死亡。

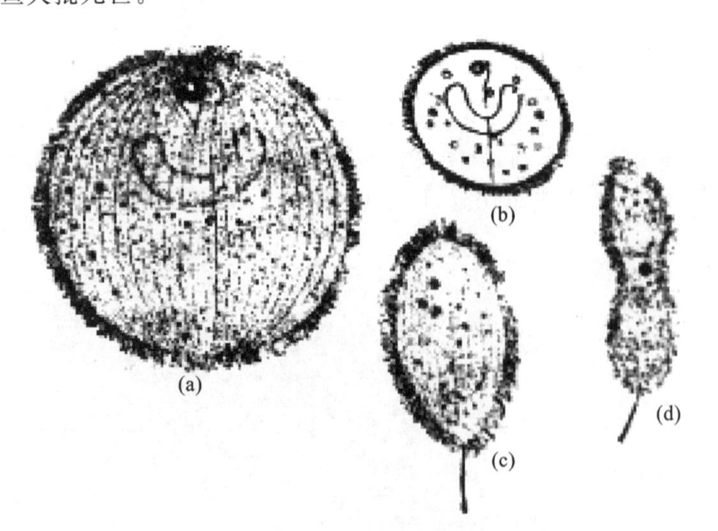

图 9-17　多子小瓜虫

(a)(b)成虫；(c)(d)幼虫

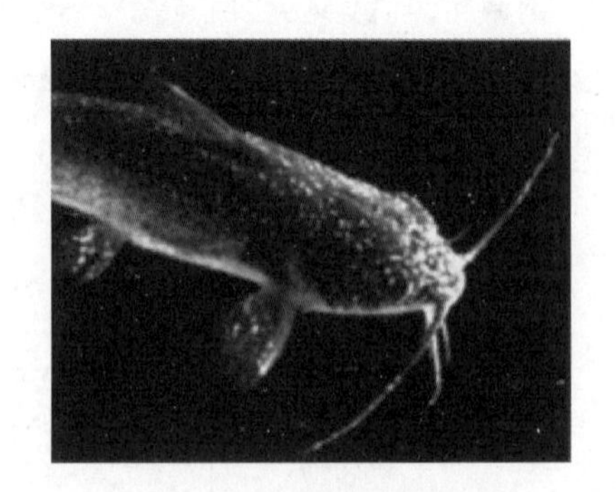

图 9-18　病鱼全身布满白点

五、诊断

结合流行病学调查资料、临诊症状及取病鱼体表白点或剪下少许鳃丝做成湿片，在显微镜下检出多个虫体即可确诊。但由于打粉病、黏孢子虫病等鱼病都可使鱼体表出现小白点，所以，确诊必须检出病原。

六、防治方法

（1）加强饲养管理，投喂优质饵料，增强鱼的体质和抵抗力，坚持以防为主、防治并重的原则。

（2）从鱼种入池前就要抓好消毒工作，用灭虫灵按 50～60 μL/L 浸泡 2 h；或用 3 mg/L 的亚甲蓝全池遍洒，每隔 3～4 天遍洒 1 次，连用 3 次；或用 5%食盐水浸洗 3～5 min。

（3）发病鱼塘，每亩水面每米水深，用辣椒粉 210 g、干生姜片 100 g，煎成 25 kg 溶液，全池泼洒，每天 1 次，连泼 2 天。

任务 10　口丝虫病

情境导入

2012 年秦皇岛某公司养殖的大菱鲆患了口丝虫病。公司有 9 个养殖车间 216 个养殖池，起初只有 3 个养殖车间中的 6 个养殖池中大菱鲆发病，36 h 之内就扩散到全池鱼被感染。口丝虫感染后如未采取有效措施，从病鱼出现明显症状到死亡不超过 8 h。病鱼食欲不振或停食，皮肤上有一层乳白色或灰蓝色的黏液，有些病鱼呼吸困难，游近水表呈“浮头”状。取鳃丝上黏液制作水浸片于 400 倍镜下观察，视野中有大量虫体游动，同时还有部分鱼血细胞夹杂其间。该公司通过摸索，用 250 mL/m^3 福尔马林＋35 g/m^3 盐酸土霉素浸泡病鱼 2 h 后，彻底换水，每天用药 1 次，连用 3 天，取得较好效果，3 天后几乎没有鱼死亡。

问题：口丝虫病还有哪些防治方法？

必备知识

口丝虫病是由口丝虫（现称鱼波豆虫）寄生于鱼体表和鳃所引起的疾病，又称为“白云病”或“鱼波豆虫病”，是观赏鱼的一种常见病、多发病。多发生在水质较脏的小池或小缸中。鲢鱼、鳙鱼、青鱼、鲫鱼、金鱼、草鱼、鲤鱼等淡水鱼均可感染。

一、病原形态构造

鱼波豆虫为具有鞭毛的原虫。虫体背面隆起，腹面凹陷。大小为(5～12) μm×(3～9) μm。从不同侧面观察虫体，形态各异。侧面观呈卵形或椭圆形，侧腹面观呈汤匙形。2 根鞭毛大致等长，从体侧鞭毛沟的沟端基体伸出，游离于体外，称为后鞭毛。细胞核位于虫体中部，其后有 1 个伸缩泡（图 9-19）。

二、生活史

鱼波豆虫是通过细胞沿鞭毛进行纵二分裂进行繁殖，其是专性寄生虫，传播直接从宿主到宿主，如不能遇到宿主，可形成包囊。包囊可潜伏一段时间才释放出新一批虫体。虫体离开鱼体 1 h 之内死亡，因此该病常在宿主拥挤环境中流行。

三、流行病学

鱼波豆虫大量繁殖的适宜水温为 12～20 ℃，因此本病主要在冬末至初夏流行。本病较为普遍，全国各地均有发生，多发生在水质较脏的小池或小缸中。受危害最大的是幼鱼，年龄越小，对此病越敏感，鱼种阶段感染，发病急、病程短、死亡率高，可在数天内出现大批死亡。亲鱼患病，可把病传给同池孵化的鱼苗。

四、主要症状和病理变化

病鱼皮肤上有一层乳白色或灰蓝色的黏液，使鱼表失去光泽，仔细观察可见小暗斑。鱼体破伤处表皮细胞坏死，同时往往感染细菌或水霉菌，形成溃疡，使病情恶化。当鱼波豆虫大量侵袭皮肤

Note

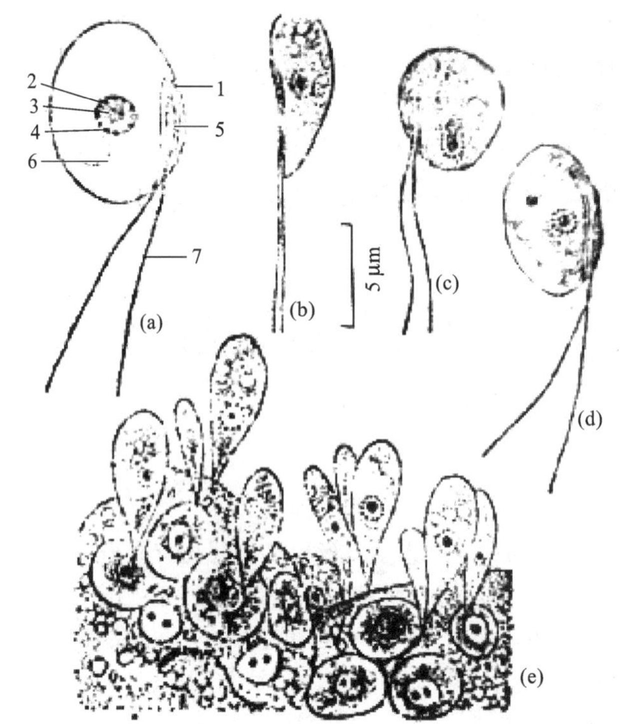

1.基体；2.细胞核；3.核内体；4.染色质粒；5.鞭毛沟；6.伸缩泡；7.后鞭毛

图 9-19　口丝虫

(a)模式图；(b)(c)(d)染色的标本；(e)固着的个体

时，鳃上也大量出现，表现鳃小片上皮细胞坏死、脱落。由于鳃组织被破坏，病鱼呼吸困难，常游近水表呈“浮头”状。

五、诊断

结合流行病学、临诊症状和通过显微镜检出大量虫体即可确诊。

六、防治方法

(1)加强饲养管理，投喂优质饵料，增强鱼的体质和抵抗力，坚持以防为主、防治并重的原则。

(2)预防本病应保持池水清洁，在鱼种放养前用 10～20 mg/kg 的高锰酸钾溶液浸洗 10～30 min；或用 8 mg/kg 的硫酸铜溶液浸洗 20～30 min；或用 2%食盐水浸洗 5～15 min。

(3)治疗可用磺胺类药物按 100～200 mg/kg 拌饵料投喂，连喂 3～7 天。

任务 11　隐鞭虫病

情境导入

扫码看课件

9-11

隐鞭虫病对鱼种危害严重。成鱼感染后不大批死亡，但影响生长。例如，2002 年呼和浩特市某县一养殖户 6667 m^2 鱼池连续几天均有 70～80 条死鱼。养殖户按烂鳃病治疗，消毒剂反复泼洒几遍，病情仍不见好转。后来仔细检查，发现病鱼鳃丝上有大量隐鞭虫寄生，确诊为隐鞭虫病。将聚维酮碘溶液用水稀释 300～500 倍后，全池遍洒：一次量，每立方米水体，0.45～0.75 mL，隔天 1 次，连用 2～3 次，同时外用富溴防止细菌入侵转化为细菌性烂鳃病。治疗 2 天后病情得到了有效控制，治愈率达 100%。

Note

问题：隐鞭虫病还有哪些防治方法？

必备知识

隐鞭虫病是由隐鞭虫寄生于鱼皮肤、鳃等部位所引起的疾病。

一、病原形态构造

隐鞭虫属于波豆科、隐鞭虫属的原虫，鱼隐鞭虫有鳃隐鞭虫和颤动隐鞭虫两种(图 9-20)。

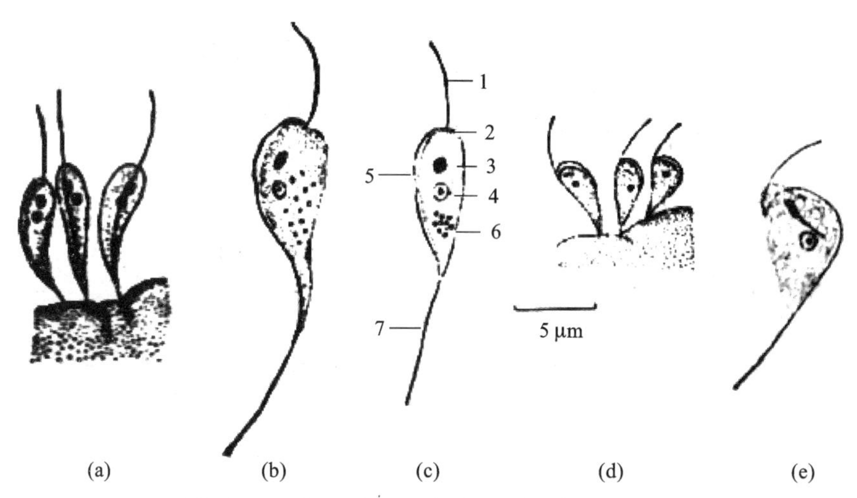

1.前鞭毛；2.基体；3.动核；4.细胞；5.波动膜；6.食物粒；7.后鞭毛

图 9-20 隐鞭虫

(a)～(c)鳃隐鞭虫；(d)、(e)颤动隐鞭虫；(a)、(d)固着的个体；(c)模式图

鳃隐鞭虫，呈柳叶形，有 2 根鞭毛，1 根前鞭毛，1 根后鞭毛，2 根鞭毛大致等长。波动膜显著但较狭窄。

颤动隐鞭虫，形似三角形，有 2 根鞭毛，1 根前鞭毛，1 根后鞭毛，2 根鞭毛不等长。波动膜不显著。

二、生活史

隐鞭虫生殖方式是纵二分裂，发育史中不需要中间宿主，虫体靠直接接触进行传播。虫体贴近水底，扭动身体和颤动波动膜，可营自由生活 1～2 天，过时不接触到宿主将死亡。

三、流行病学

隐鞭虫病主要流行于广东、广西、江浙一带，5—10 月流行，以 7—9 月较为严重。隐鞭虫宿主广泛，对宿主没有严格的选择性，我国养鱼地区都有流行。主要危害草鱼、夏花鱼鱼种，发病急、病程短、死亡率高。危害鲮鱼、鲤鱼时，也常引起鱼苗大量死亡。

四、主要症状和病理变化

病鱼早期症状不明显，当大量虫体寄生时，表现为食欲下降，甚至不食，瘦弱，体表发黑、无光泽。颤动隐鞭虫主要侵袭体长 3 cm 以下幼鱼皮肤，皮肤黏液增多，幼嫩皮肤受到破坏，严重影响幼鱼生长发育。鳃隐鞭虫主要危害草鱼鱼种的鳃，发病早期鳃小片毛细血管轻度充血，疾病感染严重时溶血。鳃小片血管阻塞发炎，血液循环受阻。鳃瓣表面鲜红，黏液增多，病鱼呼吸困难甚至窒息死亡。

五、诊断

结合流行病学、临诊症状、病理变化和通过显微镜检出大量虫体即可确诊。

刮取体表少量黏液或剪取少量鳃丝于清洁载玻片上，滴一滴生理盐水，盖上盖玻片压片镜检，发现大量虫体即可确诊。

六、防治方法

加强饲养管理，投喂优质饵料，增强鱼的体质和抵抗力，坚持以防为主、防治并重的原则。

具体措施参照口丝虫病。

任务12　锚头鳋病

情境导入

扫码看课件
9-12

某户主养殖的金鱼发病，表现为焦躁不安，食欲下降。仔细观察病鱼发现鳞片下和肌肉里存在头埋进去而胸腹部裸露于鱼体外的针状虫体。虫体长约 1 cm。虫体寄生部位周围红肿，形成“石榴籽”样的红斑。结合症状、病变及虫体判断金鱼患了锚头鳋病。

问题：锚头鳋病有哪些防治方法？

必备知识

锚头鳋病是由锚头鳋科、锚头鳋属的锚头鳋寄生于鱼类的鳃、皮肤、鳍、眼、口腔等处所引起的寄生虫病。该病又称为“铁锚虫病”“针虫病”“蓑衣病”，主要发生在鱼种和成鱼阶段，引起鱼种死亡和影响亲鱼的生长繁殖。

一、病原形态构造

锚头鳋虫体头部有叉状两角，似船锚，故而得名。病原主要有草鱼锚头鳋、多态锚头鳋、鲤锚头鳋。

草鱼锚头鳋头、胸、腹分节明显，头部有触角，胸部有附肢。无节幼体营自由生活，桡足幼体营暂时性寄生生活，雌性成虫营永久性寄生生活，只有雌性成虫才寄生在鱼体上，长约 1 cm。雌性成虫在开始营永久性寄生生活时，触角和胸部附肢（游泳足）萎缩退化，身体拉长发生扭转，体节合成一体，呈圆筒状，头胸部长出腹角和背角，头部顶端中央有 1 个半圆形头叶。腹部短而钝圆，分为 3 节，在末端有 1 对小而分节的尾叉和数根长、短刚毛。雌性虫体在生殖季节，腹部后面有 1 对长条形的卵囊，内含几十个至数百个虫卵（图 9-21）。

二、生活史

锚头鳋卵囊中的虫卵孵化出无节幼体，无节幼体经 4 次蜕皮发育为第五无节幼体，第五无节幼体经 1 次蜕皮发育为第一桡足幼体，再经 4 次蜕皮发育为第五桡足幼体。雌、雄第五桡足幼体交配，受精后雌性第五桡足幼体找到合适宿主营永久性寄生生活，寄生于鱼类的鳃、皮肤、鳍、眼、口腔等处，可将在宿主的成虫虫体分为“童虫”“壮虫”和“老虫”三个发育阶段。

三、流行病学

锚头鳋在水中一年四季均有，夏秋季较多。本病全国各地均有流行，尤以广东、广西地区最为严重，可感染草鱼、金鱼、锦鲤、鲢鱼、鳙鱼、鲫鱼等。鱼种和成鱼阶段均可感染，鱼种在短期内出现暴发性感染，造成鱼种大批死亡。金鱼、锦鲤感染率较高。

四、主要症状和病理变化

病鱼焦躁不安，食欲下降，瘦弱。锚头鳋虫体头胸部插入鱼的鳞片下和肌肉里，而胸腹部裸露于鱼体外，呈针状或白线头状，随鱼游动。虫体固着处常充血和出血，使体表红肿，形成“石榴籽”样的红斑，有的“老虫”上长有棉絮状青苔，往往被误认为是青苔的苔丝挂在鱼身上。这种害虫凶猛贪食，寄生处会出现不规整的深孔，其头部钻到鱼体肌肉里，用口器吸取血液，也噬食鳞片和肌肉，靠近伤口的鳞片被锚头鳋分泌物溶解腐蚀成不规则缺口，又给水霉菌、车轮虫等的入侵打开了方便之门。因此，被锚头鳋寄生的病鱼，往往会并发其他疾病。

五、诊断

结合流行病学、临诊症状，发现虫体即可确诊。

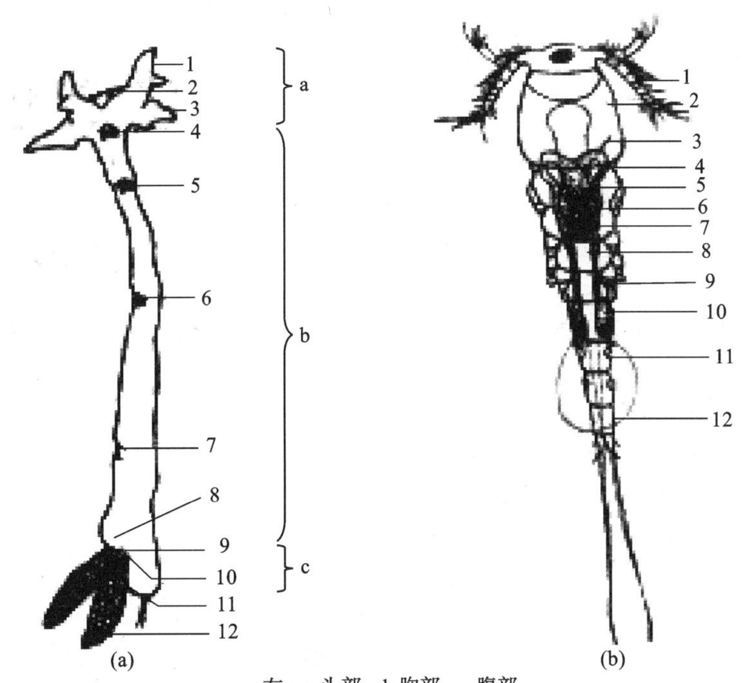

左：a.头部；b.胸部；c.腹部
1.腹角；2.头叶；3.背角；4.第一胸足；5.第二胸足；6.第三胸足；7.第四胸足；8.生殖节前突起；9.第五胸足；10.排卵孔；11.尾叉；12.卵囊
右：1.第一触角；2.胸部；3.输精管；4.精子带；5.精细胞带；6.增殖带；7.睾丸；8.黏液腺；9.第五胸节；10.精囊；11.呼吸窗；12.第三腹节

图 9-21　锚头鳋

(a)雌虫；(b)雄虫

仔细检查病鱼体表、鳃弓、口腔和鳞片等处发现虫体可做出诊断。

六、防治方法

加强饲养管理，投喂优质饵料，增强鱼的体质和抵抗力，坚持以防为主、防治并重的原则。

具体措施如下：

(1)生石灰：按 200～250 mg/L 带水清塘。

(2)高锰酸钾溶液：按 10～20 mg/L，在鱼种放养时浸浴，时间为 15～30 min。

(3)90%晶体敌百虫：按 0.5 mg/L，在该虫繁殖季节全池泼洒。每 2 周 1 次，连用 2～3 次。

(4)氯氰菊酯溶液或辛硫磷溶液全池泼洒。

(5)在瘦水条件下，水深 1 m 时，每 667 m^2 施 400 kg 腐熟猪粪或牛粪，改变生态环境，达到防治该病的目的。

任务 13　鲺　　病

情境导入

2020 年 6 月吉林市大绥河某养鱼户鱼发病，病鱼的采食量减少，有的烦躁狂游，有的跳跃运动，个别鱼体消瘦。观察病鱼发现，体表有类似黄豆大小的扁平透明虫体。

问题：案例中鱼感染了何种寄生虫？应采取哪些措施控制病情发展和防止该病再次发生？

扫码看课件

9-13

必备知识

鲺病是由鲺类寄生于鱼的体表、鳃和口腔中引起的鱼病，是一种常见的观赏鱼的寄生虫病，对鱼的危害较严重。

一、病原形态构造

病原是鲺属的一些种类，危害大的主要有日本鲺（寄生于草鱼、青鱼、鲤鱼、金鱼、热带鱼等的体表和鳃上）、喻氏鲺（寄生于青鱼、鲤鱼的体表和口腔）和大鲺（寄生于草鱼、鲢鱼、鳙鱼体表）。

鲺的身体大而扁平，呈椭圆形或圆形（图 9-22）。肉眼观察外形像小臭虫，虫体大小不一，大多长 2～3 mm，大的体长可在 8 mm 以上。鲺的颜色和宿主颜色相近。鲺的口开在身体腹面，下为食道，然后到胃，再通入肠管至肛门。雌雄异体，雄鲺小于雌鲺。虫体分头、胸、腹三部分，头部口器前面的口管内有一口前刺，其基部的毒腺细胞可分泌毒液；1 对小颚在成虫时变为 1 对吸盘。口器内有大颚 1 对，大小不等的锯齿由内外缘生；头部有附肢 5 对，复眼 1 对和中眼 1 只；头部两侧向后伸延形成马蹄形背甲。胸部 4 节，对应有游泳足 4 对，其中第一节与头部愈合。腹部为 1 对叶片，呈扁平长椭圆形，不分节，是呼吸器官（图 9-23）。

图 9-22　日本鲺

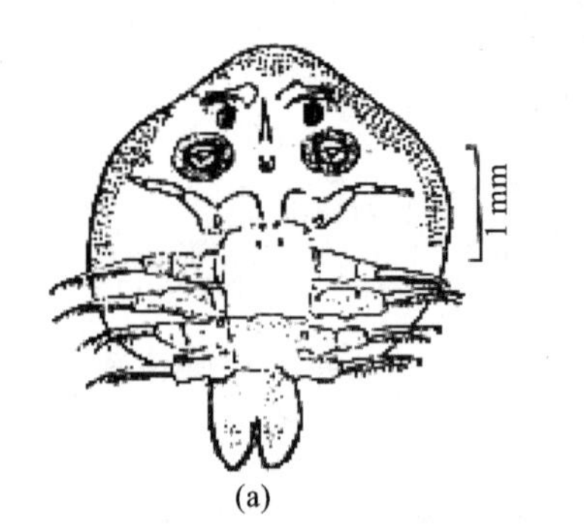

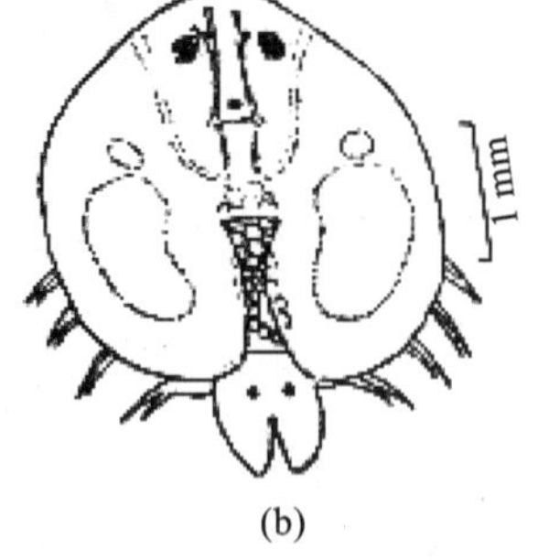

图 9-23　日本鲺

(a)雄性成虫腹面观；(b)雄性成虫背面观

二、生活史

雌雄鲺一生只交配 1 次，但雌鲺一生能多次产卵，每次产卵数不等，10 粒甚至数百粒。雌鲺在水温 16～30 ℃时皆可产卵。虫卵直接产在水中各种物体上，如植物、石块、竹竿和木桩等，不形成卵囊。在一定温度范围内，水温会影响虫卵孵化速度，水温低时虫卵孵化速度慢，反之则较快。虫卵在水温 30 ℃时，卵粒通过 10～14 天就可以孵出幼鲺。刚孵出的幼鲺要在 48 h 内找到宿主寄生，否则容易死亡。幼鲺经 5～6 次蜕皮发育为成虫。水温会影响鲺的寿命，水温低则寿命长，水温高则寿命短。

三、流行病学

鲺卵存在于水中的各种物体上，容易随水流、动物和人的携带而传播。该病在我国广泛流行，广西、广东、福建地区较为严重，常引起鱼种大批死亡。鲺病一年四季都可发生，饲养龙鱼或其他大型肉食性鱼类时，由于用活饵，原来寄生在活饵上的鲺有可能感染鱼类，危害极为严重。

四、主要症状和病理变化

病鱼表现为食欲下降、消瘦；鲺在鱼体表爬行，刺伤或撕破皮肤，其分泌物刺激鱼体，使病鱼烦躁不安，狂游，跳出水面，冲撞缸壁。一些类似龙鱼的大型鱼的上述症状表现得更为严重。由于鲺损坏鱼体，病鱼易感染其他病菌。几只鲺同时寄生于一尾鱼，可能导致鱼的死亡。

五、诊断

结合症状表现及在鱼体表发现虫体即可诊断。

六、防治方法

鲺遇盐水则会离开鱼体。平时喂鱼的活饵可以先用浓盐水浸泡 1 min，可防止鲺的侵害；将鱼放入 1%～1.5%食盐水中，2～3 天可驱出虫体；用 90%晶体敌百虫按每千克体重 0.25～0.5 mg 全池泼洒，也可有效防治该病；还可用适量的 4 ppm 敌百虫或 2.5%敌百虫粉剂喷洒鱼缸，可以有效预防该病。

 课后作业

线上评测

复习与思考

一、填空题

1. 指环虫病是由指环虫科、指环虫属的吸虫寄生于____________等所引起的疾病。

2. 三代虫主要寄生于鱼的____________和____________。

3. 双穴吸虫病是由双穴科的多种吸虫寄生于鱼的____________和____________所引起的疾病。

4. 头槽绦虫病俗称____________，主要危害的鱼有____________、____________和____________。

5. 小瓜虫病又称____________，小瓜虫主要寄生于____________、____________和____________等。

二、简答题

1. 简述本书所授观赏鱼吸虫病、绦虫病和线虫病的病原、虫卵特征、中间宿主、终末宿主及寄生部位。

2. 简述本书所授观赏鱼吸虫病、绦虫病和线虫病的流行病学、病理变化、临诊症状及防治。

3. 简述本书所授观赏鱼原虫病的病原形态构造特征、宿主、流行特点、临诊症状及防治。

4. 简述锚头鳋病和鲺病的宿主、寄生部位、症状表现和防治。

Note

项目十　兔寄生虫病的防治

项目描述

本项目为兔常见寄生虫病的防治，内容包括兔球虫病、兔豆状囊尾蚴病、兔栓尾线虫病、兔螨病。通过本项目的训练，学生能够掌握这几种寄生虫病的病原形态构造、生活史、流行病学、主要临床症状及病理变化，并学会诊断、治疗和防治等技能，为从事宠物健康护理员、宠物医师、兔场技术员等职业做好准备。

学习目标

▲知识目标

学生掌握兔寄生虫病的病原形态构造、生活史、流行病学、主要临床症状及病理变化、诊断、治疗等基本理论知识。

▲能力目标

学生具备诊断、防治常见兔寄生虫病的能力。

▲思政目标

在讲授兔寄生虫学基础知识过程中，穿插一些临床案例，引发学生兴趣和探讨，培养学生勤于思考的好习惯。

任务1　兔球虫病

情境导入

主诉：侏儒兔(图 10-1)吃了从冰箱拿出来的胡萝卜后拉稀。

镜检：粪便检查异常，镜检发现球虫卵(图 10-2)。

扫码看课件

10-1

图 10-1　侏儒兔

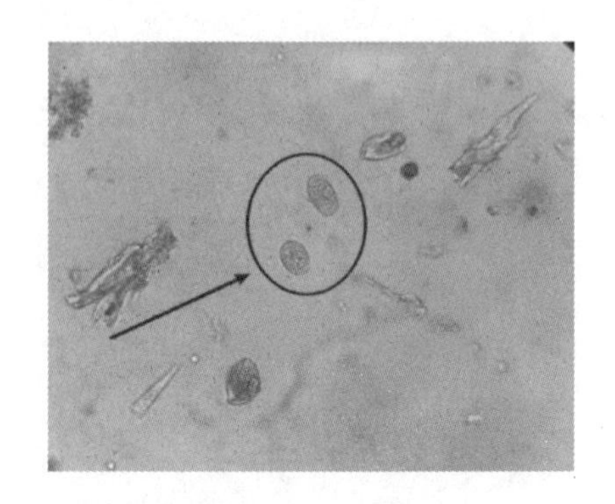

图 10-2　镜检发现球虫卵

球虫病是家兔最常见且危害严重的一种寄生虫病。兔球虫病可导致幼兔发病死亡，生长速度下降，抵抗力下降，易感染其他疾病。因此，我们必须认真对待兔球虫病，做好兔球虫病的防治工作。

必备知识

微课 10-1

一、病原形态构造

本病病原是兔艾美耳球虫，寄生于兔的肠上皮细胞和肝脏胆管上皮细胞内，主要有 16 种，其中以以下 6 种致病性强且危害大。

(1)斯氏艾美耳球虫(*Eimeria stiedai*)：卵囊呈椭圆形，寄生于肝脏胆管，致病力强，危害性大。

(2)中型艾美耳球虫(*Eimeria media*)：卵囊呈短椭圆形，寄生于空肠和十二指肠，致病力很强。

(3)大型艾美耳球虫(*Eimeria magna*)：卵囊呈卵圆形，寄生于小肠和大肠，致病力很强。

(4)黄色艾美耳球虫(*Eimeria flavescens*)：卵囊呈卵圆形，寄生于大肠和小肠，致病力强。

(5)无残艾美耳球虫(*Eimeria irresidua*)：卵囊呈长椭圆形，寄生于小肠中部，致病力较强。

(6)肠艾美耳球虫(*Eimeria intestinalis*)：卵囊呈长梨形，寄生于除十二指肠以外的小肠，致病力较强。

二、生活史

兔球虫卵囊发育分为三个阶段：裂殖生殖、配子生殖和孢子生殖。

(1)在宿主体内进行裂殖生殖阶段：兔吞食了孢子化卵囊后，由于胃消化酶的作用，卵囊壁被破坏，释放出孢子囊，孢子囊在肠消化液的作用下，释放出子孢子，子孢子进入肠黏膜上皮细胞或胆管上皮进行无性的裂殖增殖，进行裂殖发育，生成许多裂殖体，裂殖体增殖若干代后，开始转入有性的配子生殖阶段。

(2)配子生殖阶段：裂殖体增殖进行若干代后，开始进行有性的配子生殖，大、小配子结合为合子，合子外壁增厚成为卵囊，随粪便排出体外。

(3)在外界环境中完成孢子生殖阶段：在兔粪便中见到的球虫称卵囊，是球虫的一个发育阶段，用显微镜检查，卵囊呈无色或黄色，圆形或椭圆形，有两层轮廓的卵囊壁。随兔粪便排到外界的卵囊，内含一团球形原生质球。卵囊在合适的温度、湿度条件下经 1～2 天完成孢子生殖，形成含有 4 个孢子囊，每个孢子囊内含有 2 个子孢子的感染性卵囊。兔吞食该卵囊后就会被感染。若球虫卵囊由于温度、湿度的原因未能孢子化，兔吞食该卵囊后也不会被感染。

三、流行病学

1. 感染季节 本病一年四季均可发生，在南方地区梅雨季节常呈现发病高峰；在北方地区以夏、秋季较多发，均呈地方性流行。

2. 易感动物 各品种的兔对球虫均易感，多暴发于断奶后至 3 月龄的幼兔，且死亡率高。成年兔多呈带虫状态，无临床症状，但生长发育受阻，成为重要的传染源。

3. 促进因素 兔舍条件恶劣、拥挤、潮湿，兔营养不良，饲料骤变或单一均可促使该疾病的发生。

4. 感染途径 本病主要经口感染，兔食入孢子化卵囊污染的饲料或饮水而感染。

四、临床症状

按照球虫的寄生位置，其可分为肠型、肝型和混合型，临床上多以混合型为主。病兔精神沉郁、食欲减退或废绝、行动迟缓、喜卧，眼、鼻分泌物及唾液增多，口腔周围被毛潮湿，尿频或者常做排尿姿势，腹围增大。患肠型球虫病的病兔腹泻和便秘交替出现，肛门或者后肢常被粪便污染。患肝型球虫病的病兔可视黏膜黄染，触诊肝区敏感。

五、病理变化

肝型球虫病：病死兔剖检可见肝脏明显肿大，肝表面可见黄白色结节，大小不等，质地较硬，或肝表面可见大量水疱样病灶，内有较多半透明液体。结节或水疱中均有大量卵囊。胆囊胀大，胆汁浓

稠，在胆管、胆囊黏膜上取样涂片，能检出卵囊。

肠型球虫病：肠壁血管充血，肠腔臌胀，肠黏膜充血或出血，十二指肠扩张、肥厚，黏膜有充血或出血性炎症，小肠内充满气体和大量黏液。

混合型球虫病：兼具肠型和肝型球虫病病理变化，临床上多以此种为主。

六、诊断

根据流行病学、临床症状及病理变化，并结合新鲜粪便的饱和盐水漂浮法查到大量的球虫卵囊，或病死兔的肝、肠等病变部位镜检查到大量不同发育阶段的虫体，即可确诊。

七、治疗

(1)百球清：25 mg/kg 水，连用 3 天。

(2)磺胺-6-甲氧嘧啶(SMM)：按照 0.1%混入饲料，连用 3～5 天，隔 1 周后再用 1 个疗程。

(3)磺胺二甲基嘧啶(SM_2)与三甲氧苄啶(TMP)：按照 5∶1 的比例混匀后，以 0.02%混入饲料，连用 3～5 天，停用 1 周后，再用 1 个疗程。

(4)氯苯胍：剂量为 39 mg/kg 体重，混入饲料，连用 5 天，隔 3 天后再用 1 次。

(5)杀球灵：剂量为 1 mg/kg 饲料，混入饲料，连用 1～2 个月。

注意：含有马杜霉素的各种剂型的药，不能用于兔，否则会导致兔中毒死亡。

八、防治

(1)饲喂营养丰富的全价饲料，增强兔抵抗力。

(2)做好兔舍及周围环境的卫生，及时清扫粪便，并进行无害化处理。

(3)注意饲料和饮水的卫生。

(4)幼兔和成年兔分群饲养，发现病兔，应立即治疗并隔离。

(5)对断奶 4 月龄的兔进行药物预防，地克珠利和氯苯胍两种药物轮换使用。

任务 2　兔豆状囊尾蚴病

兔豆状囊尾蚴病是由豆状带绦虫的中绦期幼虫——豆状囊尾蚴寄生于兔的肝脏、肠系膜和腹腔内所引起的疾病，主要为慢性经过，表现为消化功能紊乱、营养不良和消瘦。

扫码看课件
10-2

必备知识

微课 10-2

一、病原形态构造

豆状带绦虫的幼虫虫体呈囊泡状，大小如豌豆，故称豆状囊尾蚴(*Cysticercus pisiformis*)，囊内含有透明液体和 1 个小的头节，寄生于兔的肝脏、肠系膜和腹腔内。

豆状带绦虫(*Taenia pisiformis*)寄生于犬、狐狸以及其他野生食肉动物的小肠内，偶尔寄生于猫体内。虫体长 60～200 cm。孕节大小为(8～10)mm×(4～5)mm，子宫的每侧有 8～14 个侧支，每个侧支又有小支，虫卵的大小为(36～40)μm×(27～32)μm。

二、生活史

中间宿主：主要是家兔，野兔及其他啮齿类动物均可感染。

终末宿主：犬科动物。

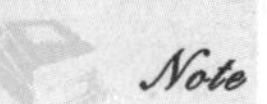

当中间宿主兔等动物吞食了被豆状带绦虫孕节或虫卵污染的饲料与饮水后，卵内的六钩蚴在消

化道逸出，钻入肠壁血管，随血流进入肝脏，并在其中发育 15～30 天，之后穿破肝被膜进入腹腔，黏附在内脏表面继续发育成熟。终末宿主犬、狐狸和其他野生动物吞食了含豆状囊尾蚴的兔内脏后，囊尾蚴包囊在终末宿主消化道中破裂，囊尾蚴头节附着于小肠壁上，约经 1 个月发育为成虫。

三、流行病学

本病呈世界性分布，我国许多省市均有发生，以吉林、山东、浙江和福建等地居多。各品种家兔均易被感染，一年四季均可发病，但以秋后饲喂干草较多时期的发病率最高。因兔为豆状带绦虫的中间宿主，犬、猫等动物为终末宿主，目前呈现家养犬、猫和兔之间的循环流行。

四、主要症状

本病少量感染常无明显症状。大量感染（数目多达 100～200 个）时则出现肝炎症状。急性发作时宿主可骤然死亡。慢性病例主要表现为消化功能紊乱，食量减少，致使仔兔生长发育迟缓，逐渐消瘦，精神沉郁。公兔性欲降低，母兔发情排卵机能减退。成年兔因腹腔内存在大量的豆状囊尾蚴包囊而表现为腹围增大，体重减轻。病程后期病兔耳朵苍白，眼结膜苍白，呈现贫血症状。

五、病理变化

病理变化：尸体消瘦，皮下水肿，有大量淡黄色腹水。肝大，呈土黄色，质硬，有的表面有纤维素块。肠系膜及网膜上有豆状囊尾蚴包囊。

六、诊断

生前诊断可用间接血凝试验，该法较为敏感、快速、简便易行。死后可根据肝脏和肠系膜上寄生的虫体做出确切的诊断。

七、治疗

(1)吡喹酮：按每千克体重 25 mg，皮下注射，每天 1 次，连用 5 天。

(2)甲苯咪唑：按每千克体重 35 mg，口服，每天 1 次，连用 3 天。

(3)丙硫苯咪唑：按每天 50 mg，隔 3 天用 1 次，连续 45 天。

八、防治

本病主要靠预防，兔场应禁止养狗和猫，如果一定要养，应定期驱除绦虫；禁止用含有豆状囊尾蚴兔的内脏喂狗、猫；防止狗、猫粪便污染饲料和饮水。

任务 3　兔栓尾线虫病

情境导入

兔栓尾线虫病又称兔蛲虫病，是由兔栓尾线虫引起的一种感染率较高的寄生虫病。虽然致死率极低，但对兔的休息和采食影响较大，故应引起重视。

扫码看课件 10-3

必备知识

微课 10-3

一、病原形态构造

兔栓尾线虫（*Passalurus ambiguus*）属尖尾目、尖尾科、栓尾属，虫体呈白色线头样。雄虫长 4～5 mm，尾端尖细似鞭状，有由乳突支撑着的尾翼。雌虫长 9～11 mm，有尖细的长尾。卵壳薄，一边平直，一边圆凸，如半月形，大小为(87～97) μm×(100～105) μm，排出时已发育至桑葚期。

通常大量寄生于兔的大肠，尤其是盲肠中，无明显致病性。

二、生活史

生活史属直接发育型，经口感染。虫卵随兔的粪便排出体外，发育为感染性虫卵，兔吞食感染性虫卵后，幼虫在盲肠腺窝中发育为成虫。

三、流行病学

一般温暖多雨的季节适合于兔栓尾线虫幼虫的发育，感染机会多，容易发病，尤以幼兔更易感，幼兔接触被病兔粪便污染的水源或者食物而感染。

四、主要症状及病理变化

主要症状：无致病力或致病力甚小，少量感染时，一般表现为消瘦症状。严重感染时，表现心神不定，因肛门有虫体活动而发痒，病兔用嘴舌啃舔肛门，采食、休息受到影响，食欲下降，精神沉郁，被毛粗乱，逐渐消瘦，下痢，可发现粪便中有乳白色线头样栓尾线虫。

病理变化：病兔死后剖检发现盲肠腺窝中有大量的虫体。

五、诊断

根据病兔常用嘴舌啃舔肛门的症状可怀疑本病，在肛门处、粪便中或剖检时在大肠发现虫体即可确诊。

六、治疗

(1)伊维菌素：有粉剂、胶囊和针剂三种剂型，根据说明书使用。

(2)丙硫苯咪唑(抗蠕敏)：每千克体重 10 mg，口服，每天 1 次，连用 2 天。

(3)左旋咪唑：每千克体重 5～6 mg，口服，每天 1 次，连用 2 天。

七、防治

(1)加强兔舍、兔笼卫生管理，定期对食盒、饮水用具进行消毒，粪便堆积发酵处理。

(2)兔每年驱虫 2 次，可用丙硫苯咪唑或伊维菌素。

任务 4　兔　螨　病

扫码看课件

10-4

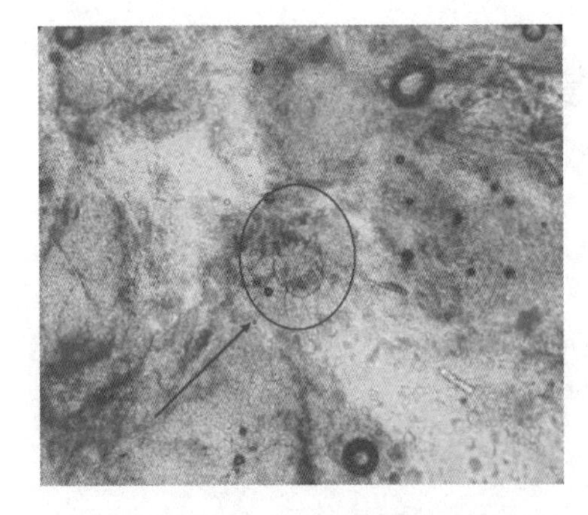

图 10-3　镜检发现疥螨

情境导入

主诉：垂耳兔，眼眶脱毛，有痒感、时常抓挠。

检查：眼眶周围、耳廓边缘、四肢爪子末梢，表现为皮肤增生伴有鳞屑，触诊皮肤有明显增厚结痂现象，感染部位脱毛、瘙痒。检查耳廓边缘有抓痒反射，经镜检发现疥螨(图 10-3)。

兔螨病又称兔疥癣病，是由寄生于家兔体表的痒螨或疥螨引起的一种外寄生虫性皮肤病，是目前危害家兔健康的一种严重疾病。

必备知识

微课 10-4

一、病原形态构造

病原分为疥螨和痒螨，在形态特征上有所不同。

(1)疥螨：呈龟形，浅黄色，背部隆起，腹部扁平，体长 0.2～0.5 mm；口器为蹄铁形，为咀嚼式；腹面有 4 对短粗的肢，第 3、第 4 对不突出体缘。

(2)痒螨：呈长圆形，体长 0.5～0.8 mm；刺吸式口器；4 对肢均突出虫体边缘。

二、生活史

疥螨的一生都在动物体上度过，并能世代生活在同一宿主体内，生活史属于不完全变态发育，包括卵、幼虫、若虫和成虫四个阶段。受精的雌螨在宿主的表皮挖掘隧道，并在隧道内发育和繁殖，以角质层组织和渗出的淋巴液为食物。

痒螨整个发育过程在动物体表进行，其发育过程与疥螨相似。

三、流行病学

凡养兔的地区均有本病发生。病兔是主要传染源，可通过直接接触传染，也可通过被螨虫污染的笼舍、食具、产箱以及饲养员的服装、用具等间接接触传染。不同月龄的兔都可以感染本病，幼兔比成年兔易感性强，发病严重。本病多发于秋冬和早春季节，当环境中阳光不足、阴雨潮湿、气候变冷时，可促进本病的发生与蔓延。饲养环境卫生条件差，营养不良，可降低兔对螨虫的抵抗力。兔疥螨还可以传染人。

四、主要症状及病理变化

兔痒螨病因常发生于家兔耳壳内面，故又称“耳螨病”。始发于耳根处，先发生红肿，继而流渗出液，患部结成一层粗糙、增厚、麸样的黄色痂皮，进而引起耳壳肿胀、流液、痂皮愈积愈多，以致呈纸卷状塞满整个外耳道。螨虫在痂皮下生活、繁殖，病兔表现为焦躁不安，经常摇头并用后肢抓头和耳部，食欲下降，精神不振，逐渐消瘦，最后死亡。

兔疥螨病，多发于脚趾。一般先感染头部和掌部无毛或短毛部位如脚掌面、耳廓边缘、鼻尖、口唇、眼眶周围等，感染部位的皮肤起初红肿、脱毛，渐变肥厚，多褶，继而龟裂，逐渐形成灰白色痂皮（图 10-4 至图 10-6）。由于患部奇痒，病兔经常用嘴啃咬脚趾，鼻端周围也易被感染，严重时身体其他部位也被感染。患部常因病兔趾抓、嘴啃或在兔笼锐边磨蹭止痒，以致皮肤抓伤、咬破、擦伤并发炎症。病兔因剧痒折磨饮食减少，日渐消瘦甚至死亡。

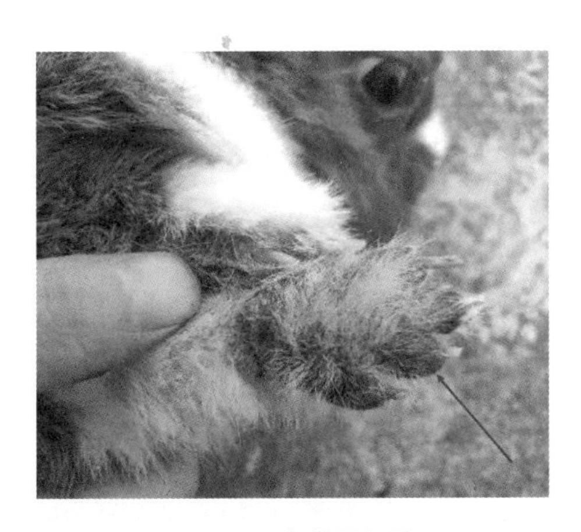

图 10-4 脚掌面红肿

图 10-5 耳廓边缘结痂

图 10-6　眼眶周围脱毛

五、诊断

(1)皮肤特征病变,检查病变部位有抓痒反射。

(2)在患部与健部皮肤交界处刮取痂皮检查,发现螨虫可确诊。

六、治疗

(1)伊维菌素:目前预防和治疗本病最有效的药物,有粉剂、胶囊和针剂三种剂型,根据说明书使用。

(2)螨净:配成0.2%水溶液,涂擦患部。

(3)乐杀螨:配成0.1%水溶液,涂擦患部。

(4)杀虫脒(杀螨脒):配成0.2%水溶液,涂擦患部。

七、防治

(1)定期用三氯杀螨醇等杀螨剂消毒兔舍、场地和用具。

(2)保持兔舍干燥、清洁、通风良好。

(3)对兔定期进行检查,发现病兔应隔离、治疗和消毒。

课后作业

线上评测

复习与思考

1. 兔球虫病的防治方法有哪些?
2. 简述兔栓尾线虫病的治疗。
3. 简述兔豆状囊尾蚴的生活史。
4. 简述兔螨病的主要症状及病理变化。
5. 试从多个角度阐述疥螨和痒螨的区别。

项目十一　宠物抗寄生虫药的应用

项目描述

本项目根据宠物健康护理员、宠物医师等岗位需求进行编写，介绍了常用抗寄生虫药的理化性质、药理作用、临床应用和注意事项等，与临床实践联系非常密切，为学生从事宠物寄生虫病的治疗工作奠定了知识基础。

学习目标

▲知识目标

熟悉常用抗寄生虫药的作用机制。掌握常用抗寄生虫药的药理作用、临床应用和注意事项。

▲能力目标

通过学习抗寄生虫药，学生能掌握常用抗寄生虫药的药理作用、临床应用和注意事项等，为寄生虫病治疗奠定基础。

▲思政目标

在讲授抗寄生虫药过程中，穿插一些不当用药对宠物自身以及公共卫生带来不良影响的案例，使学生明确合理用药的重要性，明确错用滥用药物的不良后果，关注耐药性及药物滥用现象，提高职业素养和技能水平。

任务1　常用抗寄生虫药概论

情境导入

寄生虫病是目前危害人类和动物较严重的疾病，已成为世界范围内的头号动物疾病。在宠物临床上，寄生虫的急性感染可引起动物急性死亡，慢性感染可使宠物生长发育受阻，抵抗力降低，皮毛质量变差，影响美观等，严重制约了宠物行业的发展。此外，某些人畜共患寄生虫病还直接对宠物及人类的健康构成威胁，严重影响公共卫生。因此，积极开展宠物寄生虫病的防治，对保护人类和宠物的健康具有重要意义。

扫码看课件
11-1

药物防治是目前宠物寄生虫病防治的一个重要环节。选用抗寄生虫药时，不仅要掌握寄生虫的流行病学资料，还要了解药物对虫体的作用，对宿主的毒性以及在宿主体内药物代谢动力学过程，以便选用最佳的药物，达到最佳抗虫效果。

必备知识

微课 11-1

一、概念

凡能驱除或杀灭动物体内、外寄生虫的药物称为抗寄生虫药。

二、分类

抗寄生虫药根据其主要作用对象，可分为抗蠕虫药、抗原虫药和杀虫药。

（1）抗蠕虫药：又称驱蠕虫药，根据蠕虫种类分为抗线虫药、抗绦虫药和抗吸虫药。

（2）抗原虫药：又分为抗球虫药、抗锥虫药、抗梨形虫药和抗滴虫药等。

（3）杀虫药：又分为杀昆虫药和杀蜱螨药。

三、理想抗寄生虫药的条件

（1）安全：凡是对虫体有强大的杀灭作用，而对宿主无毒或毒性很小的药物都是安全的。

（2）高效：药物应用剂量小、驱杀寄生虫的效果好，而且对成虫、幼虫，甚至虫卵都有较高的驱杀效果。应用高效的抗寄生虫药其虫卵减少率应达 95%以上，若小于 70%则属于疗效较差。但目前较好的抗蠕虫药也难达到如此效果。

（3）广谱：药物的驱虫范围要广。在临床上动物寄生虫病多系混合感染，因此，广谱驱虫，更有实际意义。目前可同时治疗线虫、血吸虫、绦虫等混合感染的抗寄生虫药较缺少。

（4）投药方便：以内服途径给药的抗寄生虫药应无味、无臭、适口性好，投药方便，可混饲、混饮或喷雾给药。

（5）防止耐药性的产生：某些蠕虫对抗蠕虫药可产生耐药性，甚至对同一类药物可产生交叉耐药性。虽然蠕虫的耐药现象不如细菌耐药那么普遍和严重，但也应引起足够的注意。轮换使用几种不同的抗蠕虫药，是减少或延缓产生耐药性的有效措施之一。

（6）价格低廉：便于大规模推广应用。

（7）无不良反应，无残留：理想的抗寄生虫药应无任何不良反应，对动物没有刺激性，无任何损害，也不会加重动物代谢负担，并能及时、迅速地消除，无残留，且不污染环境。目前能达到此标准的抗寄生虫药极少。为了不危害人类的健康，世界各国明文规定抗寄生虫药应在屠宰前一定时间停药，《中华人民共和国兽药典》也规定了抗寄生虫药的休药期。

四、应用抗寄生虫药的注意事项

（1）正确认识药物、寄生虫、宿主三者之间的关系，合理使用抗寄生虫药：抗寄生虫药使用是否安全有效，受宿主、寄生虫和药物三者及三者之间相互关系的影响，所以在使用过程中，应正确认识三者之间的相互关系。只有处理好宿主、寄生虫和药物三者之间的关系，才能达到最好的防治效果，减轻或避免不良反应的发生。因而在选用抗寄生虫药时不仅应熟悉药物的理化性质、剂型、剂量、疗程和给药方法等，还要知道药物对虫体的作用以及其在宿主体内的代谢过程和对宿主的毒性，并了解寄生虫的寄生部位、生活史、流行病学、感染强度及范围。

（2）预试：为控制好药物的剂量和疗程，避免发生药物不良反应，在使用抗寄生虫药进行大规模驱虫前，务必选择少数动物先做驱虫试验，以确保安全，避免发生大批中毒事故。

（3）密切注意，防止耐药虫株的产生：在防治寄生虫病时，应定期更换不同类型的抗寄生虫药，以避免或减少因长期或反复使用某些抗寄生虫药而导致虫体产生耐药性。必要时联合用药或交替用药。

（4）做好用药管理：如混饮投药前应禁饮，药浴前应多饮水等。

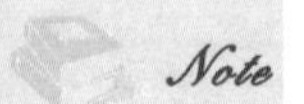

任务 2 抗蠕虫药

情境导入

比熊犬，1 岁，精神沉郁，粪便恶臭，不定时拉稀，今早主人发现粪便中有瓜子状的活动虫体（图 11-1），镜检确诊为犬复孔绦虫感染，我们应该用何种药物治疗呢？

扫码看课件 11-2

图 11-1 犬粪便中的复孔绦虫节片

必备知识

抗蠕虫药是指能驱除、杀灭或抑制寄生于动物体内蠕虫的药物，亦称驱蠕虫药。

微课 11-2

根据蠕虫的种类不同，通常将抗蠕虫药分为抗线虫药、抗绦虫药、抗吸虫药。但这种分类是相对的，因为有些药物兼有多种驱虫功能，如吡喹酮既有抗绦虫作用，又有抗吸虫的作用。

一、抗线虫药

（一）阿维菌素类

阿维菌素类药物是由阿维链霉菌产生的一组新型大环内酯类抗生素，是目前应用最广泛的广谱、高效、安全，且用量小的理想抗寄生虫药。

伊维菌素（灭虫丁）

【理化性质】本品为白色或淡黄色结晶性粉末，无臭，无味。难溶于水，易溶于多数有机溶剂如甲醇、乙醇、丙醇、丙酮等。性质稳定，但溶液易受光线的影响而降解。

【药动学】本品能促进寄生虫突触前神经元释放 γ 氨基丁酸（GABA），打开 GABA 介导的氯离子通道，从而干扰神经肌肉间的信号传递，使虫体松弛麻痹，导致虫体死亡或被排出体外。本品皮下注射生物利用度比内服高，但内服比皮下注射吸收迅速，吸收后能很好地分布到动物大部分组织，但不易进入脑脊髓液。

【药理作用】本品为广谱、高效、低毒的抗生素类抗寄生虫药，对各种线虫、昆虫和螨均具有高效驱杀作用。

【临床应用】临床常用于各种动物的胃肠道线虫如犬、猫钩口线虫、蛔虫，肺线虫，寄生节肢动物如耳螨、疥螨等以及心丝虫和微丝蚴的感染。对左旋咪唑和甲苯咪唑等耐药虫株也有良好的效果。

【注意事项】

（1）本品注射液仅供皮下注射，肌内注射后会产生严重的局部反应（在马中尤为显著，应慎用）。

Note

(2)注射给药,一般1次即可,对患有严重螨病的宠物每隔7～9天,再用药2～3次。

(3)泌乳动物泌乳期禁用,母牛临产前1个月禁用。

(4)柯利血统犬对本药异常敏感,不宜使用。

(5)伊维菌素对虾、鱼及水生生物有剧毒,切勿污染水源。

(6)伊维菌素粉驱除宠物体内、外寄生虫作用强,不能和其他驱虫药同用。

【制剂、用法与用量】

(1)伊维菌素注射液:皮下注射,一次量,每千克体重,牛、羊0.2 mg,猪0.3 mg,犬200～400 μg,每周1次,连用1～4周,用于体表杀虫。

(2)伊维菌素粉:内服,每千克体重,犬6～12 μg,猫24 μg,每月1次,用于心丝虫病预防;每千克体重,一次量,犬50～200 μg,用于体内驱虫。

阿维菌素(爱比菌素)

阿维菌素是阿维链霉菌发酵的天然产物,主要成分为阿维菌素B1。商品名"虫克星",国外又称爱比菌素,系我国首先研究开发,价格低于伊维菌素。

【理化性质】本品几乎不溶于水,对光线敏感,性质不稳定,储存不当易灭活减效。

【药理作用】本品为强力、高效、广谱、低毒的肠道抗线虫药,对牛、羊、猪、马、犬、兔等动物的多种线虫如蛔虫、蛲虫、旋毛虫、钩虫及心丝虫、肺线虫均有良好的作用,是极佳的驱线虫抗生素。对螨、虱等也有良好效果,对吸虫与绦虫无效。犬内服后,2～4 h血药浓度达峰值,5～6天经粪便排泄90%以上。

【临床应用】主要用于驱杀各种线虫及动物体表的虱、螨及蝇等。

【注意事项】

(1)怀孕犬、哺乳犬和柯利血统犬(苏格兰牧羊犬、喜乐蒂牧羊犬、边境牧羊犬)等禁用。肝功能异常动物慎用。

(2)禁止与乙胺嗪(抗丝虫药)联合使用,否则会引起严重脑炎。

(3)患有心丝虫病时,使用本品后死亡的微丝蚴可能导致犬发生休克样反应。

(4)大剂量使用个别犬会出现疼痛、呕吐、下痢、流涎、无力、昏睡等现象,但多能耐过。如情况严重,以保肝解毒、强心补液、对症治疗为原则。

【制剂、用法与用量】与伊维菌素相同。

多拉菌素(多拉克丁)

【理化性质】由基因重组的阿维链霉菌新株发酵而得。为微黄色粉末,微溶于水,在阳光照射下易分解灭活。

【药理作用】多拉菌素和伊维菌素相似,也是广谱抗寄生虫药,对线虫、昆虫和螨均具有良好的驱杀作用,但对绦虫、吸虫及原生动物无效。多拉菌素的血药浓度比伊维菌素高,半衰期较伊维菌素长2倍以上,效果优于伊维菌素,毒性较小,具有长效作用。本品主要通过加强虫体的抑制性递质γ氨基丁酸的释放,阻断神经信号的传递,使肌肉细胞失去收缩能力,从而导致虫体死亡。哺乳动物的外周神经递质为乙酰胆碱,不会受到多拉菌素的影响,也不易透过血脑屏障,对动物有很高的安全性。

【临床应用】主要用于治疗犬、猫的线虫病和虱、蜱、螨等体内外寄生虫。

【注意事项】

(1)柯利血统犬慎用。

(2)在阳光照射下本品迅速分解灭活,应避光保存。

(3)对鱼类和水生动物有毒。

【制剂、用法与用量】

多拉菌素注射液：皮下或肌内注射，一次量，每千克体重，犬 0.2～0.6 mg，每周 1 次，持续使用 4 周。

美贝霉素肟

美贝霉素肟是由一种吸湿链霉菌发酵产生的大环内酯类抗寄生虫药。

【理化性质】本品不溶于水，易溶于有机溶剂。

【药理作用】美贝霉素肟的抗虫机制同伊维菌素。对某些节肢动物（如犬蠕形螨）和线虫具有高度活性，是专用于犬的抗寄生虫药。内服给药后，90%～95%原型药通过胃肠道不被吸收，因此几乎全部的药物都从粪便排出。

【临床应用】本品主要用于犬恶丝虫感染早期和犬蠕形螨的驱除。

【注意事项】

(1)小于 4 周龄及体重小于 1 kg 的幼犬禁用。

(2)美贝霉素肟虽对大多数犬毒性不大，安全范围较广，但长毛牧羊犬对本品仍与伊维菌素同样敏感。

(3)本品治疗微丝蚴时，患犬亦常出现中枢神经抑制、流涎、咳嗽、呼吸急促和呕吐等症状，必要时可以 1 mg/kg 氢化泼尼松预防。

(4)本品不能与乙胺嗪并用，必要时至少应间隔 30 天。

【制剂、用法与用量】

美贝霉素肟片：内服，一次量，每千克体重，犬 0.5～1 mg，每月 1 次。

莫西菌素

【理化性质】本品为白色或类白色无定形粉末，几乎不溶于水，极易溶于乙醇(96%)，微溶于己烷。

【药理作用】莫西菌素与其他大环内酯类抗寄生虫药（如伊维菌素、阿维菌素、美贝霉素肟）的不同之处在于它是单一成分，具有更长时间的抗虫活性。莫西菌素属广谱驱虫药，对犬、牛、绵羊、马的线虫和节肢动物寄生虫有较强的驱除作用。

【临床应用】莫西菌素用较低剂量（0.5 mg/kg 或更低）时即对内寄生虫（线虫）和外寄生虫（节肢动物）有高度驱除活性。本品主要用于驱杀动物的胃肠道及呼吸系统线虫、外寄生虫，以及犬恶丝虫发育中的幼虫。同时临床上还常与吡虫啉配伍预防犬、猫心丝虫病、蛔虫病、钩虫病等。

【注意事项】

(1)莫西菌素对动物较安全，对伊维菌素敏感的长毛牧羊犬用之亦安全，但高剂量应用时，个别犬可能会出现嗜睡、呕吐、共济失调、厌食、下痢等症状。

(2)牛应用浇泼剂后，6 h 内不能淋雨。

【制剂、用法与用量】

莫西菌素片：内服，一次量，每千克体重，犬 0.2～0.4 mg，每月 1 次。

(二)苯并咪唑类

阿苯达唑(丙硫苯咪唑)

【理化性质】本品为白色或类白色粉末，无臭，无味。不溶于水，在氯仿或丙酮中微溶。可溶于乙酸。

【作用机制】在体内代谢为亚砜类或砜类后，能抑制虫体对葡萄糖的吸收，还可抑制虫体延胡索酸还原酶的活性，阻断 ATP 的产生，导致虫体肌肉麻痹而死亡。

【药动学】商品名“抗蠕敏”。阿苯达唑脂溶性高，比其他本类药物更易从消化道吸收，2～4 h 可

达峰浓度。具有很强的首过效应。吸收后，广泛分布于肝、肾、肌肉等器官和组织中，亦能透过血脑屏障。在肝内主要代谢为亚砜类代谢物和砜，亚砜发挥其抗蠕虫的作用。内服后约 47%代谢物从尿液排出，其他主要经胆汁排出体外，乳汁中也有少量排出。

【药理作用】本品为广谱、高效、低毒的驱虫药，对犬、猫肠道线虫最敏感，如对蛔虫、钩虫等均有很强的驱虫作用。对犬、猫旋毛虫、毛细线虫、肺吸虫和丝虫亦有良好效果。对犬、猫绦虫，多数吸虫也有较强的杀灭作用，但对血吸虫无效。对成虫作用强，对未成熟虫体和幼虫也有较强作用，还有杀虫卵作用。

【临床应用】主要用于驱除犬、猫体内的蛔虫、钩虫和犬体内的丝虫等，并可同时驱除混合感染的多种寄生虫。

【注意事项】

(1)本品对哺乳动物的毒性小，治疗量无任何不良反应，但本品有胚胎毒性和致畸胎作用，所以动物妊娠期和泌乳期禁用。

(2)连续长期使用，能使蠕虫产生耐药性或交叉耐药性。

【制剂、用法与用量】

丙硫苯咪唑片：内服，一次量，每千克体重，犬、猫 25～50 mg，马、猪 5～10 mg，牛、羊 10～15 mg，禽 10～20 mg。

休药期：牛 14 天，羊 4 天，猪 7 天，禽 4 天。弃乳期 60 h。

芬苯达唑

【理化性质】本品为白色或类白色粉末，无臭，无味。易溶于二甲基亚砜，微溶于甲醇，不溶于水。

【药理作用】又称苯硫咪唑、苯硫苯咪唑、硫苯咪唑，具有驱虫谱广、毒性低、耐受性强、适口性好等优点，为目前国内外广泛应用的宠物驱虫药。芬苯达唑不仅对动物的胃肠道线虫成虫及幼虫有高度驱虫活性，而且对其他线虫如网尾吸虫、矛形双腔吸虫、片形吸虫和绦虫也有良好的驱除效果，还有极强的杀虫卵作用。

【临床应用】临床上可用于驱除动物的消化道线虫，如犬、猫体内的钩虫、毛尾线虫、蛔虫等，以及片形吸虫和绦虫，特别是这几类寄生虫的混合感染。

【注意事项】

(1)动物妊娠早期使用芬苯达唑，有胚胎毒性。

(2)定期驱虫能提高动物生长速度，使动物皮毛光滑。

(3)由于死亡的寄生虫释放抗原，可继发过敏性反应。

(4)单剂量对于犬、猫往往无效，必须治疗 3 天。

【制剂、用法与用量】

芬苯达唑片：内服，一次量，每千克体重，犬、猫 25～50 mg，马、牛、羊、猪 5～7.5 mg，禽 10～50 mg，一天 1 次，连用 3 天。

奥芬达唑

【理化性质】本品为白色或类白色粉末，有轻微的特殊气味。微溶于甲醇、氯仿和乙醚，不溶于水。

【药理作用】又称硫氧苯唑或苯亚砜苯咪唑，奥芬达唑为芬苯达唑的衍生物，属广谱、高效、低毒的新型抗蠕虫药，其驱虫谱大致与芬苯达唑相同，但驱虫活性更强。口服奥芬达唑后，吸收快，生物利用度高，但适口性差。血清中药物主要以奥芬达唑的形式存在，用药 140 h 后血清中仍能检测到奥芬达唑。对犬钩虫、蛔虫、鞭虫、绦虫有良好的驱杀效果，成虫及虫卵的减少率可达 100%，并未出现任何异常反应。

【临床应用】主要应用于驱杀犬、猫的消化道寄生虫，如蛔虫、鞭虫、钩虫、绦虫等，对成虫和幼虫均有效。

【注意事项】

(1)本品原料药的适口性较差，若以原料药混饲，应注意防止因摄食量减少，药量不足而影响驱虫效果。

(2)孕犬应严格按说明使用，妊娠早期动物以不用为宜。

(3)肝肾功能不全的犬慎用，对本品过敏的犬禁用。

(4)驱虫后及时清除粪便，以免重复感染。

(5)少数犬用药后 3～10 天才出现驱虫效果。

(6)应用时应注意本品若与抗吸虫药溴代水杨酰苯胺配伍应用，可导致流产和胚胎死亡。

【制剂、用法与用量】

奥芬达唑片：内服，一次量，每千克体重，马 10 mg，牛 5 mg，羊 5～7.5 mg，猪 3 mg，犬、猫 5～10 mg，一天 1 次，连用 3 天，10 天后复用 1 次。

噻苯达唑(噻苯咪唑)

【理化性质】本品为白色或类白色粉末，味微苦，无臭。微溶于水，易溶于稀盐酸。

【药理作用】又称噻苯咪唑或噻苯唑。噻苯达唑仅对线虫有效，既可用于治疗，又可用于预防，对幼虫和虫卵均有一定抑制作用，但使用剂量大，逐渐为其他药物所取代。本品毒性低，安全范围大，治疗量无不良反应。对胎畜、孕畜也无不良影响。

【临床应用】主要用于驱除犬、猫的类圆线虫、蛲虫、钩虫、蛔虫、旋毛虫和类丝虫属寄生虫。

【制剂、用法与用量】

噻苯达唑片：内服，一次量，每千克体重，犬 50～60 mg，连用 3～5 天，用于类圆线虫病治疗。犬 35～40 mg，连用 5 天，用于类丝虫病治疗。

非班太尔

【理化性质】本品为无色粉末，不溶于水，溶于丙酮、氯仿和二氯甲烷。

【药理作用】本品为芬苯达唑的前体药物，即在胃肠道内转变成芬苯达唑和奥芬达唑而发挥有效的驱虫作用。虽然毒性极低，但因驱虫谱较窄，因而应用不广，仅应用于驱除动物的胃肠道线虫。目前多与吡喹酮、双羟萘酸噻嘧啶制成复方制剂(如拜宠清是非班太尔 15 mg＋吡喹酮 5 mg＋双羟萘酸噻嘧啶 14.4 mg)。

【临床应用】临床主要与吡喹酮和双羟萘酸噻嘧啶合用治疗犬的线虫病和绦虫病。

【注意事项】

(1)本品仅用于宠物犬，切勿与哌嗪类药物同时使用。

(2)对苯并咪唑类耐药的蠕虫，也对本品存在交叉耐药性。

【制剂、用法与用量】

拜宠清片：内服，一次量，每千克体重，犬 60 mg，每 3 个月驱虫 1 次。

(三)咪唑并噻唑类

左旋咪唑(左噻咪唑，左咪唑)

【理化性质】常用其盐酸盐或磷酸盐，均为白色或微黄色结晶，无臭，味苦。易溶于水，在酸性溶液中稳定，在碱性水溶液中易水解失效。

【作用机制】本品与虫体接触后，可兴奋敏感蠕虫的副交感和交感神经节，使处于静息状态的神经肌肉去极化，表现为烟碱样作用，引起肌肉持续收缩而麻痹。用药后，最初排出尚有活动性的虫体，晚期排出的虫体则死去，甚至腐败。

【药动学】内服、肌内注射吸收迅速完全，也可通过皮肤吸收。犬内服的生物利用度为49%～64%，达峰时间为2～4.5 h。主要通过代谢消除，原型药(少于6%)及代谢物大部分从尿中排泄，小部分随粪便排出。

【药理作用】本品为广谱、高效、低毒的抗线虫药，可驱除动物体内寄生的各种线虫。对犬、猫的蛔虫及其他肠道线虫成虫的驱除效果好，对幼虫驱虫效果较差，对毛尾线虫效果不稳定。本品还具有明显的免疫调节功能，能使受抑制的巨噬细胞和T细胞功能恢复到正常水平，并能调节抗体的产生。

用于调节免疫的剂量为1/4～1/3的驱虫剂量，剂量过大会引起免疫抑制。

【临床应用】本品主要用作犬、猫胃肠道线虫、肺线虫、心丝虫、眼虫等感染的治疗，也用于免疫功能低下动物的辅助治疗和提高疫苗的免疫效果。

【注意事项】

(1)注射给药安全范围不广，时有中毒事故发生，因此单胃动物除肺线虫宜选用注射给药外，一般宜内服给药。

(2)局部注射时对组织有较强刺激性，尤以盐酸左旋咪唑为甚，临床多用其磷酸盐。

(3)动物泌乳期禁用，3周以下的幼犬禁用，妊娠、虚弱宠物慎用。

(4)左旋咪唑中毒时，表现为胆碱酯酶抑制剂过量而产生的M样症状与N样症状，可用阿托品解救。

【制剂、用法与用量】

(1)盐酸左旋咪唑片：内服，一次量，每千克体重，牛、羊、猪7.5 mg，犬、猫7～12 mg，禽25 mg。泌乳期禁用。休药期：牛14天，猪、羊28天。

(2)盐酸左旋咪唑注射液：皮下、肌内注射，用量同盐酸左旋咪唑片。

(四)有机磷化合物

敌百虫

【理化性质】本品为白色结晶粉或小粒。易溶于水，水溶液呈酸性反应，性质不稳定，宜现用现配。在碱性溶液中可生成毒性更强的敌敌畏。

【药动学】各种方式给药均能很快吸收。吸收后在动物体内分布广泛，以肾、心、脑和脾较多，乳中含量很低，主要经尿排泄。

【药理作用】敌百虫驱虫范围广泛，既可驱除动物内寄生虫，又可杀灭动物外寄生虫。敌百虫驱虫的机制是其进入虫体后，与虫体内胆碱酯酶结合，使酶失去活性，不能水解乙酰胆碱，从而导致乙酰胆碱在虫体内蓄积，引起虫体肌肉兴奋、痉挛、麻痹而死亡。

【临床应用】内服或肌内注射对消化道内的大多数线虫及少数吸虫有良好的效果。对犬的弓首蛔虫、钩口线虫有效，外用可杀死疥螨，对蚊、蝇、蚤、虱等也有效。有胃毒性和接触毒性，对钉螺、血吸虫卵和尾蚴也有显著的杀灭效果。

【注意事项】

(1)敌百虫在有机磷化合物中虽然属于毒性较低的一种，但其治疗量与中毒量很接近，应用过量容易引起动物中毒。

(2)不可与碱性物质配伍，以免转化为毒性更强的敌敌畏。

(3)泌乳期动物不宜应用。

【制剂、用法与用量】

敌百虫片：内服，一次量，每千克体重，犬75 mg，用于肺丝虫病治疗。体表喷洒，0.5%～2%，杀灭螨、虱、蜱、蚊、蝇等。

（五）哌嗪类

哌嗪

【理化性质】本品为白色结晶或粉末，无臭，味酸。易溶于水，不溶于有机溶剂。

【药理作用】本品为高效、低毒、窄谱的抗蛔虫药。哌嗪能阻断虫体乙酰胆碱对肌肉的作用，也可以改变虫体肌肉细胞膜对离子的通透性，使膜电位增加而处于超极化状况，从而导致虫体肌肉麻痹，失去附着于肠壁的能力，随粪便排出体外。本品对成虫效果好，对未成熟的虫体效果差，对幼虫则不敏感。

【临床应用】临床主要用于驱除犬、猫体内的蛔虫。

【注意事项】

(1)本品毒性较低，但在推荐剂量时可见犬、猫出现呕吐、腹泻等不良反应。

(2)慎用于慢性肝、肾疾病和胃肠蠕动减慢的患病宠物。

(3)本品与氯丙嗪合用可引起抽搐，与噻嘧啶或甲噻嘧啶合用有拮抗作用，与泻药合用会加速排出而达不到最大药效。

【制剂、用法与用量】

磷酸哌嗪片：内服，一次量，每千克体重，犬、猫 0.07～0.1 g，马、牛 0.2 g，羊 0.2～0.3 g，猪 0.25 g，禽 0.2 g，隔 2～3 周复用 1 次。

乙胺嗪

【理化性质】常用的枸橼酸乙胺嗪又称海群生、益群生、灭丝净，为白色粉末，无臭，味酸苦，易溶于水。

【药理作用】本品为哌嗪衍生物，内服吸收快，体内分布广。对成虫和微丝蚴均有效，能使血液中微丝蚴迅速集中到肝脏微血管内，被肝脏吞噬细胞消灭。

【临床应用】主要用于犬恶丝虫和蛔虫的治疗。

【注意事项】

(1)禁用于微丝蚴阳性犬，可引起过敏反应，甚至死亡。

(2)大剂量对肠胃有刺激性，宜食后使用。

【制剂、用法与用量】

枸橼酸乙胺嗪片：内服，一次量，每千克体重，马、牛、羊、猪 20 mg，犬、猫 50～70 mg(预防心丝虫病用 6.6 mg)，分 3 次服用，幼犬剂量酌减。

二、抗绦虫药

依西太尔(伊喹酮)

【理化性质】本品为白色结晶性粉末，难溶于水。

【药动学】伊喹酮内服后，极少被消化道吸收，大部分由粪便排泄。其作用机制为影响绦虫正常的钙和其他离子浓度，从而导致身体发生强直性收缩，同时损害绦虫外皮，使之损失溶解，最后被宿主所消化。

【药理作用】本品为吡喹酮同系物，是犬、猫专用抗绦虫药，对犬、猫常见绦虫如复孔绦虫、犬豆状带绦虫、猫带状泡尾绦虫等有接近 100%的疗效，对细粒棘球绦虫也有很好的疗效(>90%)。

【临床应用】临床上主要用于驱除犬、猫体内的绦虫。

【注意事项】小于 7 周龄的犬、猫不宜使用。

【制剂、用法与用量】

依西太尔片：内服，一次量，每千克体重，犬 5.5 mg，猫 2.75 mg。

Note

氯硝柳胺(灭绦灵、血防-67、育米生)

【理化性质】本品为黄白色结晶性粉末,无臭,无味。几乎不溶于水,微溶于乙醇、乙醚或氯仿,置于空气中易呈黄色。

【作用机制】通过抑制绦虫对葡萄糖的吸收,并抑制虫体细胞内氧化磷酸化反应,使三羧酸循环受阻,导致乳酸蓄积而产生杀虫作用。通常虫体与药物接触 1 h,虫体便萎缩,继而杀灭绦虫的头节及其近段,使绦虫从肠壁脱落而随粪便排出体外。由于虫体死后常被肠道蛋白酶分解,因此难以检出完整的虫体。

【药理作用】本品为传统的抗绦虫药,具有驱虫范围广、效果确定、毒性低和使用安全等优点。对多种绦虫均有效,如犬、猫的多头绦虫、豆状带绦虫等。对犬棘球绦虫、复孔绦虫不稳定,对细粒棘球绦虫无效。本品内服后在宿主消化道内极少吸收,在肠道内可保持较高浓度。

【临床应用】临床上主要用于驱除犬、猫体内的绦虫。

【注意事项】

(1)犬、猫对本品较敏感,2 倍治疗量可使犬、猫出现暂时性下痢,4 倍治疗量可使犬肝脏出现病灶性营养不良,肾小球出现渗出物。应用时应注意。

(2)宠物给药前应禁食 8～12 h。

(3)对鱼类毒性强。

【制剂、用法与用量】

氯硝柳胺片:内服,一次量,每千克体重,牛 40～60 mg,羊 60～70 mg,犬、猫 80～100 mg,禽 50～60 mg。

硫双二氯酚(别丁)

【理化性质】本品为白色或黄色结晶性粉末,无臭或微带酚臭。难溶于水,易溶于乙醇、乙醚、丙酮或稀碱溶液。宜密封保存。

【药动学】内服仅少量由消化道迅速吸收,并由胆汁排泄,大部分未吸收药物均由粪便排泄。无明显蓄积作用。

【作用机制】本品可抑制虫体内葡萄糖分解和氧化代谢过程,特别是抑制琥珀酸的氧化,导致虫体能量不足而死亡。

【药理作用】硫双二氯酚为广谱驱虫药,对动物多种绦虫和吸虫有高效驱除作用。

【临床应用】主要用于犬、猫的绦虫病和吸虫病。

【注意事项】

(1)马对本品较敏感,家禽中,鸭比鸡敏感,用药时宜注意。鸽子禁用。

(2)禁用乙醇或增加溶解度的溶媒配制溶液内服,否则会造成大批动物中毒死亡事故。

(3)不宜与四氯化碳、吐酒石、吐根碱、六氯乙烷、六氯对二甲苯联合应用,否则毒性增强。

【制剂、用法与用量】

硫双二氯酚片:内服,一次量,每千克体重,牛 40～60 mg,马 10～20 mg,猪、羊 75～100 mg,犬、猫 200 mg,鸡 100～200 mg,鸭 30～50 mg,鹿 100 mg。

氢溴酸槟榔碱

【理化性质】本品为白色或淡黄色结晶性粉末,无臭,味苦,性质较稳定。在水和乙醇中易溶,应置于避光容器中保存。

【作用机制】本品对虫体肌肉有较强的麻痹作用,可使虫体攀附脱落。加之药物可促进肠管蠕动,利于松脱的虫体迅速排出。因其作用是暂时的,待虫体麻痹作用消失,再攀附时,驱虫作用消失。

【药理作用】对犬所有绦虫有效,用量少,疗效好。

【临床应用】主要用于驱除犬细粒棘球绦虫和带绦虫，也可用于驱除家禽绦虫。

【注意事项】

(1)治疗量能使犬产生呕吐或腹泻症状，多可自愈。过量中毒可用阿托品解救。

(2)马属动物对本品敏感，猫对本品最敏感，不宜使用。

(3)该药副作用较大，给药前应先服稀碘液 10 mL，极量为 120 mg。

(4)本品应内服给药，皮下注射易出现胆碱样反应，而无驱虫效果。

【制剂、用法与用量】

氢溴酸槟榔碱片：内服，一次量，每千克体重，犬 1.5～2 mg，鸡 3 mg，鸭、鹅 1～2 mg。

丁萘脒

【理化性质】丁萘脒常制成盐酸丁萘脒或羟萘酸丁萘脒。盐酸丁萘脒为白色结晶性粉末，无臭，易溶于乙醇、氯仿，可溶于热水。羟萘酸丁萘脒为淡黄色结晶性粉末，能溶于乙醇，不溶于水。

【药动学】丁萘脒片在胃内溶解后，立即对十二指肠及小肠寄生虫产生作用。被吸收药物到达肝脏，几乎全部被代谢，进入血液循环系统的药物极少。

【药理作用】盐酸丁萘脒是犬、猫的抗绦虫药。各种丁萘脒盐都有杀绦虫特性，死亡的虫体多被消化，因而粪便中不再出现虫体。但当绦虫头节在寄生部位被黏液覆盖(患肠道疾病时)而受保护时，则影响药效而不能杀死头节，使疗效降低。此外，本品对动物无致泻作用。

【临床应用】盐酸丁萘脒是专用于犬、猫的抗绦虫药，治疗量对犬、猫大多数绦虫均有高效。

【注意事项】

(1)盐酸丁萘脒适口性差，加之犬饱食后会影响驱虫效果，因此，用药前应禁食 3～4 h，用药后 3 h 禁食。

(2)本品对眼有刺激性，还可引起肝损害和胃肠道反应，使用时要注意。

(3)心室纤维性颤动，往往是动物应用丁萘脒致死的主要原因，因此，用药后的犬应避免剧烈运动。

(4)片剂不可捣碎或溶于液体，因为药物除对口腔有刺激性外，还可因广泛接触口腔黏膜使吸收加速，甚至引起中毒。

【制剂、用法与用量】

盐酸丁萘脒片：内服，一次量，每千克体重，犬、猫 25～50 mg。

三、抗吸虫药

吡喹酮(环吡异喹酮)

【理化性质】本品为白色或类白色结晶性粉末。无臭，味苦，有吸湿性。难溶于水，易溶于乙酸、氯仿及聚乙二醇等有机溶剂。应遮光密闭保存。

【作用机制】吡喹酮可使宿主体内血吸虫产生痉挛性麻痹而脱落，并向肝脏移行。同时，吡喹酮对虫体表皮层有迅速而明显的损伤作用，并能影响虫体吸收与排泄功能，使其体表抗原暴露，从而易遭受宿主的免疫攻击，促使虫体死亡。此外，吡喹酮还能引起继发性变化，使虫体表膜去极化，皮层碱性磷酸酶活性降低，致使葡萄糖的摄取受抑制，内源性糖原耗竭。

【药动学】内服后在肠道吸收快，1 h 左右到达血药浓度峰值。吸收后分布于全身各种组织，其中以肝脏中含量最高，门静脉中血药浓度较周围静脉高 10 倍以上，其次为肾脏、肺、胰腺等。能透过血脑屏障，脑脊液浓度为血药浓度的 15%～20%。主要经肾脏排出，72%于 24 h 内排出。

【药理作用】吡喹酮属广谱的抗绦虫药、抗吸虫药，是抗血吸虫的首选药。毒性低，应用安全。其杀血吸虫成虫作用强而迅速，对其童虫作用弱。投药后数分钟，体内 95%以上血吸虫“肝移”，并迅速

Note

在肝内死亡。对绦虫童虫和成虫都有作用，对犬、猫、禽等的各种绦虫均有高效，用药后虫体痉挛、麻痹，最后随粪便排出。

【临床应用】主要用于犬、猫的吸虫病，也用于绦虫病和囊尾蚴病。

【注意事项】

(1)肌内注射局部刺激性大，一般采用内服给药，治疗过程中犬可引起呕吐、下痢、肌肉无力、昏睡等不良反应，但多能耐过，可静脉注射碳酸氢钠注射液或高渗葡萄糖溶液以减轻反应。

(2)不推荐将吡喹酮用于 4 周龄以内幼犬和 6 周龄以内的幼猫，吡喹酮与非班太尔配伍的产品可用于各种年龄的犬和猫，还可安全地用于妊娠的犬和猫。

【制剂、用法与用量】

吡喹酮片：内服，一次量，每千克体重，牛、羊、猪 10～35 mg，犬、猫 2.5～5 mg，禽 10～20 mg。

硝硫氰酯

【理化性质】别名硝硫苯酯，为硝硫氰胺的衍生物。为无色或黄色结晶性粉末。易溶于酯类化合物，微溶于乙醇，不溶于水。

【药理作用】本品毒性较低，具有广谱驱虫作用。有较强的杀血吸虫作用。其作用机制是抑制虫体的琥珀酸脱氢酶和三磷酸腺苷酶，影响三羧酸循环，使虫体收缩，丧失吸附于血管壁的能力，而随血液流入肝脏。一般给药 2 周后虫体开始死亡，1 个月以后几乎全部死亡。

【临床应用】主要用于治疗犬、猫的血吸虫病。

【注意事项】因对胃肠有刺激，犬、猫反应较严重，需要制成糖衣丸剂。

【制剂、用法与用量】

硝硫氰酯胶囊：内服，一次量，每千克体重，犬、猫 50 mg。

任务 3　抗原虫药

情境导入

扫码看课件
11-3

一牧羊犬，4 岁，被毛粗糙，四肢无力，贫血，黏膜黄染，根据临床症状、流行病学调查和实验室化验确诊为犬巴贝斯虫感染，应该选用何种药物治疗呢？让我们一起来了解一下抗原虫药。

必备知识

微课 11-3

宠物原虫病是由单细胞原生动物如球虫、锥虫、滴虫、梨形虫、弓形虫、利什曼原虫和阿米巴原虫等引起的一类寄生虫病。临床上多表现为急性和亚急性经过，具有明显的季节性，常呈地方流行性或散在发生。根据原虫的种类不同，抗原虫药分为抗球虫药、抗锥虫药、抗梨形虫药、抗滴虫药和抗弓形虫药等。

一、抗球虫药

球虫病是由孢子虫纲、真球虫目、艾美耳科、艾美耳属球虫和等孢属球虫等寄生于动物的肠道引起的一种原虫病。家畜、野兽、禽类、爬行类、两栖类、鱼类和某些昆虫都是球虫的宿主。犬、猫也很容易感染球虫，尤其是幼犬和母犬生产期间，感染后会引起下痢、便血、贫血、消瘦、食欲不振等。在使用抗球虫药时，一定要按规定浓度使用，还应注意抗球虫药的作用峰期。此外，不论使用哪种抗球虫药，若长期反复使用，均可产生明显的耐药性，所以为避免此现象的产生，使用时应采用轮换用药、

穿梭用药或联合用药的方法。

地克珠利

【理化性质】本品为类白色或淡黄色粉末，不溶于水，性质较稳定。

【药理作用】又名杀球灵，属三嗪类新型广谱、高效、低毒抗球虫药。抗球虫作用峰期可能在子孢子和第一代裂殖体早期阶段。本品抗球虫效果优于莫能菌素、氨丙啉、氯羟吡啶等常规的抗球虫药，对犬和猫的球虫病防治效果明显，用药后除能有效控制症状外，甚至能使球虫卵囊全部消失，为理想的杀球虫药。

【临床应用】主要用于驱除犬、猫体内的球虫。

【注意事项】

(1)地克珠利溶液稳定期仅为 4 h，宜现用现配，否则影响疗效。

(2)本品作用时间短暂，停药 1 天后，作用基本消失，因此，必须连续用药最少 1 个疗程，以防疾病再度暴发。

【制剂、用法与用量】

地克珠利溶液：内服，一次量，每千克体重，犬、猫 0.5～1 mg，连用 3～5 天。

托曲珠利(甲苯三嗪酮)

【理化性质】本品为无色或浅黄色澄明黏稠液体。市售 2.5%托曲珠利溶液，商品名为“百球清”。

【作用机制】干扰球虫细胞核分裂和线粒体作用，影响虫体的呼吸和代谢功能，使细胞内质网膨大，发生严重空泡化，从而使球虫死亡。

【药理作用】本品属三嗪类广谱抗球虫药。对动物的多种球虫有杀灭作用，作用峰期是球虫裂殖生殖和配子生殖阶段。杀球虫方式独特，对其他抗球虫药耐药的虫株也十分敏感。安全范围广，用药动物可耐受 10 倍以上的推荐剂量，也不影响机体对球虫的免疫力，可与任何药物混合使用。对住肉孢子体和弓形体也有效。

【临床应用】主要用于驱除犬、猫的球虫。

【注意事项】

(1)为防止稀释后药液减效，以现配现用为宜，药液稀释超过 48 h 后，不宜使用。

(2)药液污染工作人员眼睛或皮肤时，应及时冲洗。

【制剂、用法与用量】

托曲珠利口服液：内服，一次量，每千克体重，犬 20 mg，连用 2 天。

氨丙啉

【理化性质】又名氨宝乐，常用其盐酸盐，为白色结晶性粉末，无臭，易溶于水，可溶于乙醇，宜现用现配。

【药理作用】本品结构与硫胺素相似，是硫胺素拮抗剂，可通过抑制球虫的硫胺素代谢来抗球虫。抗虫谱相对窄，对柔嫩艾美耳球虫和毒害艾美耳球虫抗虫作用最强，对堆型艾美耳球虫疗效一般，对巨型艾美耳球虫效果较弱。其作用峰期在感染后的第 3 天，即第一代裂殖体，对有性繁殖阶段和子孢子也有一定的抑制作用。本品具有高效、安全、低毒、球虫不易对其产生耐药性等特点，也不影响宿主对球虫产生免疫力，兼有治疗和预防作用。

【临床应用】主要用于驱除犬、猫的球虫。

【注意事项】

(1)用量过大或使用时间过长会使动物患硫胺素(维生素 B_1)缺乏症。

(2)禁止与硫胺素同时使用，或在使用氨丙啉治疗期间，每千克饲料硫胺素的含量应控制在 10 mg以下。

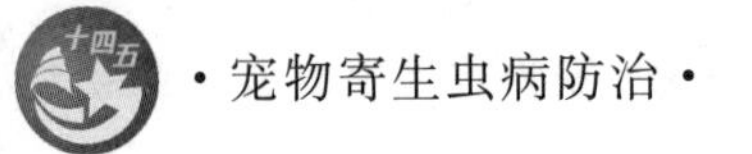

【制剂、用法与用量】

盐酸氨丙啉片：内服，一次量，每千克体重，犬 100～200 mg，猫 60～100 mg，连用 7～10 天。

氯苯胍

【理化性质】本品为白色或浅黄色结晶性粉末，有氯臭，几乎不溶于水和乙醚。

【药理作用】氯苯胍属胍基衍生物，为广谱、高效、低毒的抗球虫药。对动物的许多球虫有效，作用峰期为感染的第 3 天，对第二期裂殖体、孢子体亦有杀灭作用，还可抑制卵囊的发育。长期连续应用可诱使球虫产生耐药性。

【临床应用】主要用于驱除犬、猫的球虫。

【注意事项】有氯臭会给动物带来不良味道。

【制剂、用法与用量】

氯苯胍片：内服，一次量，每千克体重，犬 10～25 mg。

二、抗锥虫药

锥虫病是由寄生在血液和组织细胞间的锥虫引起的一类疾病。防治本类疾病除应用抗锥虫药外，平时还应重视消灭其传播媒介（吸血昆虫），才能杜绝本病的发生。同时为了提高疗效，须用足药量，尽早用药。

三氮脒

【理化性质】又名贝尼尔、血虫净，为黄色或橙黄色结晶性粉末，无臭，味微苦，遇光、遇热易变为橙红色。易溶于水，不溶于乙醇。

【作用机制】本品选择性地阻断虫体动基体的 DNA 合成或复制，并与核产生不可逆性结合，从而使锥虫的动基体消失，不能分裂繁殖。

【药理作用】三氮脒属于芳香双脒类，是传统的广谱抗血液原虫药。对锥虫、梨形虫和边虫（无浆体）均有作用，是治疗锥虫病和梨形虫病的高效药，但预防作用较差。对犬的各种巴贝斯虫病治疗作用较好，对猫巴贝斯虫病无效。剂量不足时，锥虫和梨形虫都可产生耐药性。

【临床应用】本品与同类药物相比，具有用途广、使用简便等优点，为目前治疗犬锥虫病和梨形虫病较为理想的药物。

【注意事项】

（1）本品毒性大，安全范围较窄，治疗量有时也会出现不良反应，一般动物能自行耐过，出现严重不良反应时需用阿托品解救或采取输液等对症治疗方法。

（2）肌内注射局部可出现疼痛、肿胀，经数天至数周可恢复，大剂量应分点注射。

（3）骆驼对本品敏感，以不用为宜，马对本品较敏感，大剂量应用时须慎重。

【制剂、用法与用量】

注射用三氮脒：肌内注射，一次量，每千克体重，犬 3.5～5.5 mg，连用 1～2 次，连用不超过 3 次，每次间隔 24 h。

拜耳 205

【理化性质】又名萘磺苯酰脲、那加诺、那加宁，为尿素的衍生物。常用其钠盐，为白色或淡红色粉末。易溶于水，水溶液呈中性，不稳定，宜现配现用。

【药动学】口服后肠道吸收差，须静脉注射。吸收入血后，药物与血浆蛋白结合，以后逐渐分离释出。本品不能透过血脑屏障，主要随尿液排泄。由于排泄缓慢，在机体内的停留时间较长，末次用药 3 个月后还可从尿液中测出未经代谢的原型药。

【作用机制】能抑制虫体代谢，影响其同化作用，从而导致虫体分裂和繁殖受阻，最后溶解死亡。

【药理作用】本品对动物的伊氏锥虫和马媾疫锥虫均有效，但对马媾疫锥虫的疗效较差，用于早

期感染,效果显著。静脉注射 9~14 h 血中虫体消失,24 h 患畜体温下降,血红蛋白尿消失,食欲逐渐恢复。本品可与血浆蛋白结合,在动物体内停留时间长达 1.5~4 个月,不仅有治疗作用,还有预防作用。若用药量不足,虫体可产生耐药性。机体的网状内皮系统在本品的药理作用方面起着重要作用。兴奋网状内皮系统功能的药物如氯化钙等,能提高本品的疗效。

【注意事项】

(1)对本品过敏者、肝或肾功能不全者、年老衰弱者不宜用。

(2)首次注射应特别小心。若出现中轻度蛋白尿,须减少剂量,出现严重蛋白尿并伴有管型者必须立即停止治疗。

(3)同时使用钙剂可提高本品疗效并减轻其不良反应。

【制剂、用法与用量】

粉针剂:预防可采用一般治疗量,皮下或肌内注射,治疗需静脉注射。一次量,每千克体重,犬、马 10~15 mg,牛 15~20 mg,骆驼 8.5~17 mg。

三、抗梨形虫药

梨形虫旧称焦虫,是由蜱等节肢动物传播的寄生于动物血细胞内的一种原虫病。尽管梨形虫的种类很多,但患病宠物多以发热、黄疸和贫血为主要临床症状,往往引起患病宠物大批死亡。消灭中间宿主蜱、虻和蝇是防治本病的重要环节。在发病早期,应用有效的药物进行治疗也是目前可采取的重要手段,可明显降低死亡率。

双咪苯脲

【理化性质】又名咪唑苯脲,为双咪唑啉苯基脲。常用其二盐酸盐或二丙酸盐,均为无色粉末,易溶于水。

【药动学】本品注射给药吸收较好,能分布于全身各组织,主要在肝脏中灭活解毒。大部分经尿液排泄,少数药物(约 10%)以原型由粪便排出。可在肾脏重吸收而延长药效时间,体内残留期长,用药 28 天后在体内仍能测到本品。

【药理作用】本品为兼有预防和治疗作用的新型抗梨形虫药,其疗效和安全范围都优于三氮脒,且毒性较三氮脒和其他药小。本品对多种动物(如牛、小鼠、大鼠、犬及马)的巴贝斯虫病和泰勒虫病,不但有治疗作用,而且有预防效果,甚至不影响动物机体对虫体产生免疫力。

【临床应用】临床上多用于治疗或预防犬、牛、马的巴贝斯虫病。

【注意事项】

(1)本品禁止静脉注射,较大剂量肌内或皮下注射时,有一定刺激性。

(2)马属动物对本品敏感,尤其是驴、骡,高剂量使用时应慎重。

(3)本品毒性较低,但较高剂量可能会导致动物出现咳嗽、肌肉震颤、流泪、流涎、腹痛、腹泻等症状,一般能自行恢复,症状严重者可用小剂量的阿托品解救。

(4)本品宜首次用药间隔 2 周后,重复用药 1 次,以根治疾病。

【制剂、用法与用量】

二丙酸双咪苯脲注射液:肌内、皮下注射,一次量,每千克体重,马 2.2~5 mg,犬 6 mg,牛 1~2 mg(用于治疗锥虫病用 3 mg)。

硫酸喹啉脲(阿卡普林)

【理化性质】又名焦虫素、阿卡普林,为淡黄或黄色粉末,易溶于水。

【药理作用】本品为传统抗梨形虫药,主要对犬等动物的巴贝斯虫有特效,对泰勒虫疗效较差,对边虫(无浆体)效果较差。

【临床应用】临床上主要用于驱除犬等动物的巴贝斯虫。

【注意事项】

(1)本品毒性较大,忌用大剂量,治疗量亦多出现胆碱能神经兴奋症状,但多数可在半小时内消失。为减轻不良反应,可将总剂量分成2份或3份,间隔几小时应用。

(2)禁止静脉注射。

【制剂、用法与用量】

硫酸喹啉脲注射液:皮下注射,一次量,每千克体重,犬0.25 mg,马0.6~1 mg,牛1 mg,猪、羊2 mg。

四、抗滴虫药

对宠物危害较大的滴虫主要是毛滴虫。毛滴虫多寄生于动物生殖器官,可引起患犬流产、不孕和生殖力下降等。

甲硝唑

【理化性质】又名灭滴灵、甲硝咪唑,为白色或微黄色结晶,有微臭,味苦。极易溶于乙醚,微溶于水。

【药理作用】甲硝唑内服吸收迅速,广泛分布于全身各组织,能透过胎盘屏障。本品是临床广泛应用的抗滴虫药,可自由地通透原虫细胞,但不能通透哺乳动物细胞。对滴虫、阿米巴原虫有较强作用。对专性厌氧菌作用极强,对需氧菌、兼性厌氧菌无作用。

【临床应用】用于犬等动物的生殖道毛滴虫病、组织滴虫病、贾第鞭毛虫病及厌氧菌感染。

【注意事项】

(1)宠物哺乳及妊娠早期不宜使用。

(2)剂量过大时要监测宠物的肝、肾功能。

【制剂、用法与用量】

甲硝唑片:内服,一次量,每千克体重,犬25 mg。

五、抗弓形虫药

弓形虫病又称弓形体病,是由刚地弓形虫所引起的人畜共患病。它广泛寄生在人和动物的有核细胞内。在犬、猫和人体内多为隐性感染,发病者临床表现复杂,其症状和体征又缺乏特异性,易造成误诊,主要侵犯眼、脑、心、肝、淋巴结等。弓形虫是孕期宫内感染导致胚胎畸形的重要病原之一。

磺胺间甲氧嘧啶

【理化性质】本品为白色或类白色的结晶性粉末,无臭,几乎无味,遇光色渐变暗。本品在丙酮中略溶,在乙醇中微溶,在水中不溶,在稀盐酸或氢氧化钠溶液中易溶。

【药理作用】本品是体内外抗菌作用最强的磺胺类药物,主要通过抑制叶酸的合成来抑制弓形虫的生长繁殖,对犬、猫弓形虫有很好的疗效。本品内服后吸收良好,血中浓度高,易透过血脑屏障,有效血药浓度维持时间长,乙酰化率低,不易形成结晶尿。

【临床应用】用于预防和治疗犬、猫弓形虫病。

【注意事项】

(1)治疗时首次剂量加倍,要有足够的剂量和疗程,但连续用药一般不超过7天。如应用本品疗程长、剂量大,宜同服碳酸氢钠并多给宠物饮水,以防形成结晶尿。

(2)本品忌与酸性药物如维生素C、氯化钙、青霉素等配伍。

(3)失水、休克、老龄,以及对磺胺类药物过敏和肝肾功能有损伤的宠物,应慎用。

(4)本品与口服抗凝药、口服降糖药、苯妥英钠和硫喷妥钠等药物同用时,可使这些药物的作用时间延长或引发毒性,需调整其剂量。

【制剂、用法与用量】

磺胺间甲氧嘧啶片：内服，一次量，每千克体重，犬、猫预防量为 25 mg，治疗量为 50 mg，连用5 天。

任务 4 杀 虫 药

情境导入

由螨、蜱、虱、蚤、蝇、蚊等节肢动物引起的宠物外寄生虫病，不仅给宠物造成危害，夺取其营养，损坏其皮毛，影响其生长，还可以传播许多寄生虫病和传染病，严重危害公共卫生健康。为此，选用高效、安全、经济、方便的杀虫药具有重要意义。

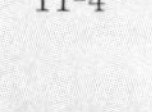

扫码看课件 11-4

必备知识

微课 11-4

对外寄生虫(螨、蜱、虱、蚊、蝇等)具有杀灭作用的药物称杀虫药。杀虫药一般对虫卵无效，因此必须间隔一定时间重复用药。一般来说，所有杀虫药对动物都有一定的毒性，甚至在规定剂量内，也会出现不同程度的不良反应。因此，在使用杀虫药时，除严格掌握剂量、用药时间与使用方法外，还需密切注意用药后的动物反应，一旦发生中毒，应立即采取解救措施。

杀虫药的应用有局部用药和全身用药两种方式。

1. 局部用药 多用于个体局部杀虫，一般应用粉剂、溶液、混悬液、油剂、乳剂、软膏等局部涂擦、浇淋和撒布等。任何季节均可进行局部用药，剂量亦无明确规定，只要按规定的有效浓度使用即可，但用药面积不宜过大，浓度不宜过高。

涂擦杀虫药的油剂可经皮肤吸收，使用时应注意。

透皮剂(或浇淋剂)中含促透剂，浇淋后可经皮肤吸收转运至全身，起到驱杀体内外寄生虫的作用。

2. 全身用药 全身用药一般采用喷雾、喷洒、药浴，适用于温暖季节和全身杀虫时。

药浴时需注意药液的浓度、温度以及动物在药浴池中停留的时间。

一、有机磷类杀虫药

二嗪农

【理化性质】又名螨净，纯品为无色、无臭油状液体。微溶于水，性质不稳定，在水和酸碱溶液中分解迅速。与乙醇、丙酮、二甲苯可混溶，并溶于石油醚。

【药理作用】本品是广谱有机磷类杀虫药，对蝇、蜱、虱以及各种螨均有良好的杀灭效果，其灭蚊、蝇的药效可维持 6～8 周，且具有触杀、胃毒、熏蒸等作用，但内服作用较弱。

【临床应用】二嗪农项圈常用于驱杀犬和猫体表的虱和蚤。

【注意事项】猫对本品敏感，药浴时必须准确计算剂量，以全身浸泡 1 min 为宜。

【制剂、用法与用量】

二嗪农项圈：每只犬、猫 1 条，使用期 4 个月。

甲基吡啶磷

【理化性质】本品为白色或类白色结晶性粉末，有异臭，微溶于水，易溶于乙醇、丙酮等有机溶剂。

【药理作用】本品除对成蝇具杀灭作用外，对蟑螂、蜱、虱、蚂蚁、跳蚤、臭虫等害虫也有良好杀灭

Note

作用。

【临床应用】主要用于环境杀虫。

【注意事项】本品对眼睛有轻微刺激性，喷雾时不能向宠物直接喷射，食物也应转移他处。

【制剂、用法与用量】

甲基吡啶磷可湿性粉剂和颗粒剂：按 100～500 g/m^{2}喷洒地面。

马拉硫磷

【理化性质】纯品为无色或淡黄色油状液体，有蒜臭味。

【药理作用】马拉硫磷毒性低，残效期短，对咀嚼式口器的害虫有效。可有效杀灭苍蝇、蜱、虱、跳蚤、蚂蚁、蟑螂等害虫。具有良好的触杀、胃毒和一定的熏蒸作用，无内吸作用。

【临床应用】主要用于治疗动物外寄生虫病。

【注意事项】

(1)本品对眼睛、皮肤有刺激性，应用时注意防护。

(2)对蜜蜂有剧毒，对鱼类毒性也较大。

(3)为增加其水溶液的稳定性和除去药物的蒜臭味，可在 100 mL 50%马拉硫磷溶液中加 1 g 过氧苯甲酰，振荡至完全溶解，可获得良好效果。

二、拟除虫菊酯类杀虫药

拟除虫菊酯类杀虫药是仿效天然除虫菊的化学结构合成的农药。具有杀虫谱广、高效、速效、对哺乳类动物毒性低、性质稳定、不污染环境等优点，是国际公认的最安全的无公害天然杀虫剂，但长期应用易产生耐药性。

二氯苯醚菊酯

【理化性质】又名氯菊酯、除虫精、扑灭司林，为暗黄色至棕黄色带有结晶的黏稠液体。有菊酯芳香味，难溶于水，易溶于乙醇、苯等多种有机溶剂，在碱性条件下易分解。

【药理作用】本品主要影响脊椎动物和无脊椎动物的电压依赖性钠通道，延迟和延长该通道激活与失活，导致虫体高度兴奋与失活。目前在宠物临床上主要联合吡虫啉一起杀虫，二者具有协同作用，可抑制蜱、蚊等吸血，减少血源性传染病的发生和传播。

【临床应用】主要和吡虫啉联合用于预防和治疗犬体表蚤、蜱、虱的寄生，抵抗蚋和蚊子的叮咬。

【注意事项】

(1)本品应直接滴淋至皮肤上，且 3 天内勿水洗。

(2)禁用于猫科动物。

【制剂、用法与用量】

拜宠爽(二氯苯醚菊酯 50 mg+吡虫啉 10 mg)：滴淋，一次量，每千克体重，犬 0.05～0.2 mL。

溴氰菊酯

【理化性质】又名敌杀死，为白色结晶性粉末。不溶于水，溶于丙酮及二甲苯等大多数芳香族溶剂。

【药理作用】本品是目前使用最广泛的一种拟除虫菊酯类杀虫药。属于接触性杀虫剂，以触杀和胃毒作用为主，对害虫有一定的驱避与拒食作用，但无内吸及熏蒸作用。对宠物外寄生虫有很强的驱杀作用，具有广谱、高效、残效期长、作用迅速、低毒等特点。对环境中的蚊、蝇，以及犬、猫体表的蜱、虱和跳蚤等均有良好的杀灭作用，药效时间长达 1 个月。本品对有机磷、有机氯耐药的虫体仍有高效。

【临床应用】临床主要用于防治犬的外寄生虫如虱、蜱，以及杀灭环境中的昆虫。

【注意事项】

(1)本品对皮肤、黏膜、眼睛、呼吸道有较强的刺激性,使用时应注意防护。

(2)本品遇碱分解,对塑料制品有腐蚀性。

(3)本品对鱼剧毒,蜜蜂、家蚕对本品亦敏感。

【制剂、用法与用量】

溴氰菊酯乳油(含溴氰菊酯 5%):药浴或喷淋,每 1000 L 水加 100～300 mL,临用前摇匀。

胺菊酯

【理化性质】又名四甲司林,性质稳定,但在高温和碱性溶液中易分解。

【药理作用】本品是较常用的拟除虫菊酯类杀虫药。对蚊、蝇、蚤、虱、螨等虫体都有杀灭作用,对昆虫击倒作用的速度居同类杀虫药之首,由于部分虫体又能复活,一般多与苄呋菊酯联用,其击倒作用虽慢,但杀灭作用较强,因而有互补增效的作用。对人、畜安全,无刺激性。

【临床应用】胺菊酯、苄呋菊酯喷雾剂,用于环境杀虫。

三、其他杀虫药

双甲脒

【理化性质】又名特敌克、虫螨脒等。为双甲脒加乳化剂与稳定剂配制成的微黄色澄明液体,无臭,不溶于水。

【药理作用】本品为高效、广谱、低毒的杀虫药,对人和动物毒性极低,有时可以用于妊娠和授乳的动物。对外寄生虫,如疥螨、痒螨、蜱、虱等各阶段虫体均有极强的杀灭效果。产生作用较慢,一般在用药后 24 h 使虫体解体。杀灭彻底,残效期长,一次用药可维持药效 6～8 周。

【临床应用】主要用于驱杀犬、猫等动物体表的蜱、螨、虱、蚤等寄生虫。

【注意事项】

(1)对皮肤有刺激作用,用时注意人员防护。

(2)马对本品较敏感,本品对鱼剧毒,应禁用。

(3)用药后 3 天内不能用水冲洗宠物。

【制剂、用法与用量】

双甲脒溶液:药浴,每 5 L 水中加入 2～5 mL,每 2 周 1 次,连续使用 3～6 次。

升华硫

【理化性质】本品为黄色结晶性粉末,有微臭,不溶于水和乙醇。

【药理作用】本品与动物皮肤组织接触后,生成硫化氢和五硫黄酸,有杀虫、杀螨和抗菌作用。

【临床应用】主要用于治疗宠物体表的疥螨及痒螨。

【注意事项】

(1)注意避免与口、眼睛及其他黏膜接触。

(2)本品易燃,应密闭保存。

【制剂、用法与用量】

(1)硫黄软膏(10%),局部涂擦。

(2)石灰硫黄(硫黄 2%、石灰 1%),药浴。

非泼罗尼

【药理作用】非泼罗尼是苯基吡唑类杀虫药,具有杀虫谱广、强效、安全性高的特点。对 GABA 支配的氯化物代谢表现出严重的阻碍作用,干扰氯离子在中枢神经系统突触前后膜之间的正常传递,引起外寄生虫中枢神经系统紊乱,导致其死亡。以胃毒作用为主,兼有触杀和一定的内吸作用。

Note

但对哺乳动物几乎无毒副作用，妊娠宠物及幼犬均可正常使用。一次用药，对蜱虫效力持续 20 天，对跳蚤效力持续 30 天以上。

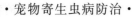

【临床应用】用于预防和治疗犬、猫体表跳蚤、螨、蜱、虱等寄生虫的感染。

【注意事项】

(1)用药后 2 天内不能给宠物洗澡。

(2)使用过程中应避免喷洒到脸部和眼睛内。

【制剂、用法与用量】

非泼罗尼喷剂：每千克体重，犬、猫 7.5～15 μg，每周喷洒 1 次，连用 4 周。

课后作业

线上评测

复习与思考

1. 抗寄生虫药分哪几类？理想抗寄生虫药的条件有哪些？
2. 简述常用抗线虫药的作用特点及注意事项。
3. 简述常用杀虫药的作用特点及注意事项。

项目十二　实践技能训练

实训一　宠物寄生虫病的粪便学检查

【实训目标】通过实训，学生掌握用于虫卵检查的粪便材料的采集、保存和寄送方法，以及粪便的检查方法及操作技术；能识别宠物常见的寄生虫虫卵。

【实训内容】

(1)粪样的采集及保存方法。

(2)虫体及虫卵简易检查法。

(3)沉淀法。

(4)漂浮法。

(5)虫卵计数法。

(6)幼虫培养及分离法。

(7)毛蚴孵化法。

(8)测微技术。

【设备材料】

1. 图片　宠物蠕虫卵形态图；禽常见蠕虫卵形态图；粪便中常见的物质形态图。

2. 器材　生物显微镜、实体显微镜、显微投影仪、主要宠物虫卵的多媒体投影片及多媒体投影仪、放大镜、粗天平、离心机、铜筛(40～60 目)、尼龙筛(260 目)、玻璃棒(圆头)、小镊子、漏斗及漏斗架、烧杯、锥形瓶、平皿、平口试管、试管架、载玻片、盖玻片、胶头吸管、蘸取粪液的铁丝圈(直径 0.5～1 cm)、塑料指套、粪盒(或塑料袋)、纱布、污物桶等。

3. 药品　50%甘油溶液、饱和盐水、生理盐水、5%～10%福尔马林等。

4. 粪样　犬、猫和鸡的粪便材料。

【方法步骤】许多寄生虫的虫卵、卵囊或幼虫可随着宿主的粪便排出体外。通过检查粪便，可以确定动物是否感染寄生虫及其种类和感染强度。粪便检查在寄生虫病诊断、流行病学调查和驱虫效果评价方面都具有重要意义。

1. 粪样的采集及保存方法　被检粪样应该是新鲜而未被污染的。最好是采集刚排出的且未接触地面部分的粪便，并将其装入清洁的粪盒(或塑料袋)内。必要时，对体型较大的犬可按直肠检查的方法采集，中小型犬、猫可将食指或中指套上塑料指套，伸入直肠直接钩取粪便。采集用具最好一次性使用，如重复使用应每采 1 份，清洗 1 次，以免相互污染。采集的粪样应尽快检查，如当天不能检查，应放在冷暗处或冰箱冷藏保存。若当地不能检查需送出或保存时间过长时，可将粪样浸入加温至 50～60 ℃的 5%～10%福尔马林中，使其中的虫卵失去活力，但仍保持固有形态，还可以防止微生物的繁殖。

2. 虫体及虫卵简易检查法

(1)虫体肉眼检查法：该法多用于绦虫病的诊断，也可用于某些胃肠道寄生虫病的驱虫诊断。对于较大的绦虫节片和大型虫体，先检查粪样表面，然后将粪样捣碎，认真进行观察；对于较小的绦虫节片和小型虫体，将粪样置于较大的容器中，加入 5～10 倍量的水(或生理盐水)，搅拌粪样使其与水

Note

充分混合均匀，静置 10～20 min，倾去上层液体，再重新加水、搅匀、静置，如此反复数次，直至上层液体透明为止，最后倾去上层液体(即反复水洗沉淀法)。将沉渣倒入平皿内，衬以黑纸或在其他黑色背景下检查，必要时可用放大镜或实体显微镜检查，发现虫体或节片可用小镊子取出，以便进一步鉴定。

(2)直接涂片法：该法适用于随各种动物粪便排出的蠕虫卵及球虫卵囊的检查。取 50%甘油溶液或蒸馏水 1～2 滴滴于载玻片上，取火柴头大小的被检粪样，与之混匀，剔除粗粪渣，加盖盖玻片镜检。此法操作简便，但检出率较低，因此只能作为辅助的检查方法。为了提高检出率，每个粪样最好做 3 张涂片。

3. 沉淀法　该法的原理是虫卵可自然沉于水底，便于集中检查。多用于体积较大的虫卵的检查，如吸虫卵和棘头虫卵。

(1)自然沉淀法：取 5～10 g 被检粪样置于烧杯中，先加入少量的水将粪便搅开，然后加 5～10 倍量的水充分搅匀，再用铜筛(或 2 层纱布)过滤于另一烧杯中，弃去粪渣，滤液静置 20 min 后倾去上层液体，再加水与沉淀物搅匀、静置，如此反复水洗沉淀物数次，直至上层液体透明为止，最后倾去上层液体，用胶头吸管吸取沉淀物滴于载玻片上，加盖盖玻片镜检。

(2)离心沉淀法：取 3 g 被检粪样置于烧杯中，先加入少量的水将粪便搅开，然后加 5～10 倍量的水充分搅匀，再用铜筛(或 2 层纱布)过滤于另一烧杯中，弃去粪渣，再把滤液倒入离心管，用天平配平后放入离心机内，以 2000～2500 r/min 离心沉淀 1～2 min，取出后倾去上层液体，沉渣反复水洗离心沉淀，直至上层液体透明为止，最后倾去上层液体，用胶头吸管吸取沉淀物滴于载玻片上，加盖盖玻片镜检。此法可以节省时间。

(3)尼龙筛淘洗法：该法操作快速、简便。取 5～10 g 被检粪样置于烧杯中，先加入少量的水将粪便搅开，然后加 10 倍量的水充分搅匀，再用铜筛(或 2 层纱布)过滤于另一烧杯中，弃去粪渣，再将粪液全部倒入尼龙筛内，先后浸入 2 个盛水的器皿内，用光滑的圆头玻璃棒轻轻搅拌淘洗，直至粪渣中杂质全部洗净为止。最后用少量清水淋洗尼龙筛筛壁四周及玻璃棒，使粪渣集中于筛底，用胶头吸管吸取粪渣滴于载玻片上，加盖盖玻片镜检。

尼龙筛的制法：将 260 目尼龙筛绢剪成直径 30 cm 的圆片，沿着圆周用尼龙线将其缝在 8 号粗的铁丝弯成带柄的圆圈(直径 10 cm)上即可。

4. 漂浮法　该法的原理是用比重较虫卵大的溶液作为漂浮液，使虫卵、球虫卵囊等漂浮于液体表面，进行集中检查。漂浮法对大多数较小的虫卵，如某些线虫卵、绦虫卵和球虫卵囊等容易检出，但对吸虫卵和棘头虫卵检出效果较差。

(1)饱和盐水漂浮法：取 5～10 g 被检粪样置于烧杯中，先加入少量漂浮液(饱和盐水)将粪便搅开，再加入约 20 倍的漂浮液充分搅匀，然后将粪液用铜筛(或 2 层纱布)过滤于另一烧杯中，弃去粪渣，滤液静置 40 min 左右，用直径 0.5～1 cm 的铁丝圈平着接触液面，提起后将液膜抖落于载玻片上，如此多次蘸取不同部位的液面后，加盖盖玻片镜检。

(2)浮聚法：取 2 g 被检粪样置于烧杯中，先加入少量漂浮液将粪便搅开，再加入 10～20 倍的漂浮液充分搅匀，然后将粪液用铜筛(或 2 层纱布)过滤于另一烧杯中，弃去粪渣，将滤液倒入平口试管或青霉素瓶中，直到液面接近管口为止，然后用胶头吸管补加粪液，滴至液面凸出管口为止。静置 30 min 后，用清洁盖玻片轻轻接触液面顶部，提起后放置于载玻片上镜检。

漂浮液的制法：最常用的漂浮液是饱和盐水，其制法是将食盐加入沸水中，直至不再溶解生成沉淀为止(每 1000 mL 水中约加食盐 400 g)，用 4 层纱布或脱脂棉过滤后，冷却备用。为了提高检出率，可改用硫代硫酸钠、硝酸钠、硫酸镁、硝酸铵和硝酸铅等饱和溶液作为漂浮液，甚至可用于吸虫卵的检查，但易使虫卵和卵囊变形。因此，检查时必须迅速，制片时可补加 1 滴水。

5. 虫卵计数法　虫卵计数法是测定每克粪便中的虫卵数或卵囊数。此法主要用于了解畜禽感染寄生虫的强度及判断驱虫的效果。

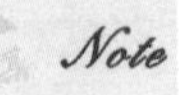

(1)简易计数法：该法只适用于线虫卵和球虫卵囊的计数。取新鲜粪样 1 g 置于烧杯中，加 10 倍

量水搅拌混合，用铜筛或纱布滤入试管或离心管中，静置 30～60 min 或离心沉淀 2～3 min 后弃去上层液体，再加饱和盐水，混合均匀后用胶头滴管滴加饱和盐水到管口，然后管口覆盖 22 mm×22 mm 的盖玻片。经 30 min 取下盖玻片，放在载玻片上镜检。分别计算各种虫卵的数量。每份粪样用同样方法检查 3 片，其总和为 1 g 粪便的虫卵数。

(2)麦克马斯特氏法：该法适用于绦虫卵、线虫卵和球虫卵囊的计数。取 2 g 被检粪样置于装有玻璃珠的 150 mL 锥形瓶中，加入 58 mL 饱和盐水充分振摇混匀后用粪筛过滤。边摇晃边用吸管吸取少量滤液，注入计数板的计数室内，放于显微镜载物台上，静置几分钟后，用低倍镜计数两个计数室内的全部虫卵，取其平均值乘以 200，即为每克粪便中的虫卵数。

(3)斯陶尔氏法：该法适用于吸虫卵、线虫卵、棘头虫卵和球虫卵囊的计数。在 100 mL 锥形瓶的 56 mL 处和 60 mL 处各作一刻度标记。先向烧瓶中加入 0.4%氢氧化钠溶液至 56 mL 刻度处，再慢慢加入捣碎的粪样使液面升至 60 mL 刻度处为止，然后再加入十几粒玻璃珠，用橡皮塞塞紧后充分振摇混匀后用粪筛过滤。边摇边用刻度吸管吸取 0.15 mL 粪液，滴于 2～3 片载玻片上，加盖盖玻片镜检，分别统计虫卵数，所得总数乘以 100，即为每克粪便中的虫卵数。

6. 幼虫培养及分离法

(1)幼虫培养法：有些线虫卵的大小及外形十分相似，在鉴别时极为困难，因而常用幼虫培养技术使被检粪样中寄生性线虫的虫卵发育、孵化并达到第 3 期幼虫阶段，根据幼虫的形态特征进行种类鉴别。此外，进行人工寄生性线虫感染试验时，也要用到幼虫培养技术。将欲培养的粪样加水调成硬糊状，塑成半球形，放于底部铺满滤纸的培养皿内，使粪球的顶部略高出培养皿边沿，使之与皿盖相接触。置于 25～30 ℃恒温箱或在此室温下培养。在培养过程中，应使滤纸一直保持潮湿状态。7～15 天，多数虫卵即可发育为第 3 期幼虫，并集中于皿盖上的水滴中。将幼虫吸出置于载玻片上，加盖盖玻片镜检。

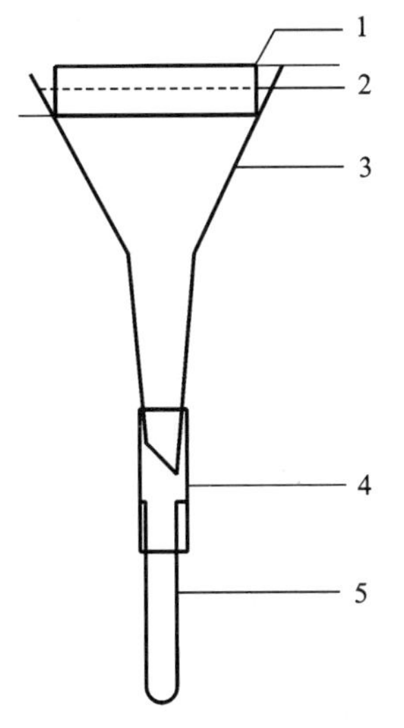

1.粪筛；2.水液面；3.漏斗；4.乳胶管；5.小试管

图 12-1 贝尔曼氏装置

(2)幼虫分离法：常用贝尔曼氏法。用一小段乳胶管两端分别连接漏斗和小试管，然后置于漏斗架上，漏斗内放置粪筛或纱布，将被检粪样放在粪筛或纱布上，加 40 ℃温水至淹没被检材料。静置 1～3 h，大部分幼虫沉于试管底部(图 12-1)。拿下小试管后吸弃上清液，取沉淀物滴于载玻片上，加盖盖玻片镜检。也可将整套装置放入恒温箱内过夜后检查。

也可用简单平皿法分离幼虫，即取粪球 3～10 个置于放有少量温水(不超过 40 ℃)的平皿内，经 10～15 min，取出粪球，吸取平皿内液体滴于载玻片上，加盖盖玻片镜检。

7. 毛蚴孵化法 该法是诊断血吸虫病的一种常用方法。

取被检粪样 30～100 g，经沉淀法处理后，将沉淀物倒入 500 mL 锥形瓶内，加温水至瓶口，置于 22～26 ℃温度下孵化，分别于 1 h、3 h、5 h，用肉眼或放大镜观察并记录。如见水面下(多分布在离水面 1～4 cm 处)有白色点状物做直线运动，迅速而均匀，或沿瓶壁绕行，即为毛蚴。毛蚴需与水中一些原虫如草履虫、纤毛虫等相区别。原虫大小不一，形状不定，不透明；运动缓慢，时游时停，摇摆翻滚，方向不定；分布范围广，各水层均可见。必要时可用胶头吸管吸取液体做涂片，在显微镜下观察。

气温高时毛蚴孵出迅速，因此，在处理沉淀时应严格掌握换水时间，以免换水时倾去毛蚴而出现假阴性结果。亦可用 1.0%～1.2%食盐水沉淀粪便，以防毛蚴过早孵出，但孵化时应换用清水。用自来水时需做脱氯处理。

Note

8. 测微技术 各种虫卵、幼虫或成虫常有恒定的大小，可利用测微器来测量它们的大小，作为确定虫卵或幼虫种类的依据。

(1)测微器：由目镜测微尺和镜台测微尺组成。目镜测微尺为一圆形小玻璃片，使用时装在目镜里，其上刻有 50 或 100 刻度(图 12-2)。此刻度并不具有绝对的长度意义，而必须通过镜台测微尺计算。镜台测微尺为一特制的载玻片，其中央封有 1 个标准刻度尺，一般是将 1 mm 均分为 100 个小格，即每小格的绝对长度为 10 μm(图 12-3)。

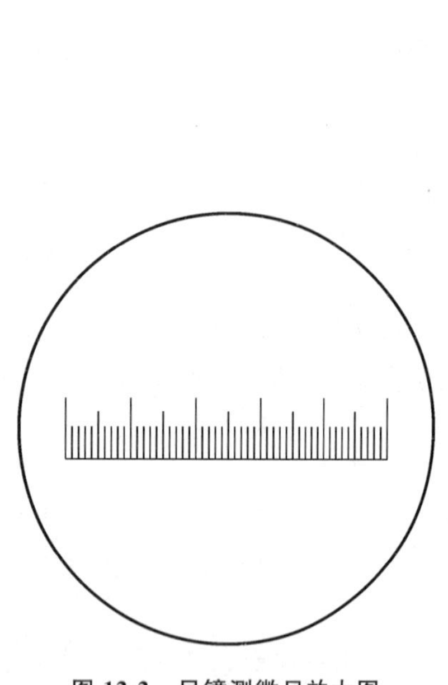

图 12-2 目镜测微尺放大图

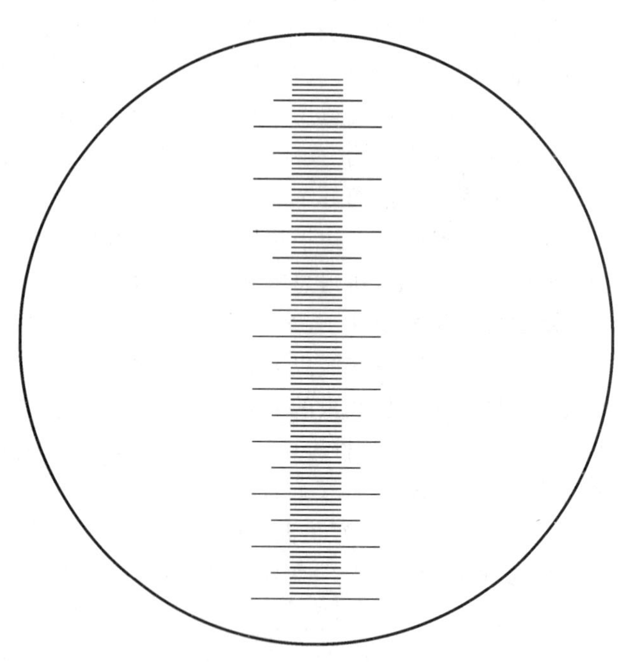

图 12-3 镜台测微尺放大图

(2)测微方法：将镜台测微尺放于显微镜载物台上，调节显微镜看清刻度，移动镜台测微尺，将目镜测微尺和镜台测微尺的零点对齐，然后再找出另一侧相互重合处，此时即可测出目镜测微尺若干格相当于镜台测微尺的若干格。因为已知镜台测微尺的 1 格为 10 μm，所以能算出目镜测微尺 1 格的绝对长度。具体测量时将镜台测微尺移去，只用目镜测微尺测量。在测量弯曲的虫体时，可通过转动目镜进行分段测量，再将所测数值相加即可。

例如，在用 10 倍目镜、40 倍物镜、镜筒不抽出的情况下，目镜测微尺的 30 格相当于镜台测微尺的 9 格(即 90 μm)，则目镜测微尺的每格长度为：90(μm)÷30＝3(μm)。如果虫卵的长度占 24 格，则为 3(μm)×24＝72(μm)。

【实训报告】叙述饱和盐水漂浮法和离心沉淀法的原理及操作过程。

实训二 宠物蠕虫卵的形态构造观察

【实训目标】通过观察宠物蠕虫卵制片标本，掌握宠物蠕虫卵的形态构造特征，并能对常见蠕虫卵进行鉴别。

【实训内容】

(1)常见宠物吸虫卵的形态构造观察。

(2)常见宠物绦虫卵的形态构造观察。

(3)常见宠物线虫卵的形态构造观察。

【设备材料】

1. 图片 常见宠物蠕虫卵形态构造图。

2. 标本 常见宠物蠕虫卵制片标本。

3. 器材 生物显微镜、宠物蠕虫卵的多媒体投影片及多媒体投影仪等。

【方法步骤】

1. 示教讲解

(1)教师用多媒体投影仪或图片展示宠物蠕虫卵的形态构造图,同时向学生讲述常见宠物吸虫卵、绦虫卵、线虫卵的形态构造。

(2)教师用生物显微镜向学生演示常见宠物吸虫卵、绦虫卵、线虫卵的观察方法,并指出应注意的问题。

2. 分组观察 学生用生物显微镜观察常见宠物蠕虫卵制片标本:先用低倍镜观察,找到需要观察的虫卵,再用高倍镜仔细观察其形态构造。

【实训报告】绘制宠物吸虫卵、绦虫卵、线虫卵的形态构造图,并分别标出各部位名称。

【参考资料】

1. 蠕虫卵的基本结构与特征 主要依据虫卵大小、形态、颜色、卵壳和内容物的典型特征来加以鉴别。

(1)吸虫卵:多为卵圆形或椭圆形,多呈黄色、棕色或灰色;卵壳数层,多数吸虫卵一端有卵盖,卵壳表面光滑,有的卵壳表面有结节、小刺、丝等突出物;有的虫卵在产出时,仅含有胚细胞和卵黄细胞,有的已含有毛蚴。

(2)绦虫卵:圆叶目绦虫卵呈圆形、近似方形或三角形,多呈灰色或无色,少数呈黄色、黄褐色;卵壳的厚度和构造有差异,没有卵盖;内含 1 个具有 3 对胚钩的六钩蚴,六钩蚴被覆两层膜,内层膜包围六钩蚴,外层膜与内层膜分离,中间有少量液体;有的绦虫卵内层膜上形成突起,称为梨形器。假叶目绦虫卵呈圆形,有卵盖,内含卵细胞及卵黄细胞。

(3)线虫卵:多为椭圆形或圆形,卵壳薄厚不同,表面光滑或有结节、凹陷等;卵内含有卵细胞或含有幼虫。

2. 常见动物蠕虫卵的形态构造

(1)犬常见蠕虫卵形态构造:见图 12-4。

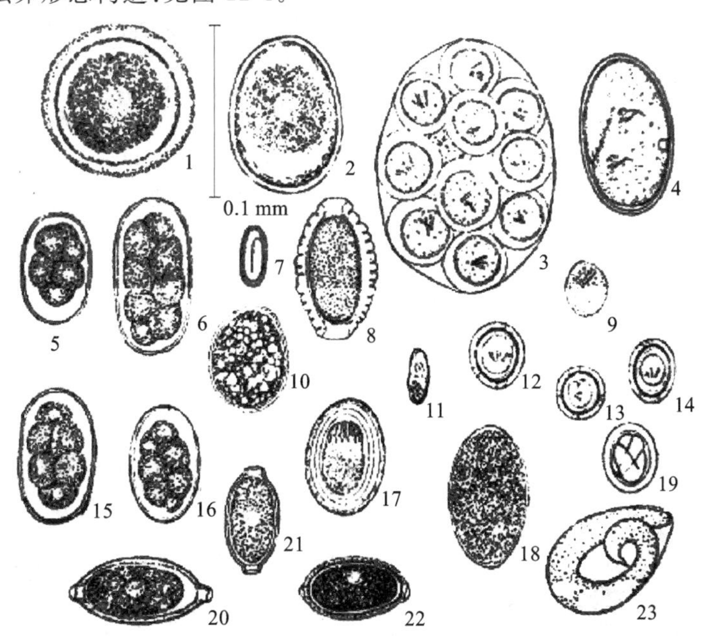

1.犬弓首蛔虫卵;2.狮弓首蛔虫卵;3.犬复孔绦虫卵;4.锯齿蛇形虫卵;5.犬钩口线虫卵;6.巴西钩口线虫卵;7.狼旋尾线虫卵;8.肾膨结线虫卵;9.线形中殖孔绦虫卵;10.宽节双叶槽绦虫卵;11.宽体吸虫卵;12.细粒棘球绦虫卵;13.泡状带绦虫卵;14.绵羊带绦虫卵;15.狭首弯口线虫卵;16.美洲板口线虫卵;17.犬棘头虫卵;18.链隐孔吸虫卵;19.犬头泡翼线虫卵;20.狐毛首线虫卵;21.皱襞毛细线虫卵;22.肺毛细线虫卵;23.欧氏丝虫卵

图 12-4 犬常见蠕虫卵形态构造

(2)猫常见蠕虫卵形态构造:见图 12-5。

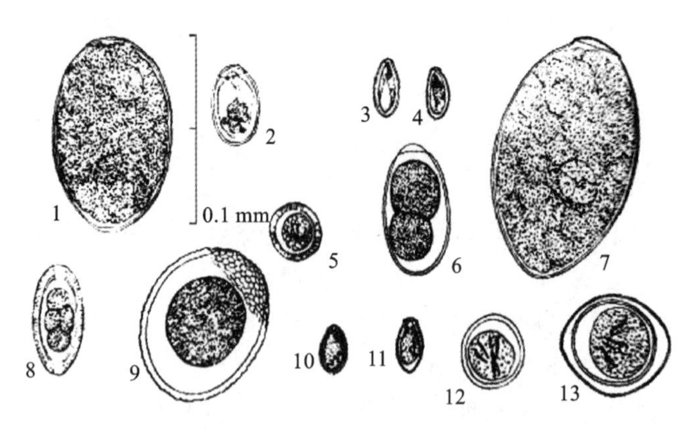

1.叶状棘细吸虫卵；2.扁体吸虫卵；3. 华支睾吸虫卵；4.细颈后睾吸虫卵；5. 带状带绦虫卵；6.棘颚口线虫卵；7.獾真缘吸虫卵；8.肝毛细线虫卵；9.猫弓首蛔虫卵；10.异形吸虫卵；11.横川后殖吸虫卵；12.复孔绦虫卵；13. Foyeuxiella furhmanni

图 12-5　猫常见蠕虫卵形态构造

(3)家禽常见蠕虫卵形态构造:见图 12-6。

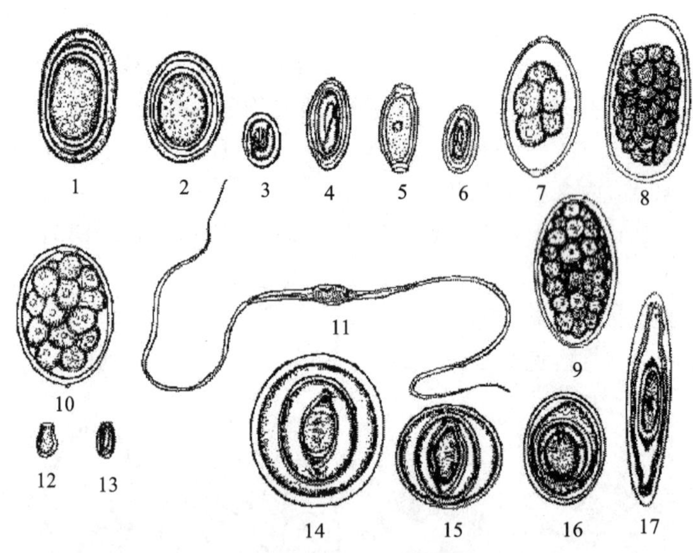

1.鸡蛔虫卵；2.鸡异刺线虫卵；3. 螺旋咽饰带线虫卵；4.四棱线虫卵；5.毛细线虫卵；6.鸭束首线虫卵；7.比翼线虫卵；8.鹅裂口线虫卵；9.隐叶吸虫卵；10.卷棘口吸虫卵；11.背孔吸虫卵；12.前殖吸虫卵；13.次睾吸虫卵；14.矛形剑带绦虫卵；15.膜壳绦虫卵；16.有轮赖利绦虫卵；17.鸭多形棘头虫卵

图 12-6　家禽常见蠕虫卵形态构造

3. 易与虫卵混淆的物质(图 12-7)

(1)气泡:圆形,无色,大小不一,折光性强,内部无胚胎结构。

(2)花粉颗粒:无卵壳结构,表面常呈网状,内部无胚胎结构。

(3)植物细胞:为螺旋形、小型双层环状物或铺路石状上皮,均有明显的细胞壁。

(4)豆类淀粉粒:形状不一,外被粗糙的植物纤维,颇似绦虫卵。可滴加鲁氏碘液(碘 1 g、碘化钾 2 g、水 100 mL)染色加以区分,未消化前显蓝色,略经消化后呈红色。

(5)霉菌孢子:折光性强,内部无明显的胚胎结构。

4. 常见动物蠕虫卵的鉴别

(1)禽类主要绦虫卵和线虫卵的鉴别:见表 12-1。

(2)食肉动物主要绦虫卵和线虫卵的鉴别:见表 12-2。

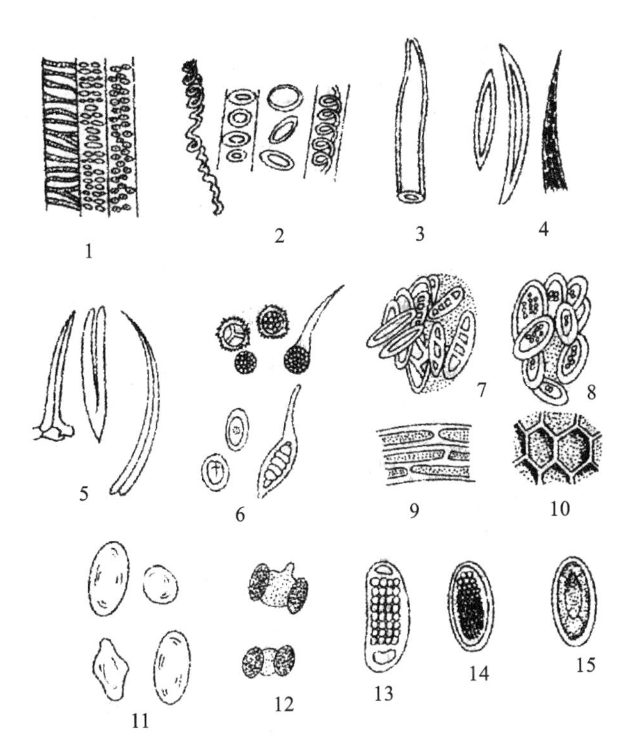

1.至10.植物细胞和孢子（1.植物的导管；2.螺纹和环纹；3.管胞；4.植物纤维；5.小麦的颖毛；6.真菌的孢子；7.谷壳的一些部分；8.稻米的胚乳；9.和10.植物薄皮细胞）；11.淀粉粒；12.花粉粒；13.植物线虫的一种虫卵；14.螨虫卵（未发育）；15.螨虫卵（已发育）

图 12-7　易与虫卵混淆的物质

表 12-1　禽类主要绦虫卵和线虫卵的鉴别

虫卵名称	大小/直径/μm	形状	颜色	卵壳特征	内含物
有轮赖利绦虫卵	75～88	椭圆形	灰白色	厚	椭圆形六钩蚴
四角和棘沟赖利绦虫卵	25～50	椭圆形	灰白色	厚	椭圆形六钩蚴
剑带绦虫卵	(46～106)×(77～103)	椭圆形	无色	4 层膜，第 3 层一端有突起，其上有卵丝	椭圆形六钩蚴
冠状双盔绦虫卵	30～70	圆形或似椭圆形	无色	4 层膜	圆形或椭圆形六钩蚴
鸡蛔虫卵	(70～90)×(47～51)	椭圆形	深灰色	较厚，光滑	未分裂的卵细胞
异刺线虫卵	(65～80)×(35～46)	椭圆形	灰褐色	较厚	未分裂的卵细胞
咽饰带线虫卵	(33～40)×18	长椭圆形	浅黄色	较厚	内含“U”形幼虫
同刺线虫卵	(68～74)×(37～51)	椭圆形	无色或灰白色	较厚	未分裂的卵细胞
毛细线虫卵	(42～60)×(22～28)	桶形	色淡	厚，两端有塞状物	椭圆形未分裂的卵细胞
裂口线虫卵	100×60	椭圆形	灰色	较厚	分裂的卵细胞
囊首线虫卵	38×19	椭圆形	灰色	厚而坚实	卷曲的幼虫
四棱线虫卵	(43～57)×(25～32)	椭圆形	灰色	厚，两端有不大的小盖	卷曲的幼虫

表 12-2　食肉动物主要绦虫卵和线虫卵的鉴别

虫卵名称	大小/直径/μm	形状	颜色	卵壳特征	内含物
带科绦虫卵	20～39	圆形或近似圆形	黄褐色或无色	厚，有辐射状条纹	六钩蚴
犬复孔绦虫卵	35～50	圆形	无色透明	2层薄膜	六钩蚴
中线绦虫卵	(40～60)×(35～43)	长椭圆形	—	2层薄膜	六钩蚴
曼氏迭宫绦虫卵	(52～68)×(32～43)	椭圆形，两端稍尖	浅灰褐色	薄，有卵盖	1个胚细胞和多个卵黄细胞
犬弓首蛔虫卵	(68～85)×(64～72)	近圆形	灰白色，不透明	厚，有许多凹陷	圆形卵细胞
猫弓首蛔虫卵	65～70	近圆形	灰白色，不透明	较厚，点状凹陷	圆形卵细胞
狮弓首蛔虫卵	(74～86)×(44～61)	钝椭圆形	无色，透明	厚，光滑	圆形卵细胞
犬钩口线虫卵	(40～80)×(37～42)	椭圆形	无色	2层，薄而光滑	8个胚细胞
毛细线虫卵	(48～67)×(28～37)	椭圆形	无色	两端有塞状物	卵细胞
棘颚口线虫卵	(65～70)×(38～40)	椭圆形	黄褐色	较厚，前端有帽状突起，表面有颗粒	1～2个卵细胞
犬毛尾线虫卵	(70～89)×(37～41)	椭圆形或腰鼓形	棕色	两端有塞状物	卵细胞
肾膨结线虫卵	(72～80)×(40～48)	椭圆形	棕黄色	厚，有许多凹陷，两端有塞状物	2个卵细胞

实训三　常见吸虫的形态构造观察

【实训目标】通过观察宠物常见吸虫的原色图片和浸渍标本，掌握吸虫的形态特征；通过在显微镜下观察动物常见吸虫的染色标本，掌握吸虫的一般构造及常见吸虫的鉴定方法。

【实训内容】

(1)宠物常见吸虫的外部形态特征观察。

(2)宠物常见吸虫的内部构造观察。

【设备材料】

1. 图片　吸虫构造模式图；片形吸虫、华支睾吸虫、阔盘吸虫、同盘吸虫、东毕吸虫以及其他主要吸虫的原色图片及其构造图片。

2. 标本　上述吸虫的新鲜标本或浸渍标本和染色标本。

3. 器材　生物显微镜、实体显微镜、手持放大镜、标本针、小镊子、平皿、尺、显微投影仪、主要吸虫的多媒体投影片及多媒体投影仪。

【方法步骤】

1. 示教讲解

(1)教师带领学生观察常见吸虫的原色图片及其构造图片和浸渍标本。

(2)教师用显微投影仪或多媒体投影仪,以片形吸虫为代表虫种,观察并讲解吸虫的一般形态、内部器官的构造和位置。

(3)教师用显微投影仪演示片形吸虫形态构造观察的过程和方法。

2. 分组观察

(1)外部形态特征观察:学生将代表虫种的浸渍标本置于平皿中,在手持放大镜下观察其一般形态,并用尺测量其大小。

(2)内部构造观察:学生用生物显微镜或实体显微镜观察代表虫种的染色标本。主要观察口、腹吸盘的位置和大小;口、咽、食道和肠管的形态;睾丸数目、形状和位置;阴茎囊的构造和位置;卵巢、卵模、卵黄腺和子宫的形状与位置;生殖孔、排泄孔的位置。

【实训报告】

(1)绘制片形吸虫的形态构造图,并标出各器官名称。

(2)将所观察的吸虫主要形态构造特征填入表 12-3。

表 12-3　吸虫主要形态构造特征鉴别表

标本编号	形状	大小	吸盘大小与位置	睾丸形状、位置	卵巢形状、位置	卵黄腺位置	子宫形状、位置	其他特征	鉴定结果

实训四　吸虫中间宿主的识别

【实训目标】通过观察宠物不同种类吸虫的中间宿主、补充宿主,掌握其基本形态特征,并能利用其外部形态进行鉴别。

【实训内容】

(1)吸虫中间宿主(螺)的基本构造观察。

(2)各种吸虫中间宿主、补充宿主的形态观察与鉴别。

【设备材料】

1. 图片　各种吸虫中间宿主、补充宿主的形态图和构造图。

2. 标本　各种吸虫中间宿主(如椎实螺、扁卷螺、钉螺等)的浸渍标本。

3. 器材　生物显微镜、实体显微镜、手持放大镜、小镊子、平皿、尺、显微投影仪、各种吸虫中间宿主的多媒体投影片及多媒体投影仪等。

【方法步骤】

(1)教师用多媒体投影仪带领学生观察并讲解吸虫中间宿主(螺)的基本构造(图 12-8)。

(2)教师用多媒体投影仪向学生展示各种吸虫中间宿主、补充宿主的原色图片,描述其基本形态特征和分布情况(图 12-9、图 12-10)。

(3)学生分组将各种吸虫中间宿主的标本分别放入平皿中,再置于实体显微镜(或手持放大镜)下,观察各种螺的形态特征,并测量其大小,找出各种螺形态特征上的异同点。

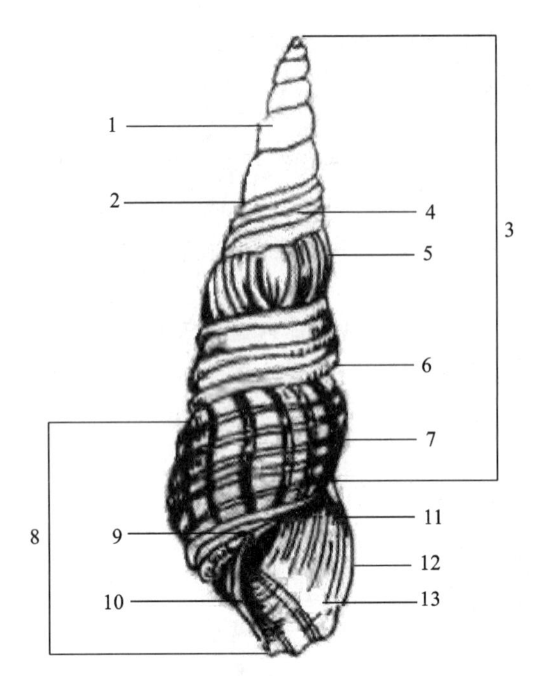

1.螺层；2.缝合线；3.螺旋部；4.螺旋纹；5.纵肋；6.螺棱；7.瘤状结节；8.体螺层
9.脐孔；10.轴唇（缘）；11.内唇（缘）；12.外唇（缘）；13.壳口

图 12-8　螺的基本构造

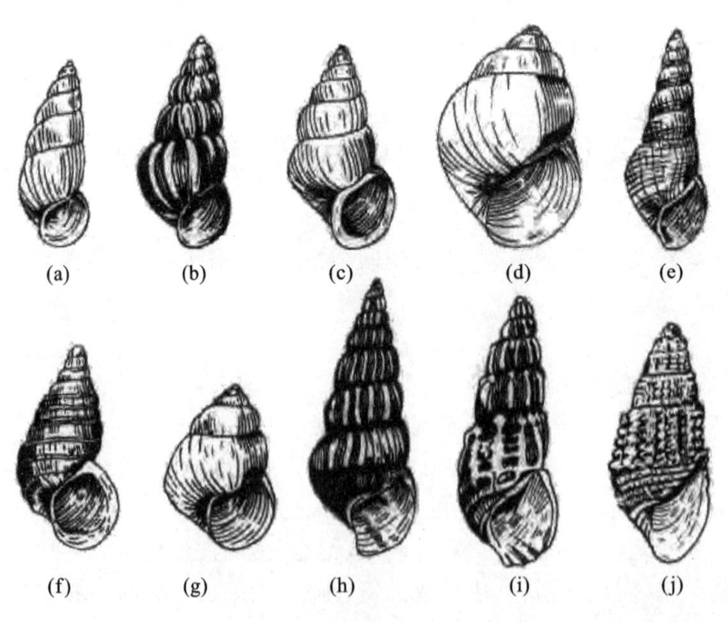

图 12-9　吸虫的中间宿主(一)

(a)泥泞拟钉螺；(b)钉螺指名亚种；(c)钉螺闽亚种；(d)赤豆螺；(e)放逸短沟蜷；
(f)中华沼螺；(g)琵琶拟沼螺；(h)色带短沟蜷；(i)黑龙江短沟蜷；(j)斜粒粒蜷

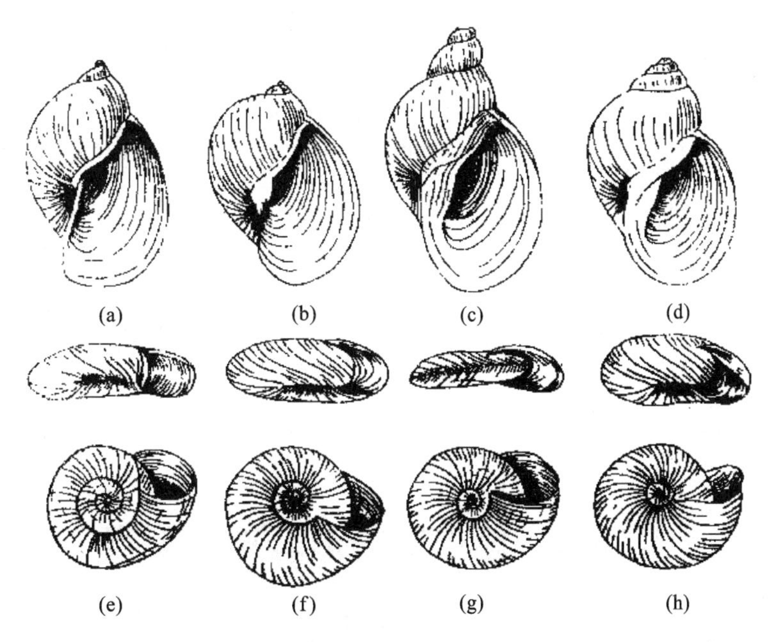

图 12-10　吸虫的中间宿主(二)

(a)椭圆萝卜螺;(b)卵萝卜螺;(c)狭萝卜螺;(d)小土蜗螺;(e)凸旋螺;
(f)大脐圆扁螺;(g)尖口圆扁螺;(h)半球多脉扁螺

【实训报告】绘制椎实螺、扁卷螺、钉螺的形态图。

实训五　常见绦虫的形态构造观察

【实训目标】通过观察宠物常见绦虫的形态,掌握其头节、颈节和体节的形态特征;观察绦虫成熟节片(简称成节)和孕卵节片(简称孕节)的形态构造;能鉴别常见绦虫的种类。

【实训内容】绦虫代表虫种的虫体标本及其头节、成熟节片和孕卵节片的压片标本的观察。

【设备材料】

1. 图片　绦虫构造模式图,犬、猫绦虫及禽类绦虫固定标本的形态构造图。

2. 标本　上述绦虫的新鲜标本或浸渍标本及其头节、成熟节片和孕卵节片的染色标本。

3. 器材　生物显微镜、实体显微镜、手持放大镜、小镊子、瓷盘、解剖针、尺、显微投影仪、各种绦虫的多媒体投影片及多媒体投影仪等。

【方法步骤】

1. 示教讲解

(1)教师利用新鲜标本或浸渍标本带领学生观察并讲解各种绦虫的外部形态特征。

(2)以选定的代表性虫种为例,教师用多媒体投影仪向学生讲解其头节、成熟节片和孕卵节片的形态构造特征。

2. 分组观察

(1)外部形态观察:学生将代表虫种的新鲜标本或浸渍标本置于瓷盘中,用实体显微镜或手持放大镜观察其外部形态,用尺测量虫体全长及最宽处,测量成熟节片的长度及宽度。

(2)内部形态构造观察:学生在显微镜下观察代表虫种的染色标本。重点观察头节的构造;成熟节片的睾丸分布、卵巢形状、卵黄腺的位置、生殖孔的开口;孕卵节片内子宫的形状和位置等。

【实训报告】

(1)绘制犬复孔绦虫或赖利绦虫的头节及成熟节片的形态构造图,并标出各部位的名称。

(2)将所观察的绦虫主要形态构造特征填入表 12-4。

表 12-4　绦虫主要形态构造特征鉴别表

虫体名称	成虫		头节		成熟节片					孕卵节片
	长	宽	吸盘形状	顶突及小钩	生殖孔位置	生殖器组数	卵黄腺有无	节间腺形状	睾丸位置、数目	子宫形状、位置

实训六　绦虫蚴的形态构造观察

【实训目标】通过观察几种常见的绦虫蚴，掌握绦虫蚴的类型及其形态构造特征。

【实训内容】

(1)肉眼观察绦虫蚴的浸渍标本。

(2)比较各种绦虫蚴的区别。

(3)显微镜下观察头节的构造。

(4)囊尾蚴活力试验。

【设备材料】

1. 图片　绦虫蚴构造模式图；囊尾蚴、棘球蚴、多头蚴、细颈囊尾蚴的形态图。

2. 标本　上述绦虫蚴的浸渍标本和头节染色标本。

3. 试剂　50%～80%胆汁-生理盐水。

4. 器材　生物显微镜、实体显微镜、手持放大镜、手术刀、组织剪、平皿、镊子、显微投影仪、各种绦虫蚴的多媒体投影片及多媒体投影仪等。

【方法步骤】

1. 示教讲解

(1)教师用显微投影仪向学生介绍各种绦虫蚴的形态特征，带领学生共同观察囊尾蚴、棘球蚴、多头蚴、细颈囊尾蚴头节的染色标本，并明确指出各种绦虫蚴的寄生部位和形态构造特点。

(2)教师示教讲解囊尾蚴活力试验的操作方法。

2. 分组观察

(1)首先取绦虫蚴的浸渍标本置于平皿中，观察囊泡的大小、囊壁的厚薄、头节的有无与多少，然后取头节染色标本在显微镜下详细观察头节的构造。

(2)囊尾蚴活力试验：试验囊尾蚴的活力，在肉品卫生检验方面有重要意义。具体方法如下。

先将肌肉中的囊尾蚴小心地取出，去掉包围在外面的结缔组织膜，然后放入盛有 15 mL 50%～80%胆汁-生理盐水的平皿中，置于 37～40 ℃恒温箱中，随时观察头节是否翻出活动。活的囊尾蚴当受到胆汁和温度作用后，慢慢伸出头节并进行活动，死亡的囊尾蚴则不动。

切取孵出头节的囊尾蚴头部，从顶端与其纵轴垂直压片，置于显微镜下，观察吸盘的数目和形状，顶突上小钩的数目、大小、形状和排列方式。

【实训报告】将观察的绦虫蚴及其成虫的形态构造特征填入表 12-5。

表 12-5　绦虫蚴及其成虫的主要形态构造特征鉴别表

名称	头节数	侵袭动物及寄生部位	成虫名称及鉴别要点
囊尾蚴			
棘球蚴			
多头蚴			
细颈囊尾蚴			

实训七　常见线虫的形态构造观察

【实训目标】通过观察宠物常见线虫的图片和浸渍标本，掌握常见线虫的形态特征和雌雄线虫的鉴别要点；通过解剖犬弓首蛔虫，了解线虫的一般形态构造。

【实训内容】

(1)宠物常见线虫的形态特征观察和雌雄的鉴别。

(2)宠物常见线虫的内部构造观察。

【设备材料】

1. 图片　线虫形态构造模式图；圆形线虫雄虫尾部构造模式图；犬弓首蛔虫、猫弓首蛔虫、狮弓首蛔虫与鸡蛔虫、旋毛虫等的原色图片及其构造图片。

2. 标本　上述各种线虫的新鲜标本或浸渍标本和透明标本。

3. 器材　生物显微镜、实体显微镜、手持放大镜、标本针、小镊子、解剖针、大头针、尺、蜡盘、显微投影仪、主要吸虫的多媒体投影片及多媒体投影仪等。

【方法步骤】

1. 示教讲解

(1)教师用显微投影仪或多媒体投影仪，以代表性虫种为例，观察并讲解线虫的一般形态、内部器官的构造和位置。

(2)教师带领学生观察常见线虫的原色图片及其构造图片和浸渍标本，介绍雌、雄虫体的鉴别要点。

(3)教师示范犬弓首蛔虫的解剖方法，并讲解其内部构造。

2. 分组观察

(1)学生用肉眼或手持放大镜观察上述各种线虫的新鲜标本或浸渍标本，然后挑取透明标本置于载玻片上，滴加甘油若干滴，以能浸没虫体为准，加盖盖玻片镜检。注意观察各种线虫的形态构造特点及区别，如口囊的有无、大小和形状，口囊内齿、切板等的有无及形状，食道的形状，头泡、颈翼、唇片、叶冠、颈乳突等的有无及形状；雄虫交合伞、肋、交合刺、性乳突、肛前吸盘等的有无及形状；雌虫阴门的位置及形态等。

(2)学生将犬弓首蛔虫浸渍标本置于蜡盘内，观察其一般形态，用尺测量虫体大小，然后解剖。将犬弓首蛔虫的背侧向上置于蜡盘内，加水少许，用大头针将虫体两端固定，然后用解剖针沿背线划开，将体壁剥开后用大头针固定边缘，用解剖针分离其内部器官，主要观察消化管、雌性生殖器官、雄性生殖器官、体壁与假体腔。

【实训报告】绘制犬弓首蛔虫头部和雄虫尾部形态构造图，并标出各部位名称。

实训八　宠物体表寄生虫检查技术

【实训目标】寄生于宠物体表的寄生虫主要有蜱、螨、虱等。对于它们的检查，可采用肉眼观察和显微镜观察相结合的方法。螨类（疥螨、痒螨和蠕形螨等）寄生于宠物的体表或皮内，必须用特殊的检查方法才能发现虫体。本实训要求掌握检查病料（皮屑）的采集方法、虫体的集虫方法、虫体形态的识别和鉴定方法。

【实训内容】

（1）螨的实验室检查。

（2）虱和其他吸血节肢动物寄生虫的检查。

【设备材料】含有虫体的皮屑刮取物、患螨病的兔和犬等。显微镜、扩大镜、凸刃外科刀、平皿、酒精灯、载玻片、盖玻片、小镊子、50%甘油溶液、10%氢氧化钠溶液等。

【方法步骤】

1. 螨的实验室检查

（1）病料的采集方法：由于螨主要寄生于动物的体表或皮内，必须刮取病部皮屑才能收集到虫体，因此正确地刮取皮屑是螨病诊断的重要一环。刮取皮屑的方法非常重要，应选择患病皮肤与健康皮肤交界处，因为该部位的螨较多。刮取时先剪毛，取凸刃外科刀，在酒精灯火焰上消毒，使刀刃与皮肤表面垂直，刮取皮屑，直到皮肤轻微出血（此点对检查寄生于皮内的疥螨尤为重要）。

在野外工作时，为了避免风将刮下的皮屑吹走，可根据所采用的检查方法的不同，在刀上先蘸一些水或50%甘油溶液，这样可使皮屑黏附在刀上。将刮下的皮屑集中于平皿或试管内，带回实验室供检查。

蠕形螨病，可用力挤压病变部，挤出脓液，将脓液滴于载玻片上供检查。

（2）虫体的检查方法。

①直接涂片法：取刮取的皮屑少许置于载玻片上，滴加50%甘油溶液或煤油数滴，覆以另一张载玻片，搓压载玻片使皮屑散开，然后在显微镜下检查。

②加热检查法：将皮屑置于平皿中，在酒精灯上加热至37～40 ℃后，将平皿放于黑色衬景上，用放大镜检查或将平皿置于低倍显微镜或实体显微镜下检查，发现移动的虫体可确诊；也可将皮屑浸入盛有45～60 ℃温水的平皿中，置于37～40 ℃恒温箱内15～20 min，取出后用低倍显微镜或实体显微镜检查。由于温热的作用，活螨由皮屑内爬出，集结成团，沉于水底部；还可将皮屑放于平皿内并加盖，放于盛有40～45 ℃温水的杯上，经10 min后，将平皿翻转，则虫体与少量皮屑黏附于皿底，大量皮屑落在皿盖上，取皿底检查。

③皮屑溶解法：将皮屑置于试管中，加入10%氢氧化钠溶液，经1～2 h皮屑软化溶解，弃去上层液体后，用吸管吸取沉淀物滴于载玻片上加盖盖玻片检查。需快速检查时，可将试管在酒精灯上加热数分钟，待其自然沉淀或以2000 r/min离心沉淀5 min，弃去上层液体，吸取沉渣检查。本法尤其适用于皮屑中虫体较少时。

④分离虫体法：将皮屑放在黑纸上，置于40 ℃恒温箱中或用白炽灯照射，虫体即可从病料中爬出，收集到的虫体较为干净，尤其适合做封片标本。

2. 虱和其他吸血节肢动物寄生虫的检查　虱、蜱、蚤等吸血节肢动物寄生虫多寄生于动物的腋窝、乳房、趾间和耳后等部位。可手持镊子进行仔细检查，采到虫体后放入有塞的瓶中或浸泡于70%乙醇中。注意从体表分离蜱时，切勿用力过猛。应将其假头与皮肤垂直，轻轻往外拉，以免口器折断在皮肤内，引起炎症。

【注意事项】注意病料采集部位的选择：应在患病皮肤与健康皮肤交界处刮取皮屑，以皮肤轻微出血为度。

【实训报告】

(1)记录实训结果。

(2)绘制检出的相应病原。

实训九　蜱螨的形态构造观察

【实训目标】通过对硬蜱的详细观察,熟悉硬蜱的一般形态构造,并通过形态对比,进一步识别硬蜱科主要属的特点;掌握疥螨和痒螨的主要形态构造特点;认识软蜱、蠕形螨和皮刺螨。

【实训内容】

(1)硬蜱科主要属成虫及疥螨和痒螨形态构造观察。

(2)软蜱、蠕形螨和皮刺螨一般形态构造观察。

【设备材料】

1. 图片　硬蜱、软蜱形态构造图片;硬蜱科主要属的形态构造图片;疥螨、痒螨形态构造图片;蠕形螨和皮刺螨形态构造图片。

2. 标本　硬蜱、软蜱浸渍标本和制片标本;疥螨、痒螨、蠕形螨和皮刺螨的制片标本。

3. 器材　生物显微镜、实体显微镜、手持放大镜、标本针、小镊子、平皿、解剖针、尺、显微投影仪、蜱螨的多媒体投影片及多媒体投影仪等。

【方法步骤】

1. 示教讲解

(1)教师用显微投影仪或多媒体投影仪,带领学生观察并讲解硬蜱、软蜱的形态特征,硬蜱科主要属的形态特征及鉴别要点。

(2)教师用显微投影仪或多媒体投影仪,讲解疥螨、痒螨、蠕形螨和皮刺螨的形态特征,指出疥螨和痒螨的鉴别要点。

2. 分组观察

(1)硬蜱观察:取硬蜱浸渍标本置于平皿中,在放大镜下观察其一般形态构造,用尺测量大小。然后取制片标本在实体显微镜下观察,重点观察假头的长短、假头基部的形状、眼的有无、盾板形状和大小及有无花斑、肛沟的位置、须肢的长短和形状等。

(2)软蜱观察:取软蜱浸渍标本,置于实体显微镜下观察其外部形态特征。

(3)螨类观察:取疥螨、痒螨制片标本,在实体显微镜下观察其大小、形状、口器形状、肢的长短、肢吸盘的有无、交合吸盘的有无等。然后取蠕形螨和皮刺螨的制片标本,观察其一般形态构造。

【实训报告】

(1)将观察到的疥螨和痒螨的形态构造特征填入表12-6。

表12-6　疥螨和痒螨的形态构造特征鉴别表

名称	形状	大小	口器	肢	肢吸盘		交合吸盘
					♂	♀	
疥螨							
痒螨							

(2)将硬蜱科主要属的形态构造特征填入表12-7。

表 12-7　硬蜱科主要属的形态构造特征鉴别表

属名	肛沟位置	假头长短	假头基形状	盾板形状	眼的有无	须肢长短
硬蜱属						
血蜱属						
革蜱属						
璃眼蜱属						
扇头蜱属						
牛蜱属						

【参考资料】

1. 硬蜱科主要属的鉴别要点

(1)硬蜱属:肛沟围绕在肛门前方。无眼,须肢及假头基形状不一。雄虫腹面盖有不突出的板:1个生殖前板,1个中板,2个肛侧板和2个后侧板。

(2)血蜱属:肛沟围绕在肛门后方。无眼。须肢短,其第2节向后侧方突出。假头基呈矩形。雄虫无肛板。

(3)革蜱属:肛沟围绕在肛门后方。有眼。盾板上有珐琅质花纹。须肢短而宽,假头基呈矩形。各肢基节顺序增大,第4对基节最大。雄虫无肛板。

(4)璃眼蜱属:肛沟围绕在肛门后方。有眼。盾板上无珐琅质花纹。须肢长,假头基呈矩形。雄虫腹面有1对肛侧板,有或无副肛侧板,体后端有1对肛下板。

(5)扇头蜱属:肛沟围绕在肛门后方。有眼。须肢短,假头基呈六角形。雄虫有1对肛侧板和副肛侧板。雌虫盾板小。

(6)牛蜱属:无肛沟。须肢短,假头基呈六角形。雄虫有1对肛侧板和副肛侧板。雌虫盾板小(图12-11)。

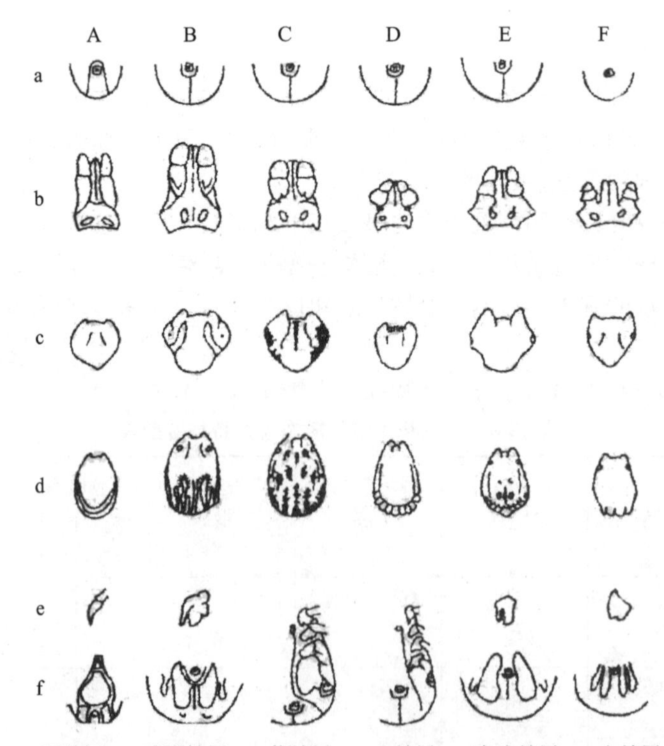

A.硬蜱属;B.璃眼蜱属;C.革蜱属;D.血蜱属;E.扇头蜱属;F.牛蜱属
a.雌性肛沟;b.雄性假头;c.雌性盾板;d.雄性盾板;e.第一基节;f.雄性腹板

图 12-11　硬蜱科主要属的特点

2. 硬蜱与软蜱的鉴别要点　硬蜱与软蜱的鉴别要点见表 12-8。

表 12-8　硬蜱与软蜱的鉴别要点

名称	硬蜱	软蜱
雄虫与雌虫	雌虫体大，盾板小；雄虫体小，盾板大	雄虫与雌虫的形状相似
假头	在虫体前端，从背面可以看到	在虫体腹面，从背面看不到
须肢	粗短，不能运动	灵活，能运动
盾板	有	无
缘垛	有	无
气孔	在第 4 对基节的后面	在第 3 对与第 4 对基节之间
基节	通常有分叉	不分叉

实训十　寄生性昆虫的形态构造观察

【实训目标】通过对寄生性昆虫的详细观察，认识禽羽虱、犬血虱和其他吸血昆虫；了解寄生性昆虫的一般形态构造特征。

【实训内容】

(1)蚊、蚋、蠓的外部形态观察。

(2)跳蚤、虱的形态构造观察。

【设备材料】

1. 图片　昆虫构造模式图。蚊、蚋、蠓、禽羽虱、犬血虱和其他吸血昆虫的形态图。

2. 标本　禽羽虱、犬血虱和其他吸血昆虫的浸渍标本和制片标本。

3. 器材　生物显微镜、实体显微镜、手持放大镜、标本针、小镊子、平皿、解剖针、尺、显微投影仪、寄生性昆虫的多媒体投影片及多媒体投影仪等。

【方法步骤】

1. 示教讲解　教师用显微投影仪或多媒体投影仪，带领学生观察并讲解代表性昆虫成虫的一般形态特征，蚊、蚋、蠓、禽羽虱、犬血虱和其他吸血昆虫的形态特征及鉴别要点。

2. 分组观察　取禽羽虱、犬血虱和其他吸血昆虫的浸渍标本和制片标本，在手持放大镜或实体显微镜下观察其形态特征。

【实训报告】绘制蚊的形态图。

【参考资料】

1. 昆虫的一般形态特征　昆虫属于节肢动物门、昆虫纲。

昆虫的主要特征是身体两侧对称，分为头、胸、腹三部分。头部通常有 1 对触角，2 只复眼或单眼。口器是昆虫的摄食器官，由上唇、上颚、下颚、下唇等组合而成。

根据昆虫采食方式的不同，其口器可分为咀嚼式(毛虱)、刺吸式(蚊)、刮舔式(虻类)、舔吸式(家蝇)和刮吸式(角蝇)五种。胸部分为 3 节，即前胸、中胸和后胸。每一节上有足 1 对，共 3 对足。在中胸和后胸上各生有 1 对翅。有些种类的昆虫后胸上的翅已退化，变为平衡棒。还有些种类的昆虫由于营永久性寄生生活，翅膀完全退化，如虱及蚤。腹部由 8 节组成，雌虫腹部的末端形成产卵器，腹部的两侧有气孔板，昆虫用气管呼吸。

2. 蚊的特征　蚊的种类很多，分属于 3 个亚科 35 个属。我国已经记载的有 300 种以上。与宠物医师关系密切且常见的有按蚊、库蚊和伊蚊。

蚊是一种细长的昆虫，体狭长，翅窄，足细长；有细长的刺吸式口器（图 12-12）。头部略呈圆形，有复眼 1 对，触角 1 对，喙 1 支及触须 1 对。复眼在头的两侧，大而明显。触角分为 15 节（雌）或 16 节（雄），呈鞭状，各节基部有一圈轮毛，雄蚊轮毛长而密，触角呈明显的毛帚状；雌蚊轮毛短而稀。喙由上唇、下咽、1 对上颚、1 对下颚和下唇组成。胸分前胸、中胸和后胸 3 节。前胸与后胸均很狭小，中胸非常宽大。前胸附有前足 1 对；中胸附有中足 1 对、气门 1 对及翅 1 对；后胸附有后足 1 对、气门 1 对及平衡棒 1 对。翅脉上有鳞片。腹部细长分 10 节，前 8 节明显可见，后 2 节转化为生殖器。

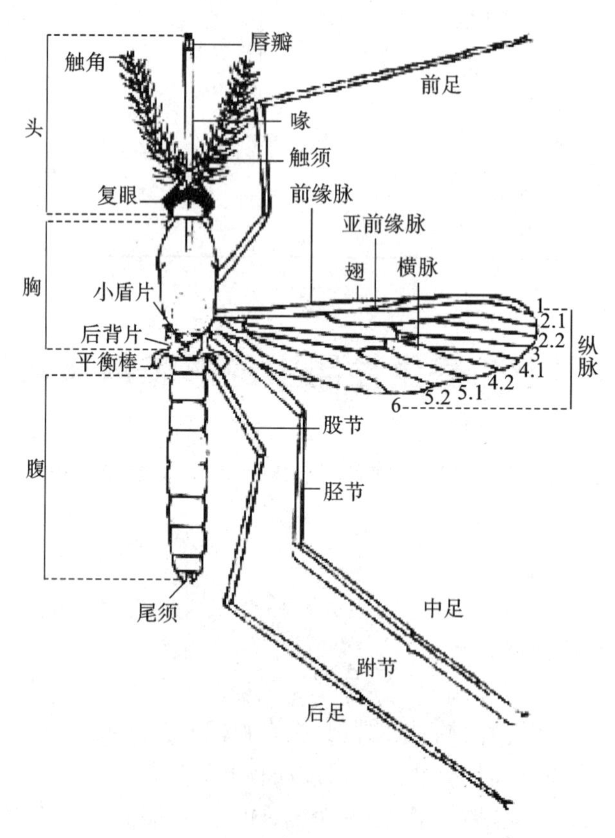

图 12-12　雌蚊模式图

实训十一　原虫检查技术

【实训目标】本实训要求学生掌握血涂片的制作方法及染色技术，并在显微镜下识别各种血液原虫的形态。

【实训内容】

(1)血涂片检查法。

(2)鲜血压滴检查法。

(3)虫体浓集法。

(4)淋巴结穿刺检查法。

【设备材料】

1. 图片　伊氏锥虫形态图、各种梨形虫形态图。

2. 器材　生物显微镜、离心机、离心管、移液管、平皿、采血针头、载玻片、盖玻片、锥形瓶、染色缸、剪刀、酒精棉球、污物缸等。

3. 药品　生理盐水、3.8%枸橼酸钠溶液、凡士林、吉姆萨染色液、瑞氏染色液、甲醇、pH 7.0 磷酸盐缓冲液（或中性蒸馏水）等。

4. 实训动物　疑似血液原虫病的动物或预先接种伊氏锥虫的白鼠。

【方法步骤】

1. 肠道原虫检查　寄生于动物肠道内的原虫主要有球虫、隐孢子虫等，用于检查的病料主要是粪便。

1)球虫卵囊检查

(1)直接涂片法，同蠕虫卵的检查。

(2)饱和盐水漂浮法，同蠕虫卵的检查。

(3)尼龙筛淘洗法，与检查蠕虫卵的方法相似，但球虫的卵囊较小，能通过尼龙筛，所以应收集滤下的液体，待其沉淀后取沉淀物检查。在进行种类鉴定时，可以将收集到的卵囊悬浮于2.5%的重铬酸钾溶液中，在25～28 ℃恒温箱中使卵囊孢子化后鉴定。

2)隐孢子虫卵检查　由于隐孢子虫的卵囊较小，直径仅2～6 pm，因此用饱和蔗糖溶液漂浮法和染色法检查，一般需在油镜下观察。最佳的染色方法是齐尼氏染色法，此外还有金胺-酚染色法、金胺-酚改良抗酸染色法和沙黄-亚甲蓝染色法等。

(1)漂浮法，同蠕虫卵的检查。油镜下检查，隐孢子虫卵囊往往呈玫瑰红色。

(2)齐尼氏染色法：

①染色液配制：

甲液：纯复红结晶4 g，结晶酚12 g，甘油25 mL，95%乙醇25 mL，二甲亚砜25 mL，加蒸馏水定容至160 mL。

乙液：孔雀绿(2%水溶液)220 mL，99.5%乙酸30 mL，甘油50 mL，配制后静置2周再用。

②染色步骤：取少许粪便涂片，自然干燥后用甲醇固定10 min；自然干燥后在甲液中染色2 min，水洗；再在乙液中染色1 min，水洗，自然干燥；在油镜下检查。隐孢子虫卵囊在蓝色背景下呈红色球形，外周发亮，内有红褐色小颗粒。其他有机体不着红色，易于鉴别。

2. 血液原虫检查

1)血涂片检查法　该法是最常用的血液原虫检查方法。涂片用的载玻片必须彻底洗净，表面无油脂、酸、碱等痕迹，通常把彻底洗净的载玻片浸于乙醇中，临用前取出晾干。涂片采用耳静脉血，耳尖剪毛，用乙醇消毒，待皮肤干燥后用消毒过的针头刺出第一滴血液(含虫体较多)，滴在载玻片一端距端线1 cm处的中央，按常规方法推成血片。

(1)吉姆萨染色法：血涂片干燥后，滴加数滴无水甲醇固定2～3 min，然后滴加吉姆萨染色液染色30～60 min，最后用磷酸盐缓冲液或中性蒸馏水冲洗，自然干燥后在油镜下检查。

染色液配制：取吉姆萨染色粉0.5 g、中性甘油25 mL、无水中性甲醇25 mL。将染色粉置于研钵中，先加少量甘油充分磨研，然后边加甘油边研磨，直到甘油全部加完为止。将其倒入100 mL的棕色瓶中，再用甲醇分几次冲洗研钵，均倒入试剂瓶中。塞紧瓶塞后充分摇匀，置于65 ℃恒温箱中24 h或室温下3～5天后过滤，滤液即为原液。用时将原液充分振荡后，用磷酸盐缓冲液或中性蒸馏水稀释10～20倍。

(2)瑞氏染色法：血涂片干燥后，滴加瑞氏染色液1～2滴，染色1 min后，加等量的中性蒸馏水或pH 7.0磷酸盐缓冲液与染液混合，5 min后用中性蒸馏水或pH 7.0磷酸盐缓冲液冲洗，自然干燥后镜检。

染色液配制：取瑞氏染色粉0.3 g、中性甘油3 mL、无水甲醇(不含丙酮)97 mL。将染色粉与甘油一起在研钵中研磨，然后加入甲醇，充分搅拌，装入棕色瓶内，塞紧瓶塞静置2～3周，过滤后备用。该染色液放置时间越长染色效果越好。

磷酸盐缓冲液配制：第1液为磷酸氢二钠11.87 g，加中性蒸馏水1000 mL；第2液为磷酸二氢钾9.077 g，加中性蒸馏水1000 mL。取第1液61.1 mL与第2液38.9 mL混合，即成pH 7.0磷酸盐缓冲液。

2)鲜血压滴检查法　该法主要用于伊氏锥虫活虫的检查。在载玻片上滴加1滴生理盐水，滴上

1滴被检血液，充分混合，加盖盖玻片，静置片刻后镜检。先用低倍镜暗视野检查，发现有可疑运动虫体时，再换高倍镜检查。检查时如室温较低，可将载玻片在酒精灯上稍微加温，以保持虫体的活力。

3)虫体浓集法

(1)原理：该法适用于伊氏锥虫病和梨形虫病的检查。当动物血液内虫体较少时，临诊上常用虫体浓集法，其原理是锥虫或寄生有梨形虫的红细胞较正常红细胞的比重小，所以在第1次离心沉淀时，正常红细胞减少，而锥虫或寄生有梨形虫的红细胞尚悬浮在血浆中；第2次离心沉淀时，则将其浓集于管底。

(2)操作方法：在颈静脉沟上1/3与中1/3交界处，常规剪毛消毒，用18号注射针头刺入静脉采血。按4：1的比例与3.8%枸橼酸钠溶液充分混合。取此抗凝血6～7 mL，以500 r/min离心沉淀5 min，使其中大部分红细胞沉降；而后将含有少量红细胞、白细胞和虫体的上层血浆移入另一支离心管中，补加生理盐水，以2500 r/min离心沉淀10 min。取沉淀物制成抹片，用吉姆萨或瑞氏染色法染色镜检。

3. 淋巴结穿刺检查法 该法适用于泰勒虫病、弓形虫病的诊断。在肩前淋巴结或股前淋巴结部位，常规剪毛消毒。先将淋巴结推到皮肤表层，用左手固定，然后用右手将灭菌针头刺入淋巴结，接上注射器吸取穿刺物。将穿刺物涂于载玻片上，干燥、甲醇固定后用吉姆萨或瑞氏染色法染色镜检。

【实训报告】根据实训结果，写出锥虫病或梨形虫病的诊断报告。

实训十二　鞭毛虫的形态构造观察

【实训目标】本实训要求学生熟悉鞭毛虫的一般形态构造；掌握当地重要鞭毛虫的形态特征。

【实训内容】

(1)观察鞭毛虫的一般形态构造。

(2)观察伊氏锥虫和组织滴虫的形态构造特征。

【设备材料】

1. 图片 锥虫的形态图；组织滴虫的形态图。

2. 标本 伊氏锥虫和组织滴虫的染色标本。

3. 器材 生物显微镜、载玻片、盖玻片、香柏油、拭镜纸、显微投影仪、鞭毛虫的多媒体投影片及多媒体投影仪等。

【方法步骤】

1. 示教讲解 教师用显微投影仪或多媒体投影仪，带领学生观察并讲解伊氏锥虫和组织滴虫的形态构造特征。

2. 分组观察 取伊氏锥虫和组织滴虫的染色标本，在显微镜下观察其虫体的形态构造特征。

【实训报告】绘出伊氏锥虫的形态图，并标出各部位的名称。

实训十三　梨形虫的形态构造观察

【实训目标】本实训要求学生熟悉梨形虫的一般形态构造；掌握重要梨形虫典型虫体的形态特征。

【实训内容】

(1)观察梨形虫的一般形态构造。

(2)观察重要梨形虫的形态特征。

【设备材料】

1. 图片　巴贝斯虫和泰勒虫的形态图。

2. 标本　巴贝斯虫和泰勒虫的染色标本。

3. 器材　生物显微镜、载玻片、盖玻片、香柏油、拭镜纸、显微投影仪、梨形虫的多媒体投影片及多媒体投影仪等。

【方法步骤】

1. 示教讲解　教师用显微投影仪或多媒体投影仪，带领学生观察并讲解巴贝斯虫和泰勒虫的形态构造特征。

2. 分组观察　取巴贝斯虫和泰勒虫的染色标本，在显微镜下观察其虫体的形状、大小，典型虫体的特征。

【实训报告】　绘出所观察的梨形虫典型虫体的形态图，并用文字说明其形态特征。

实训十四　孢子虫的形态构造观察

【实训目标】本实训要求学生掌握球虫、隐孢子虫、弓形虫、住肉孢子虫和住白细胞虫的基本形态与结构特征；能鉴别艾美耳属、等孢属球虫的孢子化卵囊；了解常见球虫的种类与鉴别要点。

【实训内容】

(1)观察弓形虫的形态特征。

(2)观察几种主要球虫的形态特征。

(3)观察住白细胞虫的形态特征。

【设备材料】

1. 图片　弓形虫、鸡球虫、犬球虫、住白细胞虫的形态图。

2. 标本　鸡球虫、犬球虫、猫球虫、隐孢子虫的球虫卵囊液；鸡球虫的裂殖体、裂殖子与配子体的制片标本；住白细胞虫、弓形虫的染色标本。

3. 器材　生物显微镜、载玻片、盖玻片、香柏油、拭镜纸、显微投影仪、孢子虫的多媒体投影片及多媒体投影仪等。

【方法步骤】

1. 示教讲解　教师用显微投影仪或多媒体投影仪，带领学生观察并讲解弓形虫、鸡球虫、犬球虫、猫球虫、住白细胞虫的形态特征。

2. 分组观察

(1)卵囊液标本的观察：取卵囊液 1 滴，滴在载玻片上，覆上盖玻片后置于显微镜下观察。

(2)取球虫的制片标本，在显微镜下观察卵囊的形状、大小、颜色，卵囊壁的厚薄，微孔，极粒或极帽的有无以及孢子囊和子孢子的形状、数量，卵囊残体、孢子囊残体等。

(3)在显微镜下观察弓形虫、住白细胞虫的染色标本。

【实训报告】绘出鸡球虫孢子化卵囊模式图，并标出各部位的名称。

实训十五　宠物蠕虫学剖检技术

【实训目标】本实训要求学生掌握宠物蠕虫学剖检技术，为宠物蠕虫病的诊断提供可靠依据。

【实训内容】

(1)犬、猫蠕虫学剖检技术。

(2)家禽蠕虫学剖检技术。

【设备材料】

1. 器材 动物解剖器械(解剖刀、剥皮刀、解剖斧、解剖锯、骨剪、组织剪、手术刀、镊子、眼科刀);实体显微镜、手持放大镜、盆、桶、平皿、玻璃棒、分离针、胶头滴管、载玻片、盖玻片、试管、酒精灯、标本瓶、铜筛(40～60 目)、黑色浅盘、玻璃铅笔、纱布、手套等。

2. 药品 饱和盐水、生理盐水、蒸馏水等。

3. 实习动物 患犬(或患猫)和鸡。

【方法步骤】

1. 剖检前的体表及粪便检查

1)体表检查 在动物剖检前,应对其体表进行寄生虫的检查和采集工作。观察体表的被毛和皮肤有无瘀痕、结痂、出血、皲裂、肥厚等病变,并注意对体表寄生虫(虱、蜱、螨等)的采集。

2)血涂片检查 静脉采血制作血涂片,经吉姆萨或瑞氏染色液染色后镜检,观察血液中有无寄生虫。

3)粪便中虫卵的检查 在动物剖检前,最好先取粪便进行虫卵检查和计数,初步确定该动物内寄生虫的寄生情况(对剖检动物虫体检查有帮助)。

2. 宠物蠕虫学剖检技术

1)淋巴结和皮下组织的检查 放血宰杀动物,剥皮前应检查体表、眼睑和创伤等,发现外寄生虫随时采集,遇有皮肤可疑病变应刮取病料备检。剥皮时应随时注意检查各部皮下组织和浅表淋巴结,及时发现并采集虫体。

2)头部及各器官的检查

(1)脑部和脊髓:打开颅腔和脊髓管,检查有无囊尾蚴、裂头蚴寄生。

(2)眼部:首先进行眼外观检查,然后将眼睑结膜及球结膜放在水中刮取收集表层,水洗沉淀后检查沉淀物中是否有寄生虫,最后剖开眼球将眼房水收集在平皿内,用放大镜观察。

3)各脏器的检查

(1)剖检术式:

①腹腔脏器:切开腹腔后首先检查脏器表面有无寄生虫和病变,并收集虫体,然后收集腹水,沉淀后检查其中有无寄生虫。脏器采出方法是在结扎食道末端和直肠后,切断食道、各部韧带、肠系膜和直肠末端后一次采出,然后再切断腹腔大血管,采出肾脏,最后收集腹腔内的血液混合物备检。盆腔脏器也以同样方式取出。

②胸腔脏器:切开胸腔以后,将胸腔脏器连同食道和气管全部摘出,再采集胸腔内的液体备检。

(2)消化器官:

①食道:先检查食道的浆膜面,观察食道肌肉内有无虫体(住肉孢子虫),沿食道纵轴剪开,再仔细检查食道黏膜面有无寄生虫,可用解剖刀刮取食道黏膜,把刮取物夹于两载玻片之间,用放大镜或实体显微镜检查,当发现虫体时揭开载玻片,用分离针将虫体挑出。

②胃:胃剪开后,将内容物倒入大盆内,检出较大的虫体,然后用生理盐水洗净胃壁,加生理盐水搅拌内容物至均匀后,使之自然沉淀。再将胃壁平铺在搪瓷盘内,观察黏膜上是否有虫体,刮取黏膜表层,将刮下物浸入另一容器的生理盐水中搅拌,使之自然沉淀。以上两种材料均应在彻底沉淀后,倒出上层液体,再加生理盐水,重新静置,如此反复沉淀,直到上层液体透明无色为止。然后每次取一定量的沉淀物,放在培养皿或黑色浅盘内观察并检出所有的虫体。刮下的黏膜还应压片镜检。

③小肠:分离以后放在大盆内,由一端灌入清水,使肠内容物随水流出,检出大型虫体(如绦虫等)。肠内容物加生理盐水,按胃内容物沉淀方法反复沉淀,检查沉淀物。肠壁用玻璃棒翻转,在水中洗下黏液,并反复水洗沉淀。最后刮取黏膜表层,压薄镜检。肠内容物和黏液在水洗沉淀过程中会出现上浮物,其中也含有虫体,所以在换水时应收集上浮的粪渣,单独检查。

④大肠：分离以后在肠系膜附着部沿纵轴剪开，倾出内容物。内容物和肠壁按小肠的处理方法进行处理检查。

⑤肠系膜：分离以后将肠系膜淋巴结剖开，切成小片压薄镜检。然后提起肠系膜，迎着光线检查血管内有无虫体。最后剪开肠系膜血管，用生理盐水洗净后，冲洗物加水进行反复水洗沉淀后检查沉淀物。

⑥肝脏：分离胆囊，将胆汁挤入烧杯中，用生理盐水稀释，待自然沉淀后检查沉淀物。将胆囊黏膜刮下物压片镜检。观察肝脏表面有无寄生虫结节，如有可做压片检查，然后沿胆管将肝脏剪开检查，再将肝脏撕成小块，浸在大量水内，用手挤压后捞出弃掉，反复水洗沉淀后检查沉淀物。也可用幼虫分离法对已撕碎肝脏中的虫体进行分离。

⑦胰腺和脾：检查方法同肝脏。

(3)呼吸器官：用剪刀把鼻腔、喉、气管、支气管剪开，注意不要把管道内的虫体剪坏，发现虫体应直接采取。然后用载玻片刮取黏液加水稀释后镜检。观察肺脏表面有无寄生虫结节，如有可做压片检查，再将肺组织撕成小块，按照肝脏检查法处理。

(4)泌尿器官：切开肾脏，先对肾盂进行肉眼检查，再刮取肾盂黏膜检查，最后将肾实质切成薄片，压于两载玻片之间，用放大镜或实体显微镜检查。把输尿管、膀胱、尿道切开，检查其黏膜，并注意黏膜下有无包囊。收集尿液，反复沉淀法处理后，检查有无肾虫寄生。

(5)生殖器官：切开检查内腔，并刮取黏膜表面做压片及涂片镜检。

(6)肌肉组织：切开咬肌、腰肌和臀肌检查囊尾蚴；采取膈肌脚检查旋毛虫。

(7)鼻腔及鼻窦：先沿两侧鼻翼和内眼角连线切开，再沿两眼内角连线锯开，然后在水中冲洗，待沉淀后检查沉淀物。

3. 家禽蠕虫学剖检技术

1)宰杀与剥皮　用舌动脉或颈动脉放血的方法宰杀。拔掉羽毛后检查皮肤和羽毛，发现虫体及时采集，皮肤有可疑病变时刮取材料备检。剥皮时要随时采集皮下组织中的虫体。

2)取出脏器　剥皮后除去胸骨，使内脏完全暴露，并检查气囊内有无虫体。然后分离脏器，首先分离消化系统(包括肝、胰)，再分离心脏和呼吸器官，最后取出肾。器官取出后，用生理盐水冲洗体腔，冲洗物反复水洗沉淀后检查。

3)各脏器的检查

(1)食道和气管：剪开后检查其黏膜表面。

(2)嗉囊：剪开囊壁后，倒出内容物后进行一般眼外观检查，然后把囊壁拉紧做透光检查。

(3)肌胃：沿狭小部位剪开，倾去内容物，在生理盐水中剥离角质膜检查内、外剥离面，然后将角质膜撕成小片，压片镜检。

(4)腺胃：在搪瓷盘内剪开，倾去内容物，检查黏膜面，如有紫红色斑点和肿块，则剪下压片镜检。洗下的内容物反复水洗沉淀后检查。

(5)肠管：将十二指肠、小肠、盲肠和直肠分开处理。肠管剪开后，将内容物和黏膜刮下物一起倾入容器内，用生理盐水反复水洗沉淀后检查。对有结节等病变的肠管，应刮取黏膜压片镜检。

(6)法氏囊和输卵管：按肠管的处理方法检查。

(7)肝、肾、心、胰、肺：分别在生理盐水中剪碎、洗净，捞出大块组织弃掉，水洗物反复水洗沉淀后检查。病变部位应行压片镜检。

(8)鼻腔：剪开后观察表面，用水冲洗后检查沉淀物。

(9)眼：用镊子掀起眼睑，取下眼球，用水冲洗后检查沉淀物。

4. 注意事项

(1)在检查过程中,如果脏器内容物不能立即检查完毕,可在反复水洗沉淀后,在沉淀物内加 3%甲醛保存,以后再详细进行检查。

(2)当遇到绦虫以头部附着于肠壁上时,切勿用力拉,应将此段肠管连同虫体剪下浸入清水中,5～6 h 后虫体会自行脱落,体节也会自然伸直。

(3)为了检查沉渣中小而纤细的虫体,可在沉渣中滴加浓碘液,使粪渣和虫体均染成棕黄色,然后用 5%硫代硫酸钠溶液脱色,粪渣被脱色,而虫体仍然保持棕黄色,故容易识别。

(4)由不同脏器、部位收集的虫体,应按种类分别计数、保存。

【实训报告】记录剖检过程中检查到的寄生虫并鉴定、计数(表 12-9)。

表 12-9 蠕虫学剖检记录表

<table>
<tr><td>日期</td><td colspan="2"></td><td>编号</td><td></td><td>动物种别</td><td></td></tr>
<tr><td>品种</td><td colspan="2"></td><td>性别</td><td></td><td>年龄</td><td></td></tr>
<tr><td>动物来源</td><td colspan="2"></td><td>动物死因</td><td></td><td>剖检地点</td><td></td></tr>
<tr><td rowspan="6">主要病理剖检变化</td><td colspan="3" rowspan="6"></td><td rowspan="6">寄生虫总数</td><td>吸虫</td><td></td></tr>
<tr><td>绦虫</td><td></td></tr>
<tr><td>线虫</td><td></td></tr>
<tr><td>棘头虫</td><td></td></tr>
<tr><td>昆虫</td><td></td></tr>
<tr><td>蜱螨</td><td></td></tr>
<tr><td rowspan="10">寄生虫的种类和数量</td><td>寄生部位</td><td>虫名</td><td>数量</td><td>寄生部位</td><td>虫名</td><td>数量</td></tr>
<tr><td></td><td></td><td></td><td></td><td></td><td></td></tr>
<tr><td></td><td></td><td></td><td></td><td></td><td></td></tr>
<tr><td></td><td></td><td></td><td></td><td></td><td></td></tr>
<tr><td></td><td></td><td></td><td></td><td></td><td></td></tr>
<tr><td></td><td></td><td></td><td></td><td></td><td></td></tr>
<tr><td></td><td></td><td></td><td></td><td></td><td></td></tr>
<tr><td></td><td></td><td></td><td></td><td></td><td></td></tr>
<tr><td></td><td></td><td></td><td></td><td></td><td></td></tr>
<tr><td></td><td></td><td></td><td></td><td></td><td></td></tr>
<tr><td>备注</td><td colspan="4"></td><td colspan="2">剖检者：</td></tr>
</table>

实训十六 宠物寄生虫材料的固定与保存

【实训目标】本实训要求学生掌握宠物主要寄生虫虫体及虫卵的固定与保存技术。

【实训内容】

(1)寄生蠕虫(吸虫、绦虫、线虫)的固定与保存。

(2)蜱螨和昆虫的固定与保存。

(3)原虫的固定与保存。

(4)蠕虫卵的固定与保存。

【设备材料】

1. 器材　眼科镊子、分离针、黑色浅盘、平皿、酒精灯、标本瓶、载玻片、盖玻片、昆虫针、毛笔、线或橡皮筋、硬纸片、玻璃板等。

2. 药品　生理盐水、乙醇、福尔马林、薄荷脑、甘油、氯化钠、乙酸等。

3. 其他　各种寄生虫及其虫卵。

【方法步骤】

1. 吸虫的固定与保存

(1)采集：用弯头解剖针或毛笔将虫体从脏器或者沉淀物中挑出。注意不能用镊子，因为镊子会使虫体被夹取的部位变形，影响对整个虫体形态的观察。固定之前先用生理盐水将虫体清洗干净，主要是洗去体表附着的污物。若虫体肠管内有大量内容物，则须在生理盐水中放置 12 h 以上，待其内容物排出。然后将虫体置于水中，待其逐渐死亡。

(2)固定方法：将收集到的虫体放入加有生理盐水的广口瓶中，较小的虫体可摇荡广口瓶洗去所附着的污物；较大的虫体可用毛笔刷洗，然后将其放在薄荷脑溶液中松弛。较大较厚的虫体，为方便以后制作压片标本，可将虫体压入两载玻片之间，为避免虫体过度压扁破裂，可在载玻片两端垫以适当厚度的硬纸片，然后两端用线或橡皮筋扎住。经上述处理后的虫体即可浸入 70%乙醇或 10%福尔马林固定液中，固定 24 h 即可。

薄荷脑溶液的配制方法：取薄荷脑 24 g，溶于 10 mL 95%乙醇中，此溶液为饱和薄荷脑乙醇溶液。使用时在 100 mL 水中加入 1 滴此溶液即可。

(3)保存方法：经 70%乙醇固定的虫体可直接保存于其中，如需长期保存应在 70%乙醇中加入 5%甘油。经 10%福尔马林固定液固定的虫体，可保存于 3%～5%福尔马林中。密封瓶口，贴上标签。如对吸虫进行形态构造观察，需要制成染色标本。

2. 绦虫的固定与保存

(1)采集：绦虫多寄生在肠管，头节牢固地附着于肠壁。采集虫体时需将附有虫体的肠段一起剪下，浸入清水中数小时虫体会自行脱离肠壁。

(2)固定方法：将收集到的虫体用生理盐水洗净(洗涤方法同吸虫)，大型绦虫可缠绕于玻璃板上，以免固定时互相打结。如果做绦虫压片标本，可将虫体具代表性的节片放入两载玻片之间，适当加以压力，两端用线或橡皮筋扎住。经上述处理后的虫体可浸入 70%乙醇或 5%福尔马林固定液中固定。较大而厚的虫体需要固定 12 h。若要制成压片标本以观察其内部结构，则以乙醇固定较好；浸渍标本则以福尔马林固定较好。

(3)保存方法：浸渍标本用 70%乙醇或 5%福尔马林保存均可。绦虫蚴及其病理标本可用 10%福尔马林固定液固定和保存。密封瓶口，贴上标签。

3. 线虫的固定与保存

(1)固定方法：收集到的虫体应尽快洗净，立即放入固定液中固定，否则虫体易于破裂。较小的虫体可摇荡广口瓶洗去所附着的污物；较大的虫体可用毛笔刷洗，尤其是一些具有发达的口囊或交合伞的线虫，一定要用毛笔将杂质清除。有些虫体的肠管内含有大量食物，影响观察鉴定，可在生理盐水中放置 12 h，待食物消化或排出。然后将 70%乙醇或 3%福尔马林生理盐水加热至 70 ℃，将洗净的虫体挑入，虫体即伸展并固定。

(2)保存方法：大型线虫可保存于 4%福尔马林；小型线虫可保存于甘油乙醇(甘油 5 mL、70%乙醇 95 mL)。密封瓶口，贴上标签。

4. 蜱螨和昆虫的固定与保存

(1)采集：体表寄生虫如血虱、毛虱、羽虱、虱蝇等，用器械刮下，或将附有虫体的羽或毛剪下，置于平皿中再仔细收集。采集蜱类时，应使虫体与皮肤垂直缓慢拔出，或喷施药物杀死后拔出。捕捉蚤类可用撒有樟脑的布将动物体包裹，数分钟后取下，蚤即落于布内。螨类的采集参见实训八相关内容。

Note

(2)固定与保存:有翅昆虫可用针插法干燥保存;昆虫的幼虫、虱、毛虱、羽虱、蠕形蚤、虱蝇、舌形虫、蜱及含有螨的皮屑等,用加热的(60~70 ℃)70%乙醇或5%~10%福尔马林固定。固定后可保存于70%乙醇中,最好再加入数滴5%甘油。螨类可用培氏胶液封固和保存。

培氏胶液配方:阿拉伯胶15 g,蒸馏水20 mL,葡萄糖浆10 mL,乙酸5 mL,水合氯醛100 g。

先用蒸馏水将阿拉伯胶溶解,再加入葡萄糖浆(100 mL蒸馏水中加入葡萄糖68 g)、乙酸,最后加入水合氯醛混合即成。

5. 原虫的固定与保存 梨形虫、伊氏锥虫、住白细胞虫等,用其感染动物血涂片;弓形虫、组织滴虫等常用其感染动物的脏器组织触片,经过干燥、固定及染色制成玻片标本,装于标本盒中保存。

6. 蠕虫卵的固定与保存

(1)虫卵的采集:用粪便检查法收集虫卵;或将剖检所获得的虫体放入生理盐水中,虫体会继续产出虫卵,静置沉淀后可获得单一种的虫卵。

(2)固定与保存:将3%福尔马林生理盐水加热至70~80 ℃,把含有虫卵的沉淀物或粪便浸泡其中进行固定,等晾凉后,保存于小口试剂瓶中,用时吸取沉淀,放于载玻片上检查即可。

7. 标签 需要保存的虫体和病理标本,都应附有标签。瓶装浸渍标本应有外标签和用硬质铅笔书写的内标签。标签上应写明:编号,动物种类、性别、年龄,寄生虫名称、寄生部位及条数(初步鉴定结果),解剖者姓名及剖检时间等。标签样式如图12-13所示。

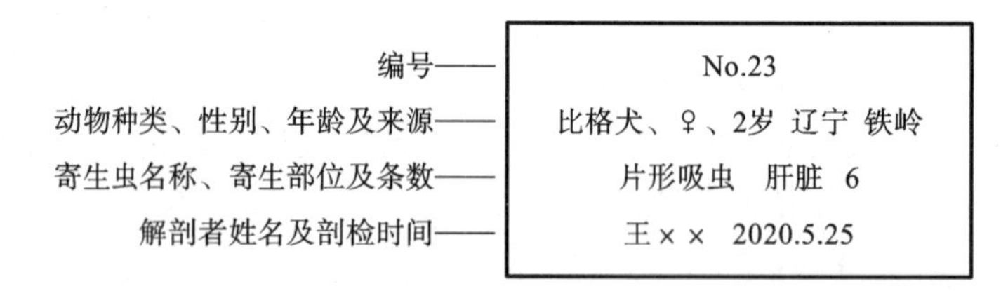

图12-13 标签样式

【实训报告】叙述吸虫、绦虫和线虫的固定与保存方法。

实训十七 驱虫技术

【实训目标】通过对宠物进行驱虫,掌握驱虫技术、驱虫注意事项以及驱虫效果的评定方法。

【实训内容】

(1)驱虫药的选择及配制。

(2)给药方法。

(3)驱虫效果评定。

【设备材料】

1. 药品 各种常见驱虫药。

2. 器材 各种给药用具、配制驱虫药的容器、称重或估重用具。

3. 动物 患典型寄生虫病的犬、猫。

【方法步骤】

1. 驱虫药的选择及配制

(1)驱虫药的选择:原则是选择广谱、高效、低毒、方便和廉价的药物。广谱是指驱除寄生虫的种类多;高效是指对寄生虫的成虫和幼虫都有较好的驱除效果;低毒是指治疗量不具有急性中毒、慢性中毒、致畸形和致突变的作用;方便是指给药方法简便,适用于群体给药(如气雾给药、拌料给药、饮水给药等);廉价是指与其他同类药物相比价格低廉。治疗性驱虫应以药物高效为首选,兼顾其他;定期预防性驱虫则应以药物广谱为首选,但主要还是依据当地常见寄生虫病选择高效驱虫药。

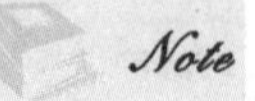

(2)驱虫药的配制:根据所需药物的要求进行配制。但多数驱虫药不溶于水,需配成混悬液给药,其方法是先把淀粉、面粉或玉米面加入少量水中,搅匀后再加入药物继续搅匀,最后加足量水即成混悬液。使用时边用边搅拌,以防上清下稠,影响驱虫效果和安全。

2. 给药方法　犬、猫多为个体给药,根据所选药物的要求,选定相应的给药方法,具体给药技术与临诊常用给药法相同。家禽多为群体给药,如用拌料给药,应先按群体体重计算出总药量,将总药量混于少量半湿料中,然后与日粮混合均匀进行饲喂。不论用哪种给药方法,均需预先测量动物体重,精确计算药量。

3. 驱虫工作的组织及注意事项

(1)驱虫前应选择驱虫药,拟定剂量并计算用药总量,确定剂型、给药方法和疗程,同时对药品的生产单位、批号等加以记载。

(2)若要进行大群驱虫,应先选出少部分动物做实验,观察药物效果及安全性。

(3)将动物按来源、健康状况、年龄、性别等逐一进行编号登记。为使驱虫药用量准确,要预先称重或用体重估测法计算动物体重。

(4)投药前后 1～2 天,尤其是驱虫后 3～5 h,应仔细观察动物,注意给药后的变化,发现中毒应立即急救。

(5)驱虫后 3～5 天圈留动物,将粪便集中后用生物热发酵法处理。

(6)给药期间应加强饲养管理,观察动物的表现和生理指标。

4. 驱虫效果评定　驱虫后要进行驱虫效果评定,必要时进行第 2 次驱虫。驱虫效果主要通过以下内容的对比来评定。

(1)营养状况:对比驱虫前后动物营养状况的变化。

(2)临诊表现:观察驱虫后临诊症状的减轻与消失情况。

(3)生产能力:对比驱虫前后的生产性能。

(4)驱虫指标评定:一般可通过虫卵减少率和虫卵转阴率确定,必要时可通过剖检计算出粗计驱虫率和精计驱虫率。

$$\text{虫卵减少率}=\frac{\text{驱虫前 EPG}-\text{驱虫后 EPG}}{\text{驱虫前 EPG}}\times 100\%$$

(EPG 为每克粪便中的虫卵数)

$$\text{虫卵转阴率}=\frac{\text{虫卵转阴动物数}}{\text{驱虫动物数}}\times 100\%$$

$$\text{粗计驱虫率}=\frac{\text{驱虫前平均虫体数}-\text{驱虫后平均虫体数}}{\text{驱虫前平均虫体数}}\times 100\%$$

$$\text{精计驱虫率}=\frac{\text{排出虫体数}}{\text{排出虫体数}+\text{残留虫体数}}\times 100\%$$

$$\text{驱净率}=\frac{\text{驱净虫体的动物数}}{\text{驱虫动物数}}\times 100\%$$

为了比较准确地评定驱虫效果,驱虫前、后粪便检查时,所用的器具、粪样数量以及操作步骤所用的时间要完全一致;驱虫后粪便检查的时间不宜过早,一般为 10～15 天;应在驱虫前、后各进行 3 次粪便检查。

【实训报告】根据操作情况,撰写驱虫总结报告。

实训十八　宠物寄生虫病流行病学调查

【实训目标】本实训要求学生掌握宠物寄生虫病流行病学资料的调查、搜集和分析处理的方法,为诊断宠物寄生虫病奠定基础。

【实训内容】

(1)宠物寄生虫病流行病学调查方案的制订。

(2)宠物寄生虫病流行病学调查与分析。

【设备材料】

1. 被检动物 来源于患寄生虫病的犬猫饲养场、动物市场、犬猫驯养基地等。

2. 器材 笔、记录本、数码相机、录音设备、交通工具等。

【方法步骤】

1. 宠物寄生虫病流行病学调查方案的制订

(1)单位或宠物主人的名称和地址。

(2)饲养单位概况:包括所处的地理环境、地形地势、河流与水源、降雨量及其季节分布、耕地性质及数量、草原数量、土壤植被特性、野生动物种群及其分布等。

(3)被检宠物概况:品种、性别、年龄组成、总头数等。

(4)被检宠物生产性能:产奶量、产肉量、繁殖情况。

(5)宠物饲养管理情况:饲养方式、饲料来源及其质量、水源及其卫生状况、宠物圈舍卫生状况等。

(6)宠物当时发病及死亡情况:营养状况、发病数、临诊表现、死亡数、发病及死亡时间、病死宠物剖检病变、采取的措施及其效果等。

(7)终末宿主、中间宿主和传播媒介的存在和分布情况。

(8)居民情况:怀疑为人畜共患病时,要了解居民数量、饮食卫生习惯、发病人数及诊断结果等。

(9)相关情况:应调查居民点和单位内犬、猫的饲养量、营养状况及发病情况等。

2. 宠物寄生虫病流行病学现场调查 根据宠物寄生虫病流行病学调查方案,采取询问、查阅各种记录(包括当地气象资料、动物生产、发病和治疗等情况)以及实地考察等方式进行调查,了解当地宠物寄生虫病的发病现状。

3. 调查资料的统计分析 对于获得的资料,应进行数据统计(如发病率、死亡率、病死率等)和情况分析,提炼出规律性资料(如生产性能、发病季节,发病与降雨量及水源的关系,与中间宿主及传播媒介的关系,与人类、犬和猫等的关系)。

【实训报告】根据宠物寄生虫病流行病学调查资料,撰写一份调查报告。

实训十九　宠物寄生虫病临诊检查

【实训目标】本实训要求学生掌握宠物寄生虫病临诊检查的方法和操作技能,为诊断宠物寄生虫病奠定基础。

【实训内容】

(1)宠物寄生虫病临诊检查的程序。

(2)宠物寄生虫病临诊检查的方法。

【设备材料】

1. 被检动物 来源于患寄生虫病的犬猫饲养场、动物市场、犬猫驯养基地等。

2. 器材 听诊器、体温计、便携式 B 超、样品采集容器(试管、镊子、外科刀、粪盒等)等。

【方法步骤】

1. 临诊检查的原则 遵循“先静态后动态、先群体后个体、先整体后局部”的原则,逐头检查。

2. 临诊检查的程序、方法和病料的采集

(1)整体状态检查:①采用视诊和问诊的方式,观察患病宠物的整体情况:检查体格发育情况(良好或发育不良),精神状态(正常、兴奋或抑制),是否有运动异常(如共济失调、盲目运动等)。②进行

Note

被毛、皮肤的检查：宠物被毛的光滑度，是否有脱毛、皮屑、瘙痒等症状，皮肤黏膜的颜色变化及鼻部是否湿润等。

(2)系统检查：按一般临床诊断方法测量体温、心率、呼吸频率，检查消化、呼吸、循环、泌尿、神经等各系统，收集并记录各种症状。根据怀疑的寄生虫病种类，可采集粪便、尿液、血液等样品备检。

(3)症状分析：将收集到的症状进行归类，提出可疑的寄生虫病范围。粪便、皮肤及血液等样品的采集参考前述相关实训。

【实训报告】根据宠物寄生虫病临诊检查资料，撰写一份临诊检查报告，并提出进一步诊断的建议。

实训二十　肌旋毛虫检查技术

【实训目标】本实训要求学生掌握旋毛虫肌肉压片检查法和肌肉消化检查法；掌握肌旋毛虫的形态特征。

【实训内容】

(1)肌肉压片检查法。

(2)肌肉消化检查法。

(3)肌旋毛虫形态特征的观察。

【设备材料】

1. 图片　肌旋毛虫形态构造图。

2. 标本　肌旋毛虫制片标本。

3. 器材　生物显微镜、实体显微镜、组织捣碎机、磁力加热搅拌器、贝尔曼氏装置、铜筛(40～60目)、旋毛虫压定器(两厚玻片，两端用螺丝固定)、弯头剪刀、镊子、锥形瓶、烧杯、天平、移液管、载玻片、盖玻片、纱布、污物桶等。

4. 药品　胃蛋白酶、0.5%盐酸等。

5. 病料　有旋毛虫感染的肉或人工感染旋毛虫的大白鼠。

【方法步骤】

1. 肉样采集　在动物死亡或屠宰后，采集膈肌供检。

2. 肌肉压片检查法

(1)操作方法：取左右两侧膈肌脚肉样，先用手撕去肌膜，然后用弯头剪刀顺着肌纤维的方向，分别在肉样两面的不同部位剪取12个麦粒大小的肉粒(其中如果有肉眼可见的小白点，必须剪下)，2块肉样共剪取24粒，依次将肉粒贴附于旋毛虫压定器上，排列成2排，每排放置12粒。如果用载玻片，则每排放置6粒，共用2张载玻片。然后取另一张载玻片覆盖于肉粒上，旋动旋毛虫压定器的螺丝或用力压迫载玻片，将肉粒压成厚度均匀的薄片，并使其固定后镜检。

(2)判定：没有形成包囊的旋毛虫幼虫，在肌纤维之间虫体呈直杆状或卷曲状；形成包囊的旋毛虫幼虫，可看到发亮透明的椭圆形(猪)或圆形(狗)包囊，囊中央是卷曲的旋毛虫幼虫，通常为1条，重度感染时，可见到双虫体包囊或多虫体包囊；钙化的旋毛虫幼虫，在包囊内可见到数量不等、颜色浓淡不均的黑色钙化物。

3. 肌肉消化检查法　为提高旋毛虫的检查速度，可进行群体筛选，发现阳性动物后再进行个体检查。

(1)操作方法：将送检的肉样编号，各取2 g，每组10～20 g，放入组织捣碎机内，加入100～200 mL胃蛋白酶消化液(胃蛋白酶0.7 g溶于1000 mL 0.5%盐酸中)，捣碎0.5 min，肉样则呈絮状并混悬于溶液中。将肉样捣碎液倒入锥形瓶中，再用等量胃蛋白酶消化液分数次冲洗容器，冲洗液注入锥形瓶中，再按每200 mL胃蛋白酶消化液加入约7 mL 5%盐酸，调整pH为1.6～1.8，然后置于磁

力加热搅拌器上，在 38～41 ℃条件下，中速搅拌、消化 2～5 min。消化后的肉汤置于贝尔曼氏装置过滤（贝尔曼氏装置及其用法参见实训一相关内容），滤液再加入 500 mL 水静置 2～3 h，倾去上层液体，取 10～30 mL 沉淀物倒入底部划分为若干个方格的大平皿内，然后将平皿置于显微镜下，逐个检查每一方格内有无旋毛虫幼虫或旋毛虫包囊。

（2）判定：若发现虫体或包囊，则该检样组为阳性，必须对该组的 5～10 个肉样逐一进行压片复检。

4. 肌旋毛虫形态特征的观察　学生分组观察肌旋毛虫制片标本。

【实训报告】撰写一份肌旋毛虫实验室检查报告。

参考文献

[1] 陈杖榴.兽医药理学[M].3版.北京:中国农业出版社,2009.
[2] 宋冶萍.动物药理与毒理[M].北京:中国农业出版社,2014.
[3] 张红超,孙洪梅.宠物药理[M].2版.北京:化学工业出版社,2016.
[4] 周庆国.犬猫疾病诊治彩色图谱[M].北京:中国农业出版社,2004.
[5] 史利军,袁维峰,贾红.犬猫寄生虫病[M].北京:化学工业出版社,2013.
[6] 德怀特·D.鲍曼.兽医寄生虫学[M].9版.李国清,译.北京:中国农业出版社,2013.
[7] 魏冬霞,张宏伟.动物寄生虫病[M].3版.北京:中国农业出版社,2019.
[8] 张宏伟,匡存林.宠物寄生虫病[M].2版.北京:中国农业出版社,2012.
[9] 孙维平,王传锋.宠物寄生虫病[M].北京:中国农业出版社,2007.
[10] 杨德凤,包玉清.宠物寄生虫及寄生虫病学[M].哈尔滨:东北林业大学出版社,2007.
[11] 李国清.兽医寄生虫学(双语版)[M].北京:中国农业大学出版社,2006.
[12] 周荣琼.兽医寄生虫学(案例版)[M].重庆:西南师范大学出版社,2018.
[13] 余德光,谢骏,黄志斌.淡水鱼病虫害诊治图谱[M].福州:福建科学技术出版,2006.
[14] 畑井喜司雄,小川和夫.新鱼病图谱[M].任晓明,译.北京:中国农业大学出版社,2007.
[15] 湖北省水生生物研究所.湖北省鱼病病原区系图志[M].北京:科学出版社,1973.
[16] 中国淡水鱼经验总结委员会.中国淡水鱼类养殖学[M].北京:科学出版社,1961.
[17] 黄琪琰,唐士良,张剑英,等.鱼病学[M].上海:上海科学技术出版社,1983.